A FÍSICA DO SÉCULO XX

MICHEL PATY
Diretor emérito de pesquisa do CNRS

A FÍSICA DO SÉCULO XX

DIREÇÃO EDITORIAL:
Marcelo C. Araújo

CONSELHO EDITORIAL:
Avelino Grassi
Márcio F. dos Anjos

TRADUÇÃO:
Pablo Mariconda

COORDENAÇÃO EDITORIAL:
Ana Lúcia de Castro Leite

COPIDESQUE:
Mônica Reis

REVISÃO:
Bruna Marzullo
Leila Cristina Dinis Fernandes

DIAGRAMAÇÃO:
Simone Godoy

CAPA:
Vinicio Frezza

Coleção Filosofia e História da Ciência dirigida por Pablo Mariconda

* Revisão do texto conforme Acordo Ortográfico da Língua Portuguesa, em vigor a partir de 1º de janeiro de 2009

Título original: *La Physique du XXe Siècle* – Michel Paty
© 2003 EDP Sciences
Les Ulis, France
ISBN 2-86883-518-X

Todos os direitos em língua portuguesa, para o Brasil, reservados à Editora Ideias & Letras, 2015
2ª Impressão

Rua Tanabi, 56 – Água Branca
Cep: 05002-010 – São Paulo/SP
(11) 3675-1319 (11) 3862-4831
Televendas: 0800 777 6004
vendas@ideiaseletras.com.br
www.ideiaseletras.com.br

**Dados Internacionais de Catalogação na Publicação (CIP)
(Câmara Brasileira do Livro, SP, Brasil)**

A Física do Século XX / Michel Paty; [tradução Renato Rodrigues Kinouchi]. Aparecida, SP : Ideias & Letras, 2009.

Título original: *La Physique du XXe Siécle*
ISBN 978-85-7698-024-7

1. Física I. Título.

08-11219   CDD-530

Índice para catálogo sistemático:
1. Física   530

Este livro é dedicado à memória dos físicos
André Lagarrigue,
Paul Musset e
André Rousset.

Sumário

Prefácio 9

Capítulo 1
Novos conceitos e a transformação das ciências físicas 13

Capítulo 2
A teoria da relatividade 27

Capítulo 3
A física quântica 49

Capítulo 4
A interpretação dos conceitos quânticos 67

Capítulo 5
Átomos e estados da matéria 91

Capítulo 6
Matéria subatômica — No interior do nucleo atômico 125

Capítulo 7
Matéria subatômica — Os campos fundamentais e suas forças 149

Capítulo 8
Sistemas dinâmicos e fenômenos críticos 193

Capítulo 9
A dinâmica da Terra 231

Capítulo 10
Os objetos do cosmo: planetas, estrelas, galáxias, radiações 253

Capítulo 11
A cosmologia contemporânea:
expansão e transformações do universo 299

Capítulo 12
Observações acerca das pesquisas sobre as origens 327

Capítulo 13
Objetos e métodos 369

Capítulo 14
Conclusão — Algumas lições da física do século XX
e um olhar para o século XXI 387

Bibliografia 401

Índice de Nomes 445

Índice de Termos 469

Prefácio

Neste início do século XXI, é possível ter uma visão retrospectiva das realizações sobrevindas em nossos conhecimentos no decorrer dos últimos cem anos. A física, em particular, passou por inovações consideráveis, ao longo do século XX, graças às revoluções relativista e quântica e à exploração de novos domínios da estrutura da matéria, inimagináveis no século precedente: física atômica e constituição atômica da matéria condensada, química quântica, física nuclear e subnuclear ou física das partículas elementares – estas duas últimas reunidas na disciplina "física subatômica", com o aparecimento das recentes teorias de unificação –, astrofísica e cosmologia. Outras descrições foram renovadas, como a da física dos objetos correntes e dos fenômenos dinâmicos não lineares (ditos "caóticos"). A geofísica desenvolveu-se entre a geologia, a física e a geografia física, abrindo uma nova perspectiva para a história da Terra, da hipótese da deriva dos continentes à tectônica das placas. Esta história notável é só um exemplo, entre muitos outros, das interações da física com outras ciências. Elas vão, às vezes, gerar novas disciplinas na junção das antigas, mais tradicionais, mas que, apesar disso, não deixam de existir e de fornecer a base nas quais as novas se apoiam.

Todos esses desenvolvimentos são descritos neste livro, nos primeiros onze capítulos, em suas características essenciais, buscando-se evidenciar as relações interdisciplinares implicadas, suas raízes históricas, as novidades conceituais, assim como as interrogações suscitadas por estas últimas, do ponto de vista epistemológico. Naturalmente, sem ter a pretensão de esgotar o assunto. Nós gostaríamos, sobretudo, de dar uma ideia da dinâmica do conhecimento que contribuiu não só com novos dados e com a revelação de novos fenômenos, como também permitiu renovar de maneira vigorosa, e sob muitos aspectos, nossa concepção da natureza e nossos meios para abordá-la.

O capítulo 12, inabitual em um livro sobre a física, atém-se à interface desta e de outras disciplinas, como prolongamento, em outra direção, de um tema já abordado no capítulo 11, com a cosmologia: o das origens da vida, na fronteira entre a físico-química e a biologia. A esse respeito são abordados também alguns aspectos da questão das origens em seu conjunto. Pressupõe-se que esta questão, até há pouco tempo tida como suspeita pelo espírito científico, apresenta-se de maneira bem diferente, segundo a natureza do que se considera como origem, ou as origens. Podemos, aliás, começar com o aparecimento do pensamento e, especialmente, do pensamento reflexivo, que é o do conhecimento e que se manifesta com o homem (pode-se dizer como, e em que momento?): questão que não é inapropriada em uma obra sobre as ciências físicas, se nos interessa avaliar o lugar originário do homem na natureza física. A questão das origens coloca-se de maneira mais concreta a partir do estabelecimento da evolução das formas, formas dos seres vivos na biologia, formas dos objetos cósmicos e do universo na cosmologia. Mas veremos que a questão das origens é posta, na localização espaço-temporal, de uma maneira muito diferente daquela do universo em particular, em razão da unicidade e da totalidade deste último (que define o espaço e o tempo).

O capítulo 13 é consagrado a alguns elementos de informação e de reflexão sobre certas mudanças características dos métodos da física. Por um lado, os métodos teóricos, caracterizados por um aumento da abstração em seu recurso às teorias matemáticas, parecem cada vez mais afastados das noções comuns e das intuições familiares. Por outro lado, os métodos experimentais evoluem na direção da implementação de grandes aparelhagens complexas, com o auxílio de importantes meios financeiros, materiais e humanos. Além disso, a organização das experiências se efetua de uma maneira que é próxima do modo industrial, com suas estratégias, suas especializações, suas concorrências, suas justificações e seus relatórios que prometem sucesso relacionados com a capacidade de fazer predições teóricas (traços que fazem parte da natureza da "Grande ciência"). Mas é também, e em parte por isso mesmo, a natureza das ciências físicas que se vê questionada de uma maneira aparentemente mais vigorosa do que no passado. Esse questionamento diz respeito antes de mais nada a seu *objeto*, ao estatuto de sua "formalização" matemática e da relação desta com o que pode ser dito "físico" (isto é, o que é pensado por intermédio dos fenômenos dados na experiência). Essas mudanças contribuíram para multiplicar as aplicações da física e de suas técnicas a outras ciências (por exemplo, os métodos de datação, a utilização das radiações tanto em tecnologia quanto em medicina, a análise de dados por visualização, da física das partículas elementares à astrofísica do universo longínquo...).

O último capítulo, o 14, retoma algumas lições do percurso efetuado e esboça brevemente algumas reflexões sobre o que talvez venham a ser as ciências e a física do século XXI. Se certas direções podem ser delineadas, o conhecimento científico reserva, por definição, as novidades do que ainda é desconhecido. No final do século XIX, às vésperas das revoluções relativista e quântica que ele estava longe de imaginar, o físico Lord Rayleigh considerava que a física era uma ciência quase acabada, que comportava somente duas zonas obscuras: a não detecção do vento de éter e o comportamento da "radiação escura". Ora, esses dois fenômenos, inexplicados pela física clássica então em vigor, só encontraram explicação por meio das duas revoluções – a quântica e a relativista – que abalaram, em seguida, aquela mesma ciência. Mas, ao mesmo tempo, essas duas revoluções não surgiram do nada: os conhecimentos da época as traziam em si (ao menos, em parte), em seu seio, por assim dizer. Se, portanto, é presunçoso pretender predizer o que será a física de amanhã, o olhar dirigido àquela do século que acabou de chegar ao fim permite que arrisquemos fazer algumas reflexões epistemológicas para melhor compreender o que se passou realmente, em profundidade, com as inovações de nossos conhecimentos, tentando apreender o movimento na ordem das significações. Essa perspectiva constitui, de fato, o eixo da presente obra.

O texto é, às vezes, quando se faz necessário principalmente para os detalhes biográficos, completado por notas de rodapé. Cada capítulo é acompanhado de quadros explicativos e de ilustrações. Uma bibliografia constituída de textos principais e de leituras complementares, relativamente detalhada mas, obviamente, não exaustiva, é fornecida no fim do volume separadamente para cada capítulo.

Ao redigir este livro, esforcei-me para torná-lo legível para o maior número possível de leitores, sem jargão especializado nem cálculo matemático, desenvolvendo, da maneira mais clara possível, as noções, mesmo difíceis, com a intenção de dar a entender o que está em jogo, do ponto de vista da natureza tal qual a concebemos e do conhecimento, sem embaralhá-los com imagens fáceis e enganosas. O leitor poderá, assim, produzir uma representação para uso próprio do que é a matéria, de que ela é feita e de que é constituído o universo do qual ele faz parte. A narração desses conhecimentos e de seu estabelecimento é o de uma extraordinária aventura do espírito que hoje lhe diz respeito da mesma forma que aos heróis que teceram a história ao longo do século passado, prosseguindo os trabalhos dos que os precederam. Possa o leitor partilhar um pouco da paixão intelectual que os motivou. Comunicar essa paixão, suas razões, foi o que me estimulou a escrevê-la.

Michel Paty

1
Novos conceitos e a transformação das ciências físicas

Estamos hoje (no começo do século XXI) em condições de determinar o que teria sido importante para certa ciência e característico dessa ciência de maneira geral e, em particular, da física, no decorrer do século XX? Se é esse o caso, isso supõe que nosso olhar atual seja capaz de avaliar o que ocorreu nesta disciplina durante o século que acaba de chegar ao fim, digamos de 1900 a 2000. E supõe também que tenhamos a possibilidade de traçar o quadro bem pensado dos conhecimentos adquiridos ou, pelo menos, de reconhecer suas grandes linhas e suas significações fundamentais. O estabelecimento de um tal quadro requer, em particular, que nos atenhamos não apenas aos resultados – teóricos e experimentais – e a suas incidências e aplicações práticas, mas também à sua compreensão a partir de certa perspectiva intelectual. Esta deve avaliar a interrelação desses resultados, em cada grande domínio ou disciplina dessa ciência e igualmente no seu conjunto, no campo disciplinar denominado "a física", diferente, em parte, do que ele era nos séculos precedentes, e também em suas relações com outros domínios do conhecimento.

A história da ciência e a história das ideias não se encontram aqui em melhor posição do que a geral (isto é, a história social, econômica, política), ainda que o objeto dos conhecimentos científicos seja *a priori* menos tributário da contingência dos acontecimentos puramente históricos. Com efeito, a história da ciência não é somente a dos homens (no sentido genérico!) que fazem a ciência, mas a das ideias, "exatas" ou "objetivas", dessa ciência, seja da natureza, seja das formas matemáticas. De uma maneira geral, essa história nos ensina que, mesmo se acreditamos que somos capazes de fazer tal balanço, nada nos diz que este seja realmente definitivo, pois o futuro fica em aberto: o conhecimento atual situa-se entre seu passado e seu futuro, e os conhecimentos passados devem, via de regra quase geral, ser objeto de reavaliações com o decorrer do tempo e até, às vezes, a curto prazo. O ritmo dessas reavaliações acelerou-se nos últimos séculos com as mudanças sociais e o progresso do conhecimento em todos os domínios.

Entretanto, nossos conhecimentos "bem adquiridos", aceitos de maneira geral e ensinados, parecem-nos, muitas vezes, tão seguros que dificilmente imaginamos que aqueles do futuro, pelo menos do futuro imediato, não seriam diretamente previsíveis a partir deles. As antecipações dos primeiros autores de ficção científica (Jules Verne, Herbert-George Wells etc.), parecem-nos muito tímidas, mesmo se admiramos suas criações imaginativas e engenhosas, frente ao que chegamos a conhecer depois deles, e "a ciência ultrapassa a ficção", à medida que a natureza ultrapassa as representações que dela damos em certa fase, obrigando a modificá-las.

Podemos pensar em descrever de maneira objetiva e direta os conhecimentos adquiridos pela física no decorrer do século XX e, a partir daí, prever quais serão as grandes linhas do século que se abre diante de nós. Mas como ter certeza disso? Um pequeno apólogo ajudará a compreender a dificuldade, não apenas de antecipar nossos futuros conhecimentos, mas também de avaliar com exatidão os conhecimentos que acabamos de adquirir. Imaginemos que, em vez de ter de descrever o essencial dos conhecimentos adquiridos pela física no século XX, tivéssemos de fazer um balanço daqueles do século precedente, o século XIX. Teríamos duas maneiras simples de atender a uma tal demanda.

A primeira maneira consistiria em tentar jogar "o jogo do contexto", colocando-nos na pele de um historiador escrupuloso do final desse período, sem levar em conta, como método, os conhecimentos adquiridos posteriormente (no século XX). Tentaríamos situar-nos no final da época considerada, em 1899 ou 1900. Entretanto, seria possível não levar em nenhuma consideração o que aprendemos depois, quanto à significação dos conhecimentos que tínhamos até então? Isso não parece tão fácil, considerando-se as diversidades de apreciação, ao longo do tempo, da importância de certo resultado, sobre o qual os novos conhecimentos projetam frequentemente uma luz muito diferente, e as reorganizações, às vezes radicais, de perspectiva a que eles conduzem.

Podemos, pelo menos, tentar fazer o exercício colocando-nos na posição do historiador que se proporia a compreender a época estudada desde o seu interior. Ele poria entre parênteses, na medida do possível, seus conhecimentos dos períodos ulteriores, que só lhe serviriam, na verdade, para se posicionar, com um distanciamento, em relação ao objeto de sua descrição, para se situar em relação a esta (e talvez para ajustar sua objetividade ao que lhe diz respeito). Entretanto, ele tentaria ater-se estritamente aos conhecimentos da época e à significação que lhes fora então atribuída. Dessa maneira, ele traçaria o quadro desses saberes adquiridos, das suas interconexões, de suas aplicações técnicas, do que representavam em relação à cultura, às questões filosóficas, à situação do homem no mundo, no universo... Um bom material de base seria fornecido pelos balanços e pelas perspectivas na física, na matemática, na química, na biologia, nas ciências da Terra, na astronomia, que foram preparados nessa época pelos melhores espíritos, pelos melhores especialistas dessas disciplinas.

A segunda maneira de elaborar uma descrição desse mesmo passado consistiria em fazê-la simplesmente a partir de hoje e considerar os mesmos conhecimentos adquiridos durante o século XIX, mas neste caso contando com o distanciamento de um século a mais. O balanço que dele faríamos seria certamente diferente do precedente. Com efeito, os desenvolvimentos marcantes para cada ciência ocorridos no século XX mudaram as apreciações que hoje fazemos em relação às que delas podiam fazer, no século XIX, os cientistas (ou o público). Muitas vezes, o que nos parece importante hoje era simplesmente desconhecido para eles ou parecia ter um alcance secundário. Na maior parte dos casos, simplesmente não se podia imaginar os elementos de conhecimento que iriam abalar as maneiras de ver mais correntes.

Consideremos, por exemplo, as propriedades do campo – elétrico ou magnético –, representadas por equações diferenciais parciais, mas doravante sem o suporte de um *éter material* como meio contínuo: enquanto este último elemento parecia necessário para pensar esses *campos*, antes da teoria da relatividade restrita, depois dela podemos dispensá-lo sem problema. Ou ainda, consideremos a idade da Terra, objeto de especulações no fim do século XIX em função dos conhecimentos da época, principalmente na termodinâmica: em uma perspectiva de esfriamento, sem acréscimo significativo de energia, encarava-se a história da Terra como a de uma sucessão de contrações, e a idade que lhe era assim atribuída a rejuvenescia consideravelmente em comparação com os cerca de quatro bilhões de anos que a ciência lhe dá hoje. A física trouxe, nos primeiros anos do século XX, o conhecimento de grandes fontes de energia terrestre interna, com a radioatividade natural, de onde resultava a possibilidade de transformações dinâmicas. A observação da complementaridade da costa da África Ocidental e da América do Sul oriental (Brasil e Argentina), notada desde o século precedente, juntamente com a descoberta mais tardia da expansão dos fundos oceânicos, conduziu a uma teoria da deriva dos continentes fundada na tectônica de placas. Muito confirmada hoje, ela apareceria como impossível há cem anos. Da mesma forma, as estimativas sobre a duração de "vida" do Sol (calculadas por William Thomson, Lord Kelvin), na perspectiva da combustão química, não têm medida de comparação com o que fornece o conhecimento da energia emitida nas reações de fusão nuclear que se produzem no seio de nossa estrela.

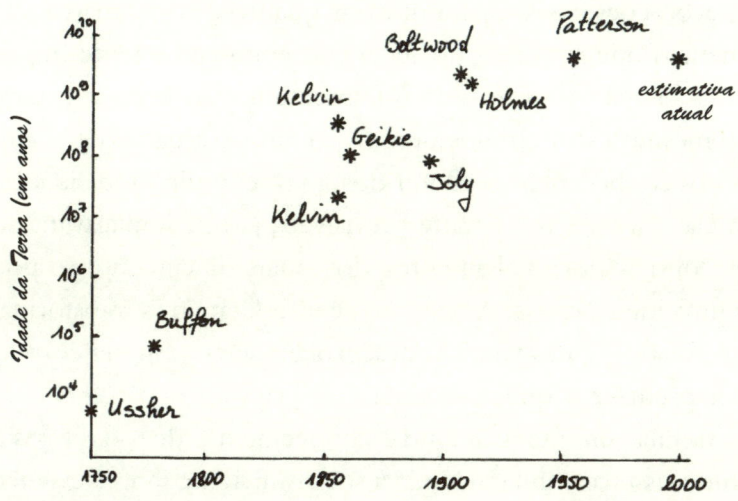

Figura 1.1. As idades da Terra propostas por diferentes físicos e geólogos.

Poderíamos igualmente evocar outras ciências como, por exemplo, as estatísticas genéticas feitas com ervilhas por Gregor Mendel no final do século XIX, que não interessavam muita gente e podiam ser vistas, no melhor dos casos, como o passatempo de um monge-jardineiro: as leis da genética, de acordo com a biologia molecular desenvolvida na segunda metade do século XX, forneceriam a razão profunda do que muitos até então viam como uma curiosidade sem grande consequência. Dali em diante, as leis de Mendel, no início quase desapercebidas, são consideradas como uma das mais importantes aquisições da biologia do final do século XIX.

Consideremos ainda a questão dos fundamentos lógicos da matemática, de Gottlob Frege e Bertrand Russell a Kurt Gödel, que conheceu uma inversão fulgurante de perspectiva: o célebre teorema de Gödel exclui a possibilidade de fundar racionalmente a matemática – mesmo seu ramo mais simples, como a aritmética – unicamente na lógica. Poderíamos também evocar os progressos tecnológicos que seguiram os avanços da física e que modificaram nosso meio ambiente cotidiano e nossas condições de vida – da energia nuclear aos raios laser ou à eletrônica dos computadores.

Essas evocações bastam para mostrar quanto os mais marcantes desenvolvimentos que surgiram no século XX eram certamente imprevisíveis, mesmo se nem todos fossem totalmente impensáveis, estritamente falando; e mesmo estes últimos desenvolveram-se a partir de germes já presentes nos conhecimentos adquiridos, mas segundo modalidades que não eram elas mesmas totalmente previsíveis; já que implicavam necessariamente outros desenvolvimentos dos quais dificilmente se poderia então ter uma ideia precisa. As ciências se interligam e as transformações dos conhecimentos e das técnicas desenrolam-se em estreita correlação. Para poder predizer o que cada uma delas virá a ser, seria preciso, no mínimo, dominar simultaneamente o conhecimento de todas essas frentes. Contudo, isso continuaria ainda a ser insuficiente, pois a essência do desconhecido é precisamente o fato de ainda não existir no espaço do conhecimento. E a essência da ciência é, por assim dizer, a de ampliar e de renovar esse espaço, fazendo advir o "novo", que deve inicialmente ser reconhecido como tal, para em seguida fazer ver o conjunto dos conhecimentos, antigos e novos, sob uma outra luz.

A comparação das duas maneiras de descrever os conhecimentos do passado, a imediata *no calor dos acontecimentos* da época, e a mais remota, *dispondo de recuo*, mostra-nos a relatividade dos pontos de vista e o quanto nossa apreciação dos conhecimentos é dependente da história. Mas essa relatividade dos conhecimentos e de sua avaliação não é "absoluta", ela não é a única coisa que deles se pode dizer. O caráter histórico desses conhecimentos, que se deve ao fato de que são produzidos por seres humanos, eles próprios inscritos em uma existência social e histórica, não esgota seus conteúdos.

Para avaliar a dependência temporal de nossos julgamentos sobre os conhecimentos, poderíamos também refazer nosso exercício de reflexão, examinando os conhecimentos adquiridos do passado mais longínquo, retornando a ele de século em século. Os trabalhos dos historiadores da ciência, como material de base, seriam acrescentados à comparação das reavaliações posteriores sucessivas. Este seria provavelmente um excelente método para avaliar o "progresso dos conhecimentos" de que se fala e para compreender suas características. Observaríamos, em particular, as reorganizações periódicas dos próprios saberes e sua solidariedade com as mudanças de perspectivas mais gerais, de ordem reflexiva – ou epistemológica –, filosófica, cultural etc.

Não tenho aqui o propósito de fazer tais análises. Por intermédio do apólogo dos diferentes olhares sobre uma ciência do passado, eu apenas queria salientar como, em matéria de conhecimento e, em particular, dos conhecimentos científicos, não só o futuro nos é imprevisível, como também não nos é imediatamente transparente o próprio passado, mesmo à luz dos conhecimentos ulteriores.

Da mesma maneira, a propósito dos conhecimentos, vimos serem colocadas questões como as da verdade, da objetividade, da novidade, da significação, da universalidade, do seu caráter provisório e relativo, do progresso. Trata-se, certamente, de questões muito gerais, que vão além dos conhecimentos científicos, pelo menos, no que concerne a sua descrição e a seus conteúdos. Mas sem essas noções, que servem, por assim dizer, de referentes dos conteúdos dos conhecimentos, estes não teriam significação, não saberíamos realmente do que falamos; ao mesmo tempo, nosso apólogo as submete à condição de dúvida generalizada. Esta dúvida é moderada, entretanto, por uma convicção íntima (mais ou menos firme, pois às vezes é contestada em certos detalhes) de que os *conhecimentos* de hoje são melhores, mais ricos e mais refinados do que os de ontem, de que guardam, por outro lado, o que ficou de seguro; e se eles os transformam é no sentido de ampliá-los. O saber, como estado dos conhecimentos, é cumulativo e se presta à ideia de progresso, mas não poderíamos estender esta consideração às outras dimensões da história humana.

Dessa maneira, a compreensão das razões profundas dos conteúdos de nossos conhecimentos nos vem, em definitivo, à medida que estes progridem; em outras palavras, *o sentido é dado ao passado pelo futuro*. A proposição parece ousada, e ela o é com efeito, mas só faz refletir a própria ideia de progresso dos conhecimentos. Pois, pensando bem, não é esta a única maneira de conceber que o pensamento humano possa se apropriar do mundo (da natureza), nutrindo-se do que ele é, ao transformar em conhecimento racional o que nos era desconhecido e que nos aparece, em primeiro lugar, empiricamente, para depois ser progressivamente assimilado pelo exercício da razão? Mas esse movimento para a frente que nos arrasta – arrasta o pensamento e a própria racionalidade ampliada por novas perspectivas – só é possível porque, ao mesmo tempo, esses conhecimentos, a cada etapa, têm sentido e contêm sua própria significação. Nós os julgamos segundo a razão, e nossa pesquisa, motivada pela consciência dos limites de nosso saber, leva-nos à superação da razão por ela mesma, segundo suas próprias exigências.

Isso nos mostra também que a reflexão sobre as ciências na sua história vai ao encontro das mais importantes questões da filosofia. Mas não é sobre elas que falaremos a seguir. Limitar-nos-emos modestamente a expor os resultados da física, acompanhando-os de reflexões epistemológicas ou filosóficas somente à medida que estas forem estritamente necessárias... Deixo ao leitor a liberdade de prolongá-las a seu bel-prazer.

Nosso apólogo demonstra o quanto, ao tentarmos esboçar um quadro dos conhecimentos adquiridos em física durante o século passado (desta vez, o século XX), temos consciência de seus limites, dada a estreita proximidade com os dados ainda muito recentes para poderem ser plenamente avaliados. Entretanto, é útil propor esta visão retrospectiva, logo depois de transpor esta etapa (o último século do segundo milenar). Certamente, os séculos que se sucedem se separam uns dos outros apenas pela convenção do calendário: os períodos não são mais do que as coordenadas da história e qualquer outra divisão seria igualmente legítima. A escolha de um século é o que se faz habitualmente, é um fato cultural, e levá-lo em conta não é desprovido de sentido. Damos muita importância aos aniversários: eis aqui um, que é, pelo menos, comum a muitos, senão a todos, embarcados que estamos em uma história cada vez mais compartilhada (ou sofrida).

Ora, quando evocamos o século XX, o que nos toca imediatamente são os transtornos da história do planeta. Os dois grandes conflitos mundiais marcaram a primeira metade. O primeiro (a Grande Guerra de 1914-1918) constituiu certamente uma ruptura muito maior com o período precedente do que a virada propriamente dita do século XIX ao século XX, a tal ponto que o historiador britânico Eric Hobsbawn considera a data de 1918 como o verdadeiro início do século XX, no que diz respeito aos movimentos da história. Mesmo se aqui não temos a intenção de tratarmos da história (nem das grandes concepções filosóficas), não podemos deixar de evocar alguns de seus aspectos nesta introdução. Pois é de uma maneira especial que a história marcou a renovação das ideias na física do começo do século XX.

No mesmo momento em que a Primeira Guerra se desencadeava, testemunhando a loucura dos povos, novos conhecimentos científicos tomavam forma. Estes abalariam, com uma rapidez jamais vista na história, a imagem que o homem fazia do mundo assim como sua própria imagem, e suas concepções sobre o conhecimento. Quando a fumaça do grande confronto mortal se dissipou, uma nova paisagem, sob muitos aspectos, ofereceu-se ao olhar, em um horizonte muito mais largo.

A mais grandiosa e surpreendente modificação, que suscitou debates apaixonados e a fascinação de muitos, concernia a visão do mundo físico e do universo. A expedição científica conduzida em maio de 1919 na Guiné e no Brasil, dirigida pelo astrônomo Arthur Eddington e encomendada pela Royal Society e pela Royal Astronomical Society de Londres, para observar um eclipse do Sol no equador, tinha em si mesma um valor altamente simbólico. O que nela estava em jogo ultrapassava de longe o conhecimento unicamente astrofísico da coroa e das erupções solares, já que sua meta principal era a observação de uma eventual curvatura dos raios luminosos provindos de estrelas ao passarem nas proximidades do Sol. Esta propriedade significava que o espaço é encurvado pelas grandes massas de matéria que ele contém; o que constituía uma das principais consequências da teoria da relatividade geral, apresentada por Albert Einstein (1879-1955) na Academia de Ciências de Berlim, já no final de 1915.

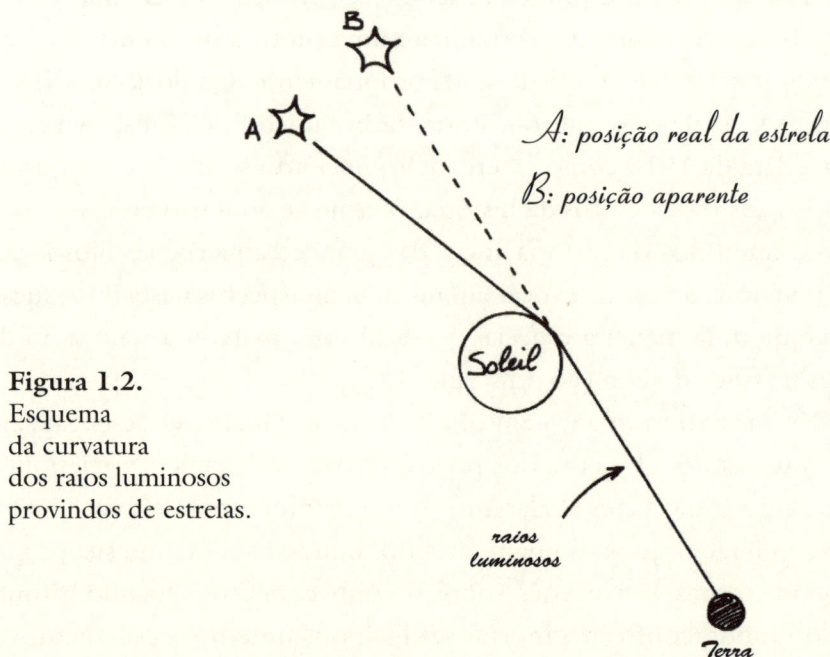

Figura 1.2.
Esquema da curvatura dos raios luminosos provindos de estrelas.

A teoria da relatividade de Einstein modificava profundamente os conceitos físicos de espaço e de tempo e obrigava, ao mesmo tempo, a retificar a maneira pela qual os físicos os apreendiam desde de dois séculos, segundo uma espécie de evidência intuitiva. Ao mesmo tempo, a cosmologia punha, por assim dizer, o universo inteiro ao alcance das mãos dos cientistas, que descobriam sua imensidade e, pouco depois, seu movimento de expansão. Os anos que precederam a Primeira Guerra Mundial de 1914-1918 conheceram ainda uma fase decisiva de uma outra revolução. Esta fora talvez mais radical, já que dizia respeito ao conhecimento da matéria "comum" em sua íntima estrutura, primeiramente atômica, em seguida, subatômica (esta última sobretudo depois do fim da Segunda Guerra Mundial): a física quântica, cuja potencialidade máxima é estabelecida a partir dos anos 1930. É também a partir desse período que alguns cientistas, apoiando-se nos resultados anteriormente obtidos por Henri Poincaré, começaram a explorar, inicialmente de um ponto de vista matemático, e mais tarde igualmente físico, os sistemas dinâmicos. Esses estudos dariam lugar, a partir dos anos 1960, às concepções sobre o "caos determinista".

Todos os outros campos da ciência e, particularmente, as outras ciências exatas ou da natureza conheceram nessa época inovações consideráveis. Nas ciências ditas formais, como os diversos ramos da matemática e da lógica, as transformações afetaram até as questões de seus próprios fundamentos, enquanto o cálculo operacional e a informática tomavam um impulso, que se efetivaria após a Segunda Guerra Mundial. Nas ciências da natureza, além da física, a química começava a sentir os efeitos da revolução quântica e a biologia fazia o inventário das implicações da teoria darwiniana da evolução, desenvolvia a imunologia e a genética, preparando o terreno para a abordagem biomolecular que triunfaria nos anos 1950, enquanto a neurofisiologia, beneficiando-se das técnicas físico-químicas mais recentes, conhecia, a partir dos anos 1980, um desenvolvimento que teve por consequência o impulso das ciências cognitivas. Na geologia, a teoria da deriva dos continentes, confirmando as considerações pioneiras feitas, desde 1912, por Alfred Wegener, então rejeitadas, verificar-se-ia cinquenta anos depois como uma outra revolução maior de nossa "imagem do mundo". Suas lições convergiam com as de outras disciplinas que falavam da evolução do universo, de "vida e morte" das estrelas onde se elaboram os elementos químicos, de evolução e de nascimento da vida, para ensinar que a matéria cósmica, física, química, biológica, é sede de um processo de gênese de formas e de modificações incessantes; e para demonstrar que o tecido da matéria (inanimada ou viva) e do universo é uno, e que todos esses processos se concatenavam uns com os outros.

À semelhança dessas placas continentais que se empurram deslizando umas sob as outras, fazendo surgir, na longa paciência de milhares e milhões de anos, as novas configurações do globo sob nossos pés, as novas ciências fronteiriças aparecem, desde então, como os espaços em que se revelam e determinam de maneira fundamental as perspectivas que renovam nossos conhecimentos.

2
A teoria da relatividade

A teoria da relatividade, desenvolvida no início do século, comporta duas etapas. A primeira, a *relatividade restrita*, nasceu da necessidade de tornar compatíveis entre si duas ciências bem estabelecidas: a mecânica dos corpos materiais e a dinâmica dos campos eletromagnéticos. Ao expressar a invariância das leis físicas nos movimentos retilíneos uniformes – ou de inércia –, a teoria da relatividade corresponde a uma modificação – em relação às definições aceitas desde Newton – dos conceitos de espaço e de tempo: eles, assim como a noção de simultaneidade, não são mais independentes e absolutos, mas, sim, relativos ao referencial de coordenadas espaciais e de tempo ao qual os referimos. A estreita relação entre os conceitos de espaço e de tempo exprime-se sob a forma de um novo conceito físico-matemático, o *espaço-tempo* de quatro dimensões. A massa é uma forma de energia, traduzida na fórmula $E = mc^2$, a qual se tornou célebre por sua verificação e utilização nas reações nucleares.

A segunda etapa, a teoria da relatividade geral, resultou de duas considerações principais: o caráter arbitrário da restrição das invariâncias físicas aos movimentos inerciais, o que sugeria a possível extensão das mesmas a quaisquer movimentos acelerados; e a igualdade da aceleração local dos corpos em um campo de gravitação – a lei de Galileu da queda livre dos corpos –, erigida por Einstein em *princípio de equivalência* entre um campo de gravitação e um movimento acelerado. A teoria, desenvolvida sobre essa base com a ajuda do formalismo matemático do espaço-tempo e do cálculo diferencial absoluto – cálculo tensorial –, permite expressar uma nova teoria relativista generalizada da gravitação. Essa fornece a estrutura do espaço-tempo para espaços físicos doravante não euclidianos e tempos não uniformes: a curvatura é determinada pelas massas que o espaço-tempo contém e pelos campos gravitacionais dos quais essas massas são as fontes.

Figura 2.1.
Albert Einstein
(1879-1955).

Essas duas etapas da teoria da relatividade resultaram em primeiro lugar dos trabalhos de Albert Einstein, na lógica de um movimento de pensamento centrado na ideia da invariância das leis físicas nas transformações decorrentes dos movimentos relativos e, nessa perspectiva, na crítica das teorias físicas existentes e de seus conceitos. Dessa maneira, a relatividade restrita aparece, retrospectivamente, como preparatória à teoria da relatividade geral. A originalidade intrínseca da segunda, que germinou no cérebro de Einstein, confirmou e radicalizou a ideia forte já presente na primeira, a saber, a necessidade de modificar os conceitos de espaço e de tempo e de atribuir-lhes um conteúdo físico ditado pelas propriedades gerais da matéria, tais como elas se exprimem por meio dos enunciados de princípios físicos próprios a essas teorias.

A relatividade restrita

Certos aspectos da relatividade restrita foram igualmente elaborados em outros trabalhos que prepararam ou acompanharam as pesquisas de Einstein, dentre os quais, em primeiro lugar, estão aqueles de Hendryk A. Lorentz e Henri Poincaré.[1] Estes formularam as propriedades de uma *dinâmica eletromagnética* cujas equações eram semelhantes àquelas de Einstein, mas para conteúdos conceituais sensivelmente diferentes. As fórmulas de transformação das coordenadas do espaço e do tempo (denominadas por Poincaré de "transformações de Lorentz"), necessárias segundo eles para a dinâmica eletromagnética, podiam ainda coexistir com a concepção de um espaço físico – o éter em repouso – e de um tempo, ambos absolutos e em conformidade com aqueles da mecânica clássica newtoniana.

A teoria de Einstein, publicada em 1905, dizia respeito inicialmente à "eletrodinâmica dos corpos em movimento", teoria que ela se propunha reformar para colocá-la em conformidade com o "princípio da relatividade", o qual enuncia que as leis dos fenômenos físicos não dependem do movimento – retilíneo e uniforme ou de "inércia" – dos corpos que são a arena desses fenômenos. Para chegar a esse resultado, Einstein empreendeu em realidade uma reforma mais vasta, ultrapassando o projeto inicial e chegando ao que se chamaria a *teoria da relatividade (restrita)*, que

---

[1] Hendryk Antoon Lorentz (1853-1928), físico holandês, autor da teoria do elétron fundada na teoria eletromagnética de Maxwell, que previa, entre outros efeitos, a decomposição das raias espectrais em um campo magnético (efeito Zeeman), observada em 1896 por Peter Zeeman (físico holandês, 1865-1943), Prêmio Nobel de Física com Lorentz em 1902. Henri Poincaré (1854-1912), matemático, físico e filósofo, inventor das funções automorfas, um dos fundadores da topologia, contribuiu com avanços decisivos na geometria analítica, no estudo das equações diferenciais e na mecânica celeste: sua solução nova para o problema dos três corpos lhe valeu o Grande Prêmio do Rei da Suécia em janeiro de 1889. Ele formulou igualmente uma teoria relativista da eletrodinâmica próxima em certos aspectos da relatividade restrita de Einstein.

exprime uma condição de invariância – mais exatamente de *covariância*[2] – não condicionada a uma dinâmica particular, ao contrário, obrigatória para qualquer dinâmica.

A validade do princípio da relatividade, considerada até então como verificada para a mecânica, parecia-lhe dever ser estendida à ótica e ao eletromagnetismo, por razões que eram tanto empíricas quanto teóricas. As razões "empíricas" eram, de fato, generalizações de resultados de experiências incidindo sobre conjuntos de *fenômenos* confirmados mais que relativas a observações singulares. Elas diziam respeito aos fenômenos óticos e, de modo ainda mais geral, aos fenômenos eletromagnéticos. Os resultados de observações astronômicas em ótica sobre a ausência de "anisotropia terrestre" – impossibilidade de colocar em evidência o movimento absoluto da Terra – eram o suporte desse tal princípio.

A mais antiga das observações astronômicas consistia na "aberração estelar", que remontava ao século XVIII: o astrônomo James Bradley[3] tinha observado no céu que a posição das estrelas fixas vistas da Terra varia com o movimento anual do planeta em torno do Sol, e da mesma forma para todas as estrelas. Bradley compreendeu que esse efeito era devido à velocidade finita da luz: a direção aparente da estrela fixada pela luneta é modificada pelo efeito conjunto da velocidade da luz e da velocidade de deslocamento da Terra. Ao longo do ano, a posição da estrela descreve uma pequena elipse muito próxima de um círculo de diâmetro angular $a = v/c$, em que a é denominado "parâmetro de aberração" ou simplesmente "aberração".

Uma outra observação astronômica, feita por François Arago[4] em 1810, tinha estabelecido que o ângulo de refração da luz proveniente das estrelas e incidindo sobre um prisma não é modificado pelo movi-

---

[2] A *covariância*, para uma grandeza dada, indica a forma de sua transformação devido a mudanças do referencial espaço-tempo.

[3] James Bradley (1683-1762), astrônomo britânico.

[4] François Arago (1786-1853), astrônomo e físico francês, exerceu também funções políticas.

mento de arrastamento da Terra. Esta observação contradizia a ideia, admitida desde Newton, de que a luz era feita de corpúsculos: suas velocidades, supostas diferentes em função de seus processos de emissão (por exemplo, se a estrela fonte era mais ou menos massiva), deveriam ter sido modificadas pelo movimento da Terra, e o ângulo de refração com a mesma.

Figura 2.2.
Hendryk Anton
Lorentz (1853-1928).

Na teoria ondulatória da luz, proposta por Augustin Fresnel,[5] a luz era composta de oscilações periódicas de um meio, o *éter*, imóvel no espaço absoluto: essas oscilações se propagavam no espaço vazio à mesma velocidade (a velocidade da luz no vácuo, c). Esta teoria dava conta naturalmente da aberração, mas exigia uma hipótese suplementar para concordar com o resultado de Arago. Com efeito, era preciso admitir que ao atravessar corpos refringentes (com índice de refração n) arrastados com certo movimento de velocidade v, a luz sofreria uma pequena modificação de sua velocidade em função da velocidade de arrastamento. A modificação se traduzia por um "coeficiente de Fresnel", sugerido por

---

[5] Augustin Fresnel (1788-1827), físico francês.

este em 1818 e explicado como resultante de um "arrastamento parcial do éter" pelos corpos que o atravessavam.⁶ Essa modificação da velocidade da luz nos corpos refringentes em movimento compensava assim o efeito suposto do movimento sobre a refração, deixando em definitivamente inalterada a lei de refração.

A fórmula de Fresnel do "arrastamento parcial do éter" foi verificada, na sequência, em uma experiência fundamental, feita por Hippolyte Fizeau⁷, em 1851, sobre a velocidade da luz em um meio refringente arrastado. Esta experiência "materializava" a fórmula de Fresnel para um raio luminoso que era dividido para atravessar um tubo duplo de ar e de corrente de água (de índice n e velocidade v), e depois essas partes se recombinam e formam uma figura de interferência. A inversão do sentido da corrente de água produzia um deslocamento das franjas bem descrito pela fórmula de Fresnel. O efeito do movimento é de "primeira ordem", isto é, proporcional à quantidade v/c (chamada igualmente de "aberração"). Por outro lado, essa experiência eliminava completamente a eventualidade de um arrastamento total do éter, que tinha sido objeto de teorias alternativas àquelas de Fresnel e de Maxwell-Lorentz (a exemplo daquelas de George G. Stokes e de Heinrich Hertz).⁸

Outras experiências foram a seguir realizadas com o objetivo de identificar uma variação das leis da ótica em função do movimento e colocar assim em evidência uma diferença dessas leis para o movimento e para o repouso. O movimento era o da Terra em translação anual em torno do Sol; as fontes luminosas utilizadas eram de dois tipos, fontes terrestres e

---

⁶ A velocidade da luz em um meio refringente de índice n em repouso com relação ao éter é $V = c/n$. Quando o meio refringente está em movimento com velocidade v, a velocidade muda para $V' = c/n \pm \alpha v$ (com $\alpha = 1 - n^2$). α é o "coeficiente de Fresnel".

⁷ Hippolyte Fizeau (1819-1896), físico francês.

⁸ George Gabriel Stokes (1819-1903), matemático e físico britânico. Heinrich Hertz (1857-1894), físico alemão, descobriu as ondas eletromagnéticas e mostrou, em 1888, que elas seguiam as mesmas leis que a luz. Ele foi também o primeiro a observar o efeito fotoelétrico.

luz solar refletida em espelhos. Algumas experiências eram de "primeira ordem" (como aquela de Fizeau), a exemplo das que foram realizadas por Eleuthère Mascart[9] em 1874 sobre o conjunto de fenômenos óticos arrastados no movimento da Terra (difração, refração, dupla refração e polarização rotatória). Outras eram de "segunda ordem" e de precisão muito elevada, a exemplo da experiência com interferências óticas realizada por Michelson e Morley em 1886.[10] O balanço do resultado de todas essas experiências era a impossibilidade de colocar em evidência o movimento do conjunto de um sistema ótico (fonte, rede ou instrumento ótico, receptor, observador) arrastado no movimento terrestre. Em todos os casos, ocorria uma compensação: ela podia ser explicada tendo em conta o efeito Doppler-Fizeau[11] para o comprimento de onda e o coeficiente de Fresnel para a refração.

À época, os físicos faziam uma distinção entre as experiências de primeira ordem (como as de Fizeau e Mascart) e as de segunda ordem ou ordens superiores (como as de Michelson e Morley).[12] Por sua parte, Einstein não prestava uma atenção particular a essa diferença: o fato importante parecia-lhe ser a submissão dos fenômenos óticos ao que

---

[9] Eleuthère Mascart (1837-1908), físico francês, professor do Collège de France.

[10] Albert Michelson (1852-1931), Edward Williams Morley (1838-1923), físicos americanos. Michelson recebeu o Prêmio Nobel de Física de 1907.

[11] O efeito Doppler-Fizeau é a modificação da frequência aparente de uma vibração para um observador (ou sistema de referência) em movimento relativo à fonte. Constatado em 1842 para as vibrações sonoras por Christian Doppler (físico austríaco, 1803-1853), ele foi estendido às vibrações luminosas por Fizeau.

[12] A teoria dos elétrons de Lorentz (1895) obtinha o coeficiente de Fresnel por dedução e assim dava naturalmente conta da experiência de Fizeau. Contudo, os efeitos de segunda ordem permaneciam inexplicados, a não ser que se postulasse, como admitiam Lorentz e Poincaré, uma contração dos comprimentos na direção do movimento. É sobre esta hipótese que Lorentz e Poincaré fundaram suas teorias da eletrodinâmica dos corpos em movimento, paralelas à de Einstein. Eles a generalizaram por meio das "fórmulas de transformação de Lorentz". Na teoria de Einstein, ao contrário, as fórmulas de transformação e sua consequência, a contração dos comprimentos, são deduzidas a partir de princípios adotados desde o início.

ele chamou o "princípio da relatividade", isto é, que eles não permitiam julgar se um sistema físico estava em repouso ou em movimento. A relatividade do movimento era constatada, por outro lado, para todos os fenômenos relativos à mecânica. No que diz respeito aos fenômenos óticos e eletromagnéticos, nada indicava *a priori* que o princípio deveria ser também válido: mais parecia o contrário, já que se supunha que esses fenômenos tinham como sede o éter em repouso absoluto.

Na ótica, contudo, era preciso admitir que as compensações aos efeitos do movimento absoluto fossem tais que só se pudesse constatar movimentos relativos. Para Einstein, isso não parecia muito razoável: para ele seria melhor considerar que toda a ótica obedece também ao "princípio da relatividade", mesmo que as teorias correntes para isso sejam contrárias.

Quanto aos fenômenos eletromagnéticos, Einstein observava que eles também permaneciam os mesmos quando movimentos relativos eram invertidos, a exemplo da indução elétrica – uma corrente é produzida em um circuito fechado situado dentro de um campo magnético, que ocorre quando se move o circuito ou o ímã, enquanto o outro permanece imóvel. A teoria que dá conta desses fenômenos – a teoria do campo eletromagnético resultante dos trabalhos de James Clerk Maxwell[13] completada pela teoria dos elétrons de Lorentz – não respeita essa simetria. Dessa maneira, o aparecimento de uma corrente induzida tinha duas explicações diferentes conforme o caso, e seria preciso então modificar a teoria em relação a esse aspecto.[14] Se a teoria de Maxwell-Lorentz era insatisfatória, era porque ela preservava um sistema de referência privilegiado – o sistema em repouso do *éter*. Era preciso formular uma "ele-

---

[13] James Clerk Maxwell (1831-1879), físico britânico.

[14] Segundo a teoria eletromagnética de Maxwell em sua formulação pré-relativista, quando um circuito elétrico fechado está em movimento em um campo magnético em repouso, é criada uma força eletromotriz que gera a corrente elétrica. Quando é o campo magnético que está em movimento (com o ímã), aparece uma corrente induzida no circuito elétrico em repouso. Os efeitos eram os mesmos, mas suas explicações teóricas eram diferentes.

trodinâmica dos corpos em movimento" que conciliasse o princípio da relatividade e a propriedade mais fundamental da teoria eletromagnética de Maxwell: a saber, a constância da velocidade da luz – onda eletromagnética – independentemente do movimento de sua fonte.

Raciocinando dessa maneira, Einstein colocava o problema teórico em termos de uma reforma, uma pela outra, das duas teorias em questão: a mecânica – ciência do movimento dos corpos – e o eletromagnetismo, cada uma representada por um princípio físico de validade universal, ou seja, o *princípio da relatividade* para a primeira e o *princípio de constância da velocidade da luz* para a segunda. Esses dois princípios, sendo universais, deveriam ser respeitados em todos os fenômenos físicos. Essa maneira original de enunciar o problema da reforma teórica indicava de saída uma dificuldade fundamental: esses dois princípios eram, na aparência, incompatíveis. De fato, a velocidade da luz, sendo constante em um referencial em repouso absoluto (tendo o éter como suporte), deveria ser diferente em qualquer sistema em movimento relativamente àquele do repouso absoluto, o que contrariava as exigências do princípio da relatividade. Contudo, Einstein mostrou que esses dois princípios eram incompatíveis somente porque se admitia implicitamente que as velocidades de dois movimentos – no caso o da luz e o do referencial – se compunham conforme a lei galileana da adição de velocidades ($V = v + c$, em que v é a velocidade do referencial em movimento).

Era possível admitir os dois *princípios físicos* escolhidos como fundamentais, mas com a condição de abandonar a lei de adição de velocidades da mecânica clássica. Uma vez que a velocidade é sempre definida como a relação da distância percorrida pelo tempo gasto para percorrê-la, era preciso então interrogar-se sobre a significação física do espaço e do tempo em sua relação mútua. Inspirado pelas reflexões anteriormente propostas por Ernst Mach[15] e por Poincaré – principalmente sobre o caráter subjetivo da simultaneidade –, Einstein se posicionou no dever de examinar os conceitos de espaço e de tempo enquanto grandezas

---

[15] Ernst Mach (1838-1916), físico e epistemólogo austríaco.

físicas em suas relações com os fenômenos. A análise da noção de simultaneidade de eventos levou Einstein a precisar a significação física das coordenadas de espaço – ligadas a um referencial concebido no modo de réguas rígidas[16] – e do tempo – ligado ao registro dos relógios. A passagem de um ponto do espaço a outro, e de um instante a outro, implica a consideração de fenômenos físicos agindo entre esses espaços e esses tempos – por exemplo, uma transmissão de um sinal luminoso. Essas ações acontecem sempre em um tempo finito, e não instantaneamente, como na mecânica newtoniana, e dessa maneira o que chamamos "simultaneidade" será sempre relativa ao referencial considerado. De outro lado, esses fenômenos físicos deviam estar submetidos aos dois princípios de validade universal admitidos inicialmente.

Figura 2.3.
Paul Langevin
(1872-1946).

Einstein deduziu diretamente dessas considerações as fórmulas de passagem de um sistema de coordenadas e de tempo para um outro em movimento relativo – as transformações de Lorentz –, fazendo aparecer uma dependência mútua das coordenadas do espaço e do tempo. Dessas fórmulas resultava, diferente da adição galileana,

---

[16] Definidas para um espaço euclidiano.

uma nova lei – relativista – de composição das velocidades, a qual assegurava a constância da velocidade da luz quando esta era composta com qualquer outra velocidade, e que tornava a velocidade da luz um limite absoluto.[17] Das mesmas fórmulas resultava também a perfeita simetria dos movimentos relativos e a perda do privilégio do referencial associado ao *éter* em repouso. A própria noção de um éter, concebido até então como uma espécie de intermediário entre a matéria e o espaço e que parecia indispensável como suporte da propagação da luz e dos campos elétricos e magnéticos, tinha se tornado uma hipótese inútil.

As novas propriedades cinemáticas de referenciais em movimento relativo, tanto das distâncias (contração no sentido do movimento) quanto da duração (dilatação), exprimem a relatividade do tempo e do espaço e asseguram que estas duas grandezas possuem uma significação física. Em particular, a dilatação dos intervalos de tempo corresponde a batimentos diferentes de relógios em sistemas em movimento relativo, como Einstein esclareceu desde seu artigo de 1905. Paul Langevin[18] nela se apoiou, algum tempo mais tarde, para formular o argumento da "experiência de pensamento" dos gêmeos que se reencontram com idades diferentes no final de uma viagem cósmica realizada por um deles enquanto o outro permanece na Terra. O viajante envelheceu mais lentamente que seu irmão que havia permanecido em repouso.[19]

---

[17] Para duas velocidades colineares, u e v, sua composição vale $V = (u+v)/(1+uv/c^2)$. Se uma delas é a velocidade da luz, $u = c$, isto acarreta $V = c$.

[18] Paul Langevin (1872-1946), físico francês, professor no Collège de France.

[19] O fato de que o gêmeo viajante seja obrigado a mudar de referencial ao empreender a viagem de retorno (invertendo sua velocidade) introduz um referencial absoluto que rompe a simetria dos movimentos relativos entre apenas os dois sistemas (aqui, há três sistemas de referência).

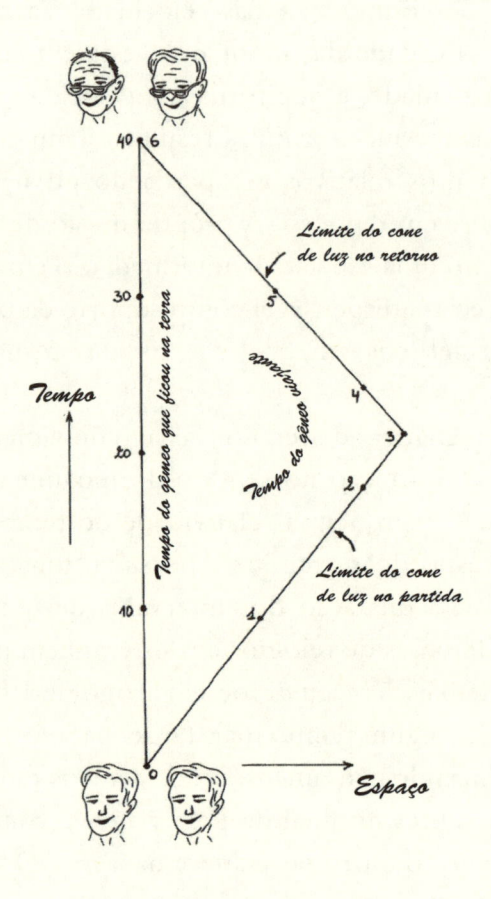

Figura 2.4.
A experiência dos dois gêmeos de Paul Langevin. O viajante que partiu pelo espaço viveu um tempo dilatado em comparação com aquele vivido por seu irmão gêmeo que ficou na Terra: envelheceu, portanto, menos rapidamente.

Do mesmo modo, partículas de curta duração de vida em seu sistema próprio, produzidas na atmosfera por interação dos raios cósmicos, podem chegar à Terra porque seu tempo de vida visto do laboratório (terrestre) é aumentado (em comparação com seus tempos de vida próprios) em razão da velocidade de seu movimento. Ou, ainda, as partículas de altas energias produzidas em aceleradores têm sua duração de vida estendida no sistema em repouso relativo nos quais elas são detectadas. Tais experiências foram realizadas muito depois da formulação da teoria da relatividade restrita, da qual elas são uma ilustração direta: elas são hoje de uso corrente, o que contribuiu para familiarizar os físicos com essas noções que lhes são doravante intuitivas.

Figura 2.5. Congresso Solvay de 1911. No primeiro plano, sentados, da esquerda para a direita, Nernst, Brillouin, Solvay, Lorentz, Warburg, Perrin, Wien, Marie Curie, Poincaré. De pé, da esquerda para a direita: Goldschmidt, Planck, Rubens, Sommerfeld, Lindemann, de Broglie, Knudsen, Hasenohrl, Hostelet, Kamerlingh Onnes, Einstein, Langevin.

Mencionamos anteriormente a relação entre a massa e a energia: ela é uma consequência da nova cinemática e aplica-se a todo elemento de matéria. Ela é mais significativa quando as energias ou as trocas de energia são elevadas, como nas desintegrações radioativas ou nas reações nucleares, mas ela é uma relação de validade geral. Nos últimos anos, ela foi constatada em certas reações químicas envolvendo elementos situados nas últimas colunas da tabela periódica, onde as energias de ligação das camadas atômicas internas são elevadas.

O essencial da teoria da relatividade de Einstein está contido nas propriedades que acabamos de indicar: elas dizem respeito a uma nova "cinemática", isto é, a uma nova maneira de conceber e de formular as propriedades gerais do movimento dos corpos no espaço e no tempo. Esse movimento tem efeitos que constrangem a forma da dinâmica por meio da exigência da *covariância*, transcrição matemática do princípio da relatividade sob a forma das grandezas da teoria física e de suas equações.

O matemático Hermann Minkowski[20] exprimiu pouco depois a teoria matemática do espaço-tempo diretamente apropriada à relatividade restrita de Einstein. Para isso, ele retomou a ideia, inicialmente proposta por Poincaré, de escrever o tempo como uma quarta coordenada do espaço, imaginária ($x_4 = ict$, com $i = \sqrt{-1}$).[21] As coordenadas espaciais e o tempo eram substituídos pelo *espaço-tempo* contínuo de quatro dimensões (três para o espaço e uma para o tempo) ligadas entre si por uma *constante de estrutura* do espaço-tempo, que é a própria velocidade da luz, invariante em todas as transformações. Nesse universo quadridimensional, as transformações de Lorentz correspondem às rotações das quatro coordenadas que deixam invariantes as "distâncias", as quais se exprimem como um teorema de Pitágoras para as quatro dimensões. A *métrica* desse hiperespaço – ou universo de Minkowski – é então caracterizada por um elemento invariante de "distância" $ds^2 = dx_1^2 + dx_2^2 + dx_3^2 - c^2 dt^2$, e sua assinatura (+,+,+,-) é a de um espaço *quase-euclidiano*.

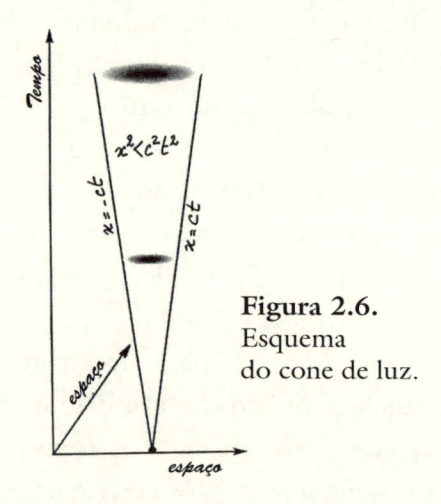

Figura 2.6.
Esquema do cone de luz.

---

[20] Hermann Minkowski (1864-1909), matemático alemão.

[21] A ideia de considerar o tempo como uma quarta coordenada, para aproximar a mecânica da geometria, tinha sido proposta com muita anterioridade por D'Alembert e Lagrange, mas o tempo e o espaço permaneciam independentes um do outro; Jean Le Rond d'Alembert (1717-1783), matemático, físico, filósofo e enciclopedista francês; Joseph Louis Lagrange (1736-1813), matemático e físico francês originário de Turim, autor da *Mécanique analytique* (1788).

No espaço-tempo (que pode ser visualizado tomando-se apenas uma coordenada de espaço x e o tempo t), toda ação propagada à velocidade da luz percorre uma distância espacial x em um intervalo de tempo t tal que $x^2 = c^2 t^2$, sendo $x = \pm ct$. Esta equação define o "cone de luz". A região do espaço-tempo interna ao cone de luz – dita do *"tipo-tempo"* ($x^2 < c^2 t^2$) – é aquela das ações físicas entre dois de seus pontos, e a região externa – dita do *"tipo-espaço"* ($x^2 > c^2 t^2$) – é não física porque dois de seus "quadripontos" não podem estar ligados por relações causais.

A relatividade geral

A transformação de nossas concepções do espaço, do tempo e da causalidade física seriam radicalizadas pela teoria da relatividade geral de Einstein. Todavia, o ponto de partida desta última não se encontra na consideração imediata do espaço-tempo. Einstein formulou as duas ideias físicas que estão na base de sua nova teoria antes da formulação do espaço-tempo de Minkowski. Ele só adotou esta última quando vislumbrou a solução do problema físico posto em termos de uma nova "geometria" espaço-temporal. Se a teoria da relatividade geral, cuja formulação completa foi finalizada no final de 1915, é uma sequência da teoria da relatividade restrita, ela o é, de início, como uma reflexão crítica sobre os conceitos e a formulação das teorias físicas em relação com a relatividade dos movimentos, reflexão levada mais adiante que a teoria precedente.

Einstein colocou as premissas da nova teoria desde 1907, interrogando-se sobre a teoria da gravitação com relação à relatividade dos movimentos. A questão era dupla. De uma parte, por que limitar a invariância relativista aos movimentos de inércia – retilíneos e uniformes –, enquanto que esses movimentos são assim caracterizados por nossa própria posição, que é ela mesma relativa a outros movimentos mais gerais? Seria *a priori* mais objetivo ter considerado a relatividade para movimentos quaisquer – acelerados, curvos etc. De outra parte, o fato fundamental da gravitação, a lei da queda dos corpos de Galileu,[22] que estipula a igualdade de aceleração para todos os corpos abandonados em queda livre a partir da mesma altura, pode ser expressa sob a forma de um "princípio de equivalência" local (em um ponto dado do espaço-tempo) entre um campo de gravitação homogêneo e um movimento uniformemente acelerado. No interior de um elevador em queda livre, não nos damos conta da queda porque ela é anulada pelo arrastamento do movimento acelerado. O "princípio de equivalência" exprime-se em termos de dois coeficientes – ou massas – das leis newtonianas da dinâmica. O primeiro é a massa de inércia m_I, parâmetro da "segunda lei de Newton", $F = m_I \gamma$ (em que F é a força que se exerce sobre o corpo e γ é a aceleração). O segundo é o coeficiente de gravitação m_G, que aparece na lei que fornece a força de gravitação, $F_G = G\, m_G\, M_T/R^2$ (em que G é a constante de gravitação, R a distância entre os centros dos corpos em atração, o corpo considerado de massa m_G, e a Terra de massa M_T). Constatando a igualdade das acelerações em um campo de força gravitacional a uma altura dada (formulada na lei de Galileu da queda dos corpos), Einstein postulou a igualdade das massas inercial e gravitacional ($m_I = m_G$). Esta identificação equivalia a formular uma propriedade fundamental de todo campo de gravitação em um ponto dado: a saber, que ele podia ser relacionado aos movimentos acelerados e identificado localmente a um movimento acelerado.

Desde então, o conhecimento do campo de gravitação em um ponto equivale ao conhecimento das propriedades de um movimento acelerado nesse ponto. Pareceu assim, a Einstein, que a teoria – relativista – do campo de gravitação podia ser obtida apenas por intermédio da consideração de *covariância geral*: mesma forma nas transformações de coordenadas para movimentos acelerados quaisquer, com essas coorde-

---

[22] Galileo Galilei (1564-1642), físico italiano.

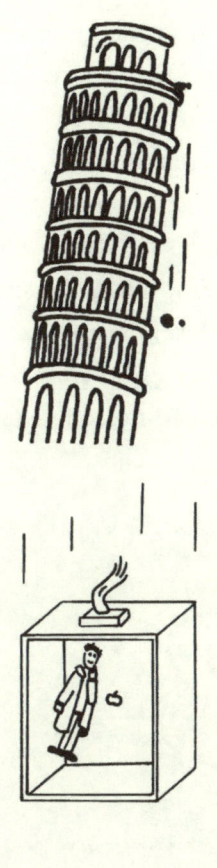

Figura 2.7.
Uma pedra cai da torre.
Um elevador cai em queda
livre: todos os objetos
no interior mantêm
a mesma situação mútua.
A lei da queda dos corpos de
Galileu pode ser conhecida
como a equivalência
de um campo de gravitação
homogêneo e de um
movimento
uniformemente acelerado.

nadas tendo perdido toda significação física direta absoluta, isto é, ligada a réguas rígidas para um espaço euclidiano.

A representação matemática do espaço-tempo permitia essa formulação – Einstein se deu conta por volta de 1912 –, sob a condição de abandonar a forma *a priori* da métrica quase-euclidiana da relatividade restrita ($ds^2 = \sum dx_\mu^2$), substituindo-a por uma métrica de forma mais geral, $ds^2 = \sum g_{\mu\nu} dx_\mu dx_\nu$ (x_μ e x_ν são coordenadas generalizadas do espaço-tempo, e as funções $g_{\mu\nu}$ representam a métrica em cada ponto).[23] Esta métrica demanda uma curvatura não euclidiana do espaço (geometria

---

[23] Grandezas com vários índices são tensores. A soma é efetuada sobre todos os índices μ e ν de 1 a 4.

de Riemann).²⁴ Dessa maneira, a forma do espaço-tempo (dada pela métrica) fica determinada fisicamente pelos campos de gravitação que aí se encontram, segundo as equações de Einstein,²⁵ ligando o tensor métrico ao tensor de energia-impulsão da matéria.²⁶

Essa relação, que constitui o coração da relatividade geral, tem muitas consequências e, de início, uma modificação ainda mais radical na maneira de pensar o espaço e o tempo, os quais não estão apenas ligados entre si, mas também à matéria; o espaço-tempo não constitui mais um quadro exterior aos fenômenos que nele se desenrolam, mas é fisicamente afetado por eles; as relações das distâncias e das durações em todo ponto estão submetidas ao campo de gravitação nesse mesmo ponto.

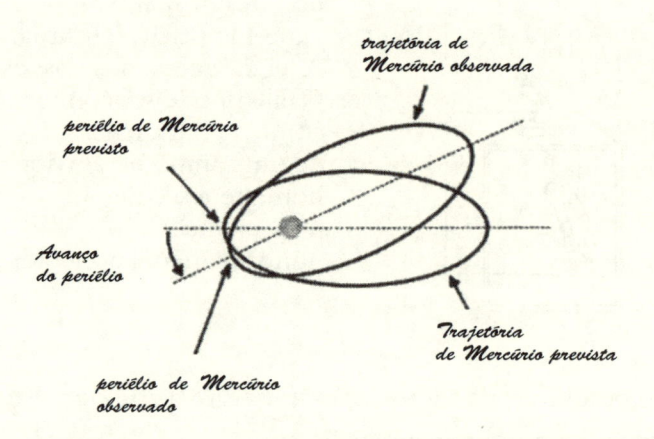

Figura 2.8. Avanço do periélio de Mercúrio (predição pela lei de Newton).

---

²⁴ Bernard Riemann (1826-1866), matemático alemão, autor de contribuições fundamentais sobre a teoria das funções de variáveis complexas, criador da topologia, introdutor da noção de variedade diferencial de n dimensões como extensão da noção de espaço, que devia servir de base à geometria diferencial. Sua concepção da relação do espaço com a física ofereceria o quadro conceitual e matemático da teoria da relatividade geral.

²⁵ Equações obtidas no final de 1915.

²⁶ $R_{\mu\nu} - \frac{1}{2}g_{\nu\mu}R = -\chi T_{\nu\mu}$. $R_{\nu\mu}$ e R são respectivamente o tensor de Ricci e a curvatura escalar, T_μ o tensor de energia-impulsão, χ uma constante ligada à constante de gravitação.

Três consequências diretas da teoria eram indicadas no trabalho de Einstein. A primeira diz respeito ao movimento do planeta Mercúrio, o mais rápido do sistema solar: o "avanço secular" de seu periélio (43" por século), observado por Urbain Le Verrier[27] na metade do século XIX, e sem explicação pela teoria newtoniana da gravitação, era exatamente o valor previsto pela teoria de Einstein. A segunda é o desvio dos raios luminosos em um campo de gravitação, que corresponde à curvatura do espaço na vizinhança das grandes massas: ela foi constatada em 1919, quando da observação do eclipse solar na Guiné e no Brasil (expedição de Eddington) determinando a aceitação progressiva da teoria da relatividade geral. A terceira é o deslocamento, em um campo de gravitação, do comprimento de onda da luz para o vermelho: ela foi constatada algum tempo mais tarde. A dilatação do tempo, à qual ela corresponde, foi de modo igual diretamente evidenciada muito mais tarde com as medidas de precisão de relógios atômicos colocados próximos de massas montanhosas.

A teoria da relatividade geral tem outras consequências que só apareceram progressivamente depois. A existência de ondas gravitacionais, que são para a teoria relativista da gravitação de Einstein o que as ondas eletromagnéticas são para a teoria de Maxwell, foi proposta por Einstein desde 1916: elas são variações do campo de gravitação propagadas no espaço, semelhante a *rugas* do espaço-tempo. A verificação direta dessa predição, extremamente difícil em razão do fraco valor da constante de gravitação e das grandes massas necessárias, é ainda um projeto. Mas é, contudo, um projeto próximo de ser realizado pela construção de antenas gigantes para detectar ondas de gravitação provenientes do cosmo:[28] seria, desse modo, possível identificá-las nas explosões das supernovas. Provas indiretas da existência dessas ondas foram obtidas pela obser-

---

[27] Urbain Le Verrier (1811-1877), astrônomo francês.
[28] Projetos "Virgo" na Europa e "Ligo" nos Estados Unidos, baseados no princípio das experiências de interferência de grande precisão como aquelas de Michelson para a ótica no século XIX.

vação das oscilações de um pulsar binário (o sistema "1916+17") por Robert A. Hulse e Joseph H. Taylor.[29]

Uma outra implicação notável da teoria da relatividade geral foi a possibilidade da cosmologia como ciência pela aplicação da teoria ao universo na sua totalidade, proposta por Einstein desde 1917, discutida por Willem de Sitter e precisada por Alexandre Friedmann,[30] que formulou a possibilidade de um universo não estático. Mas essas concepções e, de uma maneira geral, a teoria de Einstein, das quais as aplicações pareciam então limitadas e interessando apenas a um pequeno número de pesquisadores (sobretudo de matemáticos), só abandonaram seu caráter especulativo com os desenvolvimentos da astrofísica e da cosmologia de observação, a partir dos anos 1960. Voltaremos a esse tema mais adiante (nos capítulos 10 e 11).

---

[29] O que lhes valeu o Prêmio Nobel de Física em 1993 (ver capítulo 10).

[30] Willem de Sitter (1872-1934), astrônomo holandês; Alexander Friedmann (1888-1925), astrônomo russo.

3
A física quântica

A física quântica

A física quântica é um campo relativamente extenso, pois diz respeito à estrutura profunda da matéria em geral, dos objetos cósmicos aos corpos de nosso ambiente e aos átomos dos quais somos constituídos. Ela assegura a diversidade da matéria na diversidade de suas formas de organização, das associações moleculares de átomos às propriedades dos núcleos atômicos e das partículas elementares que guardam efetiva ou "virtualmente" essas últimas. A ferramenta de compreensão teórica desse domínio da física está articulada em torno da *mecânica quântica*, aplicada a modelos teóricos particulares (atômicos, nucleares), e prolongada na *teoria quântica de campos* de um ponto de vista fundamental. Sob a forma da eletrodinâmica quântica, permite dar conta com extrema precisão das propriedades dos átomos, determinadas pelo campo de interação eletromagnética.

Veremos mais adiante as extensões recentes da teoria quântica de campos às outras interações que agem no nível nuclear sob a forma dos "campos de calibre". Esses desenvolvimentos efetuaram-se no quadro conceitual da mecânica quântica, confirmando assim sua potência heurística. Esse quadro conceitual rompe, contudo, com muitas características atribuídas até então à representação dos fenômenos físicos, suscitando problemas de interpretação, tanto físicos quanto filosóficos. Vivos debates sobre o assunto entre os maiores físicos da época contribuíram para fundar essa teoria.

A quantificação da radiação e dos átomos

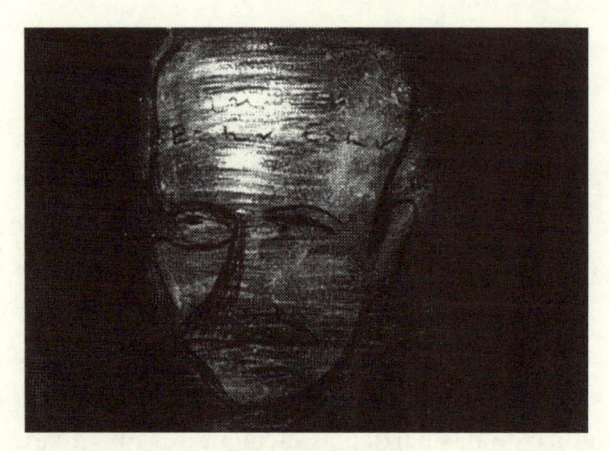

Figura 3.1. Max Planck
(quadro de Maria Kokkinou).

A introdução dos quanta na física remonta aos trabalhos efetuados em 1900 por Max Planck (1858-1947) sobre a radiação do "corpo negro" em equilíbrio térmico – uma cavidade aquecida emitindo radiação eletromagnética (luz) logo absorvida pelas paredes. Para dar conta do espectro luminoso por meio do cálculo teórico das trocas de energia de emissão e de absorção (ΔE), Planck foi levado a formular a hipótese de que essas trocas são descontínuas e proporcionais às frequências (v) da radiação luminosa: $\Delta E = nhv$, em que n é um número inteiro. A grandeza indivisível h, ou *quantum de ação*, de valor numérico muito pequeno ($h = 6{,}55 \times 10^{-27}$ erg.s), logo se configurou como uma das constantes fundamentais da natureza (e foi denominada, por Einstein, como "constante de Planck").

> **Quadro 3.1.**
> A energia $E = h\nu$ transmitida pelo quantum de luz ao elétron ligado a um átomo permite que este se libere se essa energia for superior ou igual à energia de ligação do elétron. Esse efeito limiar não era explicado por uma concepção contínua da energia luminosa.

Em 1905, no desenvolvimento de um raciocínio termodinâmico no qual ele atribuía um sentido físico às probabilidades (o de frequência de estados de um sistema), Einstein considerou que são descontínuas não apenas as trocas de energia, mas também a própria energia da radiação luminosa. Ele mostrou que essa energia é proporcional à frequência da onda luminosa: $E = h\nu$. A solução foi de imediato capaz de explicar o efeito fotoelétrico (ver quadro 3.1.) observado duas décadas antes por Heinrich Hertz (1857-1894). Einstein compreendeu então que a propriedade da radiação estava em oposição irredutível à teoria eletromagnética clássica formulada por Maxwell. Desde 1906, ele sustentou que a teoria de Maxwell deveria ser modificada no domínio atômico.

A maneira pela qual essa modificação poderia ser obtida não era evidente; afinal, a física teórica repousava sobre o uso de equações diferenciais, as quais correspondem a grandezas com variação contínua. Em razão da pujança da teoria eletromagnética clássica, poucos físicos estavam inclinados a imaginar que ela pudesse ser invalidada. Einstein foi, inicialmente, o único a pensar nessa modificação e esforçou-se para evidenciar outros aspectos dos fenômenos atômicos e da radiação que pudessem romper com a descrição clássica. Desse modo, ele estendeu a hipótese do quantum de ação e, assim, as propriedades da radiação, à energia dos átomos, por meio de seus trabalhos (realizados entre 1907 e 1911) sobre os calores específicos em baixas temperaturas. Ele obteve a anulação do calor específico dos corpos no zero absoluto de temperatura, fenômeno observado mas inexplicável pela teoria clássica. Por outro lado, ele evidenciou indiretamente, em 1909, uma estrutura dual da radiação que parecia ondulatória e corpuscular, questão que ele contribuiria ulteriormente para esclarecer. Outros físicos, como Paul Ehrenfest (1880-1933), Walter Nernst (1864-1941), Hendryk A. Lorentz e Henri Poincaré, pouco a pouco se juntaram a Einstein na conclusão do caráter inelutável da hipótese quântica que o próprio Planck hesitava em admitir. Contudo, essa hipótese não era ainda bem aceita, exceto para as trocas de energia.

São essas trocas, aliás, que foram consideradas na teoria dos níveis quantificados de energia do átomo, proposta por Niels Bohr (1885-1962). Ernest Rutherford (1871-1937) tinha mostrado experimentalmente, em 1911, pela difusão de partículas α através de átomos,[1] que estes eram constituídos por núcleos carregados de eletricidade positiva que continham o essencial da massa atômica; esses núcleos eram envolvidos de elétrons em movimento orbital, como um sistema planetário do qual a força de atração seria aquela da interação elétrica entre o núcleo e o elétron (com a carga positiva do núcleo equilibrando a soma das cargas negativas dos elétrons planetários).

Esse modelo era incompatível com a estabilidade do átomo porque, segundo a teoria eletromagnética, os elétrons deveriam irradiar continuamente em seu movimento circular e, perdendo sua energia, cair no núcleo central. Bohr formulou a hipótese que as órbitas percorridas pelos elétrons correspondem em níveis de energia quantificados bem definidos, e que os elétrons só mudam de órbita em saltos descontínuos de um nível de energia E_m para um outro E_n, conforme a relação $|E_m - E_n| = h\nu$, com emissão (se $E_m > E_n$) ou absorção (se $E_m < E_n$)

---

[1] Essas partículas, emitidas na radioatividade α, são de fato núcleos de hélio.

de uma radiação de frequência v. Arnold Sommerfeld (1868-1951) refinou em seguida esse modelo, introduzindo correções relativísticas, admitindo que os elétrons percorriam as órbitas animados por grandes velocidades.

Essa teoria admitia a teoria eletromagnética clássica, mas com a imposição da condição não clássica de quantificação das órbitas. Ela obteve êxito dando conta das raias espectrais bem estabelecidas do átomo de hidrogênio (dadas pelas "fórmulas de Balmer"). Apoiado nesses trabalhos, Bohr estabeleceu o seu "princípio de correspondência", segundo o qual as propriedades dos sistemas macroscópicos (variáveis contínuas) são obtidas quando as propriedades não clássicas (descontínuas, baseadas na quantificação das grandezas) são tomadas no limite dos grandes números quânticos. Em particular, esse princípio permitia calcular, além das frequências, as intensidades das raias espectrais para o átomo de hidrogênio, mas fracassava quando se consideravam átomos mais complexos.[2]

Em 1916-1917, Einstein obteve uma teoria quântica "semiclássica" conhecida como a "primeira teoria dos quanta"; ela fazia uma síntese para representar o conjunto dos caracteres então conhecidos como fenômenos quânticos. Partindo dos níveis discretos de energia do átomo de Bohr, ele exprimiu a probabilidade de transição de um estado de energia a outro em equilíbrio térmico entre as moléculas e a radiação, reencontrando assim a lei de Planck. Ao fazê-lo, Einstein mostrava que a radiação possui, além de uma energia granular, uma quantidade de movimento (p), função do comprimento de onda (λ): $p = h/\lambda$, o que estabelecia o seu caráter plenamente corpuscular. Entre as amplitudes de transição entre os níveis, Einstein obtinha um termo de *emissão estimulada* que está na origem do *bombeamento ótico* e dos feixes de *laser*. Cabe notar que a probabilidade, que tinha entrado na física como uma ferramenta de exploração com os trabalhos de Planck e, sobretudo, com os de Einstein sobre a radiação, permanecia no centro dos cálculos teóricos: Einstein

---

[2] Niels Bohr recebeu, por esses trabalhos, o Prêmio Nobel de Física de 1922. Planck havia recebido o Prêmio de 1918 (que só foi entregue em 1919, devido à Guerra).

observou que a teoria predizia somente a probabilidade de emissão da radiação em uma dada direção. Daí a probabilidade não mais sairia e tornar-se-ia constitutiva da teoria física.³ Arthur Compton (1892-1962) confirmou experimentalmente o caráter corpuscular em sua análise da colisão entre um fóton e um elétron atômico ("efeito Compton"). Mostra-se, logo em seguida, que essas colisões aconteciam de maneira individual e não apenas estatística como Bohr e outros propunham: o elétron e o fóton resultantes da colisão estão, de fato, correlacionados.⁴

A mecânica quântica

Numerosos trabalhos foram efetuados desde então por um número crescente de físicos, experimentais e teóricos, para explorar o novo domínio quântico. Eles resultaram no estabelecimento das bases do que viria a ser a "mecânica quântica". Esta foi obtida por duas abordagens diferentes que podem ambas ser consideradas como resultados do trabalho sintético de Einstein que acabamos de mencionar.

A primeira é a "mecânica ondulatória" desenvolvida por Erwin Schrödinger (1887-1961), inspirado por uma ideia de Louis de Broglie (1892-1987) e por um novo resultado de Einstein. Considerando a dualidade de propriedades, ondulatórias e corpusculares, da luz, Louis de Broglie sugeriu a extensão dessa dualidade à matéria em geral: ele associava, para toda partícula, uma frequência à sua energia ($E = h\nu$) e um comprimento de onda à sua quantidade de movimento ($p = h/\lambda$) segundo as relações já conhecidas para a radiação. Sua hipótese foi veri-

---

[3] Einstein recebeu o Prêmio Nobel de Física de 1921 por suas pesquisas sobre os quanta (e não pela teoria da relatividade), e especialmente "por sua explicação do efeito fotoelétrico", a qual havia sido obtida em 1905 ...

[4] Experiências de Bothe e Becker (1925). Arthur Compton obteve o prêmio Nobel de física de 1927, juntamente com Charles Wilson, inventor da câmara de condensação do vapor ("câmara de Wilson") utilizada para materializar as trajetórias das partículas.

ficada pouco depois pela evidência da existência de difração de elétrons semelhante àquela da luz.[5]

Desenvolvendo um resultado obtido pelo físico indiano Satyendra N. Bose (1814-1974) sobre a lei da radiação de Planck sem utilização da eletrodinâmica clássica, Einstein se encontrou em condições de estabelecer uma relação formal entre a radiação e os gases, o que supunha um tratamento diferente da mecânica estatística habitual, na qual as partículas mesmo idênticas são discerníveis. Ele apontou, desse modo, para uma propriedade especificamente quântica, a *indiscernibilidade das partículas idênticas de um gás monoatômico*, simétricas em suas trocas mútuas, correspondendo à estatística dita "de Bose-Einstein" para as partículas (e a radiação), chamadas a seguir de "bósons". Realizados em 1924-1925, esses trabalhos de Einstein estavam enriquecidos com três predições de fenômenos especificamente quânticos que só foram evidenciados experimentalmente bem mais tarde: a *condensação de Bose - Einstein* (primeira descrição de uma "transição de fase"), a *supercondutividade* e a *superfluidez*.

Paralelamente, uma outra estatística foi desenvolvida por Enrico Fermi (1901-1954) e Paul Adrian M. Dirac (1902-1984) para outra classe de partículas indiscerníveis, *antissimétricas* em suas trocas mútuas. Esta estatística, dita "de Fermi-Dirac", relativa às partículas chamadas "férmions", dava conta de uma propriedade geral: o "princípio de exclusão", formulado pouco tempo antes por Wolfgang Pauli (1900-1958) sobre uma base empírica.

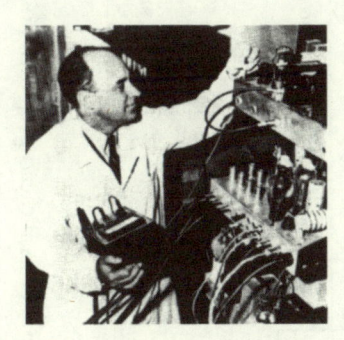

Figura 3.2.
Enrico Fermi
(1901-1954).

---

[5] L. de Broglie recebeu o Prêmio Nobel de Física de 1929. A evidência da difração de elétrons valeu o Prêmio Nobel de Física de 1937 a Clinton Joseph Davisson (1881-1958) e a George Paget Thomson (1892-1975).

^{1}H																	^{2}He
^{3}Li	^{4}Be											^{5}B	^{6}C	^{7}N	^{8}O	^{9}F	^{10}Ne
^{11}Na	^{12}Mg											^{13}Al	^{14}Si	^{15}P	^{16}S	^{17}Cl	^{18}Ar
^{19}K	^{20}Ca	^{21}Sc	^{22}Ti	^{23}V	^{24}Cr	^{25}Mn	^{26}Fe	^{27}Co	^{28}Ni	^{29}Cu	^{30}Zn	^{31}Ga	^{32}Ge	^{33}As	^{34}Se	^{35}Br	^{36}Kr
^{37}Rb	^{38}Sr	^{39}Y	^{40}Zr	^{41}Nb	^{42}Mo	^{43}Tc	^{44}Ru	^{45}Rh	^{46}Pd	^{47}Ag	^{48}Cd	^{49}In	^{50}Sn	^{51}Sb	^{52}Te	^{53}I	^{54}Xe
^{55}Cs	^{56}Ba	^{57}La	^{72}Hf	^{73}Ta	^{74}W	^{75}Re	^{76}Os	^{77}Ir	^{78}Pt	^{79}Au	^{80}Hg	^{81}Tl	^{82}Pb	^{83}Bi	^{84}Po	^{85}At	^{86}Rn
^{87}Fr	^{88}Ra	^{89}Ac	^{104}Unq	^{105}Unp	^{106}Unh	^{107}Ns	^{108}Hs	^{109}Mt									

^{58}Ce	^{59}Pr	^{60}Nd	^{61}Pm	^{62}Sm	^{63}Eu	^{64}Gd	^{65}Tb	^{66}Dy	^{67}Ho	^{68}Er	^{69}Tm	^{70}Yb	^{71}Lu
^{90}Th	^{91}Pa	^{92}U	^{93}Np	^{94}Pu	^{95}Am	^{96}Cm	^{97}Bk	^{98}Cf	^{99}Es	^{100}Fm	^{101}Md	^{102}No	^{103}Lr

Figura 3.3. A classificação periódica dos elementos. O elétrons atômicos são distribuídos segundo camadas orbitais caracterizadas pelos números quânticos (energia, momento angular, spin) que correspondem a um estado possível. Quando todos os estados de uma mesma camada são ocupados, passa-se para a camada superior com o átomo seguinte, com o aumento do número atômico (Z = número de elétrons). Os elétrons da camada externa não completa determinam as propriedades eletromagnéticas e químicas do átomo; o resultado é a “periodicidade” dessas propriedades quando o número atômica aumenta.

Segundo esse princípio, duas partículas idênticas, tais como elétrons, não podem ser encontradas em um mesmo estado quântico (por exemplo, em um mesmo nível atômico); regra que dá conta da composição dos níveis de energia dos átomos e, por isso, da classificação periódica dos elementos.[6]

Essas propriedades se revelaram fundamentais e foram integradas depois no formalismo da função de onda ou vetor de estado da mecânica quântica (elas são um dos aspectos do "princípio da superposição").

Adotando a ideia do caráter ondulatório da matéria e a indiscernibilidade das partículas idênticas tal como ela aparecia nos trabalhos de Einstein, e com a ajuda do formalismo hamiltoniano da mecânica, Schrödinger estabeleceu a equação de onda do átomo de hidrogênio. Ela expressa o nascimento da mecânica ondulatória da qual é a equação fundamental (não relativista).

A segunda via é aquela da "mecânica quântica" propriamente dita. Ela foi preparada por uma série de trabalhos sobre as propriedades da matéria e da radiação e de sua interação, baseados no princípio da correspondência de Bohr. Ela resultou em contribuições de uma importância considerável, devidas a Werner Heisenberg (1901-1976), Max Born (1882-1970), Pascual Jordan (1902-1980) e Paul Dirac, que estabeleceram, nos anos 1925 e 1926, a "mecânica quântica", que se apresentava como uma teoria das transições atômicas, e teve êxito na obtenção dos níveis de energia e das distribuições espectrais dos átomos mais simples sem apelar para as imagens clássicas, a exemplo das trajetórias dos elétrons. Ela se restringia à descrição por meio das "grandezas observá-

---

[6] Os bósons são partículas de spin inteiro e os férmions de spin semi-inteiro (em unidades de quantum de ação). O *spin* é uma espécie de momento angular cinético intrínseco, característico das partículas atômicas e nucleares. Os fótons são bósons, enquanto os elétrons são férmions: seu spin ½ corresponde a duas orientações possíveis em um campo magnético.

veis", a saber as amplitudes de transição entre os níveis, representadas por tabelas de números que foram identificadas com *matrizes*.[7]

Schrödinger estabeleceu então, em 1926, a equivalência das duas mecânicas, ondulatória e quântica. A não comutação dos operadores que representam as grandezas observáveis mostrou ser uma característica central da nova teoria quântica, e não uma particularidade das matrizes. Ela se revelou inerente também à mecânica ondulatória de Schrödinger, em que as grandezas podem ser igualmente representadas por operadores agindo sobre a função de onda: por exemplo, a quantidade de movimento é um operador diferencial em relação às coordenadas.[8]

A significação de tal operador (aqui designado por A) para a teoria física é obtida aplicando-o à função representando o estado do sistema físico (chamada de função de onda ou de vetor de estado), o que fornece a "equação de valores próprios" da grandeza A (chamada de modo geral de "grandeza observável" ou simplesmente "observável"): $A\Psi = a\Psi$, onde a é um número, chamado de valor próprio, que pode tomar vários valores (o espectro dos valores próprios), cada um correspondendo a um resultado possível de medição por aparelhos clássicos de medida para as grandezas correspondentes.

Max Born propôs, no mesmo ano, a *interpretação probabilista* da função de onda ou do estado representando o sistema físico. A função Ψ, dada por uma equação causal (a equação diferencial dita "de valores próprios", no caso, a equação de Schrödinger), fornece a probabilidade de o sistema estar no estado caracterizado por grandezas físicas de valo-

---

[7] Entidades matemáticas características dos sistemas de equações lineares (elas são *operadores lineares* que, diferentemente dos números, não comutam quando se faz seu produto dois-a-dois). Dois números x e y comutam: $xy - yx = 0$. Duas matrizes A e B não comutam: $AB - BA \neq 0$. Quando aplicada à função de estado, uma matriz (ou todo operador linear apropriado) fornece uma "equação de valores próprios" do tipo $A\Psi = a\Psi$, sendo A o operador (por exemplo, o hamiltoniano H que representa a energia) e a o valor próprio correspondente a um dos valores possíveis (medidos).

[8] O operador quantidade de movimento p correspondente à coordenada de posição x se escreve $p = i\hbar\partial/\partial x$. Nota-se que x e p não comutam: $xp - px = i\hbar \neq 0$.

res dados: o quadrado do valor absoluto (ou módulo) da função de estado ($|\Psi|^2$) dá a probabilidade de que o sistema se encontre nesse estado. A função de onda Ψ tem então o significado físico de uma "amplitude de probabilidade". Tais amplitudes têm a propriedade denominada de "superposição": toda superposição linear de funções, que são soluções da equação do sistema físico, é também uma solução e pode, portanto, representar o sistema. Esta propriedade se revelou uma das mais fundamentais da mecânica quântica. Ela dá conta de características quânticas, como a dualidade onda-partícula e a difração das partículas quânticas (elétrons, nêutrons etc.), e de outras características às quais ainda retornaremos, tais como a indiscernibilidade das partículas idênticas, a não separabilidade local de sistemas de partículas, as "oscilações" de diversos conjuntos de partículas neutras (mésons K^0, neutrinos...) etc.

Heisenberg demonstrou, em 1927, que as "grandezas conjugadas" que correspondem a operadores que não comutam (por exemplo, a posição x e o momento p) são caracterizadas por relações de desigualdades entre suas larguras espectrais, do tipo $\Delta x \Delta p \geq \hbar$, as *desigualdades de Heisenberg*. Isso significa que tais grandezas, chamadas de "incompatíveis" ou "conjugadas", não podem ser objeto de uma determinação conjunta com uma precisão absoluta. Estas desigualdades são também conhecidas como as relações de "incerteza" ou de "indeterminação"; terminologia que não permite ver, contudo, de maneira suficiente, que elas são "objetivas", no sentido de que desde o princípio nenhuma determinação mais precisa é possível.

Figura 3.4.
Werner Heisenberg
(1901-1976).

A mecânica quântica foi, então, expressa em um formalismo matemático apropriado, recorrendo à teoria matemática dos espaços lineares de Hilbert, espaços abstratos cujos elementos ou vetores são "funções de quadrado somável". A função de estado representativa de um sistema físico (átomo de hidrogênio, conjunto de partículas ou átomos em interação etc.), solução da equação causal do sistema, com sua propriedade (vetorial) de superposição linear e sua significação física de amplitude de probabilidade, é definida em um espaço de Hilbert. As grandezas físicas não são mais descritas por números ou funções numéricas, mas por *operadores* matemáticos, lineares, agindo sobre a função de estado do sistema considerado. Esses operadores lineares têm propriedades análogas àquelas das matrizes (equações lineares de "valores próprios", "anticomutação" etc.). A determinação completa do estado de um sistema físico é obtida com a ajuda de um "conjunto completo de grandezas (observáveis) que comutam". O mesmo estado pode ser determinado independentemente com a ajuda de um outro conjunto desse gênero, do qual as grandezas não comutam com as primeiras (sistemas incompatíveis, ou complementares). Foi mostrado, enfim, que era possível construir esses operadores a partir de grandezas numéricas clássicas, tomadas como geradoras de transformações infinitesimais.

Figura 3.5. Congresso Solvay de 1927. Na primeira fila: I. Langmuir, M. Planck, M. Curie, H. A. Lorentz, A. Einstein, P. Langevin, C. E. Guye, C. T. R. Wilson, O. W. Richardson. Na segunda fila: P. Debye, M. Knudsen, W. L. Bragg, H. A. Kramers, P. A. M. Dirac, A. H. Compton, L. de Broglie, M. Born, N. Bohr. Na terceira fila: A. Piccard, E. Henriot, P. Ehrenfest, E. Herzen, T. de Donder, E. Schrödinger, E. Verschaffelt, W. Pauli, W. Heisenberg, R. H. Fowler, L. Brillouin.

A mecânica quântica assim constituída (o termo designa também a mecânica ondulatória) encontrava-se em condições de resolver certo número de problemas fundamentais da matéria e da radiação e de sua interação. A partir de 1927 ela constituiu um corpo de doutrina e foi apresentada ao mundo dos físicos, quando do Conselho de física Solvay, como uma teoria física que consistia de um formalismo matemático – mais abstrato que ordinário – munido de uma interpretação, tornando-o apto a descrever sistemas físicos.[9]

---

[9] Por seus trabalhos sobre os quanta ou sobre a mecânica quântica (além daqueles já mencionados e daqueles cujas contribuições trataremos mais adiante), o Prêmio Nobel de Física foi atribuído respectivamente a: Heisenberg em 1932; Dirac e Schrödinger em 1933; Pauli em 1945; Max Born em 1954.

Além de interpretações físicas como a interpretação probabilista da função de estado, a mecânica quântica apelou para uma "interpretação filosófica" quando de sua constituição e muito tempo depois. No espírito de seus promotores, essa interpretação estava destinada a permitir seu uso racional malgrado o caráter inabitual de suas proposições principais que derrogavam as concepções até então em vigor na física, tais como a realidade dos sistemas descritos independentemente da ação do observador e o determinismo das variáveis que entram na descrição (retomaremos a esse tema no capítulo seguinte).

A teoria quântica dos campos

A mecânica quântica se apresentava então como um quadro conceitual para descrever os sistemas físicos, suas evoluções e suas interações. Mas as últimas demandavam uma dinâmica que lhes conferisse racionalidade: por exemplo, que permitiam calcular as amplitudes de transições atômicas no lugar de inseri-las a partir dos dados coletados observacionalmente. Uma das direções privilegiadas de elaboração de uma dinâmica dos sistemas quânticos foi a teoria quântica de campos, da qual as primeiras abordagens foram propostas desde o fim dos anos 1920 por Dirac, Oskar Klein (1894-1977), Jordan, Eugene Wigner (1902-1995) e outros. Dirac tinha formulado, em 1927, a equação quântica relativística do elétron, que predizia a existência de antipartículas associadas às partículas conhecidas (de cargas opostas, mas aproximadamente idênticas a essas). Ela serviu de base para a elaboração da teoria quântica do campo (tratava-se, então, apenas do campo eletromagnético), que repousa sobre a ideia de uma "segunda quantização", segundo a qual a grandeza representativa do estado de um sistema físico, concebida até então como uma função no sentido habitual, é ela mesma o operador agindo sobre esse estado. Tornou-se possível representar, dessa maneira, a criação ou a destruição de partículas ou de antipartículas e, então, em princípio tratar diretamente as interações entre os átomos, os núcleos, as partículas e os campos.

Essa via e outras foram exploradas ao longo das décadas que se seguiram, com êxitos variados. Tais tentativas pertencem à história da física nuclear e das partículas elementares que se abriu a partir da primeira. Ela se revelou extremamente frutífera para o campo da interação eletromagnética, com o estabelecimento da eletrodinâmica quântica em torno de 1947; foi preciso esperar os anos 1960 e 1970 para que essa perspectiva fosse igualada por aquela dos outros campos de interação descobertos entrementes: o *campo forte* das ligações nucleares e o *campo fraco* da desintegração β dos núcleos e das partículas. Por meio destas transformações, o quadro conceitual da mecânica quântica se manteve, e os físicos habituaram-se a trabalhar com essa ferramenta do pensamento tornada indispensável para a exploração dos fenômenos quânticos, do nível do átomo àquele das partículas elementares.

4
A interpretação dos conceitos quânticos

Desde sua criação, a mecânica quântica tem suscitado problemas de "interpretação" que rapidamente tomaram a forma de um debate filosófico sobre o conhecimento e sobre a realidade. Ao mesmo tempo em que permitia descrever e predizer os fenômenos atômicos e da radiação, a mecânica quântica parecia mostrar limitações em relação aos cânones do conhecimento físico anterior: descrição probabilista (por meio da "interpretação probabilista" da função de onda, de Max Born), relações de "indeterminação" (de Werner Heisenberg), complementaridade das descrições duais em termos de onda e de partícula e das grandezas conjugadas (afirmada por Niels Bohr) no lugar de uma descrição única etc. Tratava-se de limitações, no sentido próprio? A que se deveria atribuir essas diferenças com relação à física clássica e ao "ideal clássico do conhecimento em física" (segundo uma expressão de Bohr)? A uma insuficiência da teoria quântica – que seria preciso superar ou completar – ou mesmo aos conceitos clássicos utilizados nas observações ou medições? Mas pelo que os substituir? E como conceber outros conceitos *físicos*? Seria preciso invocar a necessidade de uma nova concepção do conhecimento, um questionamento da noção de "realidade física" que dependeria das condições de observação?

Essas questões foram, por numerosas décadas, o objeto dos debates sobre a interpretação da teoria quântica. A situação era curiosa e, no mínimo, inédita: quanto mais a teoria se desenvolvia, revelando os segredos da constituição da matéria atômica e subatômica, menos era possível – era o que parecia – pronunciar-se com segurança sobre a significação de seus enunciados e sobre a natureza dos "objetos" que ela descrevia.

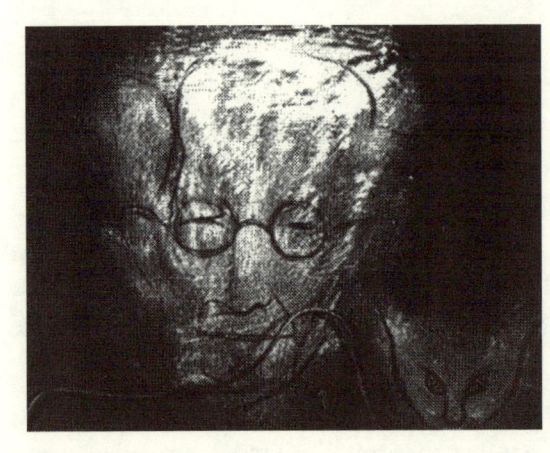

Figura 4.1.
Schrödinger e seu gato
(pintura de Maria Kokkinou).

A menos que essa indecisão fosse apenas um efeito de perspectiva, e que a própria teoria tenha nos fornecido os bons conceitos, quando nós os procurávamos alhures...

Formalismo matemático e interpretação física

Com a mecânica quântica, a teoria física tinha adquirido uma grande potência de descrição e de predição dos fenômenos no domínio atômico. Contudo, o novo formalismo matemático, ao qual a teoria devia essa fecundidade, apresentava-se de uma maneira mais abstrata e mais afastada de um "sentido físico" diretamente "intuitivo" que as teorias físicas anteriores (mecânica, eletromagnetismo, relatividade, termodinâmica...). As propriedades matemáticas das grandezas utilizadas mantinham uma ligação aparentemente indireta com as propriedades físicas que, contudo, eram tão precisamente descritas ou preditas. Por exemplo, a função de estado Ψ, frequentemente chamada função de onda, não representa uma onda no sentido habitual, propagando-se no espaço, pois uma partícula representada por um pacote de ondas não podia permanecer ela mesma no curso de sua propagação em razão do espraiamento de cada uma das ondas que a constituem. Qual é então a natureza física do sistema que ela descreve? O princípio de superposição da função de estado Ψ é uma propriedade matemática que permite, contudo, predizer a existência de *fenômenos* tão plenamente *físicos* como o bombeamento óptico, o raio laser, as interferências etc.

A utilização do formalismo matemático para a resolução de problemas físicos demandava explicitar as regras e os procedimentos de aplicação, permitindo chegar a enunciados sobre as grandezas físicas. A teoria quântica parecia então inaugurar um novo tipo de teoria física: ela consistia de um formalismo abstrato acrescido de uma interpretação física de seus elementos, enquanto que, nas teorias físicas anteriores, a forma matemática das grandezas era diretamente convocada pela constituição das relações teóricas que davam o "conteúdo físico." De qualquer modo, a expressão matemática das grandezas e das relações entre elas (equações) era diretamente ligada à significação física dessas grandezas (ver, por exemplo, em mecânica clássica a posição, representada pelas coordenadas espaciais, ou a quantidade de movimento como produto da massa pela velocidade).

Esta perspectiva da interpretação física da mecânica quântica permanecia, contudo, tributária das circunstâncias intelectuais, historicamente situadas, da constituição da teoria: a novidade dessa teoria parecia então estreitamente ligada a essa caracterização. Não é certo que hoje o problema se ponha ainda nesses termos e que a diferença de natureza entre a abstração das grandezas quânticas e daquelas de outros domínios da física pareça tão grande. De fato, o uso da ferramenta teórica pelos físicos os tem tornado familiarizados com os conceitos da mecânica quântica e as grandezas matemáticas que as representam. O princípio de superposição ou a não comutação dos operadores tornaram-se para eles "como uma segunda natureza" e formaram doravante uma parte de sua "intuição física". No final das contas, propriedades descritas por suas grandezas abstratas são atribuídas aos sistemas quânticos de uma maneira tão natural quanto se faz na física clássica com os conceitos de energia ou de pontos (singulares) de uma trajetória (contínua). Para eles, também, foi preciso a familiarização com os conceitos construídos, pouco claros no início e subentendidos pelo cálculo diferencial e integral, que era então uma ferramenta matemática completamente nova.

Desse modo, a excepcional abstração das grandezas físicas é uma especificidade da mecânica quântica apenas por um efeito de perspectiva de aproximação. A história da física mostra-nos que sua matematização sempre operou pela intervenção de grandezas abstratas que parecem inicialmente estranhas à natureza dos fenômenos. Em todos os casos, a representação teórica desses fenômenos é uma construção simbólica, feita pelo espírito, da qual o aspecto "concreto" ou "natural" apareceu por sua capacidade de dar conta dos fenômenos reais, e pela familiaridade adquirida com a prática.

Hoje, quando os físicos falam de uma "partícula elementar" – por exemplo, um próton –, eles subentendem que ela é descrita pelos "números quânticos" que são "autovalores" dos operadores que representam as grandezas adequadas e abandonaram a imagem clássica de um corpúsculo diretamente visível. Os "quarks" (dos quais falaremos mais adiante) são partículas quânticas entendidas nesse sentido. Fala-se, por vezes, de "quantões" para designar as *entidades físicas* concebidas de maneira específica pela física quântica.[1] O termo designa bem o fato de que essas "partículas" são consideradas como elementos objetivos do mundo real, mas respeitando sua caracterização própria. Contudo, essa caracterização ainda encontra dificuldades em certas áreas, o que justifica a permanência de um debate epistemológico sobre os princípios e os conceitos da teoria quântica.

---

[1] Este termo – quantão – foi introduzido por Mario Bunge, *Philosophy of physics* (Reidel, 1973).

Esse debate começou com a mecânica quântica, desde os anos 1926-1927, quando foi preciso interrogar-se sobre a natureza da onda dada pela equação de Schrödinger, já que ela não podia ser identificada a uma onda no sentido físico, mas somente a uma "onda de probabilidade" – conceito eminentemente abstrato –, sobre a natureza das grandezas representadas por operadores e não por números, sobre as relações de Heisenberg – em qual sentido elas indicam uma limitação do conhecimento que podemos ter das propriedades dos sistemas físicos? –, sobre as relações entre a descrição quântica e a descrição clássica e, em particular, sobre a interação entre o instrumento de medida e o sistema quântico estudado. A esse respeito, duas questões pareciam dominar os problemas de interpretação; elas se apresentavam imediatamente como sendo de natureza *filosófica*: a *realidade independente* dos sistemas materiais quânticos e o *determinismo* da descrição.

A questão do caráter abstrato, próprio dos conceitos e das grandezas quânticas, da qual sublinhamos a importância no que diz respeito à interpretação física, encontrou-se subordinada ao ponto de vista filosófico da interpretação (da qual era considerada geralmente como a consequência ou a tradução), e foi desse modo colocada em segundo plano.

Podemos considerar que a natureza do debate epistemológico sobre a física quântica transformou-se desde então: são, com efeito, as questões de *interpretação física* no sentido próprio que assumiram o primeiro plano, isto é, as questões da relação das grandezas – em suas expressões matemáticas – com as propriedades físicas dos fenômenos e dos sistemas quânticos. Os aspectos filosóficos encontram-se, desde então, esclarecidos de outra maneira. A interpretação *física* é mais neutra nos nossos dias que outrora, porque não se experimenta mais a necessidade "fundacional" de assentá-la sobre uma interpretação filosófica, como nos primeiros tempos da mecânica quântica. Para os físicos de hoje, falar de *complementaridade* para definir e descrever um sistema significa simplesmente considerar de início *uma* das grandezas incompatíveis ou complementares de maneira exclusiva e, em seguida, a *outra*, para uma outra descrição independente do sistema.

Filosofia da observação e da complementaridade

Durante muito tempo, falar de complementaridade significou justificar esse procedimento por uma filosofia do *conhecimento pela observação*, expressa no essencial, sob variantes diversas segundo os autores, pela "filosofia da complementaridade" de Niels Bohr. Essa *filosofia observacionalista* foi elaborada no momento em que a mecânica quântica se constituía em torno das "escolas" de Copenhague ou de Göttingen, e apresentou-se durante uma ou duas gerações como *a* filosofia da mecânica quântica. Por essa razão, é designada por vezes como a "interpretação ortodoxa" ou a interpretação "de Copenhague" da mecânica quântica.

Segundo essa concepção, as propriedades de um sistema físico não podem ser pensadas independentemente de suas condições de observação: no domínio quântico, esse aspecto é crucial por duas razões. A primeira é que a representação teórica e, de uma maneira geral, as proposições da física, devem necessariamente apelar – em última instância – para as grandezas da física clássica, em razão do caráter macroscópico dos dispositivos de observação e de medida. A segunda razão, correlativa da primeira, é que o sistema quântico só é conhecido pela observação por meio de sua interação com o instrumento de medida; interação que não pode ser reabsorvida idealmente, como na física clássica, devido à irredutibilidade do *quantum* de ação (que é finito, isto é, não nulo): a interação entre o instrumento e o sistema estudado induz uma perturbação neste último que não pode ser negligenciada (tal seria, segundo Heisenberg, o significado das desigualdades que levam seu nome, ditas por isso relações de incerteza ou de indeterminação). No domínio quântico, essas desigualdades exprimem as condições de utilização (e os limites de validade) das grandezas conjugadas de tipo clássico: essa proposição, que permanece verdadeira em todos os casos, implica, segundo a filosofia da complementaridade, uma limitação de princípio de todo conhecimento, pois que esse deve expressar-se em termos das grandezas clássicas.

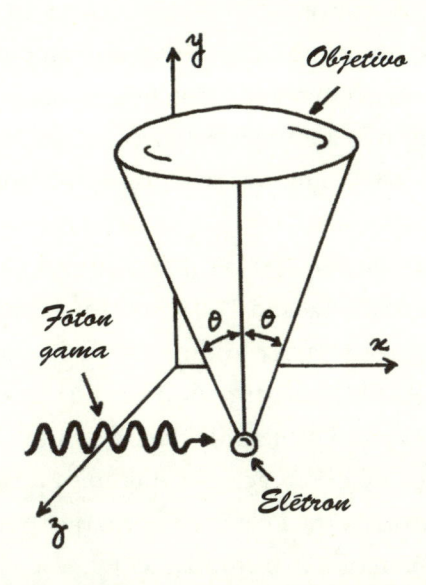

Figura 4.2.
Heisenberg propõe um microscópio de raio gama de alta resolução para demonstrar o princípio da incerteza. Ele mostra que a dispersão da posição do elétron x e de sua quantidade de movimento px obedecem à relação $\Delta p_x \Delta x \geq h$.

Essa filosofia do conhecimento, tendo sua referência na observação, negava a noção de realidade física independente. Por exemplo, Heisenberg declarava que a física não concerne a "objetos reais", mas ao "par inseparável objeto-sujeito", e que ela não diz respeito à natureza, mas a nossa maneira de compreendê-la. Nessas condições, a função de estado Ψ devia ser compreendida não como representando o sistema físico propriamente dito, mas como o conjunto, ou o "catálogo", dos conhecimentos adquiridos (por observação e medida) sobre esse sistema.

A realidade de um sistema físico individual

Essa concepção, embora dominante por muito tempo entre os físicos quânticos, não era aceita por todos os fundadores da teoria, principalmente por Einstein. Schrödinger também não estava satisfeito com ela, e nem de Broglie que, entretanto, se conformou com ela por mais de duas décadas. A questão da interpretação da mecânica quântica foi objeto de vivos debates, dividindo os "pais fundadores" da nova teoria, entre os quais, em primeiro lugar, Einstein e Bohr. Este "debate do século" marcou, sobretudo, o período dos anos 1930 até os anos 1950; teve continuidade, em seguida, mudando, entretanto, progressivamente os seus termos, por ocasião de novos desenvolvimentos físicos, suscitados por certos argumentos do debate, mas também relativos ao progresso da física (experimental e teórica) nos domínios atômico e subatômico abertos à investigação.

Einstein, mesmo admitindo a validade dos resultados fundamentais da mecânica quântica (interpretação "estatística" da função de estado, relações de Heisenberg etc.), recusava-se a ver aí uma teoria "definitiva e completa", como o queriam Bohr, Heisenberg, Born e outros, e não admitia que a física devesse interditar-se o projeto de descrever uma "realidade física" independente dos atos de observação. A mecânica quântica era, a seus olhos, uma teoria provisória a qual ele contestava que pudesse servir de ponto de partida para uma teoria mais fundamental, que ele esperava ver surgir e unificar-se um dia com a relatividade geral. Einstein se esforçou para mostrar que a mecânica quântica era acima de tudo empírica apesar de seu formalismo matemático muito elaborado; mecânica que ele via moldada somente sobre os dados relativos aos fenômenos. Para Einstein, a função de estado representava *incompletamente* o sistema físico, porque ela não definia de maneira unívoca o sistema individual.

Ele elaborou, nesse sentido, um argumento que se tornou célebre, conhecido pela sigla "EPR",[2] ao qual desde então retornou constantemente e que constitui o ponto de partida da colocação em evidência da propriedade quântica que tinha até então permanecido desapercebida: a "não separabilidade local". Devido ao princípio da superposição, a teoria quântica não permite descrever separadamente dois sistemas físicos (partículas) que estiveram unidos anteriormente em um mesmo sistema, não importa qual seja a distância que os separa no presente, e apesar da ausência de interação física entre eles. Einstein inferia disso que a função de estado de cada um desses

---

[2] EPR designa os autores de um artigo publicado em 1935 em *Physical Review*, Einstein e seus colaboradores Boris Podolski e Nathan Rosen.

sistemas não pode representar "um sistema real individual", mas somente um conjunto estatístico de tais sistemas. Nesse sentido, o caráter probabilista seria um sinal (mas não a razão) da incompletude da teoria: a descrição completa da realidade não se satisfaz com uma representação somente estatística ("Deus não joga dados", dizia Einstein).

A física quântica ambiciona descrever os sistemas individuais e o faz de maneira probabilística. Os desenvolvimentos experimentais ulteriores atestaram, por meio do estudo dos sistemas quânticos individuais – um só fóton, um só átomo, um elétron, um nêutron etc. –, que a função de estado é precisamente a amplitude de probabilidade de um sistema individual (em particular, a propriedade de interferência concerne a sistemas *individuais*: um fóton, ou qualquer outra partícula quântica, só interfere consigo mesmo). De outra parte, a não separabilidade local (ver quadro 4.1.) de sistemas quânticos individuais foi evidenciada em seguida com os trabalhos teóricos de John Stuart Bell (raciocinando a partir de observações devidas a Einstein) e com as experiências de precisão sobre as correlações à distância efetuadas notadamente por Alain Aspect.[3]

Para outros opositores da interpretação ortodoxa, a mecânica quântica ignorava certas variáveis fundamentais ("parâmetros escondidos") cujo conhecimento permitiria restabelecer um determinismo mais fino. A teoria da "dupla solução" de Louis de Broglie – proposta desde 1926, abandonada e retomada pelo autor nos anos 1950 – foi uma tentativa nesse sentido: ela abandonava o caráter linear da equação de estado, postulando que a cada solução admitida na aproximação da mecânica quântica estava associada uma outra, descrevendo uma fase e guiando a primeira. Contudo, numerosas hipóteses arbitrárias eram requeridas, o que diminuía do mesmo modo o interesse da tentativa.

---

[3] O teorema de Bell sobre a localidade (1964) mostra que há uma incompatibilidade entre a mecânica quântica e a separabilidade local de sistemas que estiveram correlacionados; as experiências de Aspect em Orsay (1981), arredores de Paris, evidenciaram as correlações fortes previstas pela mecânica quântica e contrariaram aquelas da separabilidade local.

Quadro 4.1. A não separabilidade local

Em 1964, o físico John S. Bell demonstrou um teorema segundo o qual a mecânica quântica e a hipótese da separabilidade local de sistemas físicos, quando entram em interação, estão em contradição.

Por exemplo, consideremos dois fótons emitidos simultaneamente em direções opostas por um átomo em estado de excitação. Na hipótese da separabilidade local, eles são independentes um do outro e a ligação inicial fornece apenas uma *correlação fraca* entre eles (por exemplo, a igualdade de suas impulsões em sentidos opostos ou, ainda, uma relação entre seus spins ou momentos angulares próprios, devido à conservação do spin total em relação a seu estado inicial comum). Ao contrário, segundo a teoria quântica, suas funções de estado, imbricadas entre si no estado inicial, não são mais separáveis umas das outras (em razão do princípio da superposição linear das funções de estado). Matematicamente, seus vetores de estado são combinados em um tensor cujos componentes não são fatoráveis: essa "inseparabilidade" (ou "emaranhamento", *entanglement*, em inglês expressão utilizada em 1935 por E. Schrödinger e retomada recentemente), que é uma propriedade teórica, induz uma correlação estrita entre os componentes dos spins dos dois fótons. Os dois tipos de correlação acarretam predições diferentes para as probabilidades associadas aos valores respectivos dos spins dos sistemas (nesse caso, fótons) em cada caso; desigualdades que são chamadas "desigualdades de Bell" para os sistemas concebidos como separados e de valores definidos, ou correlações estritas, para a mecânica quântica.

Era, então, possível submeter o problema a testes experimentais. O que foi feito em experiências memoráveis efetuadas no curso dos anos 1970 e 1980. A mais precisa foi realizada por Alain Aspect e sua equipe no Instituto de Ótica de Orsay. Ele obteve as correlações estritas, previstas pela mecânica quântica e, por isso, concluiu pela "não separabilidade local" dos sistemas quânticos: o conhecimento pela observação de um desses sistemas é simultaneamente o conhecimento do outro, porque eles formam um único e mesmo sistema físico. Essa propriedade de "emaranhamento quântico" está na origem dos desenvolvimentos da "criptografia quântica" e também da "descoerência", da qual trataremos em seguida.

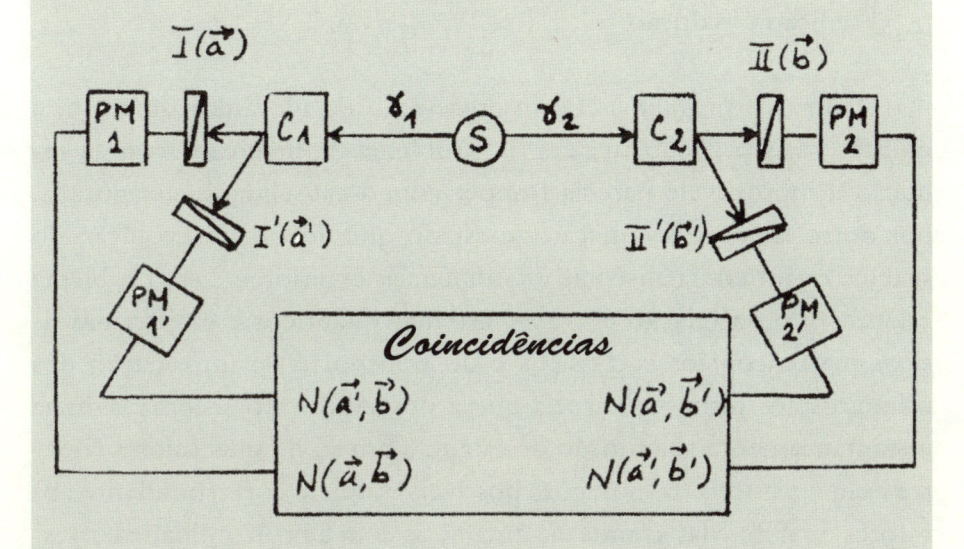

Figura 4.3. Experimento de correlação quântica a distância. Esquema de experimento de Alain Aspect com comutadores ópticos. I e II são polarizadores colocados no percurso do primeiro fóton (II e II' no percurso do segundo). Os comutadores C_1 e C_2 mudam muito rapidamente e aleatoriamente a escolha do polarizador, isto é, a orientação (que passa de **a para a'** ou de **b para b'**), sem possibilidade de relação causal entre os fótons no momento de sua detecção. [PM_1, $PM_{1'}$, PM_2, $PM_{2'}$ são detectores; **I (a), I'(a'), II (b), II (b')** são polarizadores; C_1 e C_2 são comutadores; S é a fonte atômica de fótons].

A teoria da onda piloto, inicialmente proposta por de Broglie, redescoberta de modo independente e melhorada por David Bohm (1917-1992) em 1952, restabelecia o determinismo admitindo a propriedade da não localidade e liberando-se do problema da "redução do pacote de ondas". Essa teoria não tinha capacidade preditiva diferente da mecânica quântica cujo manejo era, em definitivo, mais simples.

Medição e redução

Dentre os problemas de interpretação da mecânica quântica, a questão mais preocupante era o "problema da medição" (ou "a redução"), porque ele parecia romper com a causalidade, assegurada, por outro lado, pela equação de estado que governa a evolução do sistema quântico na ausência de influências exteriores. Esse problema é também o da relação entre os sistemas quânticos e os sistemas físicos macroscópicos e clássicos e do transporte de informação dos primeiros aos últimos. Parecia que a observação do sistema reduzia instantaneamente sua função de estado a um só de seus valores (dentre a superposição das soluções possíveis), aquele correspondente aos valores medidos das grandezas dinâmicas com a probabilidade correspondente. Isso não era problema para a concepção observacionalista, para a qual era natural que cada observação redefinisse o estado do sistema; era, precisamente, uma questão de definição. Mas para quem não se contentava e queria que a descrição dissesse respeito ao sistema físico, essa projeção súbita sobre um dos estados possíveis permanecia algo difícil de compreender.

Uma vasta literatura foi consagrada a esse problema, e todos os tipos de solução foram propostos: da redução efetiva devida à interação do sistema quântico estudado com uma parte microssistêmica do aparelho de medida à ausência de toda redução no sentido físico como na "interpretação dos estados relativos" de Hugh Everett. Os desenvolvimentos experimentais recentes sobre a "descoerência" dos estados quânticos (ver parágrafo seguinte) parecem indicar que os sistemas quânticos perdem progressivamente sua coerência de fase (devido à superposição linear) em seu contato com os sistemas do meio ambiente que cerca os sistemas quânticos em estudo.

Esse é o caso, em particular, se esse meio ambiente é constituído pelo aparelho de medida. O resultado final está em conformidade com a mecânica estatística habitual, com o grande número de estados intrincados efetivos, fazendo com que a mecânica estatística clássica retome aqui os seus direitos. O importante, do ponto de vista da significação conceitual e teórica da descrição dos sistemas quânticos, permanece finalmente sendo a *função de estado* total do sistema considerado, na forma de sua superposição, cujo conhecimento é dado a partir de um conjunto completo de grandezas "compatíveis". A "redução" a uma das soluções possíveis, constatada quando de uma única medida seria apenas, como alguns já o tinham suspeitado, uma regra prática que deve ser repetida a fim de exprimir o conjunto das operações necessárias para chegar ao espectro dos autovalores e das autofunções correspondentes, gerando a função de estado do conjunto como superposição linear.

Se fosse esse o caso, uma parte importante do dispositivo filosófico *ad hoc* inventado para racionalizar o conhecimento do domínio quântico teria perdido a sua razão de ser. É suficiente considerar que a função de estado, abstrata e matemática como é, representa o sistema no seu *sentido físico* – e não somente como um formalismo puramente matemático –; e que os "operadores" que determinam essa função de estado (pelas equações de "autovalores" da teoria) descrevem as propriedades físicas efetivas – ou objetivas – desses sistemas. Essas propriedades apresentam-se sob uma forma que escapa à intuição corrente, mas que é efetiva quando as estudamos, tanto experimentalmente quanto do ponto de vista teórico. É, de fato, essa concepção que os físicos manifestam em sua prática (em seu pensamento físico em operação), mesmo se eles não a formulam explicitamente assim.

A descoerência quântica

A descoerência quântica é um fenômeno observado recentemente em laboratórios. Ela permite compreender melhor a conexão entre os sistemas físicos quânticos (que são frequentemente "microscópicos") e os sistemas físicos clássicos (que são em geral "macroscópicos"). Para bem compreender do que se trata, precisamos retornar um pouco mais em detalhe a duas características específicas fundamentais dos sistemas quânticos e de suas funções representativas que são a *superposição* e o *emaranhamento*.

A superposição linear dos estados e das funções de estado

O "domínio quântico" se distingue do domínio da física clássica por propriedades inexplicáveis pela última (como a difração de partículas ou características corpusculares associadas às ondas). A *teoria quântica* dá conta dessas propriedades adotando um gênero de descrição muito diferente das teorias da física clássica. Ela admite como conceito básico o de *função de estado* (ou *função de onda*, sendo que a palavra *onda* não tem mais o seu sentido habitual, clássico), caracterizada por propriedades matemáticas particulares (essas funções são vetores de um espaço matemático abstrato, um "espaço de Hilbert"). Tais funções estão destinadas a "representar" – ou pelo menos a permitir descrever – sistemas físicos que se encontram em estados determinados (por exemplo, um átomo em um de seus níveis de energia). Chama-se "autoestado" o estado que corresponde a uma ou outra das diferentes soluções da equação de estado fundamental (a equação de Schrödinger da mecânica quântica, por exemplo). Os *autoestados* (i) correspondem aos diversos resultados possíveis de uma medida do sistema (medida realizada com a ajuda de aparelhos macroscópicos, clássicos); o sistema foi "preparado" de modo adequado para isso e cada autoestado (representado pela função Ψ_i) é obtido com certa probabilidade (dada pelo módulo ao quadrado da função correspondente, $P_i = |\Psi_i|^2$).

O caráter mais fundamental de tal representação é que toda combinação (ou superposição) linear (com coeficientes complexos)[4] de autoestados é também uma solução da equação de estado. De um ponto de vista matemático, isso equivale a dizer que todo vetor do espaço de Hilbert considerado é um estado possível ou, ainda, que se pode sempre obter um estado de um sistema compondo linearmente muitos estados, o que corresponde a transformações (por exemplo, rotações) do vetor de estado considerado em seu espaço de Hilbert. Tais transformações podem ser obtidas tomando médias das "preparações" adequadas do sistema. Por exemplo, considerando dois estados puros de um sistema (dois estados de energia, a e b de um átomo, representados respectivamente pelas funções de estados ($|a\rangle$ e $|b\rangle$), pode-se submeter esse sistema a uma interação (por exemplo, um impulso eletromagnético aplicado ao átomo) que mistura esses estados, transformando-os em superposição linear dos dois: $|a\rangle$ torna-se $c_a|a\rangle + c_b|b\rangle$ e $|b\rangle$ transforma-se em $c_a|a\rangle - c_b|b\rangle$. Para um sistema ou sua função de estado, o fato de ser ou de poder ser colocado em um estado de superposição é o que permite dar conta de suas propriedades especificamente quânticas, como a interferência de dois estados (de maneira análoga à superposição linear das amplitudes de uma onda em ótica clássica: as amplitudes também são números complexos e possuem um módulo e um argumento).

O emaranhamento ou a não separabilidade quântica

Se dois sistemas quânticos são colocados em interação, o sistema global que eles passam a formar não pode mais ser separado em seus constituintes iniciais. Se, todavia, eles são forçados à separação, isso equivale a destruir a conexão entre o estado anterior e o atual e, portanto, modificar a definição de seus estados redefinindo o estado inicial. A *não*

---

[4] "Complexos" significando aqui muito precisamente "números complexos", que se escrevem $a + ib$ (a e b são números reais, e i é o número imaginário puro unitário, i = $\sqrt{-1}$).

separabilidade desses sistemas, que se chama também emaranhamento ou intrincamento, tem efeitos de não localidade que foram evidenciados em experiências de correlação a distância (relacionados, como visto anteriormente, ao teorema de Bell e às experiências de Aspect). Essa propriedade é a expressão da *não fatorabilidade* das funções de estado de dois sistemas em interação, a qual resulta, por sua vez, da superposição linear.

Seja, com efeito, um primeiro sistema quântico A com dois estados de base, a e b, e um segundo sistema B com dois estados, α e β. Suponhamos o primeiro no estado superposto $\Psi_A = c_a |a\rangle + c_b |b\rangle$, e o segundo no estado $\Psi_B = c_\alpha |\alpha\rangle + c_\beta |\beta\rangle$ [5]; os dois sistemas em interação formam um tensor $\Psi_A \otimes \Psi_B$ no qual os componentes dos vetores são misturados. A partir daí a função de estado do conjunto não é mais fatorável segundo as funções iniciais de cada um dos sistemas. Esses são "inseparáveis", "intrincados", "emaranhados", solidários em toda a sua evolução ulterior. Não se pode medir um deles sem medir o outro ao mesmo tempo, tal é a essência do "argumento EPR", discutido por Einstein, e da não separabilidade local quântica. Tal é também o princípio sobre o qual estão baseadas as ideias da "criptografia quântica", uma disciplina atualmente em pleno florescimento.

O barril de pólvora de Einstein e o gato de Schrödinger

Além da não separabilidade inerente à teoria quântica, que implicava uma não localidade dos sistemas quânticos, Einstein e Schrödinger estavam preocupados com a questão da combinação entre as duas representações, clássica e quântica. Se pensamos que o mundo dos objetos elementares é de natureza quântica e regido pela teoria quântica, é preciso admitir que os objetos macroscópicos sejam constituídos desses

---

[5] São válidas sempre as condições de normalização $c_a^2 + c_b^2 = 1$ e $c_\alpha^2 + c_\beta^2 = 1$.

mesmos objetos e, portanto, que a teoria clássica deve resultar de combinações da primeira. Mas por que nesse caso as características quânticas não se manifestam elas mesmas no mundo macroscópico, onde os objetos estão localizados, onde os corpúsculos não são ondas nem as ondas corpúsculos? Como dar conta, em particular, do acoplamento de objetos quânticos com objetos clássicos?

Albert Einstein imaginou, em 1935, uma experiência de pensamento na qual um barril de pólvora (objeto macroscópico) em estado de instabilidade química era acoplado a um átomo radioativo (sistema quântico), de tal sorte que a desintegração do átomo acarretava a explosão da pólvora. O instante da desintegração do átomo era objeto de uma previsão apenas probabilística, e o átomo podia ser representado como uma superposição linear de um estado desintegrado e de um estado não desintegrado. O barril de pólvora acoplado ao átomo devia então estar em um estado de superposição explodido e não explodido: mas tais estados não existem no mundo macroscópico, que é aquele dos barris de pólvora.

Quanto a Erwin Schrödinger, que nutria talvez uma paixão secreta pelos gatos – que fosse apenas por causa da elasticidade ondulante de seu andar ... – e inquietava-se com a sorte que lhes reservava a plenipotência da física quântica, ele imaginou (igualmente em 1935) uma experiência (de pensamento) na qual um gato seria fechado em uma caixa contendo uma cápsula de cianureto munida de um detonador atômico, submetido às leis quânticas das probabilidades. A desintegração do átomo libera o cianureto que mata o gato. Segundo a mecânica quântica, o estado acoplado do átomo ao cianureto e ao gato seria representado por uma superposição quântica que teria por consequência a interferência entre os seguintes estados: átomo intacto com cianureto confinado – gato vivo – e átomo desintegrado com cianureto liberado – gato morto. Ora, uma superposição ou uma interferência de gato morto e de gato vivo nunca é observada na natureza, onde os gatos sempre são ou vivos ou mortos. Se admitimos a validade da mecânica quântica, então essa teoria deve dar conta da supressão dos estados de superposição para sistemas macroscópicos.

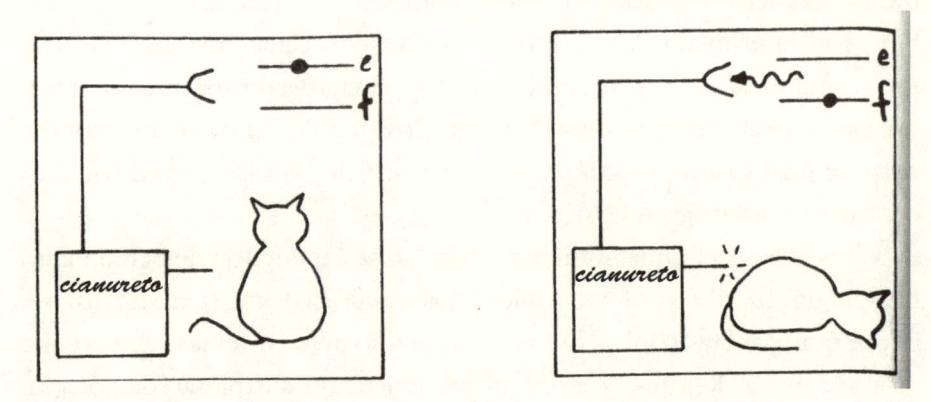

Figura 4.4. Experiência de pensamento do gato de Schrödinger.

Mas, segundo a interpretação ortodoxa da mecânica quântica, esses eram falsos problemas, porque a teoria não descreve diretamente sistemas considerados em si mesmos, e as funções de estado não representam fisicamente os sistemas quânticos. A superposição linear só tem sentido de um ponto de vista matemático e não como descrição física direta, a representação dos sistemas quânticos sendo necessariamente referida aos aparelhos e aos conceitos clássicos.

O fenômeno da descoerência

As características específicas dos sistemas quânticos que acabamos de evocar, superposição e emaranhamento, estão operando no fenômeno da descoerência, cuja descrição teórica precedeu a evidência experimental. Aqui, apenas resumiremos o princípio dessa teoria, sem entrar em considerações e dificuldades dos seus detalhes. A teoria da descoerência, formulada por W. H. Zurek e outros (ver bibliografia) pressupõe que a teoria quântica é mais fundamental que a clássica, que ela deve poder reencontrar esta última em condições limite. Ela pressupõe implicitamente que a função de onda descreve fisicamente o sistema quântico e admite que todos os sistemas físicos do ambiente, com os quais um sistema quântico dado entra em interação, são também de natureza quântica. Em seu princípio, a teoria segue a sequência das interações entre o sistema quântico de partida em seu estado de superposição e os sistemas quânticos do ambiente, cada um deles estando em seu estado de superposição. A cada interação sucessiva corresponde um novo grau de "emaranhamento" do primeiro sistema com os seguintes; a cadeia é irreversível, de tal maneira que não se pode retornar ao sistema isolado de partida. Ao final de um intervalo de tempo relativamente curto, os "emaranhamentos" múltiplos acabam por diluir a superposição quântica do estado inicial que, sem ser suprimida, torna-se rapidamente desprezível. A multiplicidade dos estados "emaranhados" torna o caráter quântico negligenciável, de tal sorte que tudo se passa como se, no lugar do sistema quântico, tivéssemos simplesmente um sistema cuja descrição demanda apenas o uso da mecânica estatística. Pode-se compreender então por que os sistemas macroscópicos não exibem mais as características quânticas subjacentes e, para isso, basta que se considere um número relativamente restrito de emaranhamentos, que fazem o sistema perder sua coerência quântica inicial, a qual estava associada à superposição.

O fenômeno da descoerência foi produzido e observado inicialmente em 1996, no laboratório norte-americano NIST em Boulder (Colorado, EUA) e na França no Laboratório de física da Escola Normal Superior (ENS). O princípio de base dessas experiências é produzir estados emaranhados em uma situação quântica limite em que os sistemas considerados se situam no domínio "mesoscópico", intermediário entre o microscópico e o macroscópico. (Mais exatamente, é a descoerência que vai determinar onde se situa a fronteira entre os dois domínios.) Na experiência da ENS, o papel do gato é desempenhado por um campo elétrico com um pequeno número de fótons (produzidos por uma fonte de micro-onda) encerrados em uma caixa ou cavidade. A cavidade é constituída de dois espelhos esféricos um frente ao outro, refletores perfeitos, entre os quais os fótons se refletem livremente. Os espelhos são feitos de Nióbio supercondutor, levado a uma temperatura extremamente baixa, a menos de um grau do zero absoluto, o que otimiza a reflexão dos espelhos e minimiza o acoplamento dos fótons com o ambiente. O campo criado pelos fótons oscila, por sua vez, com duas fases diferentes ao mesmo tempo: há um estado de superposição desses dois estados de base (que serão denominados + e -). Esses estados do campo são engendrados pela interação do campo com um átomo enviado para atravessar a cavidade. O átomo utilizado (de rubídio) está em um estado de "átomo de Rydberg", no qual o elétron periférico é excitado através de laser para uma órbita de diâmetro muito grande, constituindo assim uma espécie de antena capaz de defasar o campo elétrico ao atravessar a cavidade. De fato, ele é preparado (por um impulso de micro-onda) como uma superposição de dois estados de Rydberg, *e* e *f*, de energia diferentes.[6] Devido à sua interação com o campo elétrico durante sua passagem na cavidade, cada estado do átomo de Rydberg induz uma fase diferente desse campo, cada uma correspondendo a um estado do campo (+ e – respectivamente para *e* e *f*). Na saída dos átomos da cavidade, os estados do campo e do átomo estão então emaranhados: *e* está acoplado com +, e *f* com -.

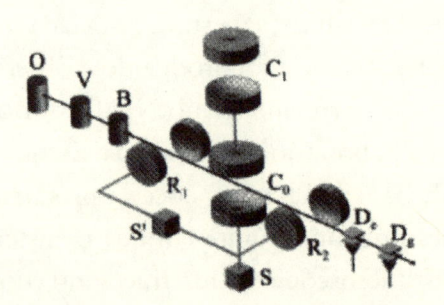

Figura 4.5. Dispositivo empregado por J. M. Raimond *et al.* No artigo publicado em *Physical Rev. Lett.*, 79, 1964 (1997), com a permissão da American Physical Society.

---

[6] Nessas notações dos estados, *e* representa o estado excitado e *f* o estado fundamental: *e* pode transformar-se em *f* e inversamente, ou o átomo pode estar em uma superposição linear dos dois estados.

O átomo pode em seguida ser detectado após sua passagem na cavidade, e seu estado, *e* ou *f*, poderá assim ser determinado diretamente pela medida: contudo, isso destruiria a superposição quântica (pela redução ou projeção sobre um só dos estados) e, desse modo, também a interferência dos estados do campo acoplados àqueles do átomo que se quer observar. Mas esta dificuldade pode ser contornada procedendo a uma outra operação: entre a cavidade e o detector, uma segunda impulsão de micro-onda é produzida. Ela mistura de novo os dois estados *e* e *f* do átomo sem, no entanto, mudar as fases correspondentes do campo, + e – (pois o campo elétrico colocado antes não pode ser afetado). A medida final que se efetua do átomo não pode assim afetar o estado de fase do campo, que permanece uma superposição: o resultado da medida dá *e* ou *f* para o átomo, e não permite conhecer o estado do campo. Para saber alguma coisa sobre esse último, utiliza-se um segundo átomo idêntico ao primeiro como analisador do estado de superposição do campo: este átomo é enviado depois de um intervalo de tempo *t* através da cavidade na direção do detector. Se o campo está ainda em um estado (coerente) de superposição, produz-se um efeito de interferência que se refletirá em uma correlação dos estados dos pares dos átomos detectados. Esses últimos podem ser encontrados em quatro configurações possíveis: (*e, e*), (*e, f*), (*f, e*), e (*f, f*). Repetindo a experiência um grande número de vezes se obtêm as distribuições de cada uma dessas configurações que, combinadas, fornecem um sinal de correlação ou de interferência (ou coerência) quântica.

Refazendo a experiência com diferentes intervalos de tempo entre o envio dos dois átomos, observa-se a variação temporal da interferência. Constata-se que o sinal de coerência decresce com o tempo, o que revela a *descoerência* da superposição emaranhada devido às interações do campo na cavidade com o meio ambiente (os espelhos não são refletores de maneira perfeita e absoluta, os fótons terminam por escapar). Pode-se, assim, variar o número de fótons e jogar com as diferenças de fase dos estados do campo. (Na experiência da ENS, com um campo de três fótons em média, a descoerência aparece ao final de quarenta microssegundos). A descoerência é mais rápida com mais fótons, e com uma maior separação das fases do campo.

Essas experiências mostraram porque, mesmo se os sistemas quânticos constituem o subsolo do mundo material, os sistemas clássicos não manifestam propriedades quânticas como a superposição e as interferências de estados. Elas também expuseram que a superposição e a interferência de estados existem de fato *fisicamente* na natureza, durante intervalos de tempo finitos e em distâncias finitas de propagação, pois puderam ser observadas e medidas diretamente sobre sistemas intrincados adequadamente preparados. Pode-se dizer também que essas experiências permitem delimitar a fronteira entre o domínio quântico e o domínio clássico.

5
Átomos e estados da matéria

A física atômica trata, em primeiro lugar, das propriedades dos átomos, no *nível microscópico* do átomo individual ou dos agregados de átomos em moléculas, constituindo assim o primeiro nível da física do "infinitamente pequeno". Tendo nascido próximo do início do século XX, o estudo das propriedades moleculares, da constituição eletrônica da matéria e dos fenômenos de radiação (Raios X, radioatividade, *quanta* de energia, espectros atômicos) desenvolveu-se de início como uma física do átomo e de sua constituição interna. A física atômica trata, de outra parte, das *propriedades macroscópicas* da matéria enquanto formada de átomos, que têm uma estrutura atômica e quântica subjacente, e que constituem o objeto da física dos sólidos ou da *matéria condensada*. As propriedades dos átomos e suas possibilidades de estruturação em moléculas (e mesmo em cadeias complexas de moléculas) são tratadas também, naturalmente, pela *química*; de modo que escolhemos privilegiar aqui os desenvolvimentos que terminaram por ligá-la à teoria quântica. Assim, falaremos essencialmente da *química física* e evidenciaremos também certas propriedades da química orgânica e dos *polímeros*.

A realidade física dos átomos

Sob a influência das ideias positivistas e das doutrinas energetistas, os físicos não tinham se interessado, por volta dos fins do século XIX, pela estrutura atômica da matéria, a qual, contudo, tinha aberto seu caminho por meio da química e da cristalografia. Os primeiros passos da física atômica no século XX consistiram no estabelecimento da *realidade física* dos átomos, o que foi estabelecido "contando-os" e determinando as dimensões moleculares e atômicas, o que foi possível na continuidade dos desenvolvimentos da teoria cinética dos gases e da mecânica estatística.

Retomando a hipótese cinética de Daniel Bernoulli[1] e aplicando-a ao calor, Rudolf Clausius (1822-1888), James Clerk Maxwell (1831-1879) e Ludwig Boltzmann (1844-1906) tinham posto, no século XIX, as bases da teoria cinética dos gases por meio de seus trabalhos em termodinâmica. Boltzmann introduziu a probabilidade de uma distribuição de moléculas, fundando a mecânica estatística e estabelecendo a relação $S = k \operatorname{Log} W$, que dá a entropia S em função da probabilidade W para uma configuração molecular.[2]

Figura 5.1.
Jean Perrin
(1870-1941).

---

[1] Hipótese, formulada no século XVIII por Daniel Bernoulli (1700-1782), que explicava a pressão de um fluido pelo movimento dos átomos.

[2] k é a constante de Boltzmann, assim denominada por Max Planck, seu discípulo, que aplicou a teoria de Boltzmann para os gases moleculares aos osciladores atômicos emitindo e absorvendo radiação.

A teoria cinética poderia ser aplicada tanto aos líquidos quanto aos gases, como mostrou Johannes van der Waals (1837-1923) nos últimos anos do século XIX.[3] Considerando que a fórmula de Boltzmann dava à probabilidade o sentido físico de uma frequência de estado, Einstein efetuou uma análise teórica das flutuações em torno dos valores médios. Seus resultados forneciam a explicação do "movimento browniano" (movimento aleatório de pequenos grãos em suspensão em um líquido, conhecido desde 1827) em termos da agitação molecular subjacente comunicada aos grãos pelas colisões. Para uma suspensão coloidal em um líquido, ele dava a fórmula da repartição dos grãos (pesos) conforme a sua altura. Esta previsão, obtida igualmente de maneira independente por Maryan Smoluchovski (1872-1917), foi verificada por Jean Perrin (1870-1942) por meio de experiências efetuadas entre 1908 e 1913.[4]

Esses cálculos e essas experiências permitiram a determinação do número de Avogrado[5] (número de moléculas por molécula-grama de matéria), bem como das dimensões moleculares, da ordem de 10^{-8} cm. A convergência desses valores com numerosas outras determinações independentes efetuadas em fenômenos variados (por exemplo, difusão da luz na atmosfera dando a cor azul do céu) asseguraram definitivamente o caráter físico da hipótese molecular e a realidade dos átomos.[6] A essas diversas provas acrescenta-se a produção de jatos (feixes) atômicos moleculares, obtida em 1911 por Louis Dunoyer de Segonzac (1880-1963).

---

[3] Van der Waals recebeu o Prêmio Nobel de Física de 1910.
[4] Jean Perrin recebeu o Prêmio Nobel de Física de 1926.
[5] De Amedeo Avogadro (1776-1856), físico italiano.
[6] O valor preciso admitido hoje do número de Avogrado é $N = 6,022 \times 10^{23}$.

Radiação e estrutura atômica

A descoberta do elétron pela identificação dos raios catódicos de partículas de carga elétrica negativa contidas no átomo de hidrogênio e a determinação da razão entre sua carga elétrica e sua massa (e/m) feitas em 1897 por Joseph J. Thomson (1856-1940), mesmo corroborando a teoria atômica da matéria, já mostrava o caráter composto do átomo, ao identificar um de seus constituintes elementares. Outras descobertas importantes, realizadas no final do século XIX e início do século XX, foram também indicações que permitiram pouco a pouco penetrar sua estrutura: os Raios X por Wilhelm Conrad Röntgen (1845-1923), em 1895; a decomposição das raias espectrais em um campo magnético ou "efeito Zeeman" antecipada pela teoria do elétron de Lorentz de 1892-1895 e observada por Pieter Zeeman (1865-1943); a radioatividade, em 1896, por Henri Becquerel (1852-1908) para o urânio, depois por Pierre Curie (1859-1906) e Marie Sklodowska-Curie (1867-1934), que descobriram e isolaram em 1898 novos elementos (o polônio e o rádio).[7] Ernest Rutherford (1871-1937) descobriu e isolou o radônio, identificou as radiações β (elétrons rápidos) e α (núcleos de hélio). Em colaboração com Frederick Soddy (1877-1956), ele compreendeu que a radioatividade resultava de uma transmutação entre elementos químicos (relacionada em seguida aos núcleos dos átomos); Rutherford também formulou a lei do decrescimento dos elementos radioativos, cuja probabilidade depende apenas do nuclídeo considerado, e as leis de transformação para as diferentes séries radioativas (ver quadro 5.1.).[8]

---

[7] André Louis Debierne (1871-1949), colaborador dos Curie, identificou em 1899 o actínio (Ac). Outros elementos radioativos foram identificados em seguida, com numerosos isótopos.

[8] Röntgen recebeu o Prêmio Nobel de Física de 1901, Lorentz e Zeeman, o de 1902; Henri Becquerel partilhou com Pierre e Marie Curie o de 1903, e Marie Curie recebeu o Prêmio Nobel de Química de 1911. Philip Lenard (1862-1947) recebeu o Prêmio Nobel de Física de 1905 por seus trabalhos sobre os raios catódicos, e J. J. Thomson o de 1906. Rutherford foi premiado com o Nobel de Química de 1908, e Soddy, que propôs mais tarde a noção de isótopo, recebeu o de 1921. É a Soddy e a Kasimir Fajans (1887-1975) que se deve a lei dos deslocamentos radioativos.

Quadro 5.1. O decaimento radioativo

Em radioatividade denomina-se "decaimento" a lei da diminuição com o tempo da intensidade da radioatividade. Essa lei foi formulada em 1903 por Ernest Rutherford e Frederick Soddy. Seja N_0 o número inicial de átomos radioativos de um tipo dado e $N(t)$ o número de átomos do mesmo tipo restantes no instante t, posterior à desintegração de proporção dos átomos iniciais (de fato, $N_{ds}(t) = N_0 - N(t)$). Supondo que a probabilidade de desintegração de um átomo por unidade de tempo seja constante, independente do número de átomos já desintegrados, escreveremos $-dN(t)/N(t) = \lambda dt$. Chama-se λ de "constante de decaimento": ela é uma característica de cada tipo de transformação de um radioelemento. A lei de desintegração é, então, uma lei exponencial: $N(t) = N_0 e^{-\lambda t} = N_0 e^{-t/\tau}$, e o "tempo de vida" τ é definido como o inverso da constante de desintegração ($\lambda = 1/\tau$). É possível ver facilmente que a metade dos átomos se desintegra no final de um tempo T, chamado "meia-vida" ou "período", o qual é dado em função de λ ou de τ por: $\lambda T = T/\tau = \text{Log} 2 \approx 0,6943$. Para caracterizar a radioatividade de um elemento, pode-se utilizar indistintamente sua constante de desintegração, seu tempo de vida ou seu período (ou meia-vida).

Retornaremos mais tarde a certo número de contribuições para o conhecimento da estrutura dos corpos que colocaram os primeiros marcos da física dos sólidos. Em relação à estrutura dos átomos, um primeiro passo decisivo do ponto de vista teórico foi efetuado por Einstein, com seus trabalhos sobre os calores específicos dos corpos em 1907. O calor específico de um corpo é a quantidade de calor que é preciso lhe fornecer para que a temperatura de uma unidade de massa desse corpo seja elevada de um grau a uma temperatura dada e em condições específicas (com volume constante ou com pressão constante). Ela depende da constituição atômica do corpo. Aplicando aos átomos a hipótese da quantificação das trocas de energia, Einstein obtinha resultados que concordavam com o comportamento dos calores específicos a temperaturas muito baixas, o que a teoria clássica não podia explicar (decresciam até anular-se no zero absoluto, violando a "lei de Dulong e Petit"[9], válida para temperaturas medianas). As predições de seus cálculos foram verificadas experimentalmente por Walter Nernst (1864-1941) em torno de 1914, o que constituiu um elemento decisivo para a aceitação do quantum de ação.[10]

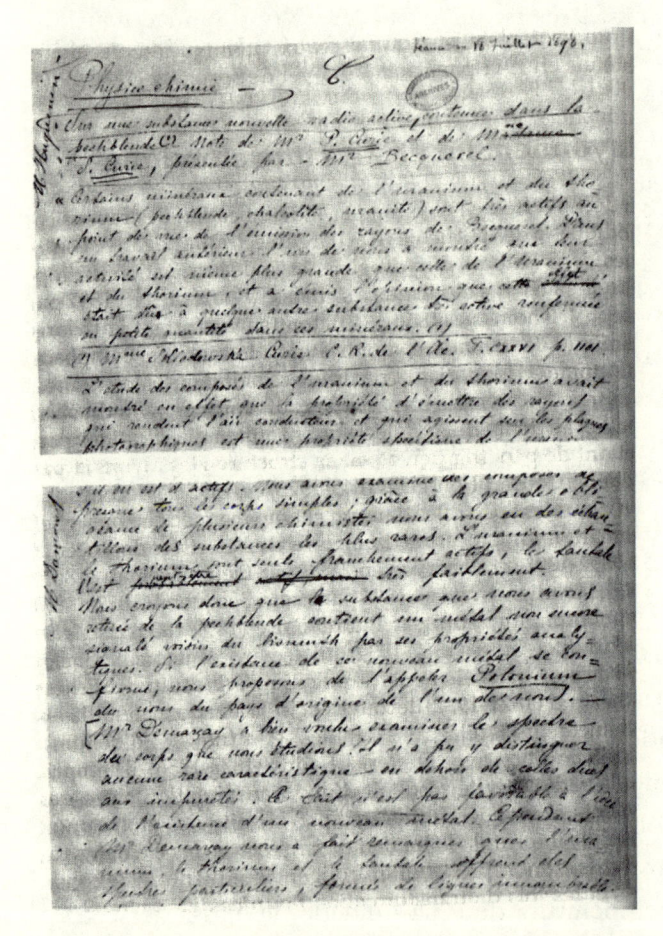

Figura 5.2. Manuscrito do punho de Marie Curie da publicação em que anunciava a descoberta do polônio.

---

[9] Enunciada em 1819, por Alexis T. Petit (1791-1820) e Pierre-Louis Dulong (1785-1838), esta lei liga os calores específicos aos pesos atômicos.

[10] Walter Nernst recebeu o Prêmio Nobel de Química em 1920.

Quanto aos constituintes do átomo e a sua estruturação, em 1911, Ernest Rutherford evidenciou o núcleo atômico, formulando a representação planetária dos átomos. Bombardeando uma folha de alumínio com um feixe de raios α penetrantes, emitidos por corpos radioativos, ele constatou a presença no seio do átomo de um centro duro de difusão – o núcleo atômico –, revelado pela existência de difusões a grandes ângulos.

O átomo apresentava-se então como constituído de um núcleo central de carga positiva, de dimensões muito pequenas (da ordem de 10^{-13} cm), no qual está concentrada a quase totalidade da massa, envolvido por um conjunto de elétrons orbitais análogo ao modelo de um sistema solar microscópico, de dimensões de cerca de 10^{-8} cm. As cargas elétricas do núcleo e os elétrons estão em equilíbrio no caso dos átomos neutros, com a perda de um ou vários elétrons correspondendo à ionização do átomo em um campo elétrico ou em uma solução. O átomo planetário de Rutherford sofria, contudo, de uma dificuldade fundamental: ele era incompatível com as leis da eletrodinâmica clássica, segundo as quais os elétrons deveriam perder energia por meio da irradiação devido ao movimento orbital, o que retirava do átomo a sua estabilidade.

Quadro 5.2. As séries radioativas

Ernest Rutherford e Frederick Soddy mostraram igualmente, no mesmo ano (1903), a existência de famílias de radioelementos, resultantes de processos radioativos α ou β sucessivos. Essas famílias foram precisadas em seguida.

Um radioelemento pesado $^{A}_{Z}X$ desintegra-se por radioatividade alfa (α) em um núcleo de hélio ($\alpha = {}^{4}_{2}He$) e um outro elemento pesado, $^{A-4}_{Z-2}X'$. Nessa notação, de uso corrente, A é o número de massa e Z, o número de prótons no núcleo. A física nuclear ensina, como veremos no capítulo seguinte, que A corresponde ao número total de núcleons do núcleo, prótons e nêutrons, e Z ao número de prótons do núcleo, igual ao número de elétrons que circundam o núcleo do mesmo átomo. Desse modo, a desintegração do urânio-238 é efetuada segundo a reação $^{238}_{92}U \rightarrow {}^{4}_{2}He + {}^{234}_{90}Th$. Por radioatividade β^- (emissão de um elétron), o número atômico é aumentado de uma unidade (de fato, um nêutron do núcleo transforma-se em próton, e o número de massa permanece o mesmo). É assim que o núcleo de tório-234, produzido no exemplo precedente, desintegra-se por meio duas emissões β^- sucessivas, ao fim das quais ele se transforma em urânio-234, o qual, por sua vez, desintegra-se pela emissão α em tório-230. Por meio de uma série de desintegrações α, o tório-230 transforma-se sucessivamente em rádio, em radônio, em polônio, depois em chumbo-234, que, depois de várias desintegrações α e β^-, chega ao fim da cadeia no isótopo estável do chumbo-206. Essa é a família radioativa do urânio.

Um diagrama no qual se coloque os números atômicos (Z) na horizontal e os números de massa (ou massas atômicas, A) na vertical permite visualizar facilmente as leis de deslocamento nas séries radioativas. A radioatividade α faz um deslocamento para a esquerda e para baixo de $Z = -2$

e $A = -4$, enquanto a radioatividade β^- faz um deslocamento na horizontal (A = constante) de uma unidade para a direita (Z = +1) levando a um "isóbaro" (elemento de mesmo número de massa). A radioatividade γ, com a emissão de um raio γ (radiação eletromagnética penetrante, de frequência muito elevada), não muda nem o número de massa nem a carga (e o número atômico), apenas transforma a energia interna do núcleo (passagem de um estado de excitação elevada a um estado menos excitado).

Os elementos de uma mesma família ou série radioativa têm, então, números de massa da forma $A = 4n - p$; n e p são números inteiros. Existem três séries radioativas naturais: a do tório ($A = 4n$), do actínio ($A = 4n - 1$) e do urânio ($A = 4n - 2$). Só os elementos pesados ($A > 200$) têm radioatividade α. A radioatividade γ acompanha, de fato, uma transmutação α ou β.

Existem dois outros tipos de radioatividade que serão tratados no capítulo seguinte: a radioatividade β^+, transformação com emissão de um pósitron (ou antielétron, e^+) e deslocamento no sentido de $Z - 1$, para núcleos produzidos artificialmente[11] em reações nucleares, e a "captura eletrônica", que é uma reação inversa da desintegração β^-, caso em que um elétron atômico das camadas mais baixas é absorvido no núcleo por um próton que se transforma em nêutron. De fato, neutrinos ou antineutrinos, que são espécies de elétrons eletricamente neutros, acompanham sempre os elétrons ou pósitrons absorvidos ou produzidos. Existe também uma série de radionuclídeos artificiais (que completa então as outras 4 séries), a do neptúnio, caracterizada por números de massa da forma $A = 4n + 1$.

---

[11] Pelo menos e, sobretudo, na Terra em condições normais. Todos os tipos de núcleos podem ser produzidos em regiões do universo onde as reações nucleares acontecem naturalmente, como é o caso, principalmente, das estrelas. Esses processos podem acontecer também, mas de uma maneira incomparavelmente mais rara, sobre a Terra pelo impacto de raios cósmicos.

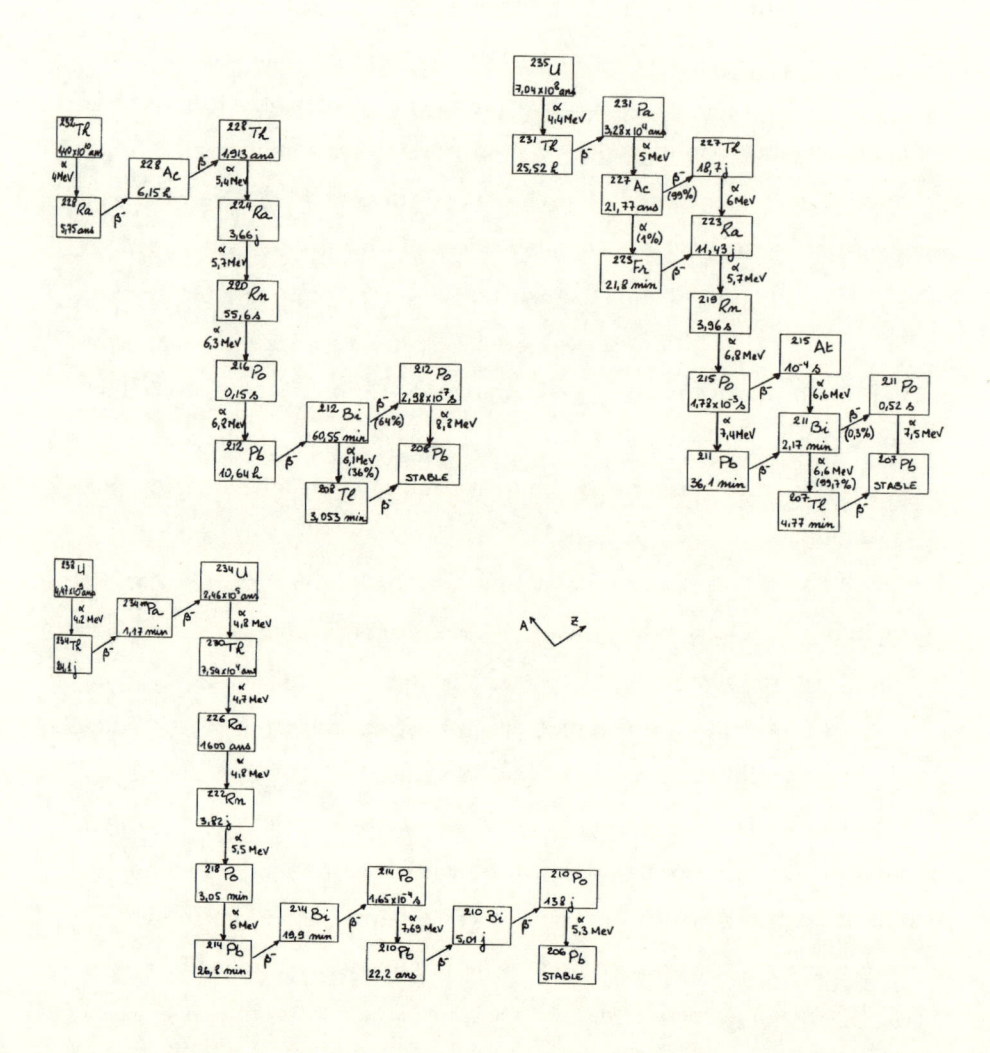

Figura 5.3. As três famílias radioativas materiais: tório-232, urânio-235 e urânio-238.

Em 1913, Niels Bohr, que era então estudante de Rutherford no Laboratório Cavendish, propôs seu modelo semiclássico de átomo nuclear, que preservava o esquema geral de Rutherford mas formulava a hipótese de uma "quantificação" das energias correspondendo a cada órbita eletrônica. A quantificação das trocas de energia da radiação de Planck era, assim, relacionada a uma quantificação no nível da estrutura atômica.

O conhecimento das raias espectrais de numerosas substâncias, relacionado ao conhecimento dos níveis de energias atômicas, forneceu a base experimental para apoiar e precisar as novas ideias teóricas. Os desenvolvimentos da espectroscopia desde o século XIX tinham levado da gama do espectro visível aos pequenos comprimentos de onda dos raios ultravioleta (UV) e depois aos raios X, e ainda aos grandes comprimentos de onda no sentido do infravermelho e das radiofrequências. O modelo do átomo de Bohr pôde explicar os espectros mais simples (série de Balmer[12] do átomo de hidrogênio, ver quadro 5.3.) em termos dos níveis de energia quantificados do átomo e das transições entre os níveis correspondentes às raias espectrais, das quais ele recebia por sua vez a determinação.

---

[12] De Johann Jakob Balmer (1825-1898), que obteve a fórmula empírica dos comprimentos de onda das raias do espectro do hidrogênio em função de números inteiros.

Quadro 5.3. A série de Balmer do átomo de hidrogênio

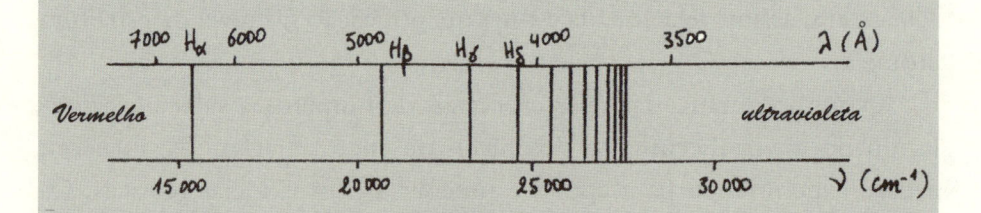

Os espectros de emissão ou de absorção da radiação eletromagnética pelos átomos são devidos às transições dos elétrons entre os níveis atômicos. Os espectros óticos provêm das transições de fraca energia (ou frequência) entre os níveis superficiais. Os espectros óticos são constituídos de raias, cujas frequências obedecem a regularidades, em particular, para os átomos de um elétron (como o hidrogênio e os átomos hidrogenoides). Os números de onda ($\sigma = \nu/c$, ν é a frequência, e c a velocidade da luz) das raias espectrais em luz visível emitidas (ou absorvidas) pelo átomo de hidrogênio são dados por uma relação simples, a "fórmula de Balmer": $\sigma = R(\,¼ - 1/n^2)$, R é a "constante de Rydberg" e n é um número inteiro superior a 2. Esta série corresponde às transições entre os níveis superiores e o nível de número quântico principal $n = 2$. Existem outras séries (de Lyman, de Paschen etc.), para diversos átomos, igualmente dadas por formas regulares.

Pouco tempo depois, James Franck (1882-1964) e Gustav Hertz (1887-1975) obtiveram evidências experimentais dos níveis discretos de energia com a ajuda de elétrons.[13]

O modelo simples de Bohr – modificado pelas correções relativísticas obtidas notadamente por Sommerfeld –, ao estar baseado sobre duas teorias contraditórias (a eletrodinâmica clássica e o postulado quântico), apresentava-se como sendo apenas heurístico. Constituiu, de fato, um passo importante na direção da elaboração da teoria quântica e permitiu precisar as grandezas fundamentais que intervêm na estrutura do átomo.

Cada nível do átomo (associado a uma órbita eletrônica) é caracterizado por uma energia e um momento cinético (múltiplo inteiro ou semi-inteiro de $\hbar = h/2\pi$) ao qual está associado um momento magnético. Em um campo magnético, os níveis subdividem-se seguindo os valores do momento magnético, o que fornece a explicação do efeito Zeeman (ver quadro 5.4.). George E. Uhlenbeck (1900-1988) e Samuel Goudsmit (1902-1978) formularam em 1925 a ideia do "spin" (ou momento cinético próprio) do elétron, cujo valor é $\hbar/2$, podendo ser orientado segundo duas direções correspondentes a dois valores do momento magnético.[14]

---

[13] Franck e Hertz partilharam o Prêmio Nobel de Física de 1925.

[14] Em física quântica, um momento angular ou um spin de valor J (em unidade $\hbar$) corresponde a $(2J+1)$ valores de momento magnético.

> **Quadro 5.4. O efeito Zeeman**
>
> As raias espectrais emitidas ou absorvidas por átomos colocados em um campo magnético se decompõem em multipletos. Esse efeito, constatado por Zeeman e explicado pela teoria do elétron de Lorentz e, posteriormente, de maneira mais precisa pela teoria quântica, resulta da orientação do momento magnético do átomo no campo, que faz uma "precessão de Larmor" em torno do campo magnético, o que adiciona termos suplementares de energia a cada um dos níveis do átomo. O nível de número quântico interno J e de momento magnético M é decomposto em $2J+1$ subníveis, cada um de energia diferente.

O estado de um elétron em um átomo é, em definitivo, caracterizado por 4 números quânticos que definem suas grandezas características e cujos valores possíveis são determinados pelas "regras quânticas": n, número quântico principal, designa a camada de energia correspondente a uma órbita dada; l, ligado ao momento cinético, que pode tomar os valores $l = 0, ..., n-1$; m, momento magnético, pode tomar $2l+1$ valores inteiros de $-l$ a $+l$; m_s, que corresponde ao spin, com 2 valores $m_s = \pm\frac{1}{2}$ (todos os valores do momento cinético ou do magnético são expressos em unidades de $\hbar$). Segundo o "princípio de exclusão de Pauli", dois elétrons não podem ocupar um mesmo estado, o que determina o arranjo dos elétrons atômicos e explica a classificação periódica dos elementos (completando as n camadas sucessivas). Mais tarde, iria-se constatar que as raias dos átomos assim caracterizadas podem, apesar de tudo, ser decompostas, manifestando uma "estrutura hiperfina" devido ao efeito do spin do núcleo.

Experiências realizadas em 1922 por Walter Gerlach (1889-1979) e Otto Stern (1888-1969), com jatos de átomos paramagnéticos (retomando a técnica de Dunoyer mencionada no início deste capítulo) colocados no campo de um ímã, permitiram medir os momentos magnéticos de átomos e de núcleos atômicos: o jato decompõe-se em $(2J+1)$ direções diferentes em função dos diferentes valores dos momentos magnéticos.

As experiências desse tipo sofreram em seguida numerosos refinamentos, notadamente com a observação por Isidor Isaac Rabi (1898-1988) em 1937 das primeiras transições de ressonâncias magnéticas, graças ao emprego de radiofrequências.[15] O fenômeno da ressonância magnética nuclear conheceu ulteriormente numerosas aplicações em diversos domínios, principalmente na física, na química e na medicina. Na física, ele permite a determinação das frequências de estrutura hiperfina dos átomos – por exemplo, aquela do césio 137 no estado fundamental que foi escolhida como o padrão de medida da unidade de tempo. O auto-oscilador quântico denominado MASER, inventado em 1954, que permite medir as frequências atômicas com elevadas precisões relativas (5×10^{-12}), está baseado nessas técnicas.

É igualmente com essas técnicas de ressonâncias hertzianas que foi detectado em 1947, por Willis Eugen Lamb (1913-),[16] o "efeito Lamb" de deslocamento das raias espectrais de estrutura fina do átomo de hidrogênio em relação ao valor previsto pela mecânica quântica ordinária – a teoria do elétron de Dirac. Pouco depois a explicação foi dada pela eletrodinâmica quântica, da qual falaremos mais adiante.

Terminemos esta apresentação do conhecimento da estrutura dos átomos lembrando que a mecânica quântica rejeitou a imagem clássica das trajetórias de elétrons no átomo, a qual é concebida agora somente como uma aproximação, legítima apenas em condições muito restritas. Com efeito, a teoria do átomo confunde-se com a mecânica quântica

---

[15] Isidor Isaac Rabi recebeu o Prêmio Nobel de Física de 1944.
[16] Lamb recebeu o Prêmio Nobel de Física de 1955.

aplicada à interação eletromagnética, responsável pelos arranjos da estrutura atômica. Essa teoria é hoje, falando com propriedade, a eletrodinâmica quântica.

Propriedades quânticas macroscópicas e átomos individuais

A função de estado correspondente a números quânticos determinados atribui às partículas atômicas uma amplitude e uma fase; as partículas indiscerníveis cujas fases são distribuídas aleatoriamente obedecem às estatísticas quânticas; se elas estão *em coerência de fase*, certas propriedades específicas, propriamente quânticas, daí resultantes podem aparecer no nível macroscópico: a *condensação de Bose-Einstein*, a *supercondutividade* e a *superfluidez*. Esses três fenômenos estão, na verdade, ligados: a superfluidez é apenas uma manifestação da condensação de Bose-Einstein à qual também se relaciona a supercondutividade. Elas foram anunciadas desde 1925 como uma consequência da indiscernibilidade das partículas quânticas. Einstein apresentou tais previsões em seu trabalho teórico sobre os gases de átomos monoatômicos ("gás de bósons"), inspirado inicialmente por uma ideia de Bose.[17]

Para átomos idênticos que obedecem à mesma estatística que os fótons (a "estatística de Bose-Einstein"), a *"condensação de Bose-Einstein"* é o análogo da emissão estimulada da luz, isto é, o *efeito laser*, no qual um grande número de fótons é concentrado em um pacote homogêneo no estado quântico de energia mais baixa. Quando se resfriam os átomos de um gás ou de um líquido a uma temperatura suficientemente baixa (próxima do zero absoluto), enquanto são impedidos de combinar-se em moléculas e de solidificar-se, eles podem acumular-se no estado individual de energia mínima, a "energia do ponto zero", que corresponde a uma temperatura absoluta nula.

---

[17] Já mencionamos esse trabalho, que é preparatório da mecânica quântica.

Esses átomos são todos fisicamente idênticos, em fase, e descritos pela mesma função de estado. O efeito quântico resultante manifesta-se no nível macroscópico: os átomos do condensado, que podem ser muito numerosos – de muitos milhares a uma fração significativa do número de Avogrado –, sem localização e sem interação, perderam sua individualidade no seio do sistema físico que eles constituem; tornaram-se uma espécie de superátomo, que se apresenta como um fluido absolutamente homogêneo e despido de viscosidade, pronto para ocupar imediatamente todo o espaço que se lhe oferece.

Durante muito tempo isso pareceu uma teoria abstrata e a dificuldade para evidenciar diretamente esse fenômeno era muito grande em virtude das temperaturas extremamente baixas, nas quais ele seria suscetível de manifestar-se. A condensação de Bose-Einstein só foi observada em 1995, setenta anos após a sua predição. A possibilidade de observá-la, visível a olho nu, transformou-a então em uma "janela macroscópica sobre o mundo quântico". Voltaremos ao assunto depois de apresentar os progressos efetuados na física da matéria condensada, que nos permitirão melhor compreender a supercondutividade e a superfluidez.

Figura 5.4.
Objeto em levitação magnética por supercondutividade.

As propriedades quânticas manifestam-se igualmente para átomos e partículas individuais, como prevê a teoria desde sua constituição: um fóton, um elétron, um nêutron ou um átomo, submetidos a uma experiência de difração em condições apropriadas – em função de seus comprimentos de onda, ligados a suas velocidades –, interferem com si mesmos, tal como é expresso pelas propriedades matemáticas de suas funções de estado. Durante muito tempo, as experiências foram realizadas com a ajuda de feixes intensos de partículas ou de átomos. O fenômeno não era, portanto, observável para partículas quânticas individuais.

Desde os anos 1980, os progressos técnicos permitiram obter feixes suficientemente rarefeitos, nos quais as partículas ou os átomos são emitidos segundo uma distribuição temporal que é possível controlar: pode-se saber, em um pequeno intervalo de tempo dado (por exemplo, de 1 nanosegundo), que uma única partícula atravessou o dispositivo experimental, sem a necessidade de detectá-la e, assim, de perturbar seu estado. Tais experiências foram efetuadas em particular para fótons e nêutrons, confirmando as propriedades quânticas das partículas individuais.

Por outro lado, os progressos no resfriamento dos átomos permitiram isolá-los, com a identificação e imagem de um único átomo.[18]

A física do estado sólido e a matéria condensada

No início do século, a física do estado sólido tomou impulso a partir da quantificação da energia dos átomos – que teve início com os trabalhos de Einstein de 1907 sobre os calores específicos – e do estudo da estrutura dos cristais – que dizem respeito, em particular, aos metais.

Em 1912, retomando as ideias formuladas no século XIX por René Just Haüy (1743-1822) e Auguste Bravais (1811-1863) sobre a estrutura dos cristais como empilhamento de malhas que formam redes óticas, Max von Laue descobriu a interferência dos raios X por meio de sua difração em cristais. Ele mostrou que esses raios, de natureza eletroma-

---

[18] Claude Cohen-Tannoudji recebeu o Prêmio Nobel de Física de 1997 por seus trabalhos sobre o resfriamento e aprisionamento de átomos por raios laser.

gnética, constituem uma extensão do espectro ótico para comprimentos de onda muito curtos, da ordem de grandeza das distâncias atômicas. William Henry Bragg (1862-1942) construiu então um espectrômetro de Raios X com o qual observou as raias características dos elementos químicos. Ele analisou numerosos cristais em colaboração com seu filho, William Lawrence Bragg (1890-1971), desenvolvendo de maneira sistemática a cristalografia de Raios X, a qual fornecia a configuração dos átomos nos sólidos de toda natureza, orgânicos ou inorgânicos.[19]

Figura 5.5.
Claude Cohen-Tannoudji.

Por outro lado, a teoria atômica devia fornecer, em princípio, uma explicação direta das propriedades magnéticas relacionadas àquelas dos átomos elementares. Os átomos podem comportar-se como ímãs microscópicos (ou momentos magnéticos) permanentes, suscetíveis de alinharem-se em um campo magnético (paramagnetismo) ou ser desprovidos dessa propriedade (diamagnetismo). Os cristais formados por átomos paramagnéticos podem produzir estados magnéticos ordenados,

---

[19] Max von Laue (1879-1960) recebeu o Prêmio Nobel de Física de 1914, e os Bragg, pai e filho, o de 1915.

dos quais o mais simples é o ferromagnetismo. Um corpo ferromagnético torna-se paramagnético acima de certa temperatura, dita "temperatura de Curie".

O alinhamento dos momentos magnéticos pode ser contraposto por uma tendência à desordem devido aos movimentos dos átomos animados de energia cinética. Em 1905, Paul Langevin propôs sua teoria do paramagnetismo seguindo esta linha: os momentos magnéticos permanentes dos átomos paramagnéticos orientam-se na direção do campo, mas são contrariados pela agitação térmica. Utilizando a relação de Boltzmann, Langevin reencontrou a lei formulada por Pierre Curie de uma "suscetibilidade magnética" dos corpos paramagnéticos inversamente proporcional à temperatura absoluta.[20] Com a ajuda da teoria dos quanta, Léon Brillouin (1889-1969) pôde refinar, a seguir, os resultados de Langevin, os quais representam hoje uma aproximação clássica do paramagnetismo.[21]

A teoria atômica permite dar conta do diamagnetismo, pelo qual, mesmo na ausência de momento magnético permanente, os corpos experimentam uma imantação induzida quando um campo magnético é aplicado. Essa propriedade geral, independente da temperatura, é devida à "precessão de Larmor"[22] dos elétrons atômicos. O ferromagnetismo, estado magnético ordenado no qual o alinhamento dos momentos magnéticos pode ser permanente (mesmo na ausência de campo magnético), encontra igualmente sua explicação em termos de estrutura atômica. Pierre Weiss (1865-1940) estudou as transições entre estado desordenado e estado ordenado de "imantação espontânea", mostrando

---

[20] Chama-se "suscetibilidade magnética" de uma substância que recebe uma imantação induzida, o coeficiente de proporcionalidade (χ_m) entre a polarização magnética (representada por um vetor axial, ou pseudovetor, $\mathbf{J}$) e o campo magnético ($\mathbf{H}$): $\mathbf{J} = \mu_o \chi_m \mathbf{H}$ para um meio isotrópico (μ_o é a permeabilidade magnética).

[21] Deve-se à Léon Brillouin uma contribuição importante à teoria dos semicondutores, com a introdução das "bandas de Brillouin".

[22] De Joseph Louis Larmor (1857-1942).

que elas ocorrem por interações atômicas, em domínios limitados, com o número de átomos variando entre 10^4 e 10^6. Essas propriedades foram depois explicadas em termos de energia de "troca quântica" por acoplamento entre os spins dos átomos.

Em 1926, Dirac e Fermi desenvolveram a estatística quântica dos elétrons nos sólidos. Depois de ter formulado o princípio de exclusão, que encontrou sua explicação no quadro da estatística de Fermi e Dirac, Pauli deu os primeiros passos no sentido de uma teoria quântica dos elétrons livres nos metais. Felix Bloch (1905-1983) propôs, em 1928, que os elétrons se comportam em um cristal como se eles estivessem livres, o que foi, em seguida, precisado em termos de ocupação pelos elétrons dos estados nas bandas de energia determinadas segundo a mecânica quântica. Essas propriedades permitiam explicar por que certos corpos são condutores de eletricidade enquanto outros são isolantes e compreender a natureza dos "semicondutores".[23]

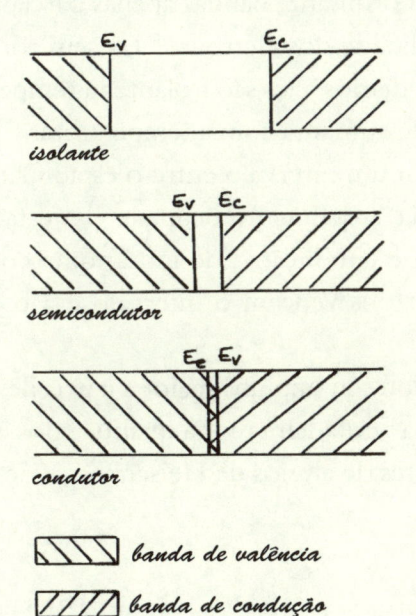

Figura 5.6. Diagrama das bandas de energia dos diferentes tipos de elementos.

---

[23] Felix Bloch recebeu o Prêmio Nobel de Física de 1952 com Edward Mills Purcell (1912-).

Os corpos sólidos, nos quais os átomos estão ligados uns aos outros, são caracterizados pelos valores de energia repartidos em "bandas eletrônicas", para dois intervalos de energia estreitos e bem separados. Isso resulta da organização dos átomos em um sólido cristalino que fixa os estados de energia possíveis dos elétrons. Esses estados são determinados pela influência eletromagnética dos outros constituintes sobre o elétron considerado, a saber, uma repulsão da parte dos outros elétrons da qual resulta um efeito de blindagem sobre sua carga e uma atração dos íons positivos. O efeito líquido é o de uma estrutura periódica – cristalina –, repartida em uma série de "bandas de energia", cada qual correspondendo a um conjunto de estados eletrônicos individuais.

Pode-se, assim, compreender a diferença de estrutura entre um isolante e um condutor. Nos *isolantes*, os estados correspondentes às bandas de energia são completamente ocupados pelos elétrons,[24] os quais não podem então circular em razão do princípio de exclusão de Pauli. Os *condutores* têm, à temperatura ordinária, bandas apenas parcialmente ocupadas, o que permite a mobilidade dos elétrons.[25] Os semicondutores correspondem a casos intermediários: eles são isolantes à temperatura absoluta nula, e sua condutividade aumenta com a temperatura. Eles são como isolantes que apresentassem um intervalo entre o estado superior da banda de energia "de valência" totalmente ocupada e o estado inferior de uma banda seguinte, "de condução", de modo que, com um aumento de temperatura, os elétrons vencem o intervalo e a corrente passa.

A física do estado sólido tomou seu impulso maior a partir de 1933, na direção da constituição de uma verdadeira teoria quântica dos corpos sólidos, com os trabalhos marcantes de alunos de Heisenberg e de Pauli,

---

[24] Eles não podem atravessar a fronteira que separa sua banda de energia de uma outra porque a energia superior de sua banda permitida, ou "de valência", corresponde à mais elevada energia que eles podem ter (nível de Fermi).

[25] O nível de Fermi dos elétrons, em um condutor, situa-se no interior da banda de valência.

como Hans A. Bethe, Eugen Wigner, John Slater, Nevill Mott, Harry Jones.[26] Eles fizeram os cálculos teóricos da estrutura de bandas de energia com a ajuda da mecânica quântica, considerando corpos sólidos reais e não corpos idealizados e utilizando novos métodos de aproximação. A disciplina conheceu desenvolvimentos consideráveis durante e após a Segunda Guerra Mundial, no que diz respeito às aplicações técnicas e industriais. Por exemplo, o transistor foi concebido nos fins da década de 1940 graças ao progresso dos radares. Ele teve a posteridade que se conhece em eletrônica e informática devido a sua utilização em circuitos integrados e a miniaturização cada vez mais avançada dos componentes eletrônicos, os quais chegam hoje a alguns décimos de micrômetros (os "chips").[27]

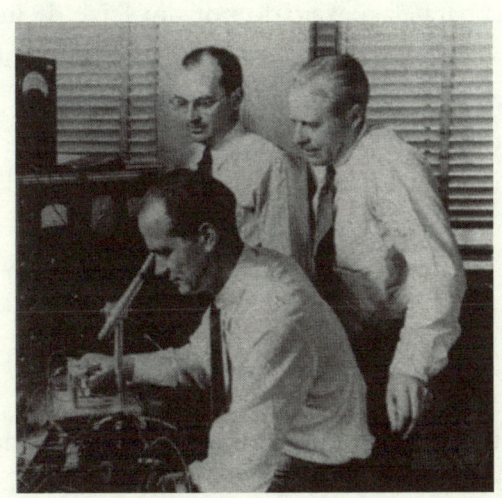

Figura 5.7.
W. H. Brattain obtém com W. Schockley e J. Bardeen um efeito amplificador em um semicondutor.

---

[26] E. Wigner recebeu o Prêmio Nobel de Física de 1963; H. Bether, o de 1967, e N. Mott, o de 1977, juntamente com Philip Anderson (1923-) e John H. van Vleck (1899-1980).

[27] A descoberta do transistor, em 1948, valeu o Prêmio Nobel de Física de 1956 a John Bardeen (1908-1991), Walter H. Brattain (1902-) e William Schockley (1910-). Bardeen acabaria por recebê-lo uma segunda vez, pela "teoria BCS" da supercondutividade.

Mencionemos aqui a descoberta de Rudolf Mössbauer (1929-), em 1958, de um fenômeno fundamental para o estudo das propriedades dos sólidos e também para as aplicações em muitos outros domínios, da física atômica à astrofísica. Trata-se do "efeito Mössbauer", isto é, um fenômeno de ressonância produzido pela absorção ou emissão de raios gama por uma rede cristalina a temperaturas muito baixas. Ele permite detectar diferenças de frequências extremamente pequenas, como as defasagens produzidas pelos campos gravitacionais, por movimentos acelerados, ou por variações do campo magnético etc.[28]

Se passamos à *ótica quântica*, o primeiro *laser* foi colocado em funcionamento em 1958. O princípio de seu funcionamento está baseado nas propriedades dos semicondutores e na "emissão estimulada" de luz, processo que havia sido previsto pela teoria quântica semiclássica proposta por Einstein em 1916. Em um cristal semicondutor, colocado entre duas lâminas refletoras paralelas, excitado por um feixe de luz ou por uma corrente elétrica, os elétrons passam da banda fraca de energia para aquela de energia elevada e retornam depois à banda inicial emitindo um fóton. Este, refletido sucessivamente pelos dois espelhos que enquadram o cristal, interage com os elétrons que excita, estimulando assim a emissão de outros fótons idênticos. Obtém-se então a emissão de um fino feixe de luz coerente "no modo laser" (laser, sigla inglesa para "amplificação luminosa por emissão estimulada"). Um passo importante nessa direção tinha sido dado por Alfred Kastler (1902-1984),[29] que realizou em 1950 com Jean Brossel (1918-2003) o "bombeamento ótico" de elétrons atômicos, acumulando os numerosos átomos no mesmo estado de excitação.

---

[28] Rudolf Mössbauer recebeu o Prêmio Nobel de Física de 1961, partilhado com Robert Hofstadter (ver a física das partículas elementares).

[29] A. Kastler recebeu o Prêmio Nobel de Física em 1966.

Figura 5.8. Alfred Kastler (1902-1984).

Figura 5.9. Jean Brossel (1918-2003).

A liquefação do hélio a 4,2 K, obtida em 1908 por H. Kamerlingh Onnes (1853-1926), abriu o domínio da *física das baixas temperaturas*, que se revelou muito rico em fenômenos fundamentais, tais como a supercondutividade e a superfluidez.[30] A dificuldade crescente para se aproximar do zero absoluto de temperatura – valor limite que não pode, estritamente falando, ser atingido – encontra sua expressão no "terceiro princípio da termodinâmica", formulado por Nernst e por Planck, o qual enuncia que a entropia de um sistema físico qualquer tende a zero com a temperatura absoluta. Esse princípio constitui também a definição de uma escala absoluta para a entropia, a qual era anteriormente determinada por diferenças de entropia.

---

[30] A escala absoluta de temperatura tem seu zero em $T = -273,16$ °C. Dito de outro modo, a temperatura de 0 °C corresponde a $T = 273,16$ K.

A supercondutividade é a ausência do amortecimento por efeito Joule das correntes elétricas em um sólido dado. Ela é consequência da anulação da resistência elétrica em certos metais abaixo de uma temperatura dita "crítica", até o zero absoluto.[31] Esta propriedade, descoberta experimentalmente por Kamerlingh Onnes para o mercúrio,[32] teve de esperar a teoria quântica da matéria para receber sua explicação, sendo a primeira das propriedades quânticas coletivas de efeito diretamente macroscópico a ser observada, explicada e utilizada. Seu interesse prático é, de fato, considerável; empregada na construção de circuitos de eletroímãs, ela permite produzir campos magnéticos intensos sem perda de corrente, sendo utilizada nos grandes aceleradores de partículas. As temperaturas críticas atualmente conhecidas são relativamente baixas. A eventualidade de obter materiais que seriam supercondutores em temperaturas mais próximas das temperaturas ordinárias abriria uma gama ainda mais prodigiosa de aplicações, como, por exemplo, trens à base de levitação magnética circulando sem atrito.

É possível relacionar a supercondutividade à condensação de Bose-Einstein, embora ela esteja relacionada a elétrons de átomos metálicos, que são férmions e não bósons. Com efeito, sabemos que, desde 1957, os elétrons de condução em um cristal podem combinar-se dois a dois, formando "pares de Cooper". Esses estados fracamente ligados de dois elétrons têm um spin inteiro e são, então, bósons.[33] A supercondutividade aparece, assim, como um condensado de Bose-Einstein de pares de elétrons de Cooper, o que confere um fundamento à analogia feita entre a supercondutividade e a superfluidez.

---

[31] Chamamos "ponto crítico" a temperatura na qual se produz uma transformação de estado – líquido-vapor ou sólido-líquido – a uma pressão dada. A transformação de estado líquido-sólido, que corresponde a uma mudança de estrutura, ordenada para o sólido, exige uma "transição de fase".

[32] Kamerlingh Onnes recebeu, por isso, o Prêmio Nobel de Física de 1913.

[33] Leon Cooper (1930-), John Bardeen e John Robert Schrieffer (1931-) partilharam o Prêmio Nobel de Física de 1972 por seus estudos teóricos sobre a supercondutividade ("teoria BCS").

A superfluidez é uma propriedade dos corpos fluidos, gasosos ou líquidos, que aparece eventualmente a uma temperatura muito baixa. Na concepção usual dos estados da matéria constatados na maior parte dos corpos, estes se transformam por resfriamento do estado gasoso ao estado líquido, e deste ao estado sólido. O hélio era até recentemente uma exceção, porque sua temperatura de solidificação é muito baixa. Se podemos evitar sua solidificação – por exemplo, mantendo o alinhamento de seu momento magnético no interior de um campo magnético –, mostramos que ele sofre, a uma temperatura absoluta de 2,2 K, uma "mudança de fase" do estado gasoso ou líquido para um estado "superfluido", caracterizado por uma viscosidade excepcionalmente fraca, mesmo quase nula, e uma supercondutividade de calor (ausência completa de perdas de energia), acarretando uma homogeneidade perfeita e uma ausência total de ebulição.

Essa transformação de estado acontece, de fato, com o isótopo He^4: suas propriedades de spin-estatística são as de um bóson,[34] e ele sofre uma condensação de Bose-Einstein que é responsável pelo fenômeno. Fritz London e Laszlo Tisza propuseram, em 1938, um modelo para a superfluidez do hélio, no qual uma parte do fluido ordinário coexistiria com uma outra parte superfluida no sentido próprio, condensado em um estado único. O isótopo He^3 é, em verdade, igualmente suscetível de passar ao estado superfluido, embora ele não seja um bóson; o que foi observado em 1972, por David N. Lee, Douglas D. Oscheroff e Robert C. Richardson.[35] A explicação para isso é que dois átomos desse isótopo podem em-

---

[34] Chamamos isótopos aos átomos de mesmas propriedades químicas (mesma configuração eletrônica) mas diferentes por sua massa atômica (de fato, pelo número de nêutrons do núcleo, ver o capítulo 6). O núcleo de hélio-4 possui dois prótons e dois nêutrons. Os átomos de spin – ou momento angular intrínseco – inteiro (bósons) são aqueles cujo núcleo comporta um número par de nêutrons. Com efeito, os elétrons, os prótons e os nêutrons têm um spin semi-inteiro ($\hbar/2$). Tais spins emparelham-se dois a dois para formar um spin 0 ou 1. Como os elétrons e os prótons em um átomo estão em números iguais, é preciso, para ter um spin inteiro, que o número de nêutrons seja par. São exemplos o hidrogênio e o hélio-4.

[35] Todos os três receberam o Prêmio Nobel de 1996.

parelhar-se em um bóson quando são submetidos a grandes pressões e a temperaturas muito baixas, na região do milikelvin, e sofrer então uma condensação de Bose-Einstein que os coloca no estado superfluido.

Quanto à *condensação de Bose-Einstein*, para ser colocada diretamente em evidência experimental, foram necessários prodígios no resfriamento da matéria aproximando-se do zero absoluto de temperatura: enquanto a superfluidez manifesta-se para o He^4 a 2 K, sua condensação propriamente dita só se produz a menos de um milionésimo (10^{-6}) de kelvin. Um condensado de Bose-Einstein foi realizado experimentalmente pela primeira vez em 1995 por Eric Cornell e Carl Wiemann. Dois mil átomos idênticos de rubídio – metal alcalino –, resfriados próximo ao zero absoluto, foram acumulados no mesmo estado atômico individual de "energia do ponto zero" durante uma dezena de segundos. O "superátomo" assim formado comportava-se como um fluido sem viscosidade. Outros condensados foram obtidos logo depois por outras equipes,[36] com outros elementos alcalinos, tais como o lítio, o sódio, o césio etc., e com números mais elevados de átomos em condensação.

A dificuldade para produzir esse fenômeno provém da temperatura extremamente baixa que é preciso obter (algumas frações de milionésimo de kelvin); mesmo o vazio intergaláctico ainda seria muito quente para isso. A partir dos anos 1970, grandes progressos foram obtidos na física de temperaturas muito baixas, mas ainda era preciso resfriar os átomos sem passar pela solidificação.

Na experiência de Cornell e Wieman, isso só foi possível graças ao desenvolvimento de uma técnica apropriada. Um primeiro resfriamento foi obtido com a ajuda de um sistema de lasers que faz os átomos perderem sua energia por meio de colisões com os fótons e, em seguida, aprisiona-os em uma situação de confinamento magnético. Os elementos alcalinos são mais apropriados que o hidrogênio ou outros metais leves, porque, mais pesados, eles perdem mais rápido sua energia nos

---

[36] Notadamente por Jean Dalibard no laboratório de física da Escola Normal Superior de Paris.

choques e resfriam-se antes de emparelharem-se com outros e de solidificarem-se. Um resfriamento por evaporação dos átomos, confinados e isolados do exterior, completa a primeira etapa de resfriamento, fazendo a temperatura atingir valores tão baixos quanto $0,4 \times 10^{-6}$ K acima do zero absoluto.

Em tais temperaturas, os átomos estão em seu estado de energia mínima e condensam-se; eles se deslocam muito lentamente na vizinhança do centro da armadilha de confinamento, respeitando as desigualdades de Heisenberg entre a posição e o momento, e as interações entre eles são completamente negligenciáveis, diferentemente da supercondutividade e da superfluidez.

Todos esses desenvolvimentos (e outros que não é possível aqui mencionar) dizem respeito a uma mesma direção da física: a das propriedades macroscópicas de origem quântica da matéria atômica, que leva para além da própria física do estado sólido. De fato, trata-se tanto da supercondutividade que diz respeito aos sólidos quanto da superfluidez, que se relaciona aos estados líquidos e, de uma maneira geral, dos "fenômenos coletivos". Esse ramo da física é denominado com maior precisão de *física da matéria condensada*.

A química quântica

O conhecimento das ligações entre os átomos, para formar as moléculas, estava adquirido desde a segunda metade do século XIX, em particular no que diz respeito às ligações entre os átomos de carbono nas moléculas hidrocarbonadas, cujo protótipo é aquele do benzeno (C_6H_6). Jacobus van't Hoff (1852-1911)[37] e Joseph Le Bel (1847-1930) tinham proposto em 1874 a representação tetraédrica das valências do átomo de carbono no espaço tridimensional, obtendo assim a explicação do isomerismo ótico observado anteriormente por Louis Pasteur (1822-

---

[37] Van't Hoff, Prêmio Nobel de Química em 1901.

1895). Essa estrutura foi confirmada graças à cristalografia de Raios X, que permitiu determinar as posições dos átomos de numerosos cristais, inclusive, mais tarde, aquelas de moléculas complexas como as das proteínas; a exemplo da penicilina em 1944.[38]

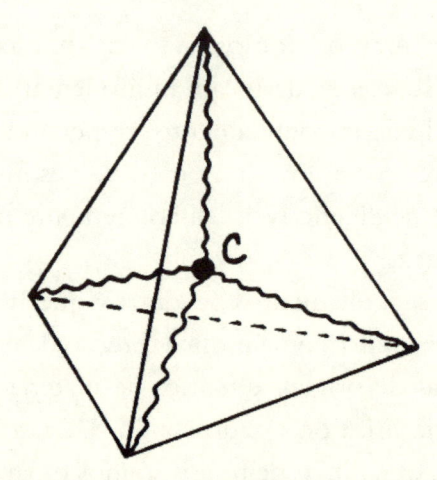

Figura 5.10. Representação tetraédrica das valências do carbono.

Em 1902, Emil Fisher (1852-1919) e Franz Hofmeister (1837-1923) propuseram a ideia de que as proteínas são constituídas por cadeias de ácidos aminados e, em 1907, as primeiras sínteses de proteínas formadas por numerosos ácidos aminados – os polipeptídios – foram obtidas. Uma outra via de desenvolvimento para a química estava assim aberta, conduzindo à química das macromoléculas, renovando a bioquímica e revolucionando a química industrial. Ela engendraria também uma nova disciplina, a biologia molecular.

A existência das macromoléculas foi estabelecida em 1922 por Hermann Staudinger (1881-1965), que lhes deu essa denominação e relacionou suas propriedades físico-químicas a sua constituição. Os anos 1930 testemunharam o início de uma nova era, a dos "superpo-

---

[38] Por Dorothy Crowfoot-Hodgkin (1910-1994).

límeros" ou matérias plásticas[39], cuja estrutura em fibra é semelhante àquela da celulose ou da seda; o primeiro nylon foi produzido industrialmente a partir de 1938.

Do lado da teoria, a constituição eletrônica da matéria tinha permitido conceber a ligação dos átomos em uma molécula como um compartilhamento de um mesmo elétron por esses átomos. A física quântica oferecia a possibilidade de estudar a ligação química e de compreendê-la em termos de covalência e de eletrovalência, termos propostos em 1919 por Irving Langmuir (1881-1957).[40]

Em 1927, Walter Heitler (1904-1981) e Fritz London forneceram uma descrição teórica da molécula diatômica do hidrogênio (H_2) em termos de uma ressonância das ondas eletrônicas para os dois átomos e aplicaram esse resultado à teoria da valência química. Trabalhando nessa linha nos anos 1930, Linus Pauling (1901-1994)[41] e John C. Slater (1900-1976) obtiveram a explicação pela mecânica quântica da ligação química no caso de numerosas moléculas e, em particular, para a molécula de benzeno de estrutura tetraédrica –, isto é, a estrutura tetraédrica da ligação hidrogênio do átomo de carbono. A partir desses trabalhos a representação teórica – quântica – da molécula química foi plenamente admitida. A química teórica transformou-se na química quântica sendo chamada química física.

O estudo experimental da estrutura das moléculas beneficia-se de todos os recursos da espectroscopia, que se enriqueceu a partir dos anos 1920 com a espectroscopia de infravermelho e com a espectroscopia

---

[39] Seu peso molecular é superior a 10.000. Staudinger recebeu o Prêmio Nobel de Química de 1953. É conveniente mencionar, na origem da química macromolecular, os trabalhos sobre a química coloidal, dos quais Theodor Svedberg (1884-1971), Prêmio Nobel de Química de 1926, foi o pioneiro.

[40] Langmuir foi laureado com o Prêmio Nobel de Química de 1932 por seus trabalhos sobre a química de superfícies.

[41] Pauling recebeu o Prêmio Nobel de Química de 1954 por seus trabalhos sobre as ligações químicas e a estrutura molecular.

Raman⁴² e, a partir dos anos 1950, com a ressonância magnética nuclear. Na determinação das estruturas moleculares, não se deve esquecer a importância da espectroscopia de massa para os constituintes das moléculas.

A partir de 1937, Pauling trabalhou sobre a determinação da estrutura molecular das proteínas com a ajuda de técnicas de difração de Raios X e de elétrons, abrindo assim a via para a biologia molecular, pressentida também por outros físicos como Schrödinger, mas de maneira mais especulativa. Na mesma linha de Pauling, Francis Crick, James Watson, Maurice Wilkins e Rosalind Franklin encontrariam em 1953 a estrutura da dupla hélice da molécula do DNA.⁴³

Figura 5.11.
James Watson e Francis Crick.

---

⁴² Chandrasekhara Venkata Raman (1888-1970), Prêmio Nobel de Física de 1930.
⁴³ Francis Crick (1916-2004), James Watson (1928-), e Maurice Wilkins (1916-2004), bioquímicos, norte-americano o segundo e os outros britânicos, Prêmios Nobel de Fisiologia ou medicina em 1962. Rosalind Franklin (1920-1958) teve um papel importante na descoberta, pela precisão das suas análises e fotografias do DNA com Raios X.

6
Matéria Subatômica
No interior do núcleo atômico

Paralelamente à realidade física dos átomos, que se impunha devido à conjunção da experiência e da teoria, os átomos não eram mais concebidos (desde os últimos anos do século XIX) como partículas absolutamente duras e "indivisíveis".[1] Eles possuíam uma estrutura interna que ficava evidenciada através dos espectros de emissão e absorção da luz; eram compostos de outros constituintes, como revelavam os fenômenos de ionização, a presença de elétrons no seu interior e as desintegrações radioativas.

Dessa forma, a física, na passagem do século XIX para o XX, ao mesmo tempo que confirmava, refutava a hipótese dos antigos atomistas gregos (que haviam sido resgatadas pelos químicos do século XVII), à qual estava sendo oposta, no século XIX, uma concepção continuísta da matéria, por meio de uma doutrina (positivista) da impossibilidade de conhecer a "natureza íntima" dos corpos para além dos limites da observação sensível. Assim, o átomo "existia" fisicamente, porém sua etimologia não mais se justificava; como ocorre frequentemente em circunstâncias similares (por exemplo, com a noção de "vácuo")[2]; seu nome usual persistiu apesar da divergência de sentido. Sabia-se, então, que a partir dali era necessário procurar pelos

---

[1] *Átomo* significa, em grego, indivisível, que não pode ser quebrado (*a-tomoi*).
[2] Sobre as mudanças de significação do conceito de vácuo, ver Michel Paty, "Le vide matériel ou la matière crée l'espace" (O vácuo material ou a matéria cria o espaço), editado por S. Diner e E. Gunzig, *Univers du tout et du rien* (Universo do tudo e do nada), p. 22-44, e outros textos da mesma coletânea.

"constituintes últimos" da matéria, que seriam os mais elementares, indivisíveis, subjacentes ao "nível" atômico da matéria, no interior do átomo. Soube-se também rapidamente que o interior do átomo não era mais regido pela física clássica, mas pela física quântica, a qual, como vimos no capítulo precedente, consolidou-se com o desenvolvimento da física atômica. O surpreendente foi que a física quântica, válida na escala atômica e de seus agregados, seja ainda válida para todo o domínio infra-atômico, dos núcleos dos átomos e das "partículas elementares", o qual vem à tona na exploração destas últimas.

O conjunto dos domínios da física que se situam (com respeito à energia e às dimensões espaciais) abaixo da escala atômica propriamente dita constitui o que chamamos doravante de "física subatômica".[3] Veremos que este domínio, tal como ele se revela ao longo das duas últimas décadas do século XX (suas primeiras explorações sistemáticas remontam aos anos de 1930), manifesta claramente uma unidade que justifica sua denominação: uma unidade de métodos, uma unidade de conceitos e uma unidade teórica, hoje, mais significativa que as variantes episódicas sobreviventes no curso de sua história, como a oposição entre *física nuclear* (ou de baixas energias) e *física de partículas elementares* (ou de altas energias). Essa oposição esteve viva entre os anos de 1950 e 1970, quando emergiu e se desenvolveu a física das partículas elementares, com suas famílias de novas partículas fundamentais; ela foi esvaindo-se progressivamente nos anos de 1980-1990 por razões que estão relacionadas tanto com o desenvolvimento dos conteúdos de conhecimento e com as propriedades da "matéria nuclear" quanto com as práticas de pesquisa e os tipos de instrumentos utilizados.

---

[3] Ver, por exemplo, René Bimbot e Michel Paty, "Vingt-cinq années d'evolution de la physique nucléaire et des particules", *Physique subatomique: 25 ans de recherche à l'IN2P3, la science, les structure, les hommes,* editado por J. Yoccoz (Éditions Frontières, Bures-sur-Yvette, 1996), p. 12-99.

A escala nuclear

O segundo nível de estruturação da matéria atômica acontece no interior, nas profundezas do átomo, em seu núcleo, o qual corresponde a dimensões da ordem de 10^{-13} cm (1 fermi), ao passo que as distâncias da escala atômica são da ordem de 10^{-8} cm. As duas escalas estão, portanto, claramente separadas (em uma razão de distâncias de aproximadamente 10^{-5}), e a investigação da matéria nesses dois domínios de dimensões tão pequenas abriu um novo capítulo da física. A exploração do domínio nuclear só começou nos anos de 1930, apesar da existência do núcleo e de as manifestações de suas transformações pela radioatividade terem sido percebidas bem antes.

A *física nuclear*, estudo da estrutura do núcleo atômico, tomou corpo com a descoberta do nêutron, da radioatividade artificial, da exploração das propriedades dos núcleos e da fissão nuclear. Para inventariar as regiões internas do núcleo atômico, fazia-se necessário dispor de meios de prospecção possantes: de radiações com energia de pelo menos alguns milhões de elétron-volts (MeV),[4] ordem de grandeza das energias de ligação nucleares. Tais energias correspondem à exploração de distâncias cujas dimensões são da ordem do comprimento de onda associado (ver quadro 6.1. para as correspondências entre energias e as distâncias espaciais).[5] De início, elas eram fornecidas por corpos radioativos (raios α, β e γ) e por aceleradores

---

[4] Na física atômica e subatômica, as energias são expressas em múltiplos do elétron-volt (eV): keV (k de "kilo", mil, 10^3 eV), MeV (M de "mega", milhão, 10^6 eV), GeV (G de "giga", bilhão, 10^9 eV), TeV (T de "tera", mil GeV, isto é 10^{12} eV). De elétron-volt a keV encontra-se a escala de energia do átomo; a ordem do MeV (até algumas centenas de MeV) corresponde às energias da estrutura nuclear, domínio da física nuclear; acima disso, já a partir de 500 MeV, entende-se como o domínio da física das partículas elementares ou física de altas energias, ou ainda, da física subnuclear.

[5] O comprimento de onda associado a uma partícula é inversamente proporcional a seu momento ou quantidade de movimento. Uma radiação de um dado comprimento de onda pode explorar distâncias espaciais da ordem de seu comprimento de onda.

de prótons e de núcleos leves em máquinas eletrostáticas (aceleradores de *Crockroft-Walton*, 1930, e *van de Graaff*, 1931).[6]

Quadro 6.1. Energias e distâncias do domínio subatômico

Energias	eV-keV	MeV-100 MeV	GeV-TeV
Distâncias (cm)	~ 10^{-8}	~ 10^{-13}-10^{-14}	~ 10^{-14}-10^{-18}
Domínio	atômico	nuclear	subnuclear
Campo de interação eletromagnético	eletromagnético	forte eletromagnético (desintegração γ) fraco (desintegração β)	forte eletromagnético fraco (após os processos e suas regras de seleção)

A *física das partículas elementares* (a denominação familiar não deve esquecer de que se trata de partículas *quânticas*) emergiu pouco a pouco da *física nuclear* e do estudo dos *raios cósmicos*. Estes últimos haviam sido descobertos em 1912 por Victor Franz Hess[7], em experiências com balões feitas em uma perspectiva de pesquisas geofísicas. Observando a descarga de eletroscópios embarcados, ele pôde atribuí-la à presença de uma radiação ionizante cuja origem mostrou ser extraterrestre. Os raios cósmicos, estudados sistematicamente em alta altitude desde os anos de 1930 em laboratórios instalados em montanhas de altitude elevada

---

[6] O primeiro, inventado em 1930 por John Douglas Cockroft (1897-1967) e Ernest T. S. Walton (1903-1995), Prêmios Nobel de Física em 1951; o segundo, em 1931 por Robert J. Van de Graaff (1901-1967).

[7] Victor Franz Hess (1883-1964), físico austríaco naturalizado americano, recebeu o Prêmio Nobel de Física em 1936 com Carl Anderson (ver adiante). A origem extraterrestre do raio cósmico havia sido também sugerida por Charles Wilson.

(*Pic du Midi* nos Pirineus franceses, *Jungfrau* nos Alpes suíços, *Mont Wilson* nos Estados Unidos, *Mont Chacaltaya*, na Bolívia nos anos de 1950 etc.), forneceram as partículas carregadas aceleradas naturalmente (pelos intensos campos eletromagnéticos oriundos de certas regiões do cosmo). Essas partículas são, essencialmente, prótons e núcleos leves primários, mas também múons (identificados nos anos 1940) resultantes da desintegração de partículas mais estáveis (píons) produzidas pelos primeiros. Estas partículas de origem cósmica podiam ser detectadas por meio de ionização de suas interações com a atmosfera ou com a superfície terrestre.

As interações nucleares e cósmicas entre núcleos animados de grande velocidade (e, portanto, com energia elevada) e núcleos-alvo revelam a existência de novas partículas, até então desconhecidas em seu estado natural ou livre, liberadas ou produzidas nas reações. Elas vieram juntar-se, a partir dos anos 1930, ao *elétron* (identificado por Joseph-John Thomson em 1897), ao *próton* (núcleo do átomo de hidrogênio) e ao fóton[8]: as primeiras foram, no início dos anos 1930, o *nêutron* (que constitui os núcleos juntamente com os prótons, mas eletricamente neutro, apesar de terem uma massa aproximadamente igual) e o *pósitron* (a "antipartícula" do elétron, de mesma massa e de carga elétrica oposta e, portanto, positiva)[9]. Depois, de 1936 até o fim dos anos 1940, as partículas elementares enriqueceram-se com o *múon*, um tipo de elétron pesado e instável (mas com um tempo de vida apreciável: 1μs), com

---

[8] O corpúsculo quântico da luz, ou *fóton*, considerado, do ponto de vista teórico, por Einstein em 1916 (ver capítulo 3), foi confirmado em 1923 em sua interação com elétrons atômicos por Arthur Compton (1892-1962), Prêmio Nobel de Física em 1927. Compton também trabalhou com os raios cósmicos. O corpúsculo de luz foi batizado de *fóton* (palavra de origem grega que significa grão de luz) em 1926, por Gilbert Newton Lewis (1875-1946), físico-químico americano; este último propôs ainda a noção de ligação covalente em química, cuja teoria, em seguida, foi formulada no contexto da mecânica quântica (ver capítulo 5).

[9] O pósitron pode ser considerado como um elétron positivo ou, mais precisamente, como o "conjugado de carga" do elétron.

carga idêntica à do elétron (em módulo) e massa aproximada 200 vezes a do elétron, existente sob a forma de dois estados de carga elétrica, μ^+, μ^-.[10] Detectado nos raios cósmicos em 1937, o múon só foi exatamente identificado em 1948. De início, ele foi considerado como sendo o "méson de Yukawa" (postulado inicialmente por razões teóricas por Hideki Yukawa e descoberto em 1946). O méson de Yukawa, também conhecido como *méson π*, foi assim juntado à lista, ainda breve, das partículas elementares.

A estas novidades vieram somar-se rapidamente as *"partículas estranhas"* e as primeiras *"ressonâncias"*. Em seguida, os aceleradores com energias cada vez mais elevadas (*cíclotron, síncrotron* etc.)[11] descobriram um grande número de novas partículas ao vasculhar, de maneira cada vez mais refinada e profunda, a estrutura da matéria nuclear (ver capítulo 7 e quadro 7.1.).

A *física nuclear* e a *física de partículas elementares* tornaram-se então duas disciplinas bastante distintas. A primeira interessa-se pela estrutura dos núcleos e pelas forças de ligação em um domínio de energias relativamente modestas (algumas dezenas e, mais tarde, centenas de MeV). A segunda propõe-se a pesquisar os constituintes elementares da matéria, identificá-los e analisar as *forças de interação* (ou os *campos* de interação, no sentido em que falamos do campo gravitacional ou eletromagnético) entre seus constituintes. Do ponto de vista experimental, ela se caracteriza por energias muitíssimo mais elevadas e recebe, por isso, desde os anos 1950, o nome de "física de altas energias", equivalente àquele de física "das partículas elementares". Partindo do GeV por volta de 1950, com o cíclotron "Bévatron" (produtor de mésons π) da Universidade

---

[10] O múon desintegra-se, por meio de um processo de "interação fraca" do mesmo tipo que a radiação β, em um elétron de mesmo sinal e em dois *neutrinos*, partículas que serão analisadas mais adiante (mais precisamente, um par neutrino-antineutrino).

[11] Ernest Orland Lawrence (1901-1958), construtor do primeiro cíclotron, recebeu o Prêmio Nobel de Física em 1939.

de Berkeley, nos Estados Unidos, as energias chegaram a TeV no final do século XX com os grandes síncrotrons e *anéis de colisão*[12] capazes de produzir em grande quantidade partículas muito pesadas como os "bósons intermediários" (descobertos em 1983) ou, em princípio, os "bósons de Higgs" ainda hipotéticos.

Atualmente, a física nuclear e a física das partículas elementares tendem a reagrupar-se tanto pela natureza de seus objetos (a estrutura da matéria em *quarks*, por exemplo, interessa a ambas, assim como sua dinâmica, que é regida pelos campos de interação fundamental da matéria) quanto por suas técnicas e métodos. A física quântica permanece válida na física subatômica, contudo a natureza da *dinâmica* das interações torna-se mais diversificada. Ao campo eletromagnético somam-se dois tipos de interações que só se manifestam no nível da matéria nuclear,[13] as interações *forte* e *fraca*, cujas abordagens teóricas tiveram origem, nos anos 1970 e 1980, a partir de formulações semelhantes à eletrodinâmica quântica, com as teorias de campos "invariantes de calibre".

Nêutrons e núcleos: o nascimento da física nuclear

Por mais que, em 1919, Rutherford tivesse obtido a primeira transmutação artificial de núcleos atômicos ao bombardeá-los com prótons, foi somente em 1932 que o núcleo começou a liberar os segredos de sua estrutura com a descoberta do *nêutron*. Estudando as interações da radiação α sobre átomos leves, Walther Bothe[14] e seu estudante H. Becker evidenciaram, em 1930, a produção de uma radiação penetrante. Irène

---

[12] Particularmente o supersíncrotron de prótons e o super anel europeu de elétrons e pósitrons, o LEP do CERN em Genebra.

[13] Ao menos de maneira geral, uma vez que o campo fraco pode se manifestar no nível atômico com as "correntes neutras", mas em condições particulares.

[14] Walther G. Bothe (1891-1957), físico alemão.

Joliot-Curie e Frédéric Joliot[15] mostraram, ao analisar tal radiação em uma câmara de Wilson[16] (ver figura 6.1.), que ela (a radiação) projeta os núcleos atômicos de hidrogênio. Nesse mesmo ano, ocorreu a James Chadwick identificá-la como uma nova partícula, de massa aproximadamente igual à do próton, mas eletricamente neutra:[17] o *nêutron*, presente no núcleo como parceiro do próton.

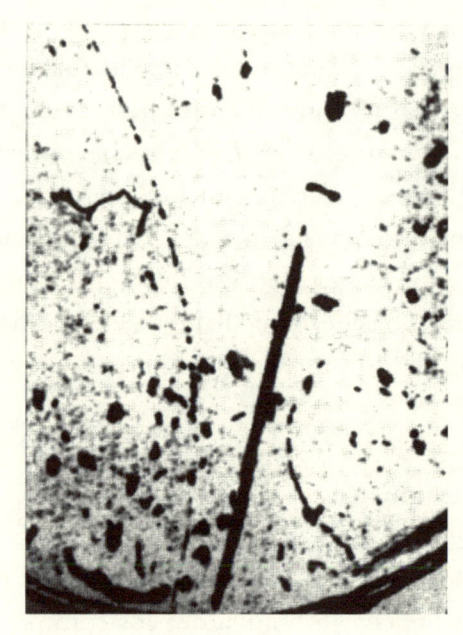

Figura 6.1.
Trajetória de um pósitron (à esquerda) e de um próton em uma câmara de Wilson. (Cliché Frédéric Joliot.).

---

[15] Irène Joliot-Curie (1897-1956), Frédéric Joliot (1900-1958), físicos franceses.

[16] Ou "câmara de bolhas". Esse detector visual, que opera por materialização dos traços das partículas ionizantes em gotículas de gás condensado, era conhecido em 1910 pelo físico e meteorologista britânico Charles T. R. Wilson (1869-1959). Ele descobriu o mecanismo de formação das nuvens: os centros de condensação de vapor de água saturada que se formavam no entorno dos íons eletrizados. A câmara de Wilson foi aperfeiçoada em seguida por M. S. Blackett (1897-1974), que a acoplou a um contador Geiger situado acima ou abaixo da mesma e obteve assim uma grande eficácia na sua utilização.

[17] James Chadwick (1891-1974), físico britânico, Prêmio Nobel de Física de 1935. A massa do nêutron é, de fato, ligeiramente superior à do próton, o que permite sua desintegração em estado livre (quando é produzido, por exemplo, em um reator nuclear) em próton, elétron e neutrino (ver mais adiante).

A constituição do núcleo foi, assim, explicada em termos de números de massas (ou massas atômicas) e de números atômicos: um núcleo comporta Z prótons e (A-Z) nêutrons, e sua massa é igual à soma das massas dos constituintes subtraindo-se desse valor a quantidade associada à energia de ligação.[18] A partir de então, foi possível compor um quadro resumido das energias consumidas ou liberadas nas reações nucleares. A constituição dos isótopos (átomos com as mesmas propriedades químicas e mesmo número atômico, mas com número de massa diferente) ficou simples de compreender: os núcleos dos isótopos de um mesmo elemento comportam o mesmo número de prótons (os átomos têm então o mesmo número de elétrons, e as mesmas propriedades químicas), mas um número de nêutrons diferente. Como regra geral, os isótopos que contêm nêutrons com excesso em relação às "bandas de estabilidade" são instáveis e, portanto, naturalmente radioativos. Para um dado elemento estável, pode então haver isótopos radioativos que são instáveis: o hidrogênio, o deutério (ambos estáveis) e o trítio (radioativo) são os isótopos do elemento hidrogênio; o carbono-14 (com seis prótons e 8 nêutrons) é um isótopo radioativo do carbono-12, que é estável e contém 6 prótons e 6 nêutrons.

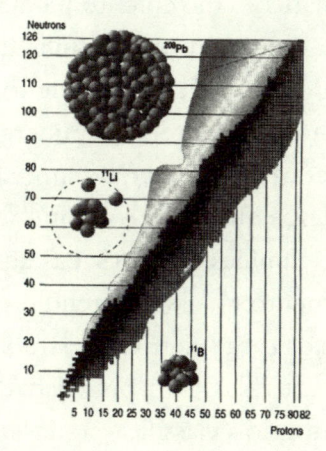

Figura 6.2.
Distribuição dos núcleos atômicos (A-Z na abscissa, A na ordenada). Esquema publicado em *Découverte* (revista do Palais de la Découverte), 280, p. 31, 2000.

---

[18] ΔM sendo a massa padrão, a energia de ligação é $\Delta E = \Delta M\, c^2$. É a energia mínima que deve ser fornecida para quebrar (dissociar) um núcleo estável em estado natura l. Inversamente, ΔE é a energia liberada em uma desintegração nuclear espontânea.

Logo após a descoberta do nêutron, Heisenberg apresentou uma teoria envolvendo a invariância de carga das forças nucleares, dando ao próton e ao nêutron uma mesma representação (como dois estados de carga de um mesmo "núcleon") no formalismo de "*isospin*", inspirada naquela representação do *spin* ou do momento angular próprio (ver capítulo 5). Tal formalismo associa uma mesma partícula quântica a uma gama de estados de carga de grandezas abstratas conhecidas como operadores no sentido da mecânica quântica (ver capítulo 3): I (dito "spin isotópico" ou ainda "isospin") e I_z, que estará para I assim como uma das três componentes de um spin (J_z) está para o próprio spin (J). Assim, constrói-se um espaço abstrato, fictício, a três dimensões, o "espaço isotópico" ou "isoespaço". Neste espaço, o comportamento de grandezas (que são vetores) é identificado, do ponto de vista formal, àquelas dos momentos angulares (que são grandezas quantificadas, que só podem assumir certos valores), sem ter destes a significação física. Por definição, o significado físico do isospin é: cada valor da "componente" I_z está associado a um estado de carga, e, portanto, I é determinado diretamente pela multiplicidade ($2I + 1$) dos estados de carga, da mesma forma que o spin J é dado pela multiplicidade dos momentos magnéticos ($2J + 1$). Esse instrumento matemático, conveniente para simplificar a representação dos estados de carga de uma mesma família de partículas quânticas, revelou-se de grande poder heurístico. Com efeito, muitas das propriedades das partículas e dos campos de interação puderam então ser representadas de uma maneira sintética. Isso chegou a um tal ponto que o isospin tornou-se uma das grandezas quânticas (ou "números quânticos") intrinsecamente associadas às famílias de partículas agrupadas em multipletos de carga. Esse procedimento foi assim estendido a um grande número de grandezas, para além da carga elétrica ("estranheza" e "sabores" superiores), distinguindo partículas com propriedades bastante parecidas (massas, spin etc.) e permitindo a classificação das mesmas com a ajuda da teoria dos grupos de simetrias unitárias (ver capítulo 7).

Para resumir de uma maneira concreta e prática o interesse do conceito de isospin da maneira como Heisenberg o concebeu, basta considerar sua aplicação imediata ao próton e ao nêutron, com massas muito próximas (e pelas propriedades de interação nuclear) e cargas distintas (um carregado positivamente e o outro eletricamente neutro). Admite-se que o próton e o nêutron formam um "dubleto de isospin", sendo dois estados de carga de uma mesma partícula, que chamaremos "núcleon", possuindo um isospin $I = 1/2$ (segundo a fórmula: *multiplicidade* = $2I + 1$). Mais tarde, o méson π, com três estados de carga, foi rapidamente identificado como sendo dotado de um isospin $I = 1$ etc.

Do antielétron ao méson π das forças nucleares

Em 1931, Carl Anderson[19] descobre *o pósitron* (a antipartícula do elétron) ao identificá-lo em uma câmara de traços na presença de um campo magnético.[20] De fato, algum tempo antes, o pósitron havia sido predito pela *teoria do elétron relativístico de Dirac. A radioatividade "artificial"* foi produzida e identificada um pouco mais tarde, em 1934, por Irène Joliot-Curie e Frédéric Joliot. Eles mostraram a materialização de raios γ em pares elétron-pósitron. A emissão inversa de raios γ pela aniquilação de um pósitron com um elétron foi igualmente obtida por F. Joliot e Jean Thibaud.[21] Enrico Fermi (1901-1958) produziu e estudou de maneira sistemática as transmutações artificiais, criando novos isótopos radioativos.[22] Retomando uma hipótese formulada em 1930

---

[19] Carl Anderson (1905-1991), físico americano, Prêmio Nobel de Física de 1936.

[20] O campo magnético faz com que as partículas carregadas tenham uma trajetória circular cujo sentido é dado pelo sinal da carga elétrica. No caso do pósitron, a orientação é no sentido oposto daquele executado pelos elétrons de carga negativa: ele é então um "elétron com carga positiva".

[21] Frédéric Joliot e Irène Joliot-Curie receberam o Prêmio Nobel de Química de 1935, e Bothe o de 1954. Bothe tinha sido igualmente o inventor, em 1929, da técnica das coincidências para os contadores de Geiger-Müller. Enrico Fermi, físico italiano, recebeu o Prêmio Nobel de Física de 1939. Imigrante nos Estados Unidos, ele desenvolve entre outras coisas a primeira bomba atômica em 1942. Jean Thibaud, físico francês.

[22] Sobre a definição de um isótopo, ver mais adiante.

por Pauli sobre a existência de uma partícula neutra e de massa nula ou quase-nula (o *neutrino*), Fermi elabora, a partir de 1933, uma *teoria da radioatividade β*. Essa teoria, que se inspirava na teoria quântica do campo trazida à luz pela eletrodinâmica quântica, foi a primeira forma daquilo que seria a teoria das *interações fracas*.[23]

Em 1935, Hideki Yukawa (1907-1981) propôs sua *teoria das forças nucleares*, na qual uma partícula de massa intermediária entre a do elétron e a do próton, o méson π, é trocado entre os núcleons. O valor teórico de sua massa (aproximadamente 140 MeV) é devido ao curto alcance da interação nuclear forte, restrita às dimensões do núcleo (no entorno de 10^{-13} cm) em razão da relação entre a energia e a dimensão da exploração correspondente (ver quadro 6.1.). A denominação de "méson" foi-lhe dada devido ao seu caráter intermediário. No primeiro momento, a hipótese pareceu exagerada, pois não era fácil imaginar a existência de outras partículas que não fossem aquelas já conhecidas; Niels Bohr declarou-se inicialmente hostil ao méson de Yukawa até render-se às evidências. Se o méson π, como "partícula de troca" das forças nucleares de interação, estivessem presentes no "estado virtual" no núcleo (ver quadro 6.2.), ele deveria, em princípio, poder ser criado nas interações nucleares por um acréscimo de massa, satisfazendo a relação massa-energia $E=mc^2$.[24] De fato, após ter sido confundido com o *múon*, no qual se desintegra (visto que é instável em estado livre), ele foi efetivamente identificado, em 1946, por Cecil Powell, César Lattes e Giuseppe P. S. Occhialini,[25] em emulsões fotográficas expostas às interações

---

[23] A radioatividade β^- se escreve como um processo elementar, a desintegração, por meio da "interação fraca" (ver adiante a apresentação sobre os campos fundamentais de interação), do nêutron (geralmente no interior do núcleo): $n \rightarrow p + e^- + \overline{V_e}$. Por meio da atuação dos operadores de criação e aniquilação de estados, a teoria quântica dos campos é capaz de descrever o processo de criação ou aniquilação de partículas como, nos casos de desintegração β^-, do elétron e do neutrino.

[24] Hideki Yukawa, físico japonês, recebeu o Prêmio Nobel de Física de 1949.

[25] Cecil Franck Powell (1903-1969), físico britânico, recebeu o Prêmio Nobel de Física de 1955. Cesare Mansueto Giulio Lattes ou César Lattes (1924-2005), físico brasileiro e Giuseppe P. S. Occhialini (1907-1993), físico italiano que também trabalhou no Brasil.

com os raios cósmicos da atmosfera.[26] Sua massa, medida pelas reações, era exatamente aquela prevista pela teoria.[27] O méson π foi, em seguida, produzido artificialmente em grandes quantidades nos aceleradores (a partir de 1948 no Bévatron),onde se detectou seus três estados de carga elétrica, π^+, π^- e π^0.[28] (A proximidade do valor de sua massa com a do múon, respectivamente 139 e 106 MeV, foi uma das razões da confusão inicial entre eles).[29]

Ano de descoberta	Denominação	Símbolo	Carga elétrica (em unidades de carga elétrica)	Massa (em MeV/c^2) (aprox.)
	próton	p	+1	938
1897	elétron	e^-	-1	0,5
Teoricamente:1926 Experimentalmente: 1923	fóton	γ	0	0
1931	pósitron	e^+	+1	0,5
1932	nêutron	n	0	940
1937-1947	múon	μ μ^- e μ^+	-1 e +1	106
Hipoteticamente:1935 Observado:1946	méson π	π π^+, π^0 e π^-	+1, 0 e -1	Carregado: 139 Neutro:135
Hipoteticamente:1930 Observado:1956	neutrino neutrino e antineutrino	ν ν_e e $\bar{\nu}_e$	0	0

---

[26] No monte Chacaltaya, na Bolívia.

[27] Com uma diferença entre estados carregados e o estado neutro (ver quadro 6.2.).

[28] O méson eletricamente carregado desintegra-se (por meio da interação "fraca", de maneira análoga à desintegração β) em um múon de mesma carga, acompanhado de um neutrino. O méson neutro desintegra-se (por meio da interação eletromagnética) emitindo um par de raios γ com alta energia (no referencial próprio, ou em repouso, do méson π^0, os raios γ recebem uma quantidade igual de energia advinda da massa – de 135 MeV – do *méson* π^0).

[29] Inicialmente, o múon recebeu o nome de "méson μ", o qual se manteve por vários anos: as características próprias dos méson e dos léptons só foram precisadas aos poucos.

Dos modelos nucleares à liberação de energia dos núcleos

O conhecimento dos constituintes elementares do núcleo e da força de interação que age entre eles permanecia insuficiente para explicar suas propriedades globais. Nos anos de 1930, tais propriedades foram objeto de abordagens teóricas usando modelos como o modelo quase-clássico, o termodinâmico, o "*de gota líquida*", proposto por Bohr, e, depois, *o modelo de camadas* concêntricas, pondo em evidência o aspecto quântico do núcleo e suas similaridades de estruturação com a escala atômica. A *espectroscopia nuclear* dos níveis "individuais", que ilustra o modelo de camadas, constituiu, nos anos seguintes, um capítulo importante da física nuclear.

Em 1939, o modelo de gota líquida teve uma grande importância na descoberta, por Otto Hahn e Fritz Strassmann, da fissão nuclear, cisão de um núcleo pesado (de fato, o de urânio) em núcleos mais leves com liberação de energia. O mecanismo da fissão foi elucidado por Lise Meitner e Otto R. Frisch.[30] Pouco depois, F. Joliot, Hans Halban e Lev Kowarski[31] observaram que, na fissão, há emissão de nêutrons acompanhando os núcleos produzidos, o que abria a possibilidade de reações em cadeia (por sua absorção pelos núcleos pesados, os nêutrons emitidos promovem outras reações de fissão, que liberam novos nêutrons etc.). Joliot concebeu então a ideia de pilha atômica por meio de reações controladas: pode-se determinar com precisão o número médio e a energia dos nêutrons capazes de sustentar a reação e mantê-la em um regime de estabilidade. Esta será mantida graças à utilização de "moderadores" que diminuiriam o número de nêutrons (capturados mais facilmente pelos núcleos fissionados com baixas energias) e absorveriam aqueles em

---

[30] Otto Hahn (1879-1968), Prêmio Nobel de Química de 1944, Fritz Strassmann (1902-1980), Lise Meitner (1878-1968) e Otto R. Frisch (1904-1979) foram físicos alemães.

[31] Hans Halban (1877-1964), físico austríaco; Lev Kowarski (1907-1979), físico francês de origem russa.

excesso. Desde que o número de nêutron não ultrapassasse o valor de controle, a reação poderia chegar também a atingir um regime explosivo, liberando energias consideráveis, maiores do que até então se conseguia com uma explosão. O fenômeno da fissão do átomo tornava-se efetivo nos dois casos, no da produção de energia e no da destruição, a predição da teoria da relatividade restrita de que "a matéria é um reservatório de energia".

A realização dessas duas aplicações da física nuclear aconteceu no curso da Segunda Guerra Mundial, no laboratório de Los Alamos, nos Estados Unidos, no contexto do *"projeto Manhattan"*. Frente ao perigo representado pelo nazismo alemão que invadiu militarmente a Europa e ameaçava escravizar todo o mundo, ao se apoiar em uma capacidade tecnológica considerável, o projeto mobilizou as competências reunidas de inúmeros físicos, dentre os quais muitos intelectuais europeus que emigraram por razões políticas. A história da energia atômica é enxertada na história da física: do ponto de vista militar, com a corrida armamentista, e do ponto de vista "pacífico", com o desenvolvimento dos reatores e das centrais nucleares bem como dos problemas a eles relacionados.[32] Uma outra via de produção de energia nuclear foi também aberta: a *"fusão termonuclear"*, desenvolvida a partir da realização da bomba de hidrogênio. Do ponto de vista de sua utilização pacífica, tornou-se objeto

---

[32] O leitor poderá dirigir-se à vasta literatura que existe atualmente sobre essa questão. Algumas referências fundamentais podem ser encontradas na bibliografia. O papel dos cientistas na origem de suas aplicações não foi apenas científico ou técnico, mas também político. Por exemplo, Albert Einstein e Léo Szilard chamaram a atenção do presidente dos Estados Unidos, Franklin Roosevelt, por meio de uma carta datada de 2 de agosto de 1939, sobre o risco de a Alemanha nazista desenvolver uma bomba atômica. A partir de 1945, o próprio Einstein, Niels Bohr e Robert Oppenheimer advertiram dos perigos extremos que teria a construção de uma bomba de hidrogênio. Em 1955, no período da "guerra fria" entre os Estados Unidos e a União Soviética, Einstein e Bertrand Russell manifestaram-se contrários à corrida armamentista por meio de um apelo que foi prolongado pela ação do *movimento Pugwash* animado pelos cientistas atômicos. (O "Manifesto Einstein-Russell" data de abril de 1955. Esse foi um dos últimos atos de Einstein, que faleceu no dia 18 do mesmo mês.)

de grande atividade de pesquisa a obtenção da "fusão controlada" do hidrogênio em deutério, trítio e outros núcleos leves como o hélio. Essa fusão poderia ser uma fonte inesgotável de energia.[33]

Os modelos nucleares que mencionamos correspondiam a duas abordagens complementares da complexidade do núcleo que continuaram a inspirar as futuras pesquisas dos físicos. A primeira refere-se à análise global do comportamento coletivo dos núcleons, ao passo que a segunda busca deduzir as propriedades do núcleo a partir da soma dos comportamentos individuais de cada um de seus núcleons constituintes. A conexão entre o movimento coletivo e os movimentos individuais no interior do núcleo atômico, estudados experimental e teoricamente, permitiu a Aage Bohr, Ben Roy Mottelson e James Rainwater esclarecerem a deformação não simétrica do núcleo.[34]

Da espectroscopia nuclear à física dos íons pesados e à noção de "matéria nuclear"

Nos primeiros anos de 1950 e 1960 a espectroscopia nuclear constituía o eixo principal de investigação em física nuclear. Análoga à espectroscopia atômica, na qual os níveis de energia de um átomo são estabelecidos ao se medir com precisão a energia dos fótons emitidos no momento de uma transição entre dois níveis, a *espectroscopia nuclear* consiste em determinar as diferenças de energia entre os níveis de um núcleo, ao construir e analisar o espectro dos fótons γ ou de outras partículas emitidas por este núcleo. Na *espectroscopia por radioatividade*, a operação se dá pela irradiação de amostras seguida de separação

---

[33] Nessas reações, nas quais a massa total dos produtos é muito menor que a massa inicial, a diferença de massa transforma-se em energia que é liberada.

[34] Aage N. Bohr (1922-, filho de Niels), Ben Roy Mottelson (1926-) e L. James Rainwater (1917-1986) receberam o Prêmio Nobel de Física de 1975.

química e isotópica e da medição de fótons γ e partículas eliminadas das desintegrações radioativas dos isótopos identificados. Na *espectroscopia por reações nucleares*, observa-se o fluxo de partículas e fótons γ eliminados nas desexcitações dos núcleos produzidos nas colisões nucleares.

Outros domínios da pesquisa assumiram uma importância crescente, em particular no desenvolvimento de aceleradores de núcleos, com energias mais altas e núcleos mais pesados. A física de energias intermediárias explorava a energia de aproximadamente 100 MeV, a interação núcleon-núcleon a curtas distâncias, colocando em evidência sua estrutura em termos da troca de méson virtuais (méson π e outros) ou ainda de excitações coletivas do núcleo onde a ressonância Δ (píon-núcleon) tinha um papel importante. Ademais, nos anos 1970 e 1980, a investigação de núcleos por sondas eletromagnéticas (difusão de elétrons) permitiu o estudo da distribuição de carga de um próton individual (de uma camada externa) em núcleos pesados; e, a partir de energias mais elevadas, foi possível explorar as propriedades de "confinamento de quarks" fora do regime de validade da "cromodinâmica quântica" (que lida com energias muito elevadas, quando os quarks são quase livres uns em relação aos outros; ver o capítulo 7).

Um outro tema importante, relacionado ao estudo dos núcleos e que surgiu nos anos 1970, trata de suas interações complexas. Ele se desenvolveu graças aos feixes de núcleos leves polarizados e, sobretudo, graças à construção de aceleradores de íons pesados e o aprimoramento de detectores. Esta física investiga as deformações dos núcleos conduzidos a estados de alta excitação, em rotação rápida e com momentos angulares elevados (estudados por espectroscopia γ); os fenômenos coletivos como as "ressonâncias gigantes", vibrações que agitam uma grande parte ou a totalidade dos núcleons do núcleo; a viscosidade da matéria nuclear; a termodinâmica nuclear; a influência, no interior do núcleo, da estrutura dos núcleons (prótons e nêutrons) em "quarks" (ver capítulo 7); as transições de fase para novos estados da matéria.

Quadro 6.3. Os modelos nucleares

Os modelos nucleares são representações fenomenológicas da estrutura e do comportamento dos núcleos atômicos que têm como objetivo dar conta de certas propriedades estatísticas ou dinâmicas. Os três modelos principais são o modelo de camadas (estático), o modelo da gota-líquida e o modelo de núcleo composto (dinâmicos).

O *modelo de camadas* repousa na hipótese de uma independência dos núcleons (prótons e nêutrons) em um potencial nuclear médio resultante de suas interações mútuas. Neste modelo, os prótons e os nêutrons são distribuídos em camadas ou níveis (à imagem dos níveis atômicos) segundo seus estados de energia, de momento angular e de paridade, o que permite levar em conta as propriedades quânticas *estáticas* dos núcleos, assim como a sua estabilidade relativa. A estabilidade é maior para núcleos com camadas fechadas de nêutrons ou de prótons, o que é o caso para os valores chamados "números mágicos". Este modelo tem sido objeto de reconstituições teóricas a partir da interação quântica elementar núcleon-núcleon, mediante certas aproximações.

Os outros modelos, como aquele da *gota-líquida* ou o *do núcleo composto*, visam dar conta dos fenômenos nucleares *dinâmicos*, que colocam em jogo os movimentos coletivos dos núcleons, tais como suas deformações, as vibrações (ressonâncias) e as colisões inelásticas profundas. Estes modelos colocam em jogo variáveis globais (tais como a densidade do núcleon, a elongação ou deformação com relação à esfera, a energia de excitação média que corresponde a um tipo de temperatura nuclear), (das quais seguem a variação temporal). O modelo simples da gota-líquida foi proposto por Bohr em 1938 para dar conta da fissão nuclear. De uma maneira geral, o modelo da *gota-líquida*, utilizado para descrever tanto a fissão quanto a formação de ressonâncias gigantes, descreve o núcleo como uma gota líquida feita de férmions em interação (com spin ½, submetido ao princípio de exclusão de Pauli), fazendo apelo a consi-

> derações associadas à dinâmica dos fluidos quânticos. Por exemplo, em colisões inelásticas profundas entre núcleos, consideramos a transformação da energia cinética em energia de excitação como uma frenagem por viscosidade nuclear, e a transferência de núcleons como uma "corrente de matéria" de um núcleo a outro. O modelo do *núcleo composto* supõe a formação no núcleo de um estado intermediário que se desexcita e faz apelo a um tratamento termodinâmico. Para além dos modelos propriamente ditos, a teoria se esforça para dar conta de fenômenos dinâmicos em termos de interações entre nucleos elementares.

A possibilidade de utilização de feixes de íons pesados permitiu acessar níveis nucleares bastante excitados e aumentou a possibilidade de síntese de novos núcleos. Eles prolongaram e multiplicaram aquilo que havia sido obtido no início com a radioatividade artificial. A partir dos anos 1980, graças às colisões de íons pesados, foi possível considerar a produção de "*núcleos exóticos*" (de isótopos peculiares, bastante deslocados da linha de estabilidade, obtidos pela fragmentação de íons pesados em colisão) e de "*núcleos superpesados*", possuindo números atômicos bastante elevados (para além dos elementos trans-urânios) e até então desconhecidos pela classificação periódica. A tabela periódica dos elementos estendia-se, nos anos 1970, até o elemento de número atômico Z=105. Entre 1974 e 1996, as investigações sobre os elementos superpesados, realizadas no Instituto de Pesquisas Nucleares de Darmstad (Alemanha), levaram à descoberta sucessiva dos elementos com Z=106 até Z=112, todos instáveis. Os modelos nucleares previam o ressurgimento da estabilidade para valores entre Z=114 e Z=126 (quando as camadas são fechadas, ver o quadro 6.3.), o que constituía um objeto de pesquisa ativo.

Os núcleos pesados comportam um considerável número de níveis de energia em uma estreita faixa, que até mesmo se sobrepõem à medida que as energias são aumentadas: o desaparecimento das descontinuidades (quânticas) permite a aplicação da mecânica estatística e da termodinâmica clássica, como é o caso do modelo da gota líquida. Essa análise global dos fenômenos coletivos, tais como a fissão ou a formação de núcleos compostos, desenvolveu-se inicialmente por meio do impulso dos químicos nucleares e generalizou-se em uma "macrofísica nuclear", resultante do estudo das colisões a altas energias entre núcleos complexos, alvos e projéteis, obtidos a partir de feixes de íons pesados. O núcleo apareceu pouco a pouco como um objeto quântico de um gênero bastante particular (bastante diferente do átomo), ao passo que tinha sido inicialmente pensado como um prolongamento do estudo do átomo, com seus níveis discretos de energia e seus núcleons com comportamento essencialmente individual. O núcleo é um objeto deformável e viscoso, sede de fenômenos próprios, que vão desde propriedades fundamentais de interação forte entre as partículas quânticas individualizadas até propriedades coletivas complexas. O estudo de todas essas propriedades requer a conjunção dos pontos de vista da teoria quântica, da termodinâmica e da mecânica estatística. Deve-se ainda considerar o ponto de vista da astrofísica, se pensarmos nos objetos nucleares celestes, tais como as estrelas de nêutrons. O conceito de núcleo conduz de alguma forma a um outro conceito, menos restritivo e mais complexo, mas possivelmente mais unificador: o de *matéria nuclear*.

A matéria nuclear apresenta, em função da sua densidade e da sua temperatura nuclear (no sentido de uma termodinâmica), duas situações de transição de fase. A primeira é análoga à transição líquido-vapor: é a multifragmentação, na qual a energia depositada no núcleo atômico "em fusão" é tal que esse núcleo perde sua identidade ao volatilizar-se em múltiplos fragmentos compostos de núcleons emitidos simultaneamente. Os primeiros indícios foram evidenciados por volta de 1995.

A segunda transição de fase, igualmente possível, ocorre a energias muito mais elevadas. Ela faz passar de um estado de "confinamento de quarks" em seus núcleons para um "*plasma de quarks e glúons*". Este é um novo estado da matéria de altíssima densidade, na qual as fronteiras entre os núcleons não mais existem. Com efeito, estes últimos perdem sua identidade ao fundir-se num tipo de "plasma" de *quarks* e de *glúons* que os constituem. A teoria das interações fortes entre os quarks, chamada de *cromodinâmica quântica,* indica a possibilidade de que tais estados sejam produzidos a partir de uma matéria hadrônica extremamente comprimida e conduzida a um alto valor da densidade. Os constituintes de cada núcleon do núcleo (os *quarks e os glúons*), até então confinados ao interior do volume do núcleon, são então desacoplados uns dos outros e liberados ao interior do volume inteiro do núcleo, trazendo suas "cargas" de interação forte, ditas "cargas de cor".

O processo é bastante análogo ao da formação de um *plasma* de íons e de elétrons em um gás de átomos submetido a alta temperatura no interior de um volume confinado (o "quarto estado da matéria", para além do estado gasoso), diferindo deste pelo fato de ser governado pela interação forte e não pela interação eletromagnética. Essa transformação de estado, que se efetua durante o breve intervalo de tempo (da ordem de 10^{-22}s) compreendido pela compressão (esmagamento) em uma colisão, corresponde a uma transição de fase da matéria nuclear ordinária em um plasma de quarks e glúons, que traz livremente suas cargas "de cor". Se a duração da mudança de estado é muito pequena para que se possa observá-la diretamente, poderia-se, entretanto, detectá-la por suas consequências, por meio do estudo dos produtos das reações induzidas suficientemente caracterizadas e identificadas.[35] Tais estados de plasmas de quarks e de glúons têm sido efetivamente observados com a ajuda de colisões de íons pesados "ultrarrelativísticos", animados de, no mínimo, energias iguais a 100 GeV por núcleon.[36]

---

[35] Essas características ligam-se à diferença de comportamento dos quarks confinados e não confinados: o segundo caso favorecerá a produção de partículas estranhas em razão de mecanismos que não são possíveis de serem detalhados na presente obra.

[36] A densidade de um plasma obtido com um feixe de núcleos de oxigênio ou de enxofre acelerado a 200 GeV por núcleon é de 2,5 GeV/fermi³, sendo 20 vezes superior à densidade da matéria nuclear ordinária (0,15 GeV/ fermi³), correspondendo a uma temperatura de 2×10^{12} °C.

O estudo dos plasmas de quarks e glúons permitirá conhecer o comportamento dos quarks no estado livre (atualmente somente seu estudo confinado é conhecido). Ele apresenta também um interesse do ponto de vista da astrofísica, uma vez que tais plasmas poderiam estar presentes nas estrelas de nêutrons, ser produzidos a partir do nascimento de uma supernova ou ainda ter sido o estado da matéria do universo até o tempo $t = 10^{-5}$s da cosmogênese.

Esse fenômeno, o plasma de quarks e de glúons (que poderíamos chamar "plasma de cores" no sentido da interação nuclear forte), mostra que a física das partículas e dos campos unifica de uma forma bastante estreita a física nuclear. Vimos que elas sempre estarão intimamente ligadas entre si apesar das especializações episódicas. O capítulo seguinte, que tratará sobretudo da física das partículas, só foi aqui separado por razões de volume e de comodidade de exposição. Já apresentamos ou, ao menos, utilizamos em diferentes situações os conceitos e resultados que serão tratados a seguir.

7
Matéria Subatômica
Os campos fundamentais e suas fontes

Nos anos 1930, a física nuclear (então no seu início) e a física das partículas (iniciada um pouco depois) tinham mostrado que as interações fundamentais àquele nível de organização da matéria reduziam-se a três tipos diferentes de dinâmicas.

Os três campos fundamentais de interação da matéria nuclear

A título de introdução ao assunto, faz-se necessário relembrar que cada campo de interação fundamental da matéria é caracterizado, de um lado, por meio de uma "constante" chamada de "constante de acoplamento" (tal como a constante gravitacional G na teoria da gravitação) e, de outro, por uma dinâmica própria, expressa por meio de uma "função lagrangiana" específica. No exemplo da teoria newtoniana da gravitação, a dinâmica fornece a expressão para a força como sendo proporcional ao produto das massas presentes e inversamente proporcional ao quadrado de suas distâncias, ou seja, a famosa lei de Newton da atração universal: $F = GmM/d^2$. A teoria da relatividade geral de Einstein transforma essa lei ao modificar a função lagrangiana do campo gravitacional, mas preserva a constante de acoplamento G. É devido ao pequeno valor da constante gravitacional que o campo de gravitação pode ser negligenciado no domínio das partículas elementares, nas escalas de energia até aqui consideradas. Contudo, veremos que há uma escala, uma faixa de energia bastante distante de nossa tentativa, na qual tal modificação deve ser levada em consideração (ver capítulo 11).

Na ordem cronológica, a primeira interação fundamental conhecida a partir do nível atômico é a *interação eletromagnética*. É a teoria quântica desse campo de interação que suscitou a formação de uma "teoria quântica dos campos", cujas primeiras abordagens foram concebidas nos anos entre 1927 e 1933. A formulação realmente satisfatória, tal como é o caso da *"eletrodinâmica quântica"*, foi obtida em 1947 por Richard P. Feynman, Julian Schwinger, Shinishiro Tomonaga e Juan José Giambiaggi.[1] Em particular, um procedimento matemático chamado de "renormalização", que será retomado mais adiante, permitia recuperar os valores físicos, conhecidos com precisão, de grandezas tais como a massa e a carga. Tal teoria permitiu explicar o efeito Lamb[2] e, em seguida, todas as propriedades eletromagnéticas das partículas carregadas puderam ser consideradas como *pontuais*, quer dizer, sem estrutura ou extensão espacial assinalável, como o elétron, ao qual são adicionados depois outros *léptons* carregados (o múon e o lépton pesado τ) e os *quarks*. De fato, a eletrodinâmica quântica forneceu um teste seguro de que as partículas são pontuais: a extrema precisão experimental e teórica que se dispõe atualmente para a resolução espacial permite atribuir-lhes uma dimensão inferior a 10^{-18} cm.

---

[1] Richard P. Feynman (1918-1988), Julian Schwinger (1918-1994), físicos americanos e Shinishiro Tomonaga (1906-1979), físico japonês, receberam o Prêmio Nobel de Física de 1965. Juan José Giambiaggi (1924-1996), físico argentino radicado no Brasil.

[2] De Willis Eugen Lamb (1913-), físico americano, Prêmio Nobel de Física de 1955. O efeito Lamb é um deslocamento das raias de estrutura fina dos elétrons atômicos (para o átomo de hidrogênio) devido à "polarização do vácuo". Ele se dá devido à presença de pares virtuais elétron-pósitron no entorno do elétron nu (ver mais adiante), os quais são levados em conta na eletrodinâmica quântica por meio da teoria da renormalização. Os dois níveis da estrutura fina $2^2 S_{1/2}$ e $2^2 P_{1/2}$, que deveriam coincidir segundo a equação de Dirac, são distintos, pois a correção devido à renormalização é relativamente importante para o nível S.

As forças de coesão dos núcleos, independentemente da carga elétrica, fizeram intervir uma outra dinâmica, aquela da *interação nuclear forte*, muito intensa, e cujo alcance não ultrapassava as dimensões dos núcleos. A teoria do méson de Yukawa constituiu uma primeira abordagem. A maior parte das numerosas partículas elementares identificadas a partir da descoberta do méson interage por meio da interação forte: a elas dá-se o nome de "*hádrons*". Na classificação das partículas, elas são reagrupadas em *mésons* (que são bósons, de spin inteiro) e em *bárions* (que são férmions, de spin semi-inteiro[3]), e são identificadas pelos seus números quânticos (ver quadro 7.1.).

---

[3] Em unidades de $(h/2\pi)$. Sobre os bósons e férmions, ver capítulo 3.

Quadro 7.1. As partículas elementares

1. As partículas elementares mediadas pela interação forte ou hádrons compostos: bárions estáveis, metaestáveis e ressonantes (núcleons, híperons, bárions charmosos, bárions de sabores b e t), mésons: mésons escalares (π, Ks estranhos, outros sabores), mésons vetoriais.

Estas partículas são formadas por quarks constituintes (ou de valência).

2. Os férmions elementares fontes dos campos fundamentais.
O conjunto das partículas constituintes da matéria, com exceção dos bósons quanta de troca dos campos fundamentais (tratados separadamente), podem ser reduzidas aos *constituintes elementares pontuais*, os *léptons* e os *quarks*, que são férmions elementares, fontes e sorvedouros dos campos fundamentais de interação.

- os quarks: (u, d), (c, s); (b, t);
- os léptons: (e^-, v_e), (μ^-, v_μ) e (τ^-, v_τ).

Existe uma simetria entre os quarks e os léptons: (e^-, v_e) é associado a (u, d), (μ^-, v_μ) a (c, s) e (τ^-, v_τ) a (b, t).

Férmions	u (+2/3) up	c (+2/3) charm (charme)	t (+2/3) top
Quarks	d (-1/3) down	s (-1/3) strange (estranho)	b (-1/3) botton
Léptons carregados	e (-1) elétron	μ (-1) múon	τ (-1) tau
Léptons neutros	v_e (0) neutrino do elétron	v_μ (0) neutrino do múon	v_τ (0) neutrino do tau

(a carga das partículas está indicada entre parenteses).

Matéria Subatômica

3. Os quanta dos campos de interação: Os campos de interação agem segundo a teoria quântica dos campos por meio da troca de seus quanta ou bósons intermediários virtuais entre os férmions pontuais, que propagam o campo de um férmion a outro. Esses bósons são: o fóton para o campo eletromagnético, os três *bósons intermediários* (dois carregados $W^{\pm}$ e um neutro Z^0), para o campo fraco, e oito *glúons* distintos devido a suas "cargas de cor" para o campo de interação forte. Pode-se acrescentar a esse conjunto o quarto campo, o campo gravitacional, cujo bóson de troca é o gráviton (com spin 2).

Interações fundamentais	Mediadores das forças
Interação eletromagnética	fóton γ
Interação fraca	bósons intermediários, W^+, W^-, Z^0
Interação forte	8 glúons, g_{ij}, portadores do número quântico de "cor" (i,j = 1-3)
Gravitação	gráviton, g_{j}, que intervêm para toda partícula massiva

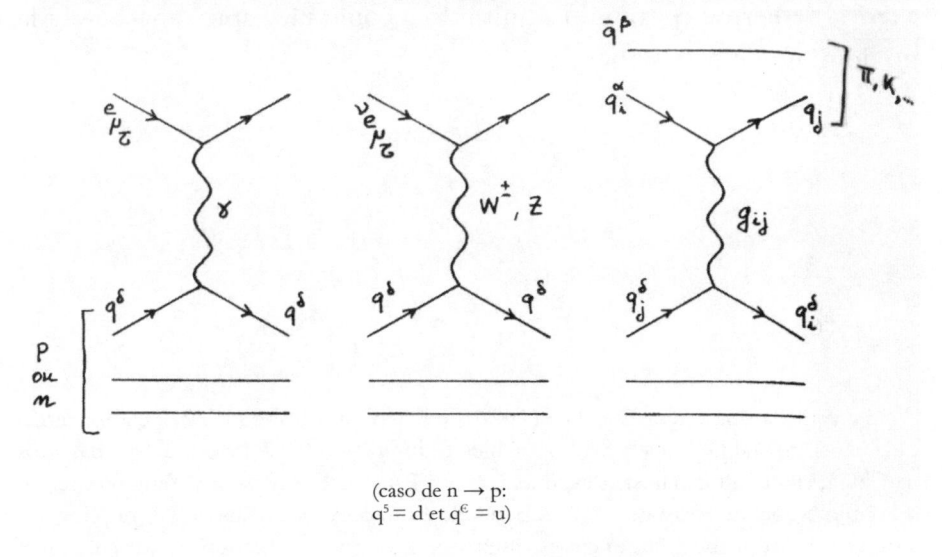

(caso de n → p:
q^δ = d et q^ϵ = u)

Figura 7.1. Diagramas de troca de interações fundamentais.

A desintegração radioativa β dos núcleos (processo que ocorre também com inúmeras partículas elementares, tais como o méson π, o múon, as "partículas estranhas" etc.) não pode ser regida nem por um processo eletromagnético nem pela interação nuclear forte. Ela constitui um terceiro tipo de dinâmica de interação da matéria elementar, a interação fraca (assim denominada em razão de sua fraca intensidade, ou probabilidade, em comparação às outras duas), para a qual a teoria de Fermi forneceu durante 25 anos uma fecunda aproximação. Em 1957, com a descoberta da "não conservação da paridade",[4] que expressa uma assimetria por reflexão em espelho entre as orientações para a esquerda e para a direita, suscitou-se, na desintegração β (como, de uma maneira geral, em uma desintegração de partículas por via fraca), uma modificação da teoria. Fazia-se necessário introduzir, na função lagrangiana, termos que não conservam a paridade: por fim, os ajustes com os resultados experimentais exigem a retenção de termos de tipo vetorial e pseudovetorial, quer dizer, uma "interação V-A". A interferência desses termos foi responsável pela violação da paridade. Mas a teoria de Fermi, assim adaptada, continuou sendo válida em sua estrutura (ver figura 7.1.). Mais tarde, a teoria de gauge das interações fracas, que substituiu a teoria de Fermi, continuou admitindo-a como uma aproximação válida no domínio de baixas energias.

---

[4] Formulada por Tsung Dao Lee (1926-) e Chen Ning Yang (1922-), ela foi verificada experimentalmente pela Senhora Chien Shiung Wu (1912-1997). Todos nascidos na China, eles conduziram suas experiências nos Estados Unidos. Lee e Yang receberam o Prêmio Nobel de Física de 1957. A paridade é um operador quântico (P) relacionado à simetria espacial (de reflexão em espelho) que age sobre os estados de partículas, seja conservando-os inalteráveis, seja invertendo-os, tal como a imagem em um espelho.

Neutrinos e antineutrinos

A teoria de Fermi apoiava-se na hipótese do neutrino, associada à emissão do elétron em uma desintegração (seguindo a reação $n \to p + e^- + v$, onde o símbolo v designa o neutrino); mais tarde, ele foi identificado como sendo um antineutrino de tipo eletrônico, $\overline{v_e}$. A existência física do *neutrino* foi demonstrada em 1953-1956 por Frederick Reines (1918-1998) e Clyde L. Cowan (1919-1974), que detectaram as reações induzidas diretamente sobre a matéria nuclear pelos *antineutrinos* produzidos em um reator nuclear. Desse tipo de reações são as reações inversas à desintegração β: $\overline{v}_\mu + n \to p + e^-$, para os processos elementares (estando o nêutron ligado ao interior de um núcleo) ou para os processos efetivos sobre o núcleo: $\overline{v}_\mu + {}_Z^A X \to e^- + {}_{Z+1}^A X$).

Para compreender a relação entre neutrinos e antineutrinos deve-se, antes, indicar quais são os conceitos e as grandezas específicas aos *léptons*. Anteciparemos alguns pontos de vista históricos no que se segue, pois eles só têm sido "esclarecidos" de maneira concomitante ao progresso do conhecimento das partículas; uma vez bem estabelecidos, eles nos permitirão adquirir, ao final do percurso, uma visão clara e simplificada dos fenômenos, beneficiando nossa exposição. Os antineutrinos são os "conjugados de carga" ou antipartículas dos neutrinos (assim como os pósitrons os são dos elétrons), segundo uma acepção geral da noção de *conjugação de carga* (representada por um operador quântico C), que considera outros tipos de "carga" além das cargas elétricas. Trata-se de "cargas leptônicas" (ou "números leptônicos") atribuídas às diversas famílias que podem ser formadas com os léptons: elétrons, pósitrons, múons, neutrinos e, mais tarde, os léptons pesados.

O neutrino da desintegração β é associado ao elétron de carga elétrica negativa: ambos possuem o mesmo "número leptônico do elétron" (por convenção, $l_e = +1$) e formam, com relação a isso, negligenciando suas diferenças de massa, um dubleto de carga elétrica (um estado carregado, o elétron e^- e um estado neutro, o neutrino v_e). O dubleto de antipartículas correspondente é aquele formado pelo pósitron (e^+) e o antineutrino ($\bar{v}$e). Seu número leptônico eletrônico associado é oposto: $l_e = -1$. A conservação do número leptônico do elétron, que se supõe respeitada, em uma boa aproximação, pelas reações que nos interessam, indica que o neutrino associado à emissão de um elétron na desintegração β deve ser um antineutrino.

Um segundo tipo de neutrino, associado ao lépton μ (ou *múon*), foi descoberto em 1962 (com um "número leptônico do elétron" nulo, mas um "número leptônico do múon" $l_\mu = +1$, sendo que o antineutrino a ele associado tem $l_\mu = -1$). Um terceiro tipo de lépton, o lépton pesado τ, descoberto em 1975,[5] foi então considerado da mesma forma, como associado a um terceiro neutrino de sua espécie; os dois formam um dubleto de "número leptônico do tau", $l_\tau = -1$. O conjunto desses neutrinos (v_e, v_μ, v_τ) e das partículas carregadas correspondentes (e, μ, τ) constitui a família dos *léptons*: eles estão organizados em três dubletos de cargas leptônicas distintas (e-,v_e), (μ-, v_μ), (τ-, v_τ), aos quais devem acrescentar-se os dubletos de antiléptons correspondentes ($\bar{v}_e$, e^+) etc. Os neutrinos estão sujeitos apenas às interações eletromagnéticas e fracas. Sem dimensões espaciais apreciáveis, eles são partículas pontuais, tal como foi indicado anteriormente.

Os campos quânticos e a renormalização

Após este interlúdio, voltemos aos campos de interação. No início, somente a *eletrodinâmica* pôde ser tratada de maneira satisfatória pela teoria quântica do campo (ver capítulo 3) ao conjugar as ideias diretrizes da teoria de Maxwell (em sua formulação relativística) e a teoria dos

---

[5] Frederick Reines (1918-1998) recebeu o Prêmio Nobel de Física de 1995, partilhando-o com Martin Perl (1927-), que descobriu o lépton pesado (τ). Leon Lederman (1922-), Mel Schwartz (1932-) e Jack Steinberger (1921-) partilharam o Prêmio Nobel de 1988 pela descoberta do segundo neutrino (v_μ). Clyde L. Cowan Jr (1919-1974). Todos são físicos americanos.

elétrons de Dirac. As razões dessa limitação foram essencialmente as seguintes. Para começar, o valor da intensidade do campo eletromagnético, expresso, sobretudo, pela sua "constante de acoplamento" ("constante de estrutura fina"),[6] é pequeno em comparação à unidade e permite cálculos perturbativos por desenvolvimento em série:[7] tais desenvolvimentos convergem a partir de um dado termo (os termos sucessivos, sendo potências da constante de acoplamento, tornam-se rapidamente negligenciáveis). Em seguida, a natureza do "quantum", ou partícula propagadora da interação, não é outra senão aquela do fóton, cuja massa é nula; ele resulta de uma propriedade fundamental do campo eletromagnético, sua "invariância de calibre", (ver quadro 7.5.) que permite efetuar mudanças de variáveis para as quais, sem alteração da interação, é possível subtrair os termos indesejáveis que divergem. Esse procedimento é conhecido como "renormalização". Ele permite recuperar as grandezas físicas efetivas (conhecidas pelas medidas experimentais de grande precisão) de uma partícula "pontual" associada a um campo eletromagnético, grandezas tais como a massa e a carga do elétron. Estas, calculadas para a partícula "nua", serão infinitas. O campo eletromagnético *veste*, por assim dizer, o elétron nu sem extensão espacial com seus fótons e pares elétron-pósitrons virtuais,[8] que conduzem aos valores físicos efetivos dessas grandezas calculadas graças à luz do procedimento

---

[6] Esta constante sem dimensão tem por valor $\alpha = (2\pi) e^2 / \hbar c = 1/137$ (e é a unidade de carga elétrica, $\hbar$ é a constante de Planck).

[7] Um desenvolvimento em série corresponde a uma soma de termos que são proporcionais às potências sucessivas do parâmetro escolhido, α, ou seja $\alpha^2, \alpha^3, \ldots, \alpha^n$ etc. Estes termos são cada vez menores e podemos negligenciá-los a partir de um dado ponto, obtendo assim uma boa aproximação.

[8] Eles correspondem a diagramas de trocas de partículas virtuais em diferentes ordens do desenvolvimento perturbativo em série: um fóton é trocado em primeira ordem, dois em segunda etc. Entre os testes "clássicos" da eletrodinâmica quântica e da renormalização, mencionamos o *efeito Lamb* e o momento magnético "*anômalo*" do elétron. Os valores medidos experimentalmente correspondem de maneira notável aos calculados, quando levados a ordens superiores do desenvolvimento perturbativo.

de renormalização. Dito de outro modo, uma partícula quântica pontual não é fisicamente concebida, a não ser "vestida" por seu campo.

As propriedades das duas outras interações (forte e fraca) impediram durante longo período de tempo que se concebesse a possibilidade de tratá-las teoricamente de maneira semelhante. Para a interação forte, isso ocorreu devido à grande magnitude de sua "constante de acoplamento" (da ordem da unidade) que não permitia um desenvolvimento finito em uma série limitada. Quanto à interação fraca, apesar da pequeneza de sua constante de acoplamento, em razão de seu caráter pontual ou quase pontual, fazia-se necessário supor um quantum mediador do campo (um "bóson intermediário fraco") de massa muito pequena para permitir a renormalização (a qual demanda um bóson de massa nula, como o fóton para a interação eletromagnética). Cada uma dessas duas dinâmicas (bastante diferentes) das interações entre partículas nucleares ou elementares foi, por sua vez, objeto de estudos experimentais e teóricos de natureza "fenomenológica", que enriqueceram o conhecimento das propriedades das partículas elementares.

A partir de 1970, os dois campos de interação, inicialmente o campo fraco e depois o campo forte, encontraram-se integrados em uma nova perspectiva teórica que permitiu seu tratamento pela teoria quântica dos campos. Isso foi possível após os trabalhos sobre os campos "com simetria de calibre" (mas um outro tipo de calibre distinto do eletromagnético, o "calibre não abeliano") de uma parte e, de outra, pela redução das partículas mediadas pela interação forte em constituintes mais elementares, os *quarks*, o que modificou a forma de seu campo de interação.

Multiplicação e redução dos "hádrons" aos quarks

Um dos primeiros resultados de importância fundamental, a saber, a produção e a detecção de um *ant-próton*, antipartícula do próton, foi obtido por Emílio Segrè e Owen Chamberlain[9] em 1955, com o primeiro acelerador de partículas elementares, o Bévatron de Berkeley (com uma energia de 6GeV). Esse resultado – que exigiu uma energia elevada (nas colisões de prótons contra núcleos, devia-se produzir um par próton-antipróton, com uma energia de massa da ordem de aproximadamente 2 GeV) – confirmou a predição da teoria de Dirac de que a toda partícula é associada uma antipartícula, não sendo o próton uma exceção. O próton, além de sua carga elétrica positiva, deve ser considerado como portador de uma carga "bariônica" (tomada igual a +1), cuja conservação total no universo garante a estabilidade da matéria; o antipróton (conjugado de carga do próton) é caracterizado por uma carga elétrica negativa e um número bariônico negativo (ver quadro 7.3.). Poderíamos também prever que a todo núcleo (o próton sendo nada mais do que o núcleo mais simples dos núcleos atômicos, o de hidrogênio) pode corresponder, no universo, um antinúcleo (alguns dentre os mais leves puderam ser produzidos mais tarde em aceleradores ou observados nos raios cósmicos) e que pode existir, em princípio, antiátomos (antinúcleos rodeados de pósitrons), exatamente simétricos por conjugação de carga aos átomos (com níveis idênticos de energia).

A multiplicação do número de partículas elementares que se produziu a partir dos anos 1950 – inicialmente em favor do estudo dos raios cósmicos, em seguida pela pesquisas junto a grandes aceleradores – concentrou-se essencialmente nas partículas sensíveis à interação forte (exceto os léptons), diretamente produzidas a partir da matéria nuclear. Tais partículas receberam, no que se seguiu, o nome de "hádrons" (noção introduzida em 1962 por L. Okun, para designar

---

[9] Emilio Segrè (1905-1989), físico ítalo-americano, foi o primeiro a estudar o bombardeamento de núcleos pesados por nêutrons e a determinar as propriedades dos nêutrons lentos, permitindo o funcionamento dos reatores nucleares a fissão controlada. Owen Chamberlain (1922-), físico americano. Os dois dividiram o Prêmio Nobel de Física de 1959.

todas as partículas submetidas à interação forte). Após a identificação dos mésons π, na década de 1950, assistiu-se à descoberta de um novo gênero de partículas, produzidas aos pares nas interações nucleares fortes. Elas foram, de início, chamadas de "partículas V", devido à forma de seus traços nas emulsões fotográficas nucleares (câmaras de Wilson e câmaras de bolhas). Em seguida, foram classificadas na categoria de "partículas estranhas", que podem ser caracterizadas por um número quântico específico conduzindo a uma "hipercarga", a "estranheza" (ver quadro 7.3.).

Partículas de um outro tipo, denominadas "ressonâncias", foram também observadas (os primeiros Δ, de spin 3/2, com quatro estados de carga e, portanto, com isospin 3/2, foram observados em 1952). Elas se apresentavam como estados de excitação do núcleo, próton ou nêutron ($N^*_{1/2}$, de spin ½, Δ, de spin 3/2, e de massas invariantes mais elevadas), sob a forma de "ressonâncias" de núcleons com mésons π e que se desintegram, ao final de certo tempo extremamente curto, em seus constituintes (por exemplo, $\Delta^{++}_{3/2}$, estado ressonante $p\pi\pi$). Eles foram identificados como tais devido à presença de picos na distribuição de massas invariantes calculadas a partir das partículas resultantes observadas (ver quadro 7.2.). Essas massas invariantes correspondiam, de fato, a estados caracterizados por um conjunto de números quânticos bem determinados (carga, spin, isospin, paridade etc.) que permitiram ver nelas partículas como as outras. Elas só se diferenciavam por seus curtos tempos de vida devido à desintegração por via forte.

> **Quadro 7.2. Massas invariantes e ressonâncias, "larguras de massas" e tempos de vida**
>
> Chama-se "massa invariante" uma quantidade formada a partir dos parâmetros cinemáticos de partículas observadas por meio de seus traços, como resultado da conservação da energia e do momento. Seu quadrado

é dado por: $M^2 = E^2 - p^2$ (em unidades tais que $c = 1$; em unidades ordinárias, a fórmula exata é: $M^2 c^4 = E^2 - p^2 c^2$). Esta quantidade é invariante (no sentido da relatividade restrita, em relação a mudanças de referencial) e tem o significado físico de uma massa.

Para reações ordinárias, sua distribuição apresenta um espectro contínuo. Seu aumento para um dado valor (sendo M, com "largura" Γ) indica geralmente uma "ressonância", ou seja, a presença de um estado intermediário "metaestável" entre a reação de produção inicial e a desintegração final. Se se tratar efetivamente de uma ressonância, ela será igualmente caracterizada, além de sua massa, por seus "números quânticos" de spin, cujos valores são obtidos a partir das partículas correspondentes à "ressonância", ou seja, que provêm da desintegração da ressonância.

A "largura" da ressonância, Γ, está ligada ao seu tempo de vida, τ, pela relação $\Gamma\tau = \hbar$, cujo sentido físico é dado pela "quarta relação de Heisenberg" entre o tempo e a energia: $\Gamma\tau \geq \hbar$. Pode-se considerar que o estado existe como partícula de massa definida ($M \pm \Gamma$) (quer dizer, de massa M com precisão Γ) durante um período que não ultrapasse τ ($T \leq \hbar/\Gamma$). Essa condição é frequentemente expressa em termos da possibilidade de observação: é possível observar o estado considerado como uma partícula de massa definida ($M \pm \Gamma$) com a condição de fazê-lo durante um tempo T inferior a $\hbar/\Gamma$. Mas ele pode também ser formulado em termos "objetivos", tal como havíamos feito no parágrafo precedente. (As massas e as larguras são expressas aqui em unidades de energia, o que leva a um sistema de unidades, na qual a velocidade da luz c é igual a 1 (por isso $M = E/c^2$).

De fato, as "ressonâncias" são estados de partículas que se desintegram por via forte, ao passo que as partículas no sentido corrente (com massas mais bem definidas), estáveis ou não, desintegram-se por via eletromagnética ou fraca. O tipo de interação pela qual se efetua a desintegração fornece diretamente a probabilidade desta; portanto, seu tempo de vida. Ela é mais provável se for pela interação forte (pelo pouco que esta via é permitida, quer dizer que as leis de conservação são respeitadas), e o tempo de vida é, então, muito menor (da ordem de $10^{-20} - 10^{-23}$ s). Ela é menos provável para a interação eletromagnética (cujo tempo de vida é da ordem de 10^{-16}s para o méson π^0) e ainda menos provável para a interação fraca (cujos tempos de vida mais corretos vão de alguns minutos para o nêutron, até 10^{-6}s para o múon ou 10^{-10}s para os mésons π carregados, ou aproximadamente 10^{-13}s para certas "partículas charmosas"). O tempo de vida não depende somente da intensidade do campo, mas da cinemática da reação, ligada à energia e ao momento disponíveis, e depende, portanto, da diferença entre as massas da partícula inicial e das partículas finais.

As considerações sobre a relação entre a "largura" da massa e o tempo de vida de uma ressonância poderiam ser igualmente feitas para partículas menos instáveis, ou mesmo estáveis, de massa bem definida. No limite, seu tempo de vida pode ser infinito (partículas absolutamente estáveis) quando sua "largura de massa" é nula (partículas com massa exatamente definida).

O tipo de campo de interação que governa uma desintegração é determinado pelo regime das leis de conservação que o processo pode seguir. Se a reação de desintegração considerada respeita as leis de conservação características da interação forte (a mais restritiva a este respeito), essa reação poderá ocorrer por esta via, e a partícula será, portanto, do tipo de uma ressonância. Caso contrário, ela só poderá desintegrar-se por via eletromagnética e fraca. Se a primeira não é possível, ela se desintegrará somente por via fraca ou, ainda, se esta está igualmente interdita, a partícula será estável (como são, até o momento, o elétron e o próton).

A exploração da estrutura nuclear pela produção de partículas e de ressonâncias havia começado, nos anos 1950, com o estudo dos mésons π, das partículas estranhas e das primeiras "ressonâncias" bariônicas produzidas com a ajuda de aceleradores de partículas com energias da ordem de 3 a 10 GeV. A escalada de energia dos aceleradores que atingiu, nos anos 1960, energias de 30 a 70 GeV, permitiu evidenciar, por meio de sua produção e de sua detecção, um grande número de novas partículas: ressonâncias hadrônicas e outras partículas, tanto bariônicas (que se desintegram com um núcleon em estado final) quanto mesônicas, estranhas ou não. As primeiras ressonâncias mesônicas (ρ, ω, η) foram produzidas e identificadas em 1961. Os primeiros mésons estranhos (mésons K, carregados e neutros), que apareceram com as "partículas V" desde os anos 1950, estiveram na origem da ideia de não conservação da paridade proposta por Lee e Yang como solução a uma dificuldade, o "enigma ou o *puzzle* τ − θ".[10]

O número de partículas ditas elementares somava assim várias centenas.[11] A *pléthora* das ressonâncias[12] conduzia frequentemente a estados excitados de hádrons (bárions e mésons) já conhecidos. As partículas instáveis se desintegram em outras, de massas mais leves, por via forte, eletromagnética ou fraca. Estudava-se de maneira sistemá-

---

[10] τ e θ designavam então, respectivamente, dois modos de desintegração (fracos) de paridades opostas do méson K^+ produzido em associação com um bárion estranho Λ ou Σ: um com 2 mésons π, de paridade P = +1, o outro com 3 mésons π, com paridade P = −1. A não conservação da paridade na interação fraca explicou que as duas desintegrações são possíveis por somente uma e mesma partícula.

[11] Essas novas ressonâncias compreendiam estados com partículas estranhas tanto bariônicas quanto mesônicas.

[12] Não existe diferença fundamental entre uma ressonância e uma partícula instável, pois os três campos de interação estão em pé de igualdade. Com efeito, para a primeira, a desintegração por via forte é permitida, ao passo que ela é proibida pela segunda, que se desintegra por processos regidos por regras de seleção oriundas das leis de conservação (vias eletromagnética ou fraca). Elas diferem somente pela grande largura Γ associada à massa M de uma ressonância, inversa o seu curto tempo de vida τ ($\Gamma_\tau = \hbar$). O inverso do tempo de vida, ou probabilidade de desintegração é, como a "seção de eficácia" para colisões, uma medida da intensidade do campo de interação.

tica suas propriedades intrínsecas como suas massas e seus "comprimentos", seus tempos de vida, seus spins, seus isospins (ligados à multiplicidade dos seus estados de carga), seus modos de desintegração, assim como as características de suas interações (seções eficazes, distribuição angular etc.).

Essa "espectroscopia" das partículas mediadas pela interação forte (ou "hádrons") constituiu um dos capítulos mais ricos do período. O pulular de partículas hadrônicas foi suavizado pelas regularidades que permitiam ordená-las, estabelecer uma classificação e reduzir o número dos constituintes elementares. A classificação dos hádrons, segundo a simetria SU_3, proposta em 1961 por Murray Gell-Mann, Yuval Ne'eman e K. Nishijima,[13] reagrupou os hádrons de mesmo número quântico (e massas próximas) em multipletos de isospin e de hipercarga, representando-o por meio de um grupo de simetria unitária no espaço de tais grandezas. Além de sua desenvoltura em dar conta das propriedades das partículas mediadas pela interação forte conhecidas até então (sobretudo por uma fórmula expressando as relações de massa entre os estados de um multipleto dado),[14] essa teoria possuía um valor preditivo imediato: ela previu a existência de um bárion suplementar na família das partículas conhecidas com spin-paridade $3/2^+$, à qual pertencia a ressonância Δ. Com efeito, ela exigia um multipleto de dez estados dos quais somente nove eram conhecidos. Ela previa que a décima partícula deveria ter uma carga elétrica negativa, uma hipercarga $Y = -2$ (com uma estranheza $S= -3$), uma massa de 1680 MeV e uma desintegração por via fraca (tempo de vida relativamente longo) (ver figura 7.2.). Denominada "grande ômega menos" (Ω^-), esta partícula "faltante" na classificação foi descoberta

---

[13] Murray Gell-Mann (1929-), físico americano, recebeu o Prêmio Nobel de Física de 1969 (foi ele quem propôs, em 1954, o conceito de "estranheza"). Yuval Ne'eman, físico israelita e K. Nishijima, físico japonês (igualmente introdutores da ideia de "estranheza"). Inicialmente, essa teoria recebeu o nome de "via octogonal" devido à consideração de multipletos privilegiados (os dos núcleons e dos mésons).

[14] Fórmula de Gell-Mann-Okubo.

experimentalmente em 1964, sendo detectada por meio de uma câmara de bolhas no laboratório americano de Brookhaven, com todas as propriedades requeridas, o que constituiu um sucesso considerável para a teoria.

Em 1962, Murray-Gell-Mann e George Zweig, considerando a representação mais fundamental do grupo SU_3 (com três estados: dois de isospin, u e d, e um de "estranheza", s, e a conjugação de carga) a partir da qual as representações dos bárions e dos mésons puderam ser construídas, sugeriram que os estados de base correspondentes, chamados "quarks"[15] (sendo dois tripletos de "quarks" e de "antiquarks"), podiam ser considerados como os elementos de base a partir dos quais todos os hádrons seriam constituídos: uud para o próton, udd para o nêutron e, de uma maneira geral, $q_i\, q_j\, q_k$ para os bárions, e $\bar{q}_i\, q_j$ para os mésons, onde q_i designa um dos quarks e $\bar{q}_j$ um dos antiquarks. Este modelo formal mostrou-se conveniente para representar as grandezas quânticas características. Nada indicava serem eles, os quarks, constituintes físicos reais, mesmo porque tais quarks deveriam ter uma carga elétrica fracionária (1/3 ou 2/3), ao passo que não se conhecida até então senão cargas elétricas com valores inteiros.[16] Tal foi o "modelo de quarks", cujo sucesso marcou os anos 1960 (ver quadro 7.3. e figura 7.2.).

---

[15] A denominação de "quarks" foi proposta por M. Gell-Mann a partir de uma reminiscência literária de James Joyce, em Finnegans Wake, "three quarks for muster Mark". De sua parte, G. Zweig propôs chamá-los "áses" (em inglês "aces"). Foi a primeira que vingou. O texto de Zweig ficou na forma de pré-print e não foi publicado em revista. Contudo, foi suficientemente remarcável para tornar-se uma referência no mesmo pé que o artigo de Gell-Mann.

[16] Em unidades de carga elétrica. Os quarks têm uma carga bariônica igual a 1/3. São necessárias sempre três para compor um bárion.

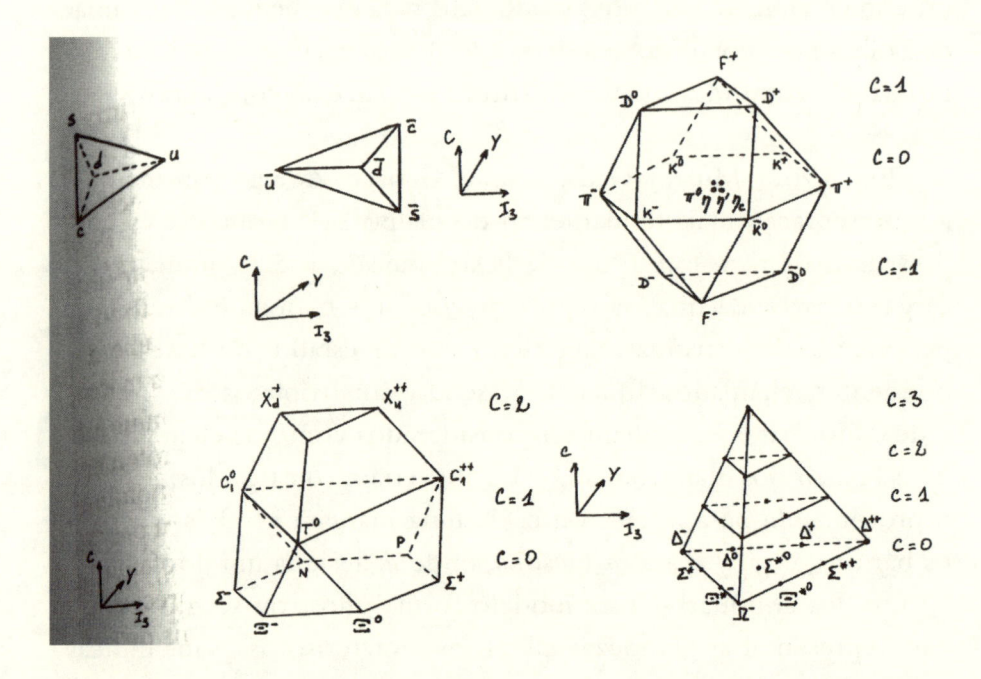

Figura 7.2. Representações dos grupos de simetria unitária das partículas elementares SU_2, SU_3, SU_6 e suas representações fundamentais em termos de quarks. A simetria SU_2 refere-se ao eixo do isospin (I_3); SU_3, ao plano (I_3, Y), sendo Y a hipercarga; SU_4, às três dimensões (I_3, Y, C), sendo C o número quântico "charme". A representação das simetrias SU_5 e SU_6 demandaria a visualização de duas dimensões suplementares (a *b*: botton, e *t*: top). Ver o quadro 7.4.

A espectrografia e a classificação das partículas infranucleares elementares foram acompanhadas dos estudos da dinâmica de suas interações e desintegrações, cuja forma difere para as interações fortes, fracas ou eletromagnéticas.

Quadro 7.3. Número bariônico e hipercarga, estranheza e "sabores" superiores

Um *número* (ou *carga*) *bariônico* B = +1 é atribuído a todo núcleon (próton, nêutron), ressonância de núcleon e híperon (bárions "estranhos" ou outros "sabores", ver o quadro 7.1.), e B = -1 para todo antinúcleon (ou ressonância) e anti-híperon. O próton e o nêutron são, assim, caracterizados por uma carga bariônica +1; o antipróton e o antielétron, por um número bariônico -1 (o antinêutron foi também produzido e observado). A conservação do número bariônico é aditiva como a da carga elétrica. Um átomo ou um núcleo tem, portanto, como número bariônico seu número de massa ($B = Z + N = A$). Um par próton-antipróton tem um número bariônico nulo ($B + \overline{B}$ = +1 -1 = 0), como os mésons. Se o nêutron livre pode desintegrar-se em próton em razão de sua massa mais elevada, o próton não pode, até o presente, desintegrar-se em outras partículas em razão da conservação do número bariônico (precisamente aquele da energia). A menos que exista uma força de interação que não conserva este último (o número bariônico), como requerem certas teorias de unificação entre as interações fortes e eletrofracas. O limite inferior do tempo de vida do próton, medido em experimentos de alta precisão, é bastante elevado (10^{32} anos, bem superior à idade do universo), o que infirma as predições de tais teorias no atual estado de coisas.

A "estranheza" (e sua variante, a "hipercarga") é um número quântico (denotado por S, e Y para a hipercarga) ligado à família das "partículas estranhas", para dar conta de sua produção associada em pares, nas interações fortes, e por sua conservação nessas interações e nas interações eletromagnéticas. A "hipercarga" Y associa a estranheza e o número bariônico segundo a fórmula: $Y = B + S$. Há uma relação entre a terceira componente do isospin (capítulo 6), a carga elétrica, e a hipercarga ou estranheza, que desempenha um papel na classificação dos hádrons segundo a simetria unitária SU_3 (quadro 7.4.). Trata-se da fórmula de Klein-Nishijima:

$$Q = I_3 + \frac{Y}{2} = I_3 + \frac{B+S}{2}$$

A estranheza não é conservada nas interações fracas, nas quais sua não conservação segue, entretanto, regras precisas (por exemplo, $\Delta I = \Delta Q$).

O isospin e sua terceira componente (I_3, ligada à carga elétrica) constituem as primeiras manifestações de grandezas quânticas genéricas chamadas, mais tarde, de "sabores" (quando novos níveis da espectroscopia de hádrons vieram à tona com massas elevadas). Inicialmente, havia o "charme" (c), que dava conta de certos processos (ligados à questão das "correntes neutras" da interação fraca e à descoberta da partícula J/Ψ, ressonância estreita e de massa elevada). Em seguida, surgiram os números quânticos b (botton ou fundo) e t (top ou superior). Segundo a teoria dos grupos de simetria unitária SU_3, extensível à SU_6, e a teoria de "quarks", cada sabor está associado a um quark da representação unitária do grupo de simetria (quadro 7.4.). Hoje em dia, admite-se, por razões tanto teóricas quanto experimentais, que o número de quarks está limitado a 6.

Léxico dos sabores. Os termos utilizados em francês e transcritos (ou não) do inglês são: *sabor* para *flavor*, *estranheza* para *strangeness* (S), *charme* para *charm*, *botton* (b), *top* (t). (Inicialmente, seguindo as variantes em uso, b e t estão associados à "*beautiful*", beleza, e à "*truth*", *verdade*. Mas estes rótulos têm sido corrigidos rumo a um sentido um pouco mais neutro, como o caso dos dois estados de isospin dos quarks, batizados por *up* e *down*.) Pode-se rejeitar o abandono do grego em tais denominações as quais não mais têm um caráter universal, e que relegam o registro a uma brincadeira para iniciados (*joke*) mais do que a um critério de objetividade ou estética.

Matéria Subatômica 171

Um outro gênero de exploração da estrutura dos núcleons (próton e nêutron) foi efetuado com a ajuda de sondas penetrantes como os elétrons de grande energia. Robert Hofstadter pôde assim obter, no Laboratório de Stanford (na Califórnia, Estados Unidos), por meio de experiências de difusão de elétrons por núcleos e prótons, a repartição de carga elétrica destes últimos em termos de "fatores de forma".[17] Ao longo dos anos 1970, experiências análogas foram realizadas com a ajuda de feixes de múons e de neutrinos que permitiram conhecer as distribuições de "carga fraca" nos núcleons e de estabelecer uma relação estreita entre as distribuições de dois tipos de carga. O comportamento das interações eletromagnéticas e fracas para os núcleons e a matéria nuclear foi esclarecido. Nos anos 1970, o estudo sistemático desse tipo de difusão a altíssimas energias, com grandes "momentos transferidos" (ou seja, com grande profundidade de penetração), revelou descontinuidades na distribuição da matéria dos hádrons e a presença de centros duros de difusão no próprio interior dos núcleons. As propriedades de tais centros duros, chamados de "pártons", mostraram, em seguida, corresponder àquelas dos quarks, até então hipotéticas. Notou-se assim que os párton-quarks não eram suficientes para explicar toda a distribuição de energia nos núcleons, e admitiu-se que constituintes neutros acompanham os quarks e carregam a energia faltante: essas foram as primeiras manifestações da presença de "glúons" (que se supunha "colar" os quarks entre si na matéria hadrônica).

As partículas hadrônicas puderam a partir daí ser consideradas como constituídas fisicamente por quarks, ligados uns aos outros por glúons. Os bárions (em particular os núcleons, próton e nêutron) comportam três quarks, e os mésons são constituídos de pares quark-antiquark. A teoria de

---

[17] Robert Hofstadter (1915-1990), físico americano, Prêmio Nobel de Física de 1961. Os "fatores de forma", expressos em função do momento q transferido na reação com partículas alvo (mais exatamente, de um invariante correspondente, q^2), são dados pelas transformadas de Fourier (segundo esta variável) da função distribuição espacial de carga elétrica e de momento magnético.

calibre da interação forte ("cromodinâmica quântica"), tornada agora possível, completou a descrição, ao acompanhar esses "quarks constituintes", de glúons, portadores do campo fundamental da interação forte, sobre um fundo de pares virtuais quark-antiquark. Assim, a evidência da existência de quarks como constituintes dos hádrons explicou, ao mesmo tempo, a classificação destes últimos, a estrutura dos núcleons e de outros hádrons, fazendo dos quarks as fontes do campo da interação forte. Os quarks – que não podem ser observados no estado livre, apesar das pesquisas para esse fim – são considerados como "confinados" no interior de seus hádrons.

Aos quarks de que temos falado (u, d, s) foram acrescentados três outros no contexto das novas teorias de calibre das interações fortes e fracas. O primeiro foi o quark "charme", cuja hipótese foi lançada com o objetivo de formar um mecanismo de supressão das "correntes neutras" nas interações fracas seguidas de modificações da estranheza. A ausência de tais correntes neutras, sobretudo na desintegração $K^0{}_L \to \mu^+ \mu^-$, havia sido, até o momento, um argumento evocado contra a existência das correntes neutras fracas em geral.[18] Em 1974, ou seja, o ano que se seguiu à descoberta das correntes neutras, veio à tona o quarto quark, como uma nova partícula "com charme escondido". Esta partícula J/Ψ, uma ressonância estreita de massa 3.1 GeV, foi descoberta de duas maneiras diferentes, e aproximadamente simultâneas, e interpretada como um estado ligado $\bar{c}c$ (sendo c o quarto quark), com propriedades semelhantes (em muitos aspectos) às do "positrônio", que é um estado ligado $e^+ e^-$ com vários níveis de excitação.[19] O méson J/Ψ pertence, de fato, a uma nova família de partículas caracterizadas por um número quân-

---

[18] O mecanismo de supressão exprime-se em termos de quarks, com um quark suplementar agindo "como que por charme" (ou por magia) para impedir a desintegração por uma regra de seleção. Ele foi formulado em 1970, antes mesmo da descoberta experimental das correntes neutras, por Sheldon Glashow, Jean Iliopoulos, físico francês de origem grega, e Luciano Maiani, físico italiano, de onde vem o nome de "mecanismo GIM".

[19] Esta descoberta valeu o Prêmio Nobel, em 1976, aos dois inventores: Burton Richter (1931-), físico americano, e Chao Chung Ting (1936-), físico americano de origem chinesa.

tico suplementar, chamado de "charme", elas são chamadas de partículas "charmosas" (ainda que J/Ψ tenha um "charme escondido", sendo seu "número de charme" nulo). Além deste méson, as partículas portadoras do número quântico de "charme" (contendo um quark c) foram, em seguida, descobertas (tanto bárions, por exemplo, csu, cud etc., quanto mésons, por exemplo, $\overline{cs}$, $\overline{cu}$ etc.), e foram devidamente estudadas e integradas à classificação de simetria unitária, que foi assim provida de uma dimensão suplementar, passando de SU_3 para SU_4 (ver quadro 7.4. e figura 7.1.).

Quadro 7.4. As simetrias SU_2, SU_3, SU_6 e o modelo de quarks

A teoria dos grupos de transformação (associadas às simetrias) permite exprimir as relações que existem entre as grandezas que caracterizam os constituintes de um multipleto de um dado número quântico. O grupo de uma transformação ou uma simetria admite como representação os diferentes multipletos que podem ser formados para essa simetria: por exemplo, o grupo do isospin, SU_2 (que significa o "grupo de simetria unitária de ordem 2") é análogo ao grupo das rotações no espaço ordinário e liga entre si os estados de carga de uma mesma partícula. Tais representações podem ser construídas com relação à terceira componente do isospin (I_3) e representadas geometricamente sobre um eixo I_3. Por exemplo, o dubleto (p, n) para o núcleon ou bárion ordinário com spin-paridade $J^P = 1/2^+$; o tripleto (π^+, π^0, π^-) para o méson pseudoescalar π, com spin-paridade $J^P = 0^-$; o tripleto (ρ^+, ρ^0, ρ^-) para o méson vetorial ρ, com spin-paridade $J^P = 1^-$ (figura 7.2.).

Levando-se em conta a existência da estranheza, podemos relacionar os estados de partículas a multipletos dessas duas grandezas (o isospin e a estranheza) representando, por exemplo, sobre um plano, os valores da terceira componente do isospin (ligado à carga) na absissa e a hipercarga na ordenada. Os multipletos são representações do grupo de simetria SU_3 que juntam o isospin e a estranheza (figura 7.2.).

Considerando, para além dos números quânticos precedentes, aquele do charme, chegamos à representação do grupo SU_4. Para representá-los geometricamente, juntamos aos diagramas planos do grupo SU_3 um eixo perpendicular portando os números de charme e, assim, pode-se visualizar, no espaço a 3 dimensões, os diversos multipletos dos diferentes números quânticos considerados (I_3, c) (figura 7.2.). Do mesmo modo, os novos sabores superiores, b e t, permitem as partículas a multipletos de ordem 6, que constituem as representações do grupo de simetria unitária SU_6. Sua representação algébrica não levanta problema, mas sua visualização gráfica é mais difícil, pois necessita um espaço de 5 dimensões.

O grupo de isospin, SU_2, admite como representação fundamental um dubleto de quarks (u, d) e o dubleto de antiquarks associados ($\bar{d}$, $\bar{u}$). Pode-se, a partir deles, formar todos os estados de hádrons do isospin, combinando três quarks para um bárion, e um par quark-antiquark para um méson. O grupo de spin unitário, SU_3, admite como representação fundamental um tripleto de quarks (u, d, s) e o tripleto de antiquarks associado ($\bar{s}$, $\bar{d}$, $\bar{u}$). Pode-se, a partir deles, formar todos os estados de hádrons do isospin e da estranheza, combinando três quarks para um bárion, e um par quark-antiquark para um méson. O grupo SU_6 admite como representação fundamental três dubletos de quarks (u, d), (c, s), (b, t) e os três dubletos de antiquarks associados. Pode-se, a partir deles, formar todos os estados de hádrons de diversos sabores, combinando três quarks para um bárion, e um par quark-antiquark para um méson.

Foi nessa época que se habituou a utilizar o conceito genérico de "sabor" (em inglês *flavor*) para qualificar o conjunto de números quânticos de simetria unitária específicos a cada um dos quarks. Tais sabores, e os quarks correspondentes, eram até então os seguintes: o *isospin* (de fato, o conjunto I e I_3) com seus quarks u e d, a *estranheza* com seu quark s, e o charme com seu quark c.

Algum tempo depois, uma outra família de hádrons revelou-se portadora de um quinto sabor, o número quântico b (de *bottom*, "fundo"). Como no caso do quark c, ele se manifestou inicialmente por uma nova ressonância estreita Y, descoberta em 1977, e que foi interpretada rapidamente como um estado ligado $b\bar{b}$; em seguida por partículas portadoras de sabor b, contendo um quark b, que se juntaram à tabela dos hádrons a partir de 1980, fazendo passar de SU_4 para SU_5.

Mas os físicos já sabiam que o inventário não parava por aí, e que deveria existir um sexto quark, t, de sabor *top* ("superior"), com toda uma família de partículas associadas. Os físicos tinham notado, desde algum tempo, um paralelismo, uma simetria, entre os léptons e os quarks, ambas partículas pontuais em seu comportamento com relação aos campos eletromagnéticos e fracos, já unificados no campo eletrofraco. Como os três dubletos de léptons já eram conhecidos, era legítimo supor que existiam também três dubletos de quarks, a saber, (u,d), (c,s), (b,t). De fato, esta nova família (a última) revelou-se, e seus estados começaram a ser estudados a partir de 1994, aumentando os grupos de simetria unitária dos hádrons de SU_5 para SU_6. As famílias de "sabores" sucessivos ligam-se segundo uma cadeia de massas crescentes: é por isso que elas só foram conhecidas umas depois das outras, de acordo com o aumento da energia dos aceleradores. O modelo de quarks permitiu atribuir aos *quarks de sabores* massas definidas, apesar de eles não se apresentarem em estado livre e suas massas aumentarem de maneira igual. São elas as responsáveis pela escalada em direção às massas elevadas de suas respectivas famílias de hádrons. As partículas de um dado sabor desintegram-se geralmente pela via fraca,[20] descendo um grau na ordem dos sabores: por exemplo, uma partícula-t desintegra-se preferencialmente em partícula-b, esta em partícula-c, depois em partícula-s, e esta última na partícula da simetria de isospin (constituída de quarks u e d).

O número de quarks de sabores estabiliza-se em seis, como os léptons, sendo o grupo SU_6 o grupo de simetria unitária associado aos números quânticos de sabores de hádrons. Diversas considerações fundamentadas (sobre argumentos teóricos e resultados da experiência) levaram a considerar que esse número não deverá ser ultrapassado, que a natureza conhece seis léptons e seis quarks de sabores. Por razões igualmente bem fundamentadas, admite-se que os dubletos de léptons e de quarks associam-se preferencialmente da seguinte maneira: (e^-, ν_e) com (u, d); (μ^-, ν_μ) com (c, s); (τ^-, ν_τ) com (b,t).

As teorias de calibre e as perspectivas de unificação dos campos

Os resultados, que vamos expor de uma maneira sistemática, fazem com que vejamos o conjunto das partículas hadrônicas como sendo composto de partículas mais fundamentais, irredutíveis uma às outras, pontuais e ligadas entre si pelo campo de interação forte: os *quarks de sabor*. Essa representação dos hádrons abriu uma via simplificada para formular uma teoria do campo da interação forte. Para compreender como se desenvolveu a abordagem teórica dos campos fundamentais, por muito tempo considerada impossível, faz-se necessário retomar, desde o início, a cronologia (antes dos últimos de-

---

[20] Salvo, como os outros hádrons de sabores inferiores (ver mais acima no texto), quando suas massas e a conservação das outras grandezas que as caracterizam permitem sua desintegração pela via forte (ressonâncias) ou eletromagnética.

senvolvimentos indicados a respeito dos quarks). A primeira circunstância decisiva foi a formulação, em 1967-1968, por Abdus Salam e Steven Weinberg,[21] de uma teoria do "campo de interação eletrofraco unificado". Certas ideias haviam sido antecipadas por volta de 1960 por Sheldon Glashow, apoiando-se numa ideia fundamental da física matemática – proposta desde 1954 por Chen Ning Yang e Robert Mills –,[22] mas que havia passado desapercebida para grande parte dos físicos da época.

Yang e Mills, inspirados pela invariância de calibre eletromagnética, consideraram a simetria do isospin (ver capítulo 6), adaptando às características do isospin. Para isso, tomaram o operador de isospin (I e suas componentes) como descrevendo e transmitindo uma "carga" de um tipo específico. Esta carga é transportada juntamente com a carga elétrica ($Q = I_3$, a terceira componente do isospin), diferentemente da eletrodinâmica, onde o campo não transmite a carga. Por essa razão, foi necessário que considerassem a "não comutatibilidade" do campo correspondente (ver capítulo 3) e, assim, formularam uma teoria das "simetrias de calibre não abelianas".[23] Esta teoria considerava quanta de campos de massa nula para que a invariância de calibre fosse respeitada, e pareciam assim muito afastadas de toda aplicação à física (pois não poderia ser o caso do campo fraco, como vimos anteriormente; quanto ao campo forte, ele estava fora de cogitação pelas razões já indicadas; ver o quadro 7.5.).

---

[21] Sheldon Lee Glashow (1932-), Steven Weinberg (1933-), físicos americanos, e Abdus Salam (1926-1996), físico paquistanês, fundador e diretor do Centro Internacional de Física Teórica de Trieste (instituição orientada a países do terceiro mundo), receberam o Prêmio Nobel de Física de 1979 pela teoria eletrofraca.

[22] Chen Ning Yang (ver anteriormente), e Robert Mills, físico americano.

[23] Na teoria dos grupos de transformação, o qualificativo "abeliano" (devido a Niels Abel, matemático norueguês (1802-1829)) refere-se à propriedade de comutação na relação da álgebra do grupo. Os grupos, cujas álgebras são não comutativas, são chamados "grupos não abelianos".

Quadro 7.5. As simetrias e os campos de calibre

Segundo um teorema devido à matemática Emmy Nother[24] (o qual apresentaremos aqui de forma adaptada), se se considera um sistema (um campo) cujas leis de transformação em função de suas variáveis geométricas ou dinâmicas são conhecidas, então, *a toda transformação que deixa invariante a ação*[25] está associada uma quantidade, que é uma *constante de movimento*. A invariância sob as transformações (geométricas) de Lorentz do espaço-tempo corresponde à conservação da energia-momento (para as translações) e do momento angular (para as rotações).

Define-se, na eletrodinâmica clássica, as "*transformações de calibre*", como *transformações não geométricas* que fazem intervir outras variáveis além das coordenadas do espaço-tempo. Uma transformação de calibre dita "*de primeira espécie*", ou *global*, é definida por: $\Psi \to \Psi e^{i\lambda}$ (λ é um número real). A invariância para esta transformação corresponde à conservação da corrente elétrica j_μ (e da carga). Uma transformação de calibre "*de segunda espécie*" é definida por uma transformação do quadrivetor potencial do campo elétrico para o qual se acrescenta um "calibre" (o gradiente de uma quantidade escalar Λ):

$$A_\mu(x) \to A_{\mu(x)} + \frac{\partial \Lambda(x)}{\partial x_\mu}$$

A invariância sobre esta transformação implica que o d'alambertiano de Λ seja nulo. A isto dá-se o nome de condição "de Lorentz" ou "calibre de Lorentz". Esta invariância, no contexto da física quântica, conduz à polarização do fóton ($J_z = \pm 1$), pois é sempre possível escolher Λ, tal que ele seja perpendicular ao momento do fóton (ou seja, que seu produto escalar seja nulo: $k_\mu \cdot \Lambda_\mu = 0$, em que k_μ é o momento do fóton) e o fóton permanece transversal.

---

[24] Emmy Noether (1882-1935), matemática alemã.
[25] A ação é definida como a integral da lagrangiana (ou função lagrangiana) sobre o tempo: $S = \int L dt$.

Na física quântica, os campos e as grandezas dinâmicas são submetidos a relações não comutativas ($[A, B] = AB - BA \neq 0$). As relações que precedem são mantidas na eletrodinâmica quântica onde um fóton (sem carga) é trocado entre as partículas carregadas eletricamente. O grupo de invariância correspondente é o grupo de simetria unitária a uma dimensão U_1. As outras interações fazem intervir números quânticos cujo papel é análogo ao da carga elétrica para o campo eletromagnético, os seis *sabores* para as interações fracas e as três *cores* para as interações fortes. Pode-se associar a esses campos transformações de calibre globais e locais, extensíveis aos operadores de campo (que se pode construir para essas grandezas). Para isso, deve-se levar em conta que o operador do campo é uma representação fundamental do grupo de simetria correspondente (por exemplo, para o isospin: um multipleto de SU_2). Definem-se, então, as transformações de calibre, global e local, considerando os operadores desses grupos de simetria, e seus "geradores infinitesimais", caracterizados por relações de anticomutação (formando a álgebra do grupo). As transformações que deixam invariante a lagrangiana de interação (que faz intervir formas quadráticas dos campos φ) têm a seguinte forma geral:

$$\varphi(x) \rightarrow \varphi'(x) = U[\theta(x)]\, \varphi(x),$$

em que $U[\theta(x)]$ é um operador unitário ($U^{-1}U = 1$). Ele é, por exemplo, da forma:

$$U[\theta(x)] = e^{-i L\, \theta(x)},$$

em que os operadores L (vetores de um espaço de N dimensões) são os multipletos geradores do grupo de transformação, e os parâmetros $\theta(x)$ são funções arbitrárias do espaço-tempo (x) (no caso das transformações de calibre locais). Escreve-se, então, a lagrangiana invariante sob esta transformação de calibre. Na teoria de calibre eletrofraca, a lagrangiana inclui termos $L_\mu\, W_\mu$ (produto escalar), na qual W_μ representam os campos de calibre sem massa (os bósons intermediários da simetria). Nos ateremos a esses processos elementares para dar uma ideia das transformações de calibre que não exigem ainda uma muito grande tecnicidade.

Os grupos de invariância de calibre correspondentes às diferentes interações são os seguintes:

1. $SU_2^L \otimes U_1$ (L: para o isospin leptônico): teoria do campo eletrofraco,
2. SU_3^C (C: para a cor): teoria da cromodinâmica quântica,
3. $SU_2^L \otimes U_1 \otimes SU_3^C + ...$: teorias de grande unificação.

Glashow, Salam e Weinberg tiveram, entretanto, a ideia de que aquilo que o campo fraco não podia fazer isoladamente ele poderia talvez conseguir acoplado a um outro e, mais ainda, se esse outro já o tivesse feito de sua parte. Diversas indicações militaram então para aproximar os campos eletromagnético e fraco: em particular, a hipótese dos bósons intermediários eletricamente carregados (e com spin 1) para transmitir a interação fraca, que havia sido pensada, em 1958, por Feynman e Gell-Mann,[26] inspirados na representação da interação eletromagnética. Sabia-se também que as "correntes vetoriais", fracas e eletromagnéticas, constituíam as três componentes de um mesmo isovetor.[27] Podia ser tentadora a ideia de agrupar os dois campos e seus quanta de troca (ou de propagação) em um único processo fundamental. Foi isso que fez, já em

---

[26] As razões teóricas para introduzir bósons intermediários fracos não eram mais que analogias: sabia-se que a teoria V-A de Fermi só podia ser uma aproximação e que ela não podia ser pontual a altas energias: a propagação, entre os férmions em interação, de um bóson de massa elevada (por um curto alcance) era uma possibilidade.

[27] Este "isovetor" é um tripleto de carga elétrica: I_0 para o campo eletromagnético, I_+ e I_- para as "correntes carregadas" do campo fraco, correspondendo, por exemplo, à transição de um elétron em neutrino e à transição inversa.

1958, um dos precursores da unificação eletrofraca, José Leite Lopes.[28] A partir de considerações sobre as constantes de acoplamento e sobre as correntes eletromagnéticas e fracas, ele chegou à conclusão de que era necessário acrescentar, aos dois bósons intermediários conhecidos para as correntes carregadas fracas, um terceiro, eletricamente neutro, e que esses três bósons deveriam ter uma massa bastante elevada (em torno de 80 GeV). Em 1961, Glashow propunha sua teoria da interação unificada eletrofraca com correntes neutras, mas foi necessário aguardar a retomada independente desta teoria por Salam e Weinberg para que ela voltasse à cena.

A teoria "do campo de calibre eletrofraco unificado" de Glashow, Salam e Weinberg reúne os dois campos, eletromagnético e fraco, supondo que o *campo eletrofraco* que os reúne é invariante de calibre, permitindo "renormalizar" as interações, ao eliminar as quantidades infinitas nos cálculos. Isso implica, entretanto, que as massas das partículas em jogo são nulas, o que não podia ocorrer.[29] Um mecanismo de ruptura da simetria de calibre foi então evocado, o que teria por efeito gerar as massas não nulas de bósons intermediários por meio da interação com um campo (escalar[30]) hipotético. Ao mesmo tempo, essa quebra de simetria separava em dois campos distintos, o eletromagnético e o fraco, o campo unificado eletrofraco, o qual se pode considerar com uma simetria efetiva nas regiões de energia, onde as massas geradas pela quebra são negligenciáveis. A hipótese desse mecanismo é devida a Robert Brout, François

---

[28] José Leite Lopes (1918-2006), físico brasileiro, antigo aluno de doutorado de W. Pauli na Universidade de Princeton, foi professor da Universidade Federal do Rio de Janeiro e, mais tarde, professor da Universidade de Strasbourg.

[29] Já se dispunha de limites inferiores para a massa dos bósons carregados ($M_w \geq 2$ GeV), obtidos em 1964-1965 por experiências com neutrinos no CERN (Genebra).

[30] Um campo escalar tem um quantum (ou bóson) de troca com spin nulo, enquanto um campo vetorial tem um quantum de troca com spin 1.

Englert e P. W. Higgs.[31] Um jovem físico holandês, Gerard't Hooft, então estudante de doutorado de Martin Veltman, demonstrou em 1971 que era efetivamente possível, com esse modelo teórico, manter a eliminação das divergências como no caso da eletrodinâmica, mesmo com o mecanismo da quebra de simetria.[32] A renormalização da teoria mostrou-se então compatível com as massas não nulas dos bósons de troca. Foi somente após o trabalho de 't Hooft que a atenção se voltou para a teoria de Glashow, Salam e Weinberg, pois ela não mais apresentava as incompatibilidades com as exigências físicas consensuais. Uma implicação bastante importante da teoria foi a presença de um bóson intermediário neutro, propagador de correntes fracas eletricamente neutras.[33]

De formulação relativamente simples (com relação a outras igualmente possíveis), a teoria eletrofraca repousa sobre a ideia de uma mistura (superposição) de correntes fracas e eletromagnéticas, da qual a mecânica quântica, com seu princípio de superposição linear de estados, é um caso especial (ver capítulos 3 e 4). Os bósons nêutrons eletrofracos ligados à invariância de calibre podem ser considerados como uma su-

---

[31] Robert Brout e François Englert, físicos belgas, e P. W. Higgs, físico americano. As partículas hipotéticas, de spin nulo e massa elevada, responsáveis pela quebra da simetria que gera as massas das partículas, são conhecidas pelo nome de "bósons de Higgs". Como se sabe, pois há muitos outros casos (por exemplo, que a América descoberta por Cristóvão Colombo tomou o seu nome de Américo Vespucci, que foi apenas o oficial tenente da segunda viagem), as denominações retidas após as invenções são frequentemente injustas para os inventores: aqui, somente um nome dos três foi mantido. O estudo destes diz respeito à sociologia das ciências.

[32] Martin Veltman (1931-) e Gerard't Hooft (1946-), físicos holandeses, receberam o Prêmio Nobel de Física de 1999.

[33] De uma maneira geral, uma interação entre partículas coloca em jogo "correntes" de partículas ou de sistemas de partículas: ela se forma entre a partícula incidente e sua transformação após a interação, e também entre a partícula alvo e sua transformação (as transformadas podem ser sistemas de partículas, no caso dos hádrons). Essa representação, que tem sua origem no eletromagnetismo, tornou-se geral com a formulação de teorias de campos em termos de interações de partículas elementares pontuais, os léptons e os quarks, como fontes do campo.

perposição linear dos bósons físicos: o fóton e um bóson ainda desconhecido, denotado Z^0. O coeficiente dessa superposição linear é o único parâmetro arbitrário da teoria que se associa a um ângulo, o ângulo de Weinberg, θ_W.[34] Os dados físicos (frequências relativas das correntes carregadas e neutras, massas de bósons intermediários carregados e neutros, tempo de vida desses últimos etc.) são, a partir de então, funções das constantes de acoplamento e do parâmetro θ_W. Este último pode ser determinado a partir de resultados experimentais e permite, por sua vez, predizer os demais. Em particular, com um parâmetro correspondendo a uma razão entre correntes neutras e correntes carregadas de mais ou menos 20% (o que constitui o caso efetivamente observado), deveríamos ter bósons intermediários tão pesados quanto 80-90 GeV (aproximadamente cem vezes a massa do próton).

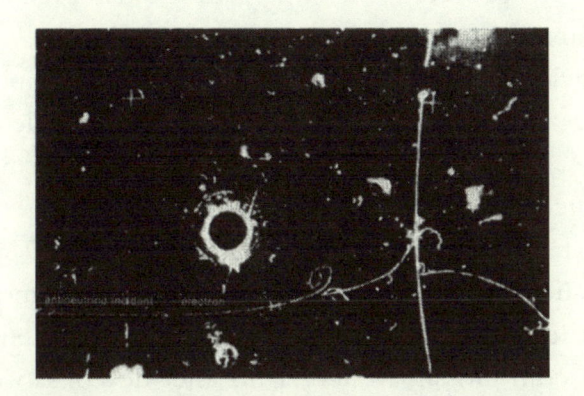

Figura 7.3. Verificação experimental de um caso de "corrente neutra" ($\nu_\mu + e^- \rightarrow \nu_\mu + e^+$), proibida pela teoria clássica (M. Paty, La Recherche n.° 37, setembro de 1973).

---

[34] Este coeficiente deve ser regrado: sendo *a* e *b* os respectivos coeficientes das amplitudes (ou funções de estado) de cada um dos bósons, devemos ter: $a^2 + b^2 = 1$; *a* e *b* estão, portanto, entre si como o coseno e o seno de um ângulo, pois $\cos^2\theta + \sin^2\theta \equiv 1$.

A teoria eletrofraca não parou de ter sucessos remarcáveis. O primeiro dentre esses foi a descoberta da existência de "*correntes neutras fracas*" puramente leptônicas do tipo $V_\mu + e^- \to V_\mu + e^+$, e semileptônicas do tipo $V_\mu + p \to V_\mu + p$, ou $V_\mu + p \to V_\mu + p + \pi^0$, $V_\mu + n \to V_\mu + p + \pi^-$ etc. A existência de correntes neutras de interação fraca foi estabelecida em 1973, com base em observações de interações de neutrinos e de antineutrinos sobre elétrons e núcleos e, portanto, sobre prótons e nêutrons. Os desenvolvimentos técnicos tiveram um papel importante na obtenção desses resultados. A produção de feixes extremamente intensos de neutrinos (para compensar seu fraco poder de interação) foi possível graças à invenção de um "corno magnético", para focalizar as partículas-mãe carregadas (por Simon van der Meer, no CERN). A detecção e a identificação finas das partículas produzidas nas interações exigiram a construção de um detector apropriado: a câmara de bolhas gigante a líquido pesado Gargamelle.[35]

A existência de correntes neutras hadrônicas do tipo observado exigia conhecer por que correntes neutras hadrônicas de outros tipos (com mudança da estranheza) não existiam: o mecanismo GIM (ver acima) foi concebido nesta perspectiva e foi, em seguida, corroborado pela descoberta do quark "charme". Por fim, os três "*bósons intermediários*", pesados, carregados ($W^\pm$) e neutro (Z^0), foram produzidos, detectados e identificados (por suas desintegrações) em interações de partículas com altíssima energia no anel de colisão de prótons-

---

[35] Esta câmara foi construída na França pelo CEA e o IN2P3, com o objetivo de estudar neutrinos. Os líderes do projeto, que deu lugar a uma colaboração de laboratórios europeus, foram André Lagarrigue, Paul Musset e André Rousset, estiveram igualmente entre os grandes artífices desta descoberta. Este livro é dedicado à memória deles.

antiprótons do SPS do CERN.³⁶ Esta colaboração internacional foi dirigida por Carlo Rubbia em 1982-1983. A produção do feixe de antiprótons acelerados e acumulados no anel representou uma performance técnica notável, que foi alcançada graças à colocação em funcionamento, por Simon van der Meer, de um dispositivo de "resfriamento estocástico dos antiprótons" que permitia a acumulação, no anel, por um período de 24 horas, antes de serem acelerados. As interações foram analisadas em um grande detector eletrônico de câmaras multifilmes.

Os bósons carregados $W^{\pm}$ foram identificados primeiramente por desintegrações características escolhidas entre outras possíveis: $W^{\pm} \to e^{\pm} + \nu_e (\bar{\nu}_\mu)$. Pouco depois, os bósons neutros Z^0 ($Z^0 \to e^+ + e^-$) foram identificados com valores de massa em conformidade com aquelas preditas pela teoria eletrofraca e em acordo com as taxas medidas de correntes neutras. Em seguida, os bósons intermediários W e Z foram produzidos aos milhões, sobretudo junto ao anel de colisões de elétrons-pósitrons, e estudados em seus diferentes canais possíveis de desintegração. O bóson Z^0 constitui, pelas determinações muito precisas que ele torna possível em múltiplos processos, um verdadeiro laboratório de física de partículas elementares.³⁷ Resultados importantes foram assim obtidos: limitação dos neutrinos a três e, portanto, das famílias de léptons, conhecimento das partículas contendo um quark pesado; outras são esperadas (sobre o bóson de Higgs, por exemplo).

---

[36] A produção de massas tão elevadas como as dos bósons intermediários demandou a transformação do SPS do CERN (de 400 GeV) para um anel de colisão de prótons-antiprótons, que forneceu, para a mesma energia nominal das partículas aceleradas, uma energia disponível muito maior. A energia de aniquilação do anti-próton e do próton é um efeito a ser considerado no referencial de repouso associado a seu centro de massa, e está totalmente disponível para a produção de partículas (sendo 2 x 270 GeV disponível, a energia de funcionamento adotada). Carlo Rubia (1934-), físico italiano, e Simon van der Meer (1925-), engenheiro físico holandês, ambos trabalhando no CERN, receberam o Prêmio Nobel de Física no ano de 1984.

[37] Falamos de "usinas a Z^0". A precisão na determinação da massa desse bóson é notável: $M_Z = 91,188 \pm 0,002$ GeV.

Marcando um "retorno a força" da teoria quântica dos campos, o grande sucesso da teoria eletrofraca só podia encorajar as tentativas de tratar de uma maneira mais ou menos semelhante o campo das interações fortes e de tentar encontrar uma perspectiva unificada sobre o conjunto dos campos eletrofraco e forte.

A partir de 1974, uma teoria quântica do campo da interação forte pôde ser efetivamente constituída com sucesso, ao considerar as interações entre quarks como sendo os processos elementares de transporte do campo. Este último foi abordado a partir das simetrias de calibre não abeliano, como no caso do campo eletrofraco. Em vez de estarem associadas aos *sabores* dos quarks, como era o caso para o campo eletrofraco, essas simetrias relacionam-se a uma outra qualificação dos quarks (descoberta no meio tempo), sua "carga forte", denominada de "cor". A teoria do campo de interação forte foi, como consequência, chamada de *cromodinâmica quântica* (segundo uma nítida analogia com a *eletrodinâmica quântica*). O número quântico de "cor" tinha sido formulado em 1964, com relação ao modelo de quarks para constituir os hádrons: verificou-se ser necessário dotar os quarks de um "grau de liberdade" suplementar, paralelo ao sabor, para dar conta, da forma mais simplesmente possível, dos agrupamentos de quarks no interior dos hádrons.

Uma das razões mais fortes foi a seguinte: a família de bárions conhecidos como a ressonância Δ possui um estado de carga +2 e um spin ½, que é, portanto, constituída de três quarks idênticos *uuu*. Todos os três encontram-se no mesmo estado, com seus spins alinhados, o que contraria o princípio de exclusão de Pauli. Faz-se necessário, então, que eles sejam distintos: por isso, deve-se admitir que os quarks têm *um grau de liberdade* suplementar, por exemplo, uma *carga interna*, podendo assumir três valores, 1, 2 e 3. Cada quark de sabor será um tripleto desse novo número, chamado "*cor*" (Δ é, portanto, constituído de $u_1 u_2 u_3$). Esta hipótese permitia, ao mesmo tempo, não explicar, mas descrever o *confinamento* de quarks no interior das partículas hadrônicas: é suficiente transcrever o confinamento dos quarks em confinamento de sua carga interna de cor, admitindo que os hádrons físicos (constituídos de quarks) são estados neutros (ou singletos) da *cor* (daí vem o nome desta última, pela analogia com a ótica, de branco resultando da superposição das cores fundamentais). A hipótese poderia ser ainda mais fecunda se fosse possível identificar as cargas de cor com a carga fundamental da interação forte. Os bósons fundamentais de troca deveriam acoplar dois quarks de cores diferentes, q_i e q_j, e, assim, carregar duas cores distintas. Eles poderiam ser identificados aos *glúons* da matéria hadrônica, cada tipo de glúon sendo caracterizado como g_{ij}. Deveria, então, existir oito glúons independentes no total.[38] Poder-se-ia supô-los com massa nula. Os glúons, como os quarks, ficam confinados nas partículas hadrônicas; eles podem interagir diretamente entre si trocando suas cargas de cor (ao contrário dos fótons, que necessitam o intermediário dos pares virtuais elétron-pósitron para interagir entre si. Ver a figura 7.1.), e transformar-se parcialmente em pares virtuais de quark-antiquark ($g_{ij} \rightarrow q_i + \overline{q}_j$).

Uma outra propriedade fundamental dos quarks, além do *confinamento*, é que seu potencial no interior da matéria nuclear, devido ao campo de interação forte, varia em função da distância ao centro ("liberdade assintótica"), de um valor nulo nesse centro até a um valor infinito nas bordas do núcleon (ou seja, a uma distância de aproximadamente 10^{-13} cm) (*confinamento*).[39] Essa variação poderia estar relacionada a uma propriedade da "constante de acoplamento" da interação forte, diminuindo com a energia. Consequentemente, desaparece um dos obstáculos ao tratamento do campo de interação forte pela teoria quântica dos campos, que era o grande valor da constante de acoplamento entre os hádrons. Com efeito, a boa "constante de acoplamento" a ser considerada, aquela da interação forte entre os quarks, é pequena diante da unidade a partir de certa região do espectro de energias. Os desenvolvimen-

---

[38] Existem 9 combinações possíveis e uma relação linear entre eles: por isso, chega-se a somente oito entidades (tipos de grandezas) distintas.

[39] Ou, ainda, "dominação infravermelha". Este último termo tem apenas um valor de analogia com a luz, na medida em que designa os grandes comprimentos de onda, portanto, as grandes distâncias (grandes, relativamente!).

tos em série de termos de potência dessa constante poderiam convergir para um valor finito, e a cromodinâmica quântica poderia conduzir a cálculos de grandezas físicas.

Com os quarks como fonte do campo de cor e os glúons como quanta do campo trocados entre os quarks tomados dois a dois, dispomos então de todos os ingredientes para tratar a interação forte fundamental pela teoria quântica dos campos de calibre não abelianos,[40] tratando da carga de cor. (A interação forte é indiferente ao sabor, à medida que ela conserva, em uma taxa próxima a 20%, a simetria SU_6 desta última.) A cor também define um grupo de simetria unitária chamada "de cor" e denotada por SU_3^c.

A cromodinâmica quântica podia ser testada a partir do estudo de fenômenos característicos que ela implica, considerando que as interações fortes elementares têm lugar entre os quarks constituintes que se recombinam em outros, "vestindo-se", para formar hádrons na saída do núcleon alvo (ver diagrama das interações fundamentais na figura 7.1.). Os hádrons produzidos – os únicos observados nas interações (uma vez que não temos acesso direto aos quarks, em razão de seu confinamento) – carregam, de alguma forma, a memória das interações fundamentais elementares entre os quarks e os glúons. "Jatos de quarks e glúons" puderam assim ser retraçados, como efeitos do arrastamento de partículas emitidas nas colisões pelas partículas da colisão elementar. A fusão de um quark e de um antiquark para gerar um par lépton-antilépton e outros processos da mesma natureza revelaram a presença de quarks de valência (ou quarks constituintes) e a presença, subjacente, de um fundo de pares virtuais de quark-antiquark $q\bar{q}$, assim como glúons. Os plasmas de quarks e glúons (dos quais já tratamos no capítulo 6) constituem, igualmente, uma das predições importantes da cromodinâmica quântica. Tais reações têm sido efetivamente observadas com as propriedades previstas.

---

[40] Os bósons de troca transportam a carga de cor, seus operadores de campo de calibre são não comutativos: a simetria de calibre correspondente é "não abeliana".

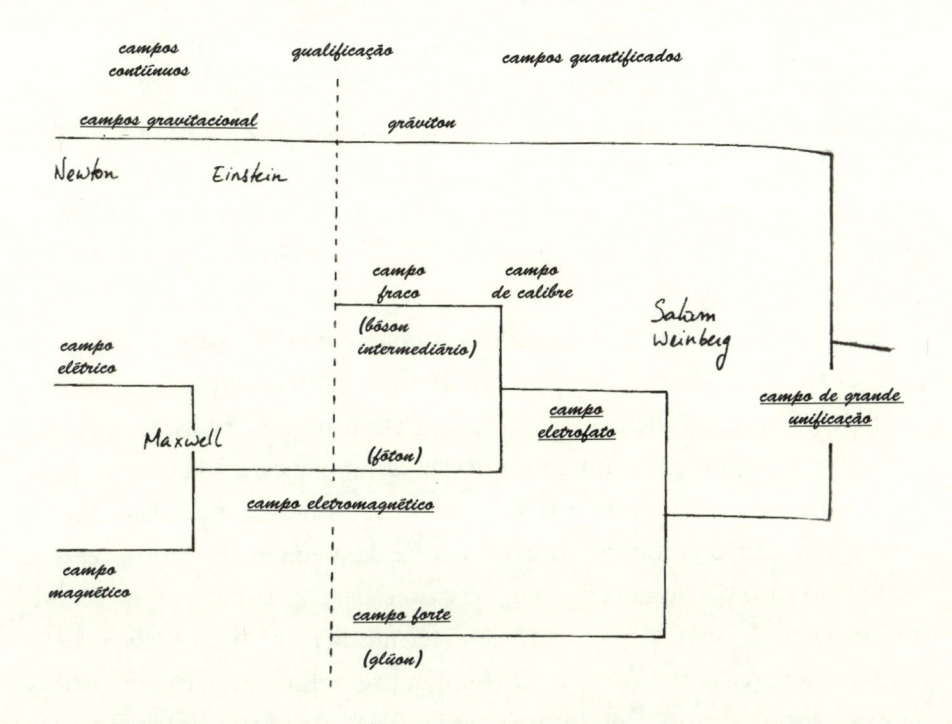

Figura 7.4. A unificação dos quatro campos de interações.

Esses resultados proporcionaram a esta teoria fundamental do campo de interação forte uma legitimidade tal que, a partir de então, ela tem-se juntado à teoria eletrofraca para constituir, juntas, aquilo que os físicos chamam de "*o modelo padrão*" da física subnuclear.

Perspectivas rumo à unificação

O corpo teórico constituído pelo "*modelo padrão*" compreende os tratamentos independentes do ponto de vista da dinâmica, mas no mesmo esquema geral das teorias quânticas dos campos de calibre com simetria não abeliana, do campo eletrofraco e do campo forte da cromodinâmica quântica. Apesar de seus grandes sucessos, este modelo teórico não constitui uma teoria unificada, pois, por um lado, ela é composta de dois "blocos" independentes, sem conexão direta, e, por outro lado, ela deixa inúmeros problemas em aberto, em particular, a razão dos valores dos diferentes parâmetros, conhecidos apenas de maneira empírica (tais como as massas, as intensidades de acoplamento, o "ângulo de Weinberg" etc.). Toda teoria que ultrapassasse o modelo atual, levando em consideração esses valores, constituiria um progresso teórico sensível.

No final das contas, as interações fundamentais da matéria têm sido entendidas a partir de campos trocados entre as "partículas" (férmions) mais elementares (pontuais, ou seja, sem estruturação interna), que são os quarks e os léptons. A dinâmica desses campos é expressa com a ajuda das simetrias de calibre relativas às "cargas" responsáveis por essas interações (carga elétrica, sabores, cores).[41] Isso se dá mediante o transporte dos efeitos, no caso da carga elétrica e, no caso dos sabores e cores, mediante o transporte de suas cargas entre dois férmions elementares. Esta dinâmica dá origem a constantes de acoplamento sem dimensão, características de cada tipo de campo (eletromagnético, fraco e forte) e independentes dos processos particulares, mas dependentes da energia. A variação das constantes de acoplamento com a energia – crescente, para os campos eletromagnético e fraca, decrescente, para o campo forte, e que pode ser extrapolada a partir de valores conhecidos – mostra que os três campos se reencontram para uma centena de valores de energia, bastante elevados, mas fora do alcance dos atuais aceleradores de partículas.

Essa convergência sugere que os três campos fundamentais do domínio subnuclear poderiam apenas ser – nas energias que são conhecidas – as manifestações separadas (por violações de simetria) de um campo unificado mais fundamental. Teorias de *Grande Unificação* (GUT) têm sido propostas. Elas reuniriam campo eletrofraco e cromodinâmica

---

[41] Respectivamente para os campos eletromagnético, fraco e forte.

quântica, misturando os diversos bósons (fóton, bósons W e Z, glúons) de uma parte, e os léptons e os quarks de outra. Elas necessitariam de bósons intermediários de um tipo novo, com massas extremamente elevadas ($M \geq 10^{14} - 10^{15}\ m_p$), de outro. Mas elas não têm recebido, até o presente, confirmação experimental.[42]

Pode-se também incluir o campo gravitacional no diagrama das constantes de acoplamento, constatando que ele se torna comparável aos outros para energias ainda maiores, e conjectura-se que, nesses domínios "assintóticos", todos os campos de interação se fundem em um único. É um programa para a teoria física que os físicos tomam como meta a partir daí. Ele implica a quantização do campo de gravitação, ou seja, da teoria da relatividade geral (ver capítulo 2), o que constitui um problema bastante difícil. Com efeito, o campo gravitacional é identificado com a estrutura do espaço-tempo, que é contínua, o que se opõe, em princípio, à ideia de quantização. Nessa direção, caminhos bem diversos são explorados, indo das supersimetrias (mesclando férmios e bósons e requerendo para cada férmion atualmente conhecido um s-férmion,[43] que será um bóson e vice-versa) às teorias de cordas em espaços com mais de quatro dimensões e a abordagens topológicas. Estas tentativas, ainda sem sucesso, pertencem agora à física do século XXI. Se elas se confirmarem, poderemos dizer então que elas têm sua origem na física do século XX. Mas quem o sabe?

Estas questões – que permanecem suspensas na física subnuclear – são igualmente postas em uma disciplina que está, aparentemente, bastante distanciada da física do mundo subatômico, pelo menos no que concerne às dimensões de seus objetos: a astrofísica, sobretudo associada à cosmologia. Nós as reencontraremos, assim, um pouco mais adiante (ver capítulos 10 e 11).

---

[42] Por exemplo, uma simetria de calibre SU_5, como produto da simetria SU_3^c da cromodinâmica e da simetria SU_2^i eletrofraca. Misturando os léptons e os quarks, ela admitiria uma desintegração (rara) do próton, tal que: $p \to \pi^0 + e^+$. Mas as pesquisas sobre esta última não a confirmaram, e o tempo de vida do próton ultrapassa 10^{32} anos.

[43] s de supersimétrico.

8
Sistemas dinâmicos e fenômenos críticos

Trataremos neste capítulo, mais heterogêneo que os outros, de certo número de assuntos que, apesar de serem à primeira vista menos espetaculares da perspectiva das estruturas profundas e das renovações de nosso conhecimento, têm revelado grande importância e atraem, cada vez mais, a atenção nos últimos trinta anos. Esses assuntos interessam muitíssimo aos físicos, mas também aos tecnólogos, às indústrias e ao público em geral, porque eles têm implicações em nossa paisagem cotidiana e alguns deles apresentam aplicações imediatas muito variadas em diferentes domínios da indústria.

Desses últimos temas, poucos serão tratados e de modo breve, e, ainda assim, não exaustivamente, pois não é necessário fazer, neste caso, um percurso enciclopédico. Muitos dos novos conhecimentos, que tiveram uma importância considerável, e das realizações, que contribuíram para a mudança de nossa vida cotidiana, não encontram lugar em uma exposição da natureza que estamos fazendo. Para ser mais completo, seria preciso abordar aspectos da física, como os na *física dos sólidos e da matéria condensada*, as vibrações e as ondas de spin nos cristais, a supercondutividade a "altas" (relativamente às muito baixas) temperaturas,[1] ou os desenvolvimentos da *física de plasmas*, na qual se espera, em particular, a possibilidade de controlar e utilizar a *fusão termonuclear*, ou

---

[1] Descoberta em 1986 por Johannes Georg Bednorz (1950-), físico alemão, e por Karl Alexander Muller (1927-), físico suíço da companhia IBM em Zurique, que receberam o Prêmio Nobel de Física de 1987. Eles observaram a supercondutividade de certas cerâmicas para uma temperatura crítica de 35K (equivalente a -238°C), mais alta em

ainda, os desenvolvimentos da mecânica estatística e da termodinâmica, dos quais mencionaremos aqui somente alguns aspectos concernentes às transições de fase e aos fenômenos críticos. Sabe-se a importância da termodinâmica dos processos afastados do equilíbrio, fundada notadamente por Lars Onsager,[2] e ilustrada na físico-química pela obra de, entre outros, Ilya Prigogine e sua escola.[3]

Deixamos também de lado a física das macromoléculas, que tem inumeráveis aplicações em nosso universo cotidiano, com os novos materiais plásticos. As macromoléculas relacionam-se com a física propriamente dita, mas também com a química, e relacionam-se com muita proximidade à constituição molecular dos seres vivos, a qual evocaremos, no entanto, mais a diante no tratamento da questão das origens físico-químicas da vida (ver capítulo 12). Teria sido necessário, de uma maneira geral, falar da química e de suas ligações com a física bem mais do que pudemos fazer no capítulo 5, a propósito da estrutura atômica e quântica dos corpos. Mencionamos apenas, dentre outros assuntos interessantes, as representações da arquitetura complexa das moléculas, obtidas por moléculas de síntese e, em particular, por aquelas que Jean-Marie Lehn soube modelar por sua vez, para exemplos ricos de aplicação.[4] Resignamo-nos a deixar o leitor à sua sorte no que diz

---

algumas dezenas de graus que a temperatura encontrada anteriormente para esses fenômenos (-250ºC), que requeriam técnicas criogênicas complexas. Outras ligas supercondutoras a temperaturas ainda mais elevadas foram encontradas posteriormente. As aplicações potenciais desse fenômeno a temperaturas próximas da comum seriam múltiplas (trens levitando sem atrito etc.).

[2] Lars Onsager (1903-1976), físico norueguês naturalizado americano. Ele mostrou que a diminuição aparente de entropia nos sistemas longe do equilíbrio é devido a trocas com o meio exterior, e estudou de maneira quantitativa os processos próximos do equilíbrio. Ele recebeu o Prêmio Nobel de Química em 1967.

[3] Ilya Prigogine (1917-), físico-químico belga de origem russa, professor na Universidade de Bruxelas, recebeu o prêmio Nobel de química de 1977.

[4] Jean-Marie Lehn (1939-), professor na Universidade de Strasbourg e, posteriormente, no Collège de France, membro da Academia de Ciências [na França], especialista em identificação molecular, recebeu o Prêmio Nobel de Química de 1987, conjuntamente com Donald J. Cram (1919-), químico americano, e Charle J. Pedersen (1904-1989), químico americano de origem norueguesa, igualmente criadores de moléculas de síntese.

respeito aos inúmeros avanços de conhecimento, que despertam enorme interesse, nos domínios das organizações complexas da matéria.

Os temas que escolhemos abordar são, primeiramente, a física dos sistemas dinâmicos não lineares e os fenômenos ditos do "caos determinista"; em seguida, os fenômenos críticos de mudança de fase e de invariância de escala; após, os "quase-cristais", os "objetos fractais" e, por fim, certos fenômenos da "física do cotidiano", ligados à "teoria da percolação".

A teoria dos sistemas dinâmicos não lineares

Antes da década de 1970, o estudo dos sistemas dinâmicos estava ligado a um domínio relativamente limitado da matemática e da física matemática. Após esse período, ele tornou-se um assunto disciplinar que é hoje em dia um dos mais importantes, tanto na física matemática como na física teórica e experimental, e que comporta igualmente aplicações em outros domínios, que vão da química à estatística de populações. À teoria dos sistemas dinâmicos não lineares ou dissipativos correspondem os fenômenos físicos que pertencem ao que se convencionou chamar "física de sistemas caóticos" ou do "caos determinista".

Os sistemas físicos envolvidos, ainda que sejam "deterministas" na acepção tradicional (laplaciana) do termo, não levam a previsões certas, sendo até mesmo totalmente imprevisíveis. Suas evoluções temporais são plenamente causais, determinadas por sistemas de equações diferenciais (não lineares nesses casos) e por um conjunto de "condições iniciais". No entanto, as variações, mesmo muito pequenas, das condições iniciais podem provocar amplificações consideráveis nas diferenças correspondentes de variáveis dinâmicas nas soluções do sistema de equações diferenciais, em razão do caráter não linear destas últimas, tornando essas grandezas totalmente imprevisíveis ao final. Os fenômenos de turbulência em hidrodinâmica, que correspondem a um número muito elevado (quasi-infinito) de graus de liberdade, constituem exemplos clássicos.

Sabe-se doravante que esses sistemas "caóticos" não são necessariamente muito complexos, porque o fenômeno já se apresenta com um pequeno número de graus de liberdade (a partir de três), o que permitiu o estudo dos regimes de "transição para o caos" em laboratório.

A ideia diretriz do estudo de tais sistemas físicos remonta aos trabalhos matemáticos de Henri Poincaré a respeito da teoria das equações diferenciais da dinâmica, desenvolvidas a partir de suas pesquisas sobre o problema dos três corpos em mecânica celeste (1890). Essas pesquisas estavam sustentadas em seus trabalhos matemáticos anteriores concernentes ao estudo de curvas definidas por sistemas de equações diferenciais, para as quais Poincaré introduziu e desenvolveu o ponto de vista da pesquisa "qualitativa" das soluções. Resolver sistemas de equações diferenciais correspondentes a curvas passava pelo estudo do comportamento das soluções e da forma das trajetórias. Esse estudo é determinado pelos comportamentos assintóticos (*ciclos limites*) e pelos *pontos singulares* da equação, que são de diferentes tipos: os *pontos de sela*, em que passam duas curvas; os *nós*, nos quais se encontra uma infinitude; os *focos*, em torno dos quais as curvas se aproximam indefinidamente; os *centros*, envoltos pelas curvas que se envolvem sucessivamente. Poincaré classificava-os a partir de suas propriedades de vizinhança estudadas pelo desenvolvimento em séries. Ele já considerava a estabilidade das trajetórias soluções, problema que estaria no centro de sua abordagem da dinâmica dos corpos na mecânica celeste. Para estudar a estabilidade ligada à periodicidade das soluções, ele empregava um "método das seções" (denominado posteriormente de "seções de Poincaré"): cortando a trajetória por um plano perpendicular em um ponto dado, ele estudava os outros pontos de solução na vizinhança desse último. O problema estava, assim, ligado ao estudo de sistemas de duas dimensões em torno de um ponto singular.

A questão da estabilidade e do equilíbrio originava-se naturalmente em dinâmica, após o início do estudo do problema dos três corpos na metade do século XVIII (com Clairaut, a respeito da forma da Terra, d'Alembert, Euler, Lagrange, Laplace, Poisson etc., a respeito do sistema solar em seu conjunto). A "estabilidade de Poisson", que Poincaré precisava privilegiar, era tal que, mesmo sem periodicidade no senso restrito, o sistema que é perturbado retorna à vizinhança de uma configuração dada ao fim de certo intervalo de tempo. Poincaré abordou os problemas de equilíbrio e de estabilidade do equilíbrio em 1885, a propósito do comportamento de uma massa fluida em rotação em um campo de forças. Mas é, sobretudo, em seu trabalho sobre "o problema dos três corpos e as equações da dinâmica", de 1890, que ele desenvolveu as ideias que estão na origem da teoria dos sistemas dinâmicos não lineares. Poincaré investiga, nesse estudo, como variam as soluções do sistema de equações-diferenciais quando se faz variar um parâmetro das equações. O problema característico dos sistemas dinâmicos era, para ele, tanto do ponto de vista matemático, como do ponto de vista físico, aquele da estabilidade desses sistemas, das condições dessa estabilidade e de suas transformações.

Poincaré notou que, dentre as soluções das equações da dinâmica das interações de três corpos, poder-se-iam encontrar casos de configuração em que uma das soluções era tão complicada e irregular que ela parecia ir ao acaso, mesmo que o sistema fosse totalmente determinista (pela exatidão das equações e pelo conhecimento das condições iniciais). Era a primeira vez que estava consignada uma situação tal que, para eventos perfeitamente determinados, "uma causa muito pequena, que nos escapa, determina um efeito considerável". Uma incerteza bem pequena acerca das condições iniciais impede toda previsão exata a partir de uma quantidade de tempo decorrido. Sem conhecer a *forma exata* das soluções, era, contudo, possível descrever a *natureza* dessas soluções, ou seja, seu *comportamento estrutural*, de equilíbrio estável ou instável, que trata não mais de uma trajetória individual, mas de um conjunto de trajetórias. Poincaré introduziu na dinâmica, nessa ocasião, a noção de "círculo limite" (retomada de seus trabalhos anteriores de geometria) como uma idealização de movimentos estacionários. Ele considerava, com isso, que, com o estudo teórico desses sistemas, o problema fundamental da dinâmica era o de dedicar-se a conhecer a natureza das soluções e seu comportamento estrutural sob pequenas perturbações da hamiltoniana, de equilíbrio estável ou instável, quase periódico, sem ter como escrevê-las exatamente. Adotando tal ponto de vista qualitativo, ele transformava a maneira de conceber os problemas da dinâmica, criando assim, segundo os próprios termos da Academia sueca que o coroou,[5] "uma nova maneira de pensar".

O estudo do comportamento das soluções em relação às configurações de estabilidade, para os sistemas dinâmicos definidos por equações diferenciais naturais não lineares, abriu um novo campo que se mostrou bem mais amplo que a dinâmica tradicional, preocupada com a resolução de problemas em termos de trajetórias bem definidas. Nascida do estudo do problema da interação de gravitação em três corpos, a teoria dos sistemas dinâmicos iria ser aplicada em outros domínios da física, nos quais intervêm equações não lineares. O próprio Poincaré fazia intervir, em suas pesquisas na interação entre três corpos, raciocínios baseados em uma interpretação hidrodinâmica: as órbitas eram entendidas como linhas de fluxo de um fluido em três dimensões, resultando da margem de imprecisão das condições iniciais. Disso pode-se identificar um efeito de seu conhecimento a respeito das equações de Maxwell, mas também o reflexo, de origem mais distante, das equações de derivadas parciais da mecânica de fluidos e de meios contínuos.

Após Poincaré, o problema dos sistemas dinâmicos e da estabilidade dos movimentos foi estudado, em primeiro lugar, por Alexandre Mikhailovitch Liapounov.[6] Seu primeiro trabalho a propósito desse assunto foi, na realidade, independente daquele feito por Poincaré, com quem Alexandre manteve correspondência a seguir. Sua tese de doutorado, defendida em 1882, intitulada *Problema geral da estabilidade do movimento*,[7] propõe uma definição mais geral de estabilidade com relação àquela que relacionava antes o *equilíbrio* à existência de uma função *poten-*

---

[5] Henri Poincaré recebeu o "Prêmio do Rei da Suécia", em 1889, por esses trabalhos.

[6] Alexandre Mikhailovitch Liapunov (às vezes escrito como Liapounoff ou Lyapunov) (1857-1918), matemático e físico de origem russa.

[7] Traduzido para o francês por Edouard Davaux, ela foi publicada em 1907 nos *Anais da Faculdade de Ciências de Toulose*.

cial. Uma solução estável, para Liapounov, é tal que todas as outras soluções, cujas condições iniciais são muito vizinhas da primeira, permanecem próximas dela ao longo do tempo. Se essas soluções aproximam-se assintoticamente da primeira tão logo o tempo cresce indefinidamente, a solução é dita assintoticamente estável. Nessa abordagem, a estabilidade de uma trajetória está ligada às outras trajetórias que passam em sua vizinhança. Esse alargamento da noção de trajetória individual reunia a concepção estrutural de soluções e as trajetórias de Poincaré: não era a trajetória individual seguida por um móvel, mas o comportamento do conjunto das trajetórias. Mais tarde, os "atratores estranhos" dos sistemas dinâmicos deveriam proporcionar os bons fundamentos deste ponto de vista.

Lyapounov obteve ainda resultados importantes para a teoria da turbulência. Em 1897-1898, Jacques Hadamard,[8] retomando os resultados de Poincaré, dedicou-se à dinâmica de um ponto material ligado à geodésica das superfícies e detalhou o comportamento cinemático muito irregular do móvel em função da configuração das superfícies, em particular das superfícies com curvatura negativa, nas quais ele era especialista. Essas considerações foram comentadas por Pierre Duhem em sua obra de filosofia das ciências "*A teoria física*".[9] Tornando explícita, de um ponto de vista físico, a trajetória seguida por um móvel, a geometria "*à front de taureau*" estudada por Hadamard, Duhem dá uma descrição surpreendente da aparência caótica do movimento. Ela parece antecipar o que se dá atualmente com o percurso de um "atrator estranho" para um ponto representativo do estado de um sistema (ver quadro 8.1.). Ele via uma limitação na utilização possível das deduções matemáticas

---

[8] Jacques Hadamard (1865-1963), matemático francês, autor de contribuições fundamentais nos diversos ramos da matemática, como singularidade das funções analíticas, equações de derivadas parciais, funções de variáveis complexas, teoria dos números... Pierre Duhem (1861-1916), de nacionalidade francesa, físico-químico e estudioso da termodinâmica, filósofo e historiador da ciência.

[9] Pierre Duhem, *La Théorie physique* (1906), 2ª edição 1916 (Vrin, Paris, 1981), p. 206-211: "Exemplo de dedução matemática jamais inutilizável".

na física; mas aqui ele não era profeta, como nós o veremos, pelo menos no que concerne ao conhecimento estrutural possível dos sistemas dinâmicos. Com exceção de algumas contribuições, a teoria dos sistemas dinâmicos ficou na obscuridade durante várias décadas.

> **Quadro 8.1. A descrição por Duhem da "geodésica de uma cabeça de touro" de Hadamard**
>
> Imaginemos a cabeça de um touro, com as protuberâncias de onde partem os chifres e as orelhas, e os pontos de sela que se cruzam entre essas protuberâncias; mas se alongarmos sem limite esses chifres e essas orelhas, de tal forma que eles se estendam ao infinito, teremos uma das superfícies que queremos estudar.
>
> Sobre essa superfície, as geodésicas podem apresentar muitos aspectos diferentes. Têm-se geodésicas que se fecham em si mesmas. Há também aquelas que, sem nunca voltar a passar por seu ponto de partida, jamais se afastam infinitamente; umas giram sem cessar em torno do chifre direito, outras em torno do chifre esquerdo ou da orelha direita, ou da orelha esquerda; outras, mais complicadas, alternam, conforme certas regras, as voltas que descrevem em torno de outro chifre ou de uma das orelhas. Enfim, sobre a cabeça de nosso touro com chifres e orelhas ilimitadas, existirão geodésicas que irão ao infinito, umas subindo pelo chifre direito, outras pelo chifre esquerdo outras ainda seguindo a orelha direita ou a orelha esquerda.
>
> (...) Conhecendo-se com inteira exatidão a posição inicial de um ponto material sobre a fronte desse touro e a direção da velocidade inicial, a linha geodésica que esse ponto seguirá em seu movimento será determinada sem qualquer ambiguidade. (...)
>
> Ocorrerá diferentemente se as condições iniciais não forem dadas matematicamente, mas praticamente; a posição inicial de nosso ponto material não será mais um ponto determinado sobre a superfície, mas um

> ponto qualquer tomado no interior de uma pequena taxa. Aos nossos dados iniciais determinados praticamente corresponderá, para o geômetra, uma infinita multiplicidade de dados iniciais diferentes.
>
> (...) Apesar dos limites estreitos que delimitam os dados geométricos capazes de representar nossos dados práticos, pode-se sempre tomar esses dados geométricos de tal sorte que a geodésica se afasta sobre infinitas curvas que terão sido antecipadamente escolhidas. Será preciso aumentar a precisão com a qual são determinados os dados práticos (...), jamais a geodésica poderá ser liberada de companheiros infiéis que, após terem girado como ela em torno do mesmo chifre, afastar-se-ão indefinidamente. O único efeito dessa maior precisão na fixação dos dados iniciais será obrigar as geodésicas a descreverem um maior número de voltas envolvendo o chifre direito antes de produzir seu braço infinito; mas esse braço infinito jamais poderá ser suprimido.

Entre as décadas de 1930 e 1960, uma escola de matemática aplicada e de física matemática desenvolveu-se na União Soviética em torno do estudo de sistemas dinâmicos não lineares e de processos estocásticos, a partir de problemas de regulação de máquinas e de radiotécnica tratando de ondas eletromagnéticas. Esses pesquisadores – que dispunham de uma formação matemática profunda – manifestavam ao mesmo tempo uma grande preocupação com a física aplicada (uma conjunção bem excepcional à época) e orientavam suas pesquisas para os osciladores não lineares, em direção tanto de sistemas *conservativos* e de seu comportamento qualitativo, como de sistemas *dissipativos* com a formação de estruturas.

Um dos pioneiros dessa escola, Aleksander Andronov,[10] retomou os resultados de Poincaré e de Liapounov, aplicando-os a situações físicas no domínio dos sistemas dissipativos. Ele desenvolveu uma teoria geral

---

[10] Aleksander Alexandrovitch Andronov (1901-1952), matemático soviético.

das oscilações não lineares, centrada na ideia de sistemas auto-oscilantes e de bifurcações. Seu primeiro trabalho sobre "os ciclos limites de Poincaré e as oscilações autoconservadas" foi publicado em 1929 nas *Comtes-rendus de l'Académie des Sciences de Paris*. As aplicações visadas envolviam numerosos domínios, como a acústica, a física da radiação, a química das reações e até mesmo a biologia. Andronov propôs, em 1937, com Lev Pontriaguine,[11] estender a consideração dos problemas de estabilidade às equações dinâmicas (por exemplo, no caso das oscilações forçadas). Eles elaboraram o conceito de "sistema rudimentar" com o seguinte sentido: uma perturbação na definição desse sistema mantém as trajetórias que são suas soluções com um homeomorfismo próximo; para esses sistemas, a topologia do conjunto das trajetórias é mantida. O conceito de "rudimentariedade" para um sistema é, de fato, uma definição de estabilidade e corresponde ao que vai ser chamado em seguida "estabilidade estrutural".[12]

Andronov publicou, em 1937, em colaboração com S. E. Chaïkin, uma obra intitulada *A teoria das oscilações*, que se torna um clássico. Outros membros importantes dessa escola, L. I. Mandelstam, N. S. Krylov, N. N. Bogolubov, desenvolveram a física não linear. O matemático Andrei N. Kolmogorov, conhecido por seus trabalhos fundamentais na teoria das probabilidades e suas aplicações, interessou-se em 1940 pelos fenômenos de turbulência e, depois, em 1950, pelos sistemas dinâmicos.[13]

---

[11] Lev Semenovitch Pontriaguine (ou Pontryagin) (1908-), matemático soviético, conhecido por seus trabalhos em topologia, principalmente por sua demonstração, em 1932, de uma lei geral de dualidade ou teorema Pontriaguine-van Kampen.

[12] Denominação devida a Salomon Lefschetz (1884-1972), matemático americano de origem russa, que a propôs em 1952.

[13] L. I. Mandelstam, N. S. Krylov e N. N. Bogolubov, físicos teóricos soviéticos. Andrei Nikolaievitch Kolmogorov (1903-1987), matemático soviético.

Lev Landau e E. Hopf[14] estudaram, cada um por seu lado, ao longo da década de 1940, o problema de física hidrodinâmica da transição de um fluido em um estado laminar para um estado turbulento. Segundo suas análises, o estado inicial estacionário, desestabilizado progressivamente pela superposição sucessiva de certo número de velocidades independentes, tenderia em seguida de novo para um estado que pode ser não estacionário, mas quase-periódico. Ele tenderia para um estado turbulento apenas no caso da justaposição de uma infinidade de frequências ou "modos", independentes, cada um estando associado a um grau de liberdade. A "teoria dos modos" de Landau e Hopf implicava, assim, uma infinidade de graus de liberdade para o estabelecimento de um regime caótico. Esta forma de ver estabeleceu uma autoridade na área até os trabalhos de Ruelle e Takens, dos quais falaremos mais adiante.

George Birkhoff,[15] que havia realizado desde 1912 um trabalho "sobre o movimento dos sistemas dinâmicos", publicou em 1927 a obra *Dynamical systems*, na qual formula a noção de *movimentos recorrentes* no lugar da "estabilidade de Poisson" de Poincaré (que havia estabelecido um "teorema de recorrência" em seus *Métodos de mecânica celeste*).[16] Birkhoff desenvolveu, com seu aluno G. M. Morse, a "dinâmica topológica", enquanto que Salomon Lefschetz, retomando os resultados dos pioneiros da escola russa, realizava, no fim da década de 1940, o estudo das equações diferenciais da dinâmica.

É necessário mencionar aqui os trabalhos da escola dos matemáticos brasileiros que tratam dos sistemas dinâmicos, como Maurício Peixoto[17] (e, mais tarde, Jacob Palis e outros), que generalizam a questão da estabilidade estrutural para dimensões quaisquer e mostram que os siste-

---

[14] Lev Davidovitch Landau (1908-1968), Prêmio Nobel em Física em 1962, e E. Hopf, físicos teóricos soviéticos.

[15] George David Birkhoff (1884-1944), matemático americano, especialista em análise e em equações diferenciais aplicadas à dinâmica e, em particular, ao problema dos três corpos, assim como à teoria cinética dos gases, os quais ele reformulou rigorosamente as bases com a ajuda de seu teorema ergótico.

[16] No terceiro volume.

[17] Maurício Peixoto (1921-), matemático brasileiro.

mas estruturalmente estáveis são densos (no sentido matemático), isto é, sendo dado um sistema qualquer situado em uma região dada do espaço, existe em sua vizinhança um sistema estruturalmente estável. A direção do estudo dos sistemas dinâmicos dado pelos matemáticos pode assim ser visto como o estabelecimento de certo número de conceitos matemáticos rigorosos para definir o conceito físico-matemático de estabilidade estrutural.[18]

Ao longo da década de 1960, os trabalhos de Stephen Smale e de V. I. Arnold sobre os sistemas dinâmicos diferenciais chamam a atenção para os resultados obtidos pela escola soviética e marcam o início de um interesse internacional por esses problemas, que os resultados teóricos e experimentais, que se seguiram, serviram para reforçá-lo. Os trabalhos de René Thom sobre a teoria das catástrofes pertencem ao mesmo contexto. Tratando das singularidades de certas equações diferenciais e suas propriedades topológicas, eles encontram ilustrações e aplicações em numerosos domínios que envolvem as mudanças descontínuas.[19]

"Caos determinista" e "atratores"

Com os estudos do meteorologista Edward Lorenz,[20] chega-se ao estudo físico, observacional, quando não experimental, em senti-

---

[18] Um outro conceito importante, de inspiração igualmente matemática, é o de *genericidade*. Trata-se de um trabalho de elaboração coletiva e várias vezes foi estudado do ponto vista histórico e epistemológico por Tatiana Roque em sua tese (ver, de maneira geral, a bibliografia do Cap. 8 sobre esse tema).

[19] Stephen Smale (1930-), matemático americano; V. I. Arnold (1937-), matemático soviético que trabalha atualmente no Instituto de estudos científicos superiores (Bures-sur-Ivette, France); René Thom (1923-), matemático francês, autor da teoria do "cobordismo" sobre as variedades diferenciais, assim como de trabalhos sobre os espaços em camadas e os conjuntos e morfismos estratificados, e sobre a "teoria das catástrofes", recebeu a Medalha Fields em 1958.

[20] Edward Lorenz (1917-), físico e meteorologista americano.

do próprio, dos fenômenos turbulentos ligados aos sistemas dinâmicos. Poincaré havia sublinhado o quanto as variações da atmosfera ilustram a situação de uma grande amplificação de um efeito mínimo, tornando muito fraca a previsibilidade do tempo cotidiano. A atmosfera é um sistema físico de uma extrema complexidade, na determinação da qual intervém numerosos fatores, tão diferentes como a temperatura, a pressão, o grau higrométrico, o efeito da radiação solar, o relevo, a presença dos oceanos etc., fatores a levar em conta para um instante dado em cada ponto da superfície terrestre e de altitude... Calculando, com a ajuda de um computador, as previsões de um modelo matemático simplificado de correntes de convecção da atmosfera, Lorenz encontrou, em 1963, o efeito de amplificação considerável das pequenas diferenças de condições iniciais que Poincaré tinha indicado: pequenas causas, como tempestades localizadas (ou, exagerando um pouco, a batida das asas de borboletas) podem ter grandes efeitos sobre o tempo do hemisfério ou mesmo do planeta inteiro.

A sensibilidade desses sistemas, aliás, inteiramente deterministas, a muito pequenas mudanças nas condições iniciais acarretava a impossibilidade de predizer seu comportamento final. Mesmo dispondo de uma rede bem fechada de medidas dos diferentes parâmetros que caracterizam a configuração e as propriedades no espaço e no tempo da atmosfera, as previsões meteorológicas podem valer apenas por um período muito curto. A instabilidade meteorológica não se refere somente à multiplicidade dos fatores que intervêm, e Lorenz utilizava um modelo simplificado de doze parâmetros. Como se soube em seguida, alguns parâmetros somente são necessários para descrever situações caóticas. Lorenz testava também um modelo de três variáveis que lhe forneceu o primeiro exemplo de um "atrator" (o *atrator de Lorenz*). A simulação numérica apresentava aqui, assim como nos estudos sobre os sistemas dinâmicos em geral, um grande interesse, porque ela permitia testar a sensibilidade dos parâmetros. Alguns são mais efetivos que outros nas transições para a turbulência;

em particular, alguns parâmetros dessas situações complexas não são independentes.[21]

A seguir, ao longo da década de 1970, Lorenz aplicou suas considerações à biologia das populações. Percebeu-se mais tarde que os comportamentos caóticos envolvem múltiplos fenômenos nos domínios mais diversos, como o comportamento do sistema solar (em relação ao qual Jacques Laskar, Jack Wisdom e Gerald Sussman mostraram o caráter caótico),[22] o funcionamento dos lasers, a evolução de ecossistemas ou a cinética das reações químicas.

David Ruelle e Floris Takens[23] publicaram em 1971 seu artigo fundamental "sobre a natureza da turbulência", tratando do comportamento de um líquido viscoso incompressível e, mais precisamente, da transição para o estado turbulento. Eles estabeleceram, em seu artigo, contra as ideias recebidas (principalmente da "teoria dos modos" de Landau e Hopf, à qual já nos referimos), que o comportamento turbulento de um sistema dinâmico não está intrinsecamente ligado a um grande número de parâmetros: um estado turbulento estabelece-se após um pequeno número de bifurcações, isto é, para um sistema com um número pequeno (e não quase-infinito) de graus de liberdade. Ruelle e Takens introduziram igualmente a noção de "atrator estranho", designando por esta expressão o conjunto de curvas características dos parâmetros de um sistema turbulento: os atratores são os estados finais possíveis nos sistemas dissipativos e constituem a assinatura do estado turbulento (ou "caótico").

Para entender o que é um "atrator", imaginemos vários estados de um mesmo sistema dinâmico definido por um conjunto de equações di-

---

[21] Aos efeitos normais, dinâmicos de imprevisibilidade, adicionam-se, entretanto, aqueles da aproximação numérica, que devem ser levados em conta.

[22] Jacques Laskar, astrônomo francês do escritório de Longitudes, Jacques Wisdom e Gerard Sussman, físicos americanos. Jacques Laskar, astrônomo francês do "Bureau des longitudes", Jack Wisdom e Gerard Sussman, físicos americanos.

[23] David Ruelle, físico belga, trabalha no Instituto de Altos Estudos Científicos de Bures-sur-Yvette, França; Floris Takens, físico holandês. David Ruelle, físico belga, trabalha no Instituto de estudos científicos avançados (Bures-sur-Yvette, France); Floris Takens, físico holandês.

ferenciais, mas cujas condições iniciais sejam diferentes. O atrator é uma pequena região do espaço de fases que o ponto representativo do sistema alcança ao fim de certo tempo e que ele percorre indefinidamente. No caso do atrator de Lorenz, como o sistema é descrito por três parâmetros, ele é representado pela figura que percorre um ponto de um espaço de três dimensões (ver figura 8.1.). O ponto figurativo representando o estado do sistema segue um caminho desordenado, que vai de uma a outra das partes da figura do atrator, mas ele o desenha em toda a figura. Se ocorrem sucessivamente os outros estados do mesmo sistema dinâmico, diferentes para cada conjunto de condições iniciais, obtêm-se o mesmo atrator, mas as diversas regiões dele são ocupadas em instantes bem diferentes. O que conta, finalmente, é a figura do conjunto, recortada no espaço das fases, globalmente invariante, ligado à estrutura dinâmica do sistema, ou seja, a seu conjunto de equações diferenciais, que "atraem" as trajetórias independentemente de seu ponto de partida. Daí a origem do termo "atrator", aliás, estranho por suas propriedades: é uma região homogênea, de estrutura em camadas, idêntica a ela mesma em todas as escalas...

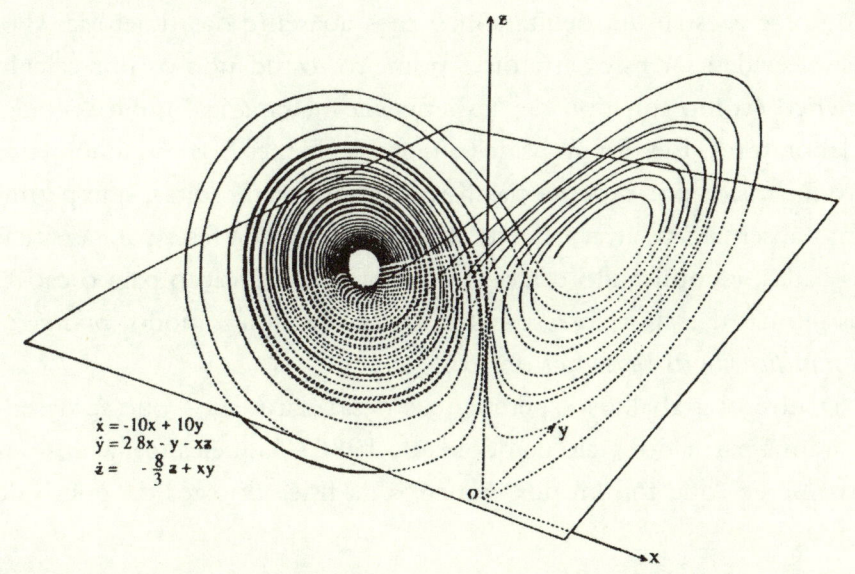

$\dot{x} = -10x + 10y$
$\dot{y} = 28x - y - xz$
$\dot{z} = -\frac{8}{3}z + xy$

Figura 8.1. Atrator de Lorenz, figura por computador programada por Oscar Lanford.

O termo "caos" foi proposto em 1975,[24] com o sucesso que se sabe, para descrever esse gênero de situação, na realidade extremamente frequente e encontrada nos mais diversos fenômenos. Se o termo alimenta a imaginação, ele sugere muitas vezes interpretações enganosas, como se a ciência nada mais pudesse predizer em tais casos, os sistemas mais "deterministas" estariam legados simplesmente ao acaso. Mas entenda-se bem: não é a escolha arbitrária de uma palavra que cria a imagem, que dá o conteúdo de um conceito, nem na física nem em outros domínios. Pode-se falar de "sistemas caóticos" apenas no seguinte sentido preciso (matemática e fisicamente): são sistemas físicos determinados por uma equação dinâmica não linear, muito sensível a pequenas variações nas condições iniciais, rapidamente amplificadas de tal maneira que toda precisão nas trajetórias individuais das partículas que constituem esses sistemas torna-se impossível ao fim de certo tempo.

O trabalho "inspirador" de Ruelle e Takens abriu a via de pesquisas experimentais pela possibilidade de controlar os parâmetros sensíveis dos processos condutores ao regime de turbulência. A noção de atrator colocava-se, doravante, no centro da teoria, substituindo os parâmetros: o atrator é a estrutura oculta sob o caos aparente das trajetórias. Foi possível evidenciar esses atratores, primeiro, estudando-os por cálculo numérico (como um tipo de "experiência matemática"), em seguida, em laboratório. Eles foram principalmente evidenciados nos fenômenos hidrodinâmicos por experiências físicas propriamente ditas, que permitiram "observar" os atratores estranhos no espaço de fases para as situações dadas, identificando cenários ou "rotas de transição para o caos": essas últimas dão, por correspondência – e, de algum modo, *constroem* –, a *significação física* de tais objetos.

Dentre os trabalhos experimentais dessa natureza – que se desenvolveram a partir do início da década de 1980 –, aqueles realizados por Pierre Bergé (que foi um dos pioneiros da física do caos do ponto de

---

[24] Por Li e Yorke, na revista *"American Mathematics Monthly"*.

vista fenomenológico) em colaboração com Monique Dubois e Yves Pomeau são exemplares e característicos.[25] Esses pesquisadores estudaram as modalidades da transição de um sistema dinâmico para a turbulência, mantendo sob controle os parâmetros físicos. Auxiliados por seu conhecimento dos métodos de velocimetria ótica para raios laser e para interferometria, eles estudaram, em seu comportamento temporal, as curvas de convecção, ditas de Rayleigh-Bénard, de um fluido aquecido entre placas e dividido em células. Para seguir o desenvolvimento do fenômeno, foi-lhes necessário traduzir fisicamente os conceitos da teoria matemática dos sistemas dinâmicos, como Ruelle e Takens a haviam proposto, a fim de construir uma interpretação do fenômeno estudado. Eles chegaram, assim, à possibilidade de controlar os graus de liberdade do sistema cujo estado turbulento era assinado pelo atrator estranho. A simulação numérica por computador e a observação experimental eram, assim, conjugadas e atingiam a descrição das etapas do fenômeno com a clara evidência de um novo cenário da transição para a turbulência, "a intermitência".

Reteremos ainda um outro efeito notável (dentre muitos outros) do estudo dos sistemas dinâmicos, que é o conhecimento bem mais preciso do problema da estabilidade do sistema solar. Esta estabilidade, inicialmente posta por Newton como efeito de uma ação divina, foi em seguida encontrada "unicamente com auxílio do cálculo" por Laplace e, depois, examinada com precisão cada vez maior pelos métodos de cálculo, de Le Verrier à Poincaré. Este último considerava a estabilidade efetiva, mas sem garantia final absoluta. Retomando o problema, A. N. Kolmogorov encontrou como soluções trajetórias oscilantes indefinidamente em torno de posições médias, do que ele concluiu a estabilidade do sistema solar. Entretanto, a escala de tempo acessível aos cálculos era relativamente pequena, e essa relativa estabilidade colocava-se no centro

---

[25] Pierre Bergé (1939-1997), Monique Dubois, Yves Pomeau, físicos franceses. Eu remeto a suas obras, como também ao estudo histórico-epistemológico de seus trabalhos feito por Sara Franceschelli em sua tese (ver bibliografia).

de situações de configurações instáveis, se analisada em ordem temporal de 10^8 anos – cem milhões. A capacidade dos computadores permitiu recentemente calcular as trajetórias dos planetas do sistema solar na escala de tempo dessa ordem e estudar a estabilidade de cada um dos planetas. Jacques Laskar mostrou, assim, o caráter caótico do movimento dos planetas interiores com um período característico em torno de 10 milhões de anos,[26] enquanto que as órbitas dos planetas exteriores, ao contrário, são estáveis em períodos de vários bilhões de anos.

Notemos que nem todo sistema dinâmico é necessariamente caótico. Um sistema dinâmico torna-se caótico somente se satisfizer certas condições: por exemplo, na física, os sistemas complexos com grande número de parâmetros devem ser descritos por equações exatas (como no caso da órbita futura da Terra); os sistemas mais simples deverão ser descritos por um pequeno número de parâmetros (como no caso de certas reações químicas). Na biologia e na economia é mais difícil mostrar que estamos realmente tratando de sistemas caóticos em razão do caráter incerto de sua modelagem matemática. De qualquer modo, o caos pode ser um poderoso instrumento teórico para estudar as propriedades novas ou os tipos de comportamento.

Os estudos, hoje em dia divulgados, de situações de caos determinista na natureza (na física, na meteorologia etc.) e, em particular, a possibilidade de controlá-los em laboratório permitiram caracterizar de maneira positiva esse tipo de fenômenos, superando a simples constatação de sua imprevisibilidade.

---

[26] Marte e Terra possuem movimentos caóticos que os deixam em zonas separadas; as deformações da órbita terrestre, devido à interação de outros corpos, são periódicas em uma escala de um milhão de anos (mais caóticas à escala de 100 milhões de anos). Vênus e, sobretudo, Mercúrio têm movimentos muito caóticos, a ponto de que o sentido de rotação de Vênus em torno de seu eixo pôde mudar várias vezes desde sua formação e Mercúrio poderia até mesmo, em um dia (relativamente distante), abandonar o sistema solar.

A *ausência de previsão* possível, que deveria parecer como um tipo de indeterminação, pode ser vista, de fato, como o efeito de um tipo de determinismo absoluto ou, melhor dizendo, de *necessidade absoluta*. Todas as causas, mesmo aquelas que nós ignoramos, mas que nos parecem desprezíveis porque elas nos escapam (imperceptíveis como um bater de asas de borboleta a grandes distâncias), juntam-se aos outros efeitos que serão necessariamente percebidos mais tarde, ao fim de certo tempo, mesmo a grande distância do local de sua ação inicial. Por outro lado, como as condições iniciais não são, ao final das contas, exatamente conhecidas, jamais nos encontraremos em uma situação de determinismo no sentido estrito. Dizendo de outra maneira, o "ideal determinista", mesmo para os sistema físicos ou mecânicos, clássicos, fica muito distante da realidade. Ele representa um ponto de vista antropocêntrico do conhecimento da natureza e tem apenas uma apreensão limitada da *necessidade* da natureza. Sua capacidade de *previsão* é frequentemente irrisória com relação às informações que os sistemas escondem.

Esses sistemas permanecem, no entanto, governados pelo encadeamento das causalidades. Eles são estruturados, de maneira causal, pelo sistema ou pelo *conjunto de suas equações diferenciais*, transcrição dessa causalidade física. Ora, esse conjunto possui uma contrapartida nos fenômenos que parece de fato determinada (ao menos de maneira global): o atrator. Os desenvolvimentos do estudo desses sistemas revelam-nos, assim, que podemos alcançar a conhecimentos bem mais ricos que aqueles visados no início, se não nos deixarmos encerrar em limitações de um pensamento determinista e se pensarmos mais amplamente as *predições* de uma outra natureza, permitidas pelas relações causais. Por exemplo, como Poincaré teve a primeira ideia, ao interessar-se pelo comportamento geral ("qualitativo") das soluções ou interessar-se pelo comportamento de famílias de trajetórias (em vez de uma única), ou ainda como os conhecimentos mais recentes mostram, pelos "atratores estranhos", que assinalam as propriedades estruturais de tais sistemas físicos. Parece que eles servem para caracterizar um comportamento físico específico para um tipo dado de sistema; pode-se, assim, pensar que eles têm a significação de um verdadeiro conceito físico.

Fenômenos críticos e transição de fases

Os fenômenos físicos liminares – ou fenômenos críticos – caracterizados por uma descontinuidade entre as diversas fases ou estados de organização da matéria que os constituem em um nível dado, notados em diferentes domínios, foram estudados de maneira qualitativa desde o fim do século XIX, sem que fossem esgotadas as considerações teóricas sobre o assunto. Esses diferentes domínios são a termodinâmica (para as transições entre os estados sólido, líquido e gasoso: ver o estudo das propriedades de um fluido no ponto crítico de van der Waals), o magnetismo (o ponto de Curie para o ferromagnetismo), o eletromagnetismo (os plasmas, às vezes chamado "o quarto estado da matéria", completamente ionizado). A esses fenômenos adicionaram-se mais recentemente dois estados de fase da matéria quântica: a condensação de Bose-Einstein (concebida teoricamente desde 1925, observada somente em 1996) e os plasmas de quarks e glúons (preditos pela cromodinâmica quântica e que tiveram um início de observação nos últimos anos do século XX).

Todos esses fenômenos – ainda que revelem dinâmicas muito diferentes, para as quais se dispõem, aliás, teorias satisfatórias – possuem um ponto em comum, que não foi explorado até recentemente por falta de um conceito teórico adequado: o caráter e o tipo de ação da causa da transição brutal e descontínua que os faz passar de uma fase a outra. Considerado de maneira geral, esse problema é aquele dos fenômenos críticos e das transições de fases. Houve grandes avanços ao longo dos últimos vinte anos, graças às considerações de simetria e de grupos de transformações que afetaram em profundidade todos os domínios da física, tanto clássica como também quântica.

Uma das inovações mais notáveis da física no último terço do século XX foi, sem dúvida, o estudo teórico dos fenômenos críticos e de transição de fase com o auxílio do "grupo de renormalização". Trata-se de um caso particularmente notável de fecundação mútua entre dois domínios totalmente distintos da física, graças a uma similitude estrutural (a uma "analogia matemática", segundo a expressão de Poincaré) das matemáticas que lhes são apropriadas; estas últimas reportando-se na ocorrência, uma vez mais, às propriedades dos grupos de transformação e de simetria. A ideia de renormalização (cuja história está por fazer, pois ela remonta, quanto ao tipo de procedimento, aos primeiros cálculos em séries de perturbações no tratamento do problema dos três corpos na astronomia, efetuados em meados do século XVIII)[27] origina-se na teoria quântica de campos, na qual ela permitiu reformular de maneira rigorosa e com precisão a eletrodinâmica quântica, seguida da teoria de campos de calibre (com a teoria eletrofraca e a cromodinâmica quântica, ver o capítulo 7).

A "renormalização" é uma operação de redefinição física de certos parâmetros que, calculados matematicamente, receberiam um valor infinito devido a integrais divergentes, em razão da idealização das grandezas utilizadas, como o recurso ao conceito de ponto sem dimensão. Na teoria quântica de campos, os cálculos de interação com "integrais de caminho", correspondentes aos diagramas de Feymann, fazem intervir desenvolvimentos perturbadores em séries de potência da constante de acoplamento. Nos termos de cada uma das ordens da série aparecem as expressões com os valores infinitos; elas são indesejáveis, porque não físicas, pois se sabe que as grandezas físicas calculáveis a partir do desenvolvimento em série são finitas (por exemplo, a massa e a carga elétrica de um elétron). A renormalização consiste em substituir, a cada ordem

---

[27] Os cálculos foram feitos por Leonhard Euler, Aléxis Clairaut e Jean D'Alembert. Eles encontraram, nas diversas ordens de desenvolvimento em série, termos "circulares" ou ainda "seculares", que contêm diretamente a variável temporal (que estava, de outro modo, confinada em termos de senos e cossenos) e que vai assim ao infinito em função do tempo. Eles atribuíram o aparecimento desses termos à técnica matemática empregada e aplicaram-se em eliminá-los. Esse problema continuou existindo, na continuação, na astronomia matemática (de Joseph Louis Lagrange e Pierre Simon Laplace à M. Lindstedt e Henri Poincaré). Os termos infinitos também nos cálculos da eletrodinâmica clássica do início do século XX, em que eles têm a ver com a utilização do ponto material sem dimensão (como é também o caso com o surgimento de quantidades infinitas na teoria quântica de campos).

de perturbação, os termos divergentes por quantidades que permanecem finitas (determinadas por meio de "cortes" em energia). Diz-se que a teoria analisada é renormalizável, se essa operação pode ser efetuada redefinindo apenas um número finito de parâmetros, de modo tal que a teoria seja calculável e promova predições físicas definidas, considerando todas as ordens possíveis da série de perturbações.

A renormalização torna invariante a dinâmica das interações (no caso dos campos de calibre quantificados). Essa condição define o "grupo de renormalização", do qual as equações exprimem essa invariância e fornecem o conteúdo físico da teoria, que é, portanto, totalmente previsível. O grupo de renormalização, empregado com sucesso na teoria quântica dos campos (como se viu no capítulo 7), foi estendida a um outro domínio bastante distante da física; a saber, a termodinâmica e a mecânica estatística aplicada aos fenômenos críticos e às transições de fase consideradas de uma maneira geral. Kenneth Wilson,[28] que havia feito suas primeiras pesquisas em teoria quântica de campos, teve a ideia de aplicar a técnica matemática da renormalização ao estudo teórico dos fenômenos críticos. Em uma transição de fase como a liquefação de um sólido ou a vaporização de um líquido (dita transição de fase de segunda ordem), as fases diferentes são misturadas na vizinhança do ponto crítico, e essa mistura encontra-se nas diversas escalas de dimensões que podem ser consideradas entre o nível microscópico e o nível macroscópico. A essas misturas correspondem as flutuações de densidades. Efetuando para cada escala as médias das flutuações, encontram-se os limites do grupo de renormalização. Esses limites permitem exprimir as propriedades físicas do sistema, isto é, a dinâmica das mudanças de estado nas vizinhanças do ponto crítico. O grupo de renormalização fornece, assim, a teoria dos fenômenos críticos.

---

[28] Kenneth G. Wilson (1936-), físico americano, antigo aluno de Murray Gell-Mann, recebeu o Prêmio Nobel de Física de 1982.

É notável que o "grupo de renormalização" seja eficaz em domínios tão diferentes quanto a teoria quântica dos campos e a teoria dos fenômenos críticos. Isso é devido certamente a uma analogia "formal", na forma matemática, entre as flutuações quânticas e as flutuações na mecânica estatística. Isso talvez indique, mais profundamente, uma estrutura matemática comum ou universal subjacente à forma teórica de dinâmicas tão diferentes. Poder-se-ia fazer, a propósito, uma nota análoga àquela de Poincaré sobre a física matemática em geral; Poincaré enfatizava que um mesmo tipo de equação fundamental (como, por exemplo, a equação de Laplace, $\Delta V = 0$), para grandezas muito diferentes, tinha a capacidade de descrever propriedades e fenômenos relativos a domínios sem relação entre si (como o potencial newtoniano de um campo de gravitação ou a distribuição de eletricidade na superfície de um condutor).

Esse gênero de similitude de estrutura para sistemas de conceitos sem medida comum constitui, sem dúvida, uma característica fundamental da física atual, devido a seus modos de abordagem, mas também provavelmente à própria natureza dos fenômenos tratados, apesar de sua grande diferença. Ela relaciona-se, de uma maneira ou de outra, à unidade fundamental da matéria, segundo suas diferentes propriedades, que é o objeto da física. A utilização cada vez mais geral dos grupos de simetrias e de transformações é um outro aspecto dessa perspectiva da unidade (de fato, estes últimos englobam o grupo de renormalização e de simetrias de escala).

Os quase-cristais

A noção de estrutura de ordenação dos corpos sólidos, que se acreditava bem circunscrita pelo conhecimento da estrutura e das propriedades dos cristais, sofreu modificações que levaram a dissociar a identificação clássica estrita de *ordenação* com a *periodicidade*. Essas modificações ocorreram em duas direções: a realização de deformações moduladas da distribuição cristalina e a descoberta de quase-cristais.

Antes de abordá-los, faremos uma breve revisão dos conhecimentos anteriores relativos aos cristais.

A partir do final do século XVIII, René-Just Haüy, fundador da cristalografia,[29] havia evidenciado e estudado de maneira sistemática as propriedades físicas dos cristais, mostrando que sua forma geométrica está ligada ao tipo químico, independentemente de sua origem, e estudando suas propriedades de mutilação e sua anisotropia. Os cristais demonstram uma ordem na estrutura molecular que se reproduz até o nível macroscópico. Essa ordem está ligada a simetrias espaciais, mais fracas para o cristal que a simetria geral, máxima, em um gás ou em um líquido homogêneo, nos quais a forma e as propriedades são invariantes sob deslocamentos (translações e rotações) quaisquer. As transições entre diferentes fases são, como se sabe, descontínuas[30] e são objetos de estudo dos fenômenos críticos, dos quais já falamos (são quebras de simetria em torno do "ponto crítico").

Indiquemos aqui, incidentalmente, a existência de estados da matéria em uma fase de simetria intermediária (ou "mesofase") entre o estado de cristal sólido e o de líquido: são os "cristais líquidos", que têm numerosas aplicações nos instrumentos tão comuns hoje em dia, como os relógios ou os monitores de computador. Eles guardam uma simetria de translação e, por exemplo, uma direção privilegiada (esses materiais são chamados "nemáticos") ou uma estrutura lamelar, periódica em uma direção e desordenada em uma outra (os "esméticos").

Retomemos a *transição da fase líquida à fase sólida*, por resfriamento abaixo da temperatura crítica. Ela pode contribuir, no caso de certos materiais, à existência de várias fases sólidas e cristalinas diferentes (como, por exemplo, o carbono, que pode ser, entre outros, grafite ou

---

[29] René-Just Haüy (1743-1822), abade e mineralogista francês, professor na Escola de Minas e no Museu de História Natural. Ele publicou especialmente um *Ensaio de uma teoria da natureza dos cristais* (1784) e um *Tratado de cristalografia* (1822).

[30] No que diz respeito à sua configuração espacial, não se pode estender analiticamente uma para conseguir a outra.

diamante), segundo as condições físicas da solidificação (gradiente de temperatura, pressão etc.). Cada fase sólida ou cristalina corresponde a uma organização diferente dos átomos do material e, portanto, a propriedades físicas diferentes. No que concerne às fases cristalinas de um mesmo material, elas são caracterizadas por grupos cristalográficos distintos. Em particular, as fases cristalinas de "quirialidade" opostas de um mesmo material (a *quirialidade* é uma orientação própria que não é conservada sob a simetria em reflexão ou paridade)[31] têm propriedades muito diferentes. Essa constatação, dito de passagem, tem implicações em biologia molecular: as moléculas orgânicas complexas do ser vivo têm uma única e mesma *quirialidade* (e não duas que seriam, *a priori*, possíveis). Essa seleção, sem dúvida acidental em sua origem, resulta em mecanismos de evolução e em circunstâncias particulares que deram lugar ao aparecimento da vida (ver capítulo 12).

De uma maneira geral, as propriedades de um sólido são invariantes sob certas rotações – em torno de seus eixos de simetria – e não sob outras: elas são *anisotrópicas* (por exemplo, o índice de refração de um cristal depende de duas variáveis de direção e se comporta como um tensor). A invariância por rotação em estado fluido "quebra-se espontaneamente" quando da *transição de fase* entre o estado líquido e o estado sólido cristalino. Perdendo a simetria, o cristal aumentou sua ordem, sendo esta última medida pela diminuição da entropia[32] que acompanha o processo de cristalização. A ordem da estrutura cristalina, correspondente às invariâncias por translação e por rotação em torno dos eixos de simetria, é periódica, uma vez que as simetrias no nível atômico ou molecular encontram-se no nível de arranjos quaisquer de átomos ou de

---

[31] Por exemplo, a mão direita ou a mão esquerda no caso de um corpo humano, ou um momento angular, ou um spin, com duas orientações ou mais, no caso de partículas elementares (ver capítulos 6 e 7).

[32] A entropia de um sistema é definida como $S = \int dQ/T$, sendo dQ o elemento de calor perdido e T a temperatura absoluta.

moléculas até a escala macroscópica. As simetrias dos cristais constituem grupos de operações espaciais (translação, rotação, paridade ou simetria em espelho) que deixam invariantes as organizações no nível da estrutura atômica. Os grupos, completamente levantados por Haüy, chegam a 230, e as únicas rotações permitidas pela periodicidade das estruturas cristalinas são de ordem 2, 3, 4 e 6, com ângulos bem determinados: 180°, 120°, 90°, 60°. Outros valores não permitiriam a recuperação, por rotação, da figura do cristal.

O estudo das *deformações de cristais* pela aplicação de *ondas de modulação* (de origem mecânica, como uma onda sonora atravessando o cristal, ou de origem magnética ou química) mostrou que a periodicidade de um cristal poderia ser modificada pelo estabelecimento de fases ditas "incomensuráveis", dependendo da direção da onda modulada, detectáveis por figuras de interferência por difração. Essas estruturas deformadas não são mais periódicas no sentido estrito, uma vez que o conjunto é mais recuperável por rotação, nem mesmo por translação. No entanto, elas continuam sendo ordenadas.

A descoberta dos *quase-cristais*, formados em certas ligas, forneceu um outro tipo de quase-periodicidade, apresentada em corpos da natureza, que obrigou a reconsideração das concepções usuais a respeito da organização cristalina.

Estudando ligas metálicas constituídas de alumínio e de manganês, Dany Schechtman[33] observou, no microscópio eletrônico em 1984, precipitados de tipo cristalino tendo uma simetria de ordem 5 (aquela de pentágonos regulares, faces de um dodecaedro, sólido com 12 lados iguais), o que era proibido pela cristalografia clássica, pois essa simetria é incompatível com a tripla periodicidade espacial dos cristais (ela proíbe a superposição de um cristal sobre si mesmo). Esses objetos são anisotrópicos como os cristais, mas não apresentam redes periódicas. Eles não

---

[33] Dany Schechtman, físico israelense.

são invariantes por translação, ocultando certa ordem, revelada por figuras de difração que sua rede determina. Essa descoberta mostrava que as estruturas ordenadas dos corpos da natureza podem comportar outras simetrias diferentes daquelas da cristalografia tradicional. Estruturas diferentes, com outras simetrias igualmente proibidas para os cristais (5 e 10, assim como em menor grau, 8 e 12), foram observadas em seguida, revelando a generalidade do fenômeno. Seu conjunto constitui, assim, o que se chama "quase-cristal".

Os cristais, cuja estrutura é revelada por figuras de difração, são sólidos nos quais os átomos estão distribuídos de forma periódica no espaço de três dimensões, os quais se comportam como nós de uma rede, difratando a radiação incidente. A tridimensionalidade do espaço permite conter, para organizações periódicas, somente 32 combinações de simetria para as orientações relativas às facetas. A simetria de ordem 5 está excluída dessas combinações. No entanto, foi possível estudar os novos objetos com estruturas quase-periódicas ordenadas somente a longas distâncias. Essas estruturas já eram conhecidas, como se viu, pelo estabelecimento de fases chamadas "incomensuráveis", obtidas pela aplicação de ondas de modulação que modificam a periodicidade de um cristal. Percebeu-se, então, que os quase-cristais tinham uma periodicidade icosaédrica (um icosaedro é um sólido com 20 faces, constituídas por triângulos regulares) em um espaço de seis dimensões, no qual o quase-cristal observado seria um corte nas três dimensões do espaço habitual.

O conjunto das estruturas ordenadas consideradas, que não são cristais, são *estruturas ordenadas aperiódicas* ou *quase-periódicas*. Elas revelam simetrias, escondidas no espaço tridimensional, que se ligam a espaços com um número maior de dimensões. Esses espaços fornecem, assim, uma representação geométrica desses objetos. Os quase-cristais pertencem, portanto, à cristalografia a n-dimensões.

O estudo dessas periodicidades, que se acreditava, no início, "desvio da regra", mas que, na realidade, são de fato naturais, pode ser esclarecido pela imagem da disposição de ladrilhos não periódicos (como aquela do matemático Roger Penrose). Uma simetria de ordem 5 para as figuras no plano pode ser obtida por dois elementos no lugar de um só e único para as simetrias planas comuns: na situação presente, dois losangos de ângulos com vértice, respectivamente ($4\pi/5$, $\pi/5$) e ($3\pi/5$, $2\pi/5$). Tal ladrilhamento não pode superpor-se a si mesmo em qualquer distância que se tome, mas pode-se reencontrá-lo como um corte em duas dimensões de um objeto periódico em um espaço com quatro dimensões.

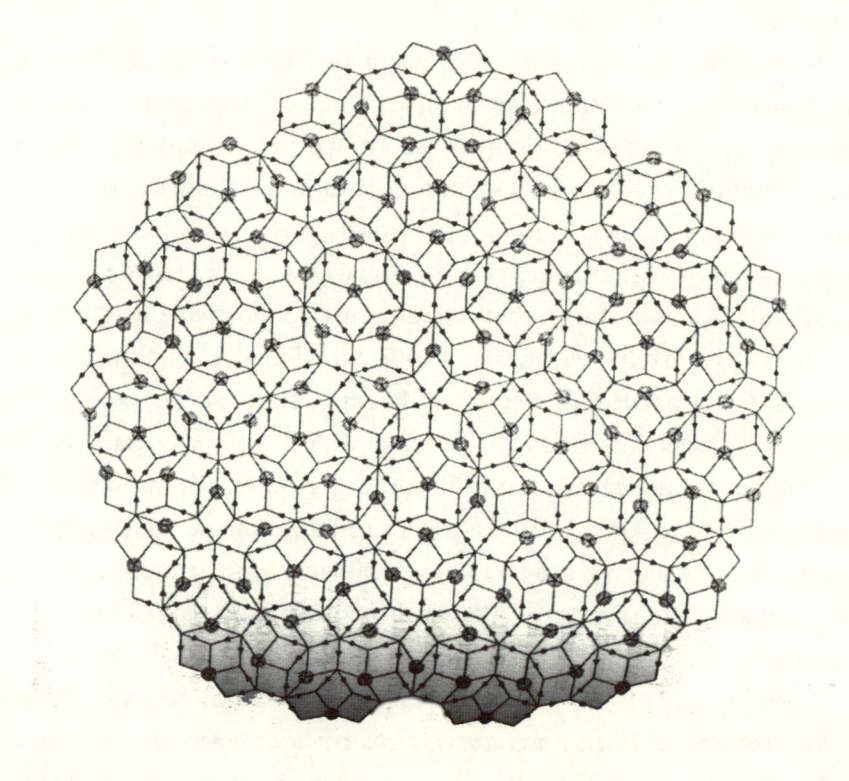

Figura 8.2. Parte de um ladrilhamento de Penrose.

A ordem cristalina parece ser um caso particular de estruturas de ordens mais gerais nas formas dos corpos sólidos. Ressalta-se o valor heurístico, mesmo nessas *formas concretas* (de sólidos feitos de redes atômicas ordenadas), das representações em espaços de configuração com mais de três dimensões, que já se sabia utilizar em representações bem mais abstratas, como aquelas do espaço-tempo em 4 dimensões (ver capítulo 2) ou do espaço com n-dimensões, nos quais n-3 são dobradas, das teorias das cordas na cosmologia (ver capítulos 7 e 11).

Os objetos fractais

Deve-se ao matemático Benoît Mandelbrot[34] a descoberta, em 1970, das estruturas "fractais" – correspondentes às "geometrias fractais" – de dimensões não inteiras, que descrevem a forma e a propriedade de numerosos objetos, tanto os encontrados na natureza como os produzidos pelo pensamento e pela atividade humana. Essas "geometrias" permitem restabelecer uma ordem em formas aparentemente desordenadas, mas que exibem regularidades subjacentes que se reproduzem em diversas escalas. Mencionemos, como exemplos dessas formas: os agregados atômicos irregulares, as frentes de difusão das soldas metálicas, os cristais de geada em dispersão, o encadeamento das asperezas de um grão de areia examinado em microscópio, o desenho recortado das costas marinhas ou de regiões rochosas das montanhas em geografia, a separação das galáxias no espaço cósmico, as arborescências de numerosos sistemas biológicos, como os alvéolos pulmonares e os vasos sanguíneos, o desenho de plantas, de flores ou de frutos (do girassol à couve-flor, à pinha...), e os movimentos da bolsa... Tal geometria é igualmente apropriada aos atratores estranhos e às formas tomadas pelos sistemas turbulentos ou caóticos na dinâmica não linear, assim como a outros tipos de fenômenos aleatórios, autoamortizados, formas resultantes do processo de percolação etc. Essa variedade de aplicações aos fenômenos mais frequentes da vida cotidiana

---

[34] Benoît Mandelbrot (1924-), matemático francês de origem polonesa, desenvolveu a teoria dos *fractais* (dos quais inventou o nome, retirado do latim "fractus", fraturado, quebrado).

e das formas que nos cercam, somado ao papel estético de muitas dessas formas, rapidamente popularizaram os fractais.

As noções de "invariância de escala" e de "simetria de escala", unidas ao estudo dos fenômenos críticos, estão na origem da noção de dimensão não inteira. (A escala sendo aquela de uma representação escolhida, como se fala da escala de um mapa: sua invariância traduz a similitude por homotetia).[35] A simetria de escala exprime as propriedades de similitude interna de um objeto ou de um sistema físico (por exemplo, um cubo contendo uma infinidade de cubos homotéticos semelhantes). Ela havia sido considerada desde os primeiros passos na física dos materiais (uma das "duas ciências", com a dinâmica, tratada por Galileu em seus *Discursos sobre duas novas ciências*, no século XVII) pela constatação que o equilíbrio mecânico de uma estrutura não pode fugir muito de uma escala dada: o volume e, portanto, o peso, é proporcional ao cubo do comprimento, enquanto que a força que suporta o peso, proporcional à secção, é proporcional ao quadrado.[36] Trata-se de um dado bem conhecido dos arquitetos e engenheiros. Poincaré discute isso em uma de suas obras de filosofia da ciência a respeito das simetrias espaciais, mostrando que as leis da mecânica não são invariantes por homotetia.

É com o estudo da geometria de objetos, nas quais cada parte reproduz o todo com um fator de escala ou de homotetia de aproximação (como o cubo e seus subcubos), objetos que ele chamava de autossimilares ou *de similitude interna*, que Mandelbrot foi levado a formular a noção de "geometria fractal" e de objetos fractais ou simplesmente "fractal". Uma geometria *fractal* é caracterizada por uma "dimensão

---

[35] A invariância de escala (*scale invariance* ou *scalling*) é utilizada também na dinâmica da física de partículas elementares, introduzida por J. D. Bjorken e por R. P. Feynmann, em 1969. As "funções de estrutura" dos hádrons são, em bem alta energia (E) e transferência de momento (q) (para seus valores assintóticos), funções apenas da relação das grandezas q/E (variável sem dimensão, independentemente das energias), e não das duas variáveis separadamente, o que leva ao "modelo de pártons" e dos quarks (ver capítulo 7).

[36] Galileu explicava assim porque as formigas carregam cargas bem maiores em proporção ao seu tamanho do que um animal de tamanho bem maior.

não inteira", tomando *dimensão* no sentido de dimensões de um espaço. As dimensões geométricas comumente observadas na natureza são aquelas do espaço, sendo 1 para a linha, 2 para a superfície, 3 para o volume (o ponto sendo, em si mesmo, de dimensão nula). Concebem-se igualmente de maneira abstrata as dimensões superiores, de espaço a n-dimensões.

De uma maneira geral, existe uma relação simples entre o "fator de escala" (f) característico de uma dilatação (ou homotetia) invariante, o número de subobjetos (ou subsistemas, N) do objeto inicial determinados por essa relação de escala e dimensão (d). Para o espaço comum de três dimensões ($d = 3$), essa relação é: $N = f^d$. A partir dessa fórmula, pode-se dar uma definição generalizada da dimensão de um objeto ou sistema: $d = \text{Log } N/\text{Log } f$. Os objetos ou as formas geométricas do espaço comum têm, assim, uma dimensão inteira: um cubo dividido por simetria em partes iguais tem dimensão 3 (para $f = 2$, $N = 8 = 2^3$, sendo $d = 3$). Os objetos ou sistemas de dimensão não inteira são os "*fractais*" (ou "*objetos fractais*").

A ideia de dimensão não inteira foi proposta antes da definição de fractais, em 1919, pelo matemático Félix Hausdorff,[37] a propósito de formas que apresentam uma simetria geométrica desse tipo, como a curva de von Koch ou o triângulo de Sierpinski[38] (veja figura 8.3.). Em termos de dimensão, a curva de von Koch, em que cada elemento de simetria é divisível em 4 subelementos por um fator de escala 3, é de dimensão fractal Log 4/Log 3 = 1,2618... A peneira ou o triângulo de Sierpinski, obtido por uma sequência de subdivisões do triângulo central na série de triângulos equilaterais formados no interior de um triângulo equilateral pela divisão de seus lados por dois (N = 3, $f = 2$), tem por dimensão fractal Log 3/Log 2 = 1,585...

---

[37] Félix Hausdorff (1868-1942), matemático alemão, foi um dos fundadores da topologia geral e desenvolveu o conceito de espaço métrico.

[38] Helge von Koch (1870-1924), matemático sueco, publicou a curva que leva seu nome em 1904. Waclaw Sierpinski (1882-1969), matemático polonês.

Figura 8.3. Peneira de Sierpinski.

Essas propriedades geométricas da dimensão fractal correspondem a características que permitem encontrar a ordem sob a aparência de irregularidade e de desordem. É assim que os atratores estranhos dos sistemas dinâmicos não lineares obedecem a uma geometria fractal que restitui de algum modo a causalidade estrita desses sistemas. Numerosos fenômenos aleatórios, como as trajetórias de partículas animadas por um movimento browniano, obedecem a uma geometria fractal. É, então, possível associar a geometria fractal e o cálculo das probabilidades, assim como a geometria das curvas ou das superfícies está associada, às equações algébricas.

As costas marinhas são erodidas pela força do mar, mas esta se consome nas turbulências engendradas pelas saliências rochosas, de tal modo que essa força finalmente se estabiliza quando o desenho das costas, bem depois, seguir uma geometria fractal, que é aquela das enseadas calmas em uma costa muito recortada. De maneira parecida, os escoamentos dos fluidos (do vento, por exemplo), modificando a estrutura de um obstáculo sólido (o acúmulo de areia que constitui uma duna), conduzem a configurações estáveis, como as dunas "barkhanes" do deserto, que têm uma forma em crescimento e não se prestam mais à deformação.[39]

Os fenômenos de percolação

Os fenômenos da "física do cotidiano" – geralmente ligados às propriedades da "matéria condensada" – constituem uma rica fonte de ensinamentos, dos quais nós já citamos alguns. De fato, os fenômenos de turbulência, os fenômenos críticos, as formas fractais estão todos os dias diante de nossos olhos sob os tipos mais diversos. Apesar de sua aparência experimental ou suscetível de desordem, fenômenos como aqueles do equilíbrio de um monte de areia, ou o contato de uma gota líquida em ebulição sobre uma placa aquecida, requerem engenhosas e científicas explicações teóricas, que as ligam ao conhecimento mais fundamental que se possa conceber.[40] Além disso, a abordagem teórica que leva a seu controle (pelo domínio dos parâmetros sensíveis) é suscetível de aplicação tanto em outros fenômenos (na química, na biologia, nas ciências econômicas e sociais) como nas realizações industriais.

Para terminar este capítulo, discorreremos sobre um dos aspectos dessa física que se pode chamar de "fenômenos comuns" ou de aparência banal, que desperta um interesse teórico bem particular e que não foi ainda abordado nestas páginas. Trata-se dos fenômenos físicos que se ligam à teoria "da percolação", cujo estudo concerne à escala mesoscó-

---

[39] Essa propriedade encontrou aplicação prática na estabilização das dunas a fim de evitar o recobrimento pelo areal.

[40] A consagração da área, aliás, foi avalizada pela outorga da maior recompensa a um de seus pioneiros: Pierre-Gilles de Gennes (1932-), físico francês, professor na Escola Nacional de Física e Química de Paris e no *Collège de France*, cujas pesquisas contribuíram para as estruturações de ordem e desordem de sistemas como os ímãs, os supercondutores, os cristais líquidos, as soluções poliméricas, recebeu o Prêmio Nobel de Física de 1991.

pica. Esses fenômenos são objetos de estudo do que se chama nano-ciências, cujas sondas permitem a observação da estrutura de corpos até o nível atômico. É, de fato, no nível mesoscópico das nanociências que se pode agir sobre fenômenos de superfície, como a aderência, a umidade, as fricções, com repercussões nas diversas escalas.

Diz-se percolação, em mecânica estatística, à transformação de misturas, quando um de seus constituintes está sob forma de concentrado e sua proporção atinge um valor crítico: acima desse valor, a mistura adquire novas propriedades.[41] A teoria da percolação foi inicialmente desenvolvida do ponto de vista matemático por J. M. Hammersley para explicar um fenômeno técnico e prático, a saber, as circunstâncias nas quais um filtro de máscara para gás se tampa em razão da obstrução dos canais em que o ar circula, essa obstrução sendo considerada como aleatória.

Esse exemplo, mais facilmente analisável, pois pode ser simulado em computador, é, de fato, representativo de múltiplas situações físicas de misturas de percolação. Por exemplo, uma mistura de grãos condutores de eletricidade e de grãos isolantes é tal que, acima de certo limite da concentração crítica em grãos metálicos, a corrente passa. Ou ainda, um meio poroso penetrado por um líquido que o umedece apenas sob uma pressão crítica: esse fenômeno é diretamente aplicável à exploração de jazidas de petróleo, usando uma "percolação de invasão" pela mistura de água e óleo de petróleo sob pressão, que faz jorrar o petróleo para fora da jazida.

O fenômeno de formação do gel é igualmente devido à percolação: uma solução de polímeros, na qual pontes (chamados "elementos reticulados") são estabelecidas entre os polímeros, solidifica-se tornando-se um *gel*, quando atinge uma concentração crítica desses elementos. Nesse caso, o aumento da concentração das pontes entre os polímeros

---

[41] Esta definição é diferente daquela de percolação na química, que consiste em extrair uma substância contida em um pó, aplicando um solvente que o dilui (como nas máquinas de café expresso).

é acompanhado do aumento da dimensão da aglutinação dos polímeros até um limite além do qual a aglutinação funde-se em algo único, formando um gel.

A dinâmica dos grãos de areia ou de neve (no estudo do escoamento de um monte de areia, da deformação das dunas ou de avalanches em montanha) revela igualmente processos de percolação.

Nesses fenômenos, as propriedades do conjunto não se reduzem às propriedades locais: são fenômenos não locais. No limite, os sistemas locais, aumentados, são semelhantes ao sistema global, e o sistema é fractal. Essa autossimilitude apresenta-se em algumas escalas de crescimento (3 ou 4). É, então, possível relacionar o conhecimento da estrutura de um nível em um outro nível, por exemplo, o nível mesoscópico com o macroscópico, utilizando-se a mecânica estatística.

9
A dinâmica da Terra

A física mantém relação direta com numerosas outras ciências que lhe são distintas, tanto por seus objetos como por seus métodos. Mas a unidade da natureza é mais forte e restritiva do que as nossas distinções disciplinares. O século XX será particularmente definido por numerosos domínios, e veremos isso em particular com a astronomia e a astrofísica (no capítulo 10). A geologia era tradicionalmente (no período clássico) ligada às ciências naturais. A cristalografia, que dela se originou, estava relacionada à física do século XIX, não somente pelo conhecimento das simetrias cristalinas, mas também pela aproximação entre as propriedades físicas dos cristais e os diversos domínios da física, tanto sob o ângulo experimental (inicialmente pelas suas propriedades óticas, como os analisadores da luz e, em seguida, elétricos, com a piezeletricidade), como pelo conhecimento teórico (pela relação entre as simetrias dos cristais e as orientações dos campos elétricos e magnéticos). Em seguida, foi demonstrado que a estrutura dos cristais explica-se diretamente em termos de átomos, e numerosos fenômenos físicos fundamentais – no nível atômico e quântico – foram revelados pelos cristais (ver capítulos 3 e 5).

Por outro lado, a geologia associa-se, em diversos domínios, aos métodos da física e da química para o estudo das rochas (petrografia e geoquímica) e dos materiais da crosta terrestre e para o estudo da estrutura e dos movimentos desta última (vulcanologia, sismologia etc.). A isso acrescenta-se o desenvolvimento do que se tornará uma nova ciência, a oceanografia. O estudo sistemático das propriedades físicas, locais ou globais do planeta Terra, proporcionou os consideráveis desenvolvimentos da geofísica (estudo do magnetismo terrestre, da gravimetria etc.).

Sabemos, há vários séculos, que a Terra tem uma história marcada por perturbações. Essas eram pensadas como acidentais e foi apenas no século XX que foi admitida a ideia de uma evolução natural e de uma verdadeira dinâmica da Terra, consubstancial desta última. Por outro lado, nossa percepção da Terra é sensivelmente modificada a partir do momento em que o conhecimento dos outros planetas, e de seus satélites, do sistema solar fez do nosso um objeto celeste semelhante aos outros e, também, quando nossas ideias acerca de sua gênese puderam ser precisadas.

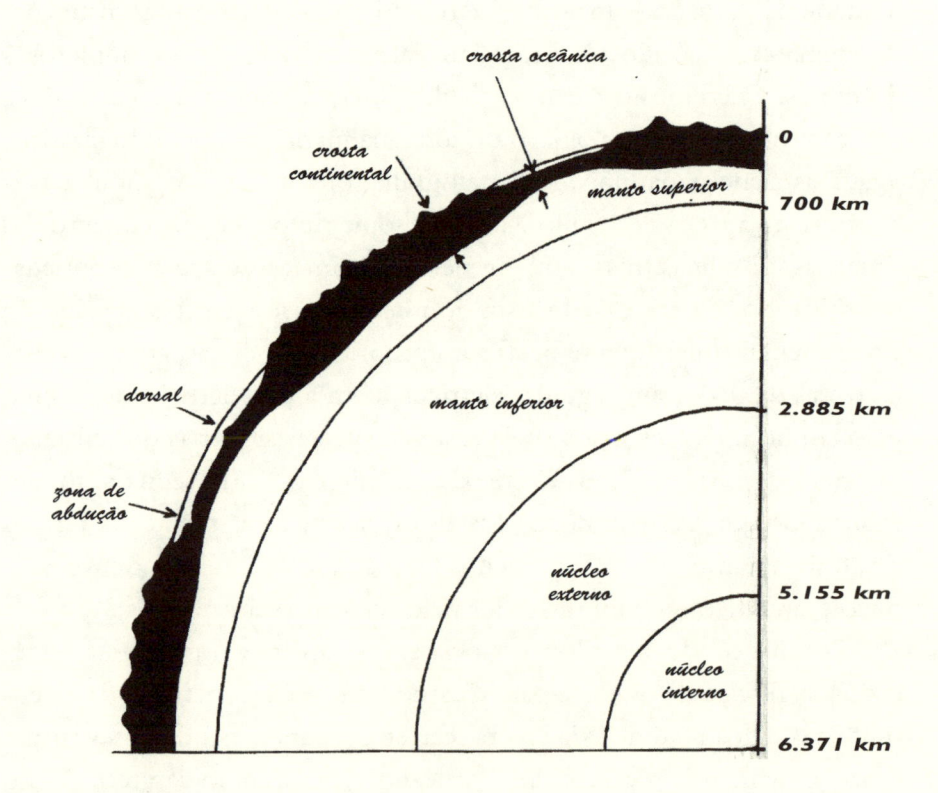

Figura 9.1. Estrutura da Terra em camadas concêntricas sucessivas (ver quadro 9.3.).

Dos avanços da geologia e da geofísica, consideraremos aqui o que concerne à estrutura e à dinâmica dos movimentos internos da Terra, deixando de lado assuntos muito ricos, como, por exemplo, a vulcanologia ou o estudo dos recursos minerais. A estrutura da Terra em camadas concêntricas sucessivas, semelhantes às de uma cebola, proposta a partir do final do século XIX e tornada precisa nos primeiros anos do século XX, era um fato considerado como estabelecido. Essa configuração estática completou-se e modificou-se ao longo do século: por um lado, por meio do conhecimento preciso da escala do tempo e dos períodos (as "idades da Terra"), adquirido desde o início dos anos 1920 e, por outro lado, mas somente a partir dos anos 1960, pelo aperfeiçoamento de uma verdadeira teoria, no sentido mais completo do termo, acerca da dinâmica dos movimentos da crosta e do manto terrestre. Essa teoria, a "tectônica das placas", que foi, desde então, corroborada por muitos fatos observacionais, dava corpo para a hipótese da "deriva dos continentes", proposta há mais de quarenta anos por Alfred Wegener (1880-1930).

Os tempos da Terra

Se, por um lado, já se dispunha no início do século de uma visão bastante precisa dos períodos geológicos, por outro, as durações absolutas desses períodos e a idade da Terra eram ainda muito grosseiramente avaliadas. Segundo as estimativas feitas anteriormente, com base na termodinâmica clássica das mudanças e das perdas de calor (por exemplo, segundo os cálculos do físico Willian Thomson, Lord Kelvin), a formação da crosta terrestre, considerando-se o seu resfriamento a partir de um calor inicial, exigiria somente cem ou duzentos milhões de anos. Nesse meio tempo, o conhecimento dos fenômenos radioativos permitia conceber a radioatividade natural das rochas como uma fonte de produção de energia e de calor. Estudando a relação, em um mineral entre a quantidade de urânio e a de hélio liberado pela desintegração do primeiro, foi possível ter acesso, a partir de 1917, a uma estimativa mais verossímil dos tempos geológicos. As técnicas de radiodatação foram, em seguida, aperfeiçoadas com o auxílio de vários radioisótopos, como o potássio-40 e o argônio-40, e, após a Segunda Guerra Mundial, o carbono-14 (ver quadro 9.1.). De uma maneira geral, os desenvolvimentos da geologia sempre permaneceram estreitamente tributários dos progressos dos conhecimentos vizinhos, como o estudo das rochas, a análise química, a mineralogia, a paleontologia, mas, igualmente, a geofísica e a geoquímica, que conheceram avanços importantes.

Quadro 9.1. Os métodos de radiodatação das rochas

Em 1909, em sua obra sobre radioatividade em geologia (*Radoactivity in geology*), John Joly mostrava que uma importante proporção de calor da Terra provém da radioatividade das rochas que a compõem (ver capítulo 5), o que obrigou a rever os valores propostos anteriormente para a idade da Terra, principalmente por William Thomson, Lord Kelvin, que tinham como base a estimativa das trocas térmicas do Sol com a Terra e sobre a ideia de um resfriamento progressivo e relativamente rápido desta última. Detecta-se o hélio que resulta da desintegração do urânio (sob a forma de "raios α"), e a propagação do hélio em relação ao urânio, diretamente ligada ao período de desintegração do urânio-238, possibilita avaliar as idades absolutas das rochas e, portanto, das durações geológicas. O conhecimento dos isótopos (ver capítulo 6) permite a utilização de outros métodos complementares ou mais precisos de datação: o método do potássio-argônio baseia-se na desintegração do potássio-40 (^{40}K) em argônio-40 (^{40}Ar) e, da mesma maneira, o rubídio-87 (^{87}RB) em estrôncio-87 (^{87}Sr). Esses métodos atribuíram à Terra, na época de suas descobertas, uma idade mínima de 3 bilhões (3×10^9) de anos. A idade real da Terra está estimada hoje em dia em 4,5 bilhões de anos. Pode-se igualmente avaliar a idade de nossa galáxia (a Via Láctea) pela composição isotópica do chumbo contido nos meteoritos, com algumas extrapolações.

No que concerne aos compostos orgânicos, pode-se datá-los utilizando o método do carbono-14 (^{14}C). Sabendo-se que a radiação cósmica mantém, por meio de suas interações, certa proporção de carbono-14 radioativo junto com o carbono-12 estável, essa proporção estaria equilibrada nos organismos vivos e, conhecendo-se a meia-vida do ^{14}C (5.570 anos), pode-se determinar com precisão a idade de uma amostra de matéria orgânica fóssil medindo a relação entre os isótopos ^{12}C e ^{14}C. As determinações são precisas de -40.000 a -50.000 anos.

De fato, a proporção $^{14}C/^{12}C$, que atualmente é de $1,2 \times 10^{-12}$, tem variado ao longo do tempo em cerca de 10%: revisões devem ser feitas. O método clássico de determinação da proporção dos isótopos $^{14}C/^{12}C$ baseia-se na contagem radioativa: o ^{14}C desintegra-se pela radioatividade β, contando-se os elétrons emitidos. Sendo longa a meia-vida do ^{14}C, são necessárias amostras relativamente importantes (1g) e um tempo longo de contagem para obter uma determinação suficientemente precisa. Recentemente, uma outra técnica foi apresentada pela espectrometria de massa com a utilização de aceleradores: em vez de medir a radioatividade da amostra, opera-se, com o auxílio de aceleradores nucleares "tandems", uma separação da massa dos isótopos que permite contar diretamente os átomos de ^{14}C. A amostra necessária pode ser 10.000 vezes menor do que com o método radioativo (0,1mg em vez de 1g).

O conjunto desses métodos enriqueceu consideravelmente a geoquímica, tanto pelo estudo da distribuição dos diferentes isótopos sobre a Terra provenientes da desintegração radioativa, como pelo conhecimento das datações absolutas correspondentes.

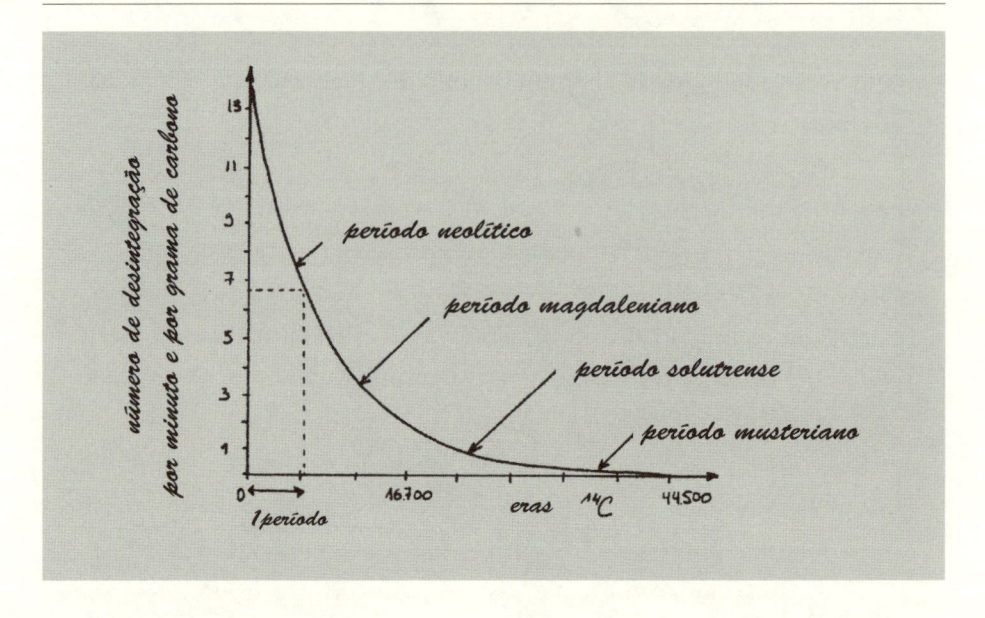

Da hipótese à teoria: deriva dos continentes e tectônica de placas

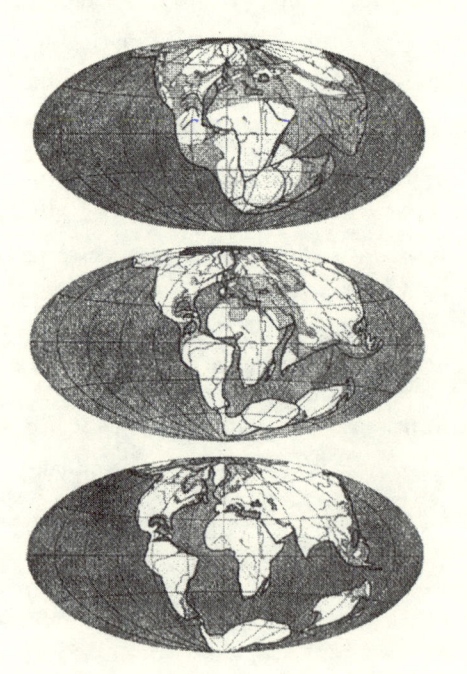

Figura 9.2. Reconstrução da deriva dos continentes segundo Alfred Wegener. Os continentes, antigamente reunidos em uma só massa continental nomeada Pangeia, dispersaram-se até atingirem suas posições atuais, fendendo o SIMA que os rodeia. No alto, período Carbonífero Superior; no meio, período Eoceno; em baixo, Quaternário Antigo.

A dinâmica das transformações da crosta terrestre impôs-se apenas tardiamente, malgrado as primeiras indicações fornecidas pelas observações acerca de sua morfologia, assim como a concordância dos perfis costeiros dos continentes que parecem encaixar-se (como o do Brasil e o da África ocidental, apesar de separados por 4.000 km de oceano). Eduard Suess, para quem as modificações da superfície da Terra resultaram de uma contração devida a seu resfriamento, interpreta essa complementaridade morfológica em termos de desmoronamentos continentais ou de pontes. Ele formulou a primeira ideia de um continente austral originário unindo a África e a Índia, a *Gonduana*. Devemos também a ele a representação da crosta (ou casca) terrestre e do manto da Terra como invólucros sucessivos ao redor de um núcleo de ferro e de níquel (com cerca de 5.000 km de espessura): uma camada de silício e de magnésio (o SIMA, com espessura de 1.500 km) para o manto e um invólucro mais tênue de silício e de alumínio (o SIAL) para a crosta. Sua obra monumental, *A face da Terra*[1] teve uma influência considerável sobre o desenvolvimento ulterior das concepções modernas da geologia. Do mesmo modo e no mesmo período, fizeram época os trabalhos de Émile Haug sobre a geologia estrutural e sobre as geossinclinais, depressões marinhas de sedimentação que se aprofundam por longos períodos; ele as considerou responsáveis, por meio de sua elevação, pela formação das cadeias de montanhas.[2]

---

[1] Eduard Suess, *Das Antilitz der Erde* (*A face da Terra*), três tomos com diversos volumes, 1883-1909. Eduard Suess (1831-1914), geólogo austríaco, nascido em Londres, estudou e fez sua carreira em Viena. Paleontólogo de origem, foi nomeado para a cadeira de geologia da universidade e impôs-se como um dos grandes geólogos de seu tempo. Anteriormente publicara, em 1875, um livro sobre a origem dos Alpes, *Die Entstehung der Alpen*.

[2] Émile Haug, *Tratado de geologia*, Paris, 1907-1911. Émile Haug (1833-1914), paleontólogo e, posteriormente, geólogo francês; como alsaciano foi forçado a escolher a nacionalidade alemã em 1870; retornou à França em 1887; reiniciou seus estudos e recomeçou uma carreira em Paris, onde foi professor na Faculdade de Ciências e fez-se conhecer, a partir de 1900, por seus trabalhos sobre os Alpes.

Alfred Wegener, astrônomo e meteorologista de formação,[3] elaborou, antecipando-se sobre sua época, uma ideia teórica fundamental, própria para renovar a representação que se fazia da Terra. Tendo também notado as similitudes entre os continentes separados (principalmente a África e o Brasil), constatou que elas possuem numerosas características comuns além do desenho das costas, como a estrutura das camadas geológicas, os dados paleontológicos e a natureza dos fósseis ou, ainda, os dados paleoclimáticos. Ele formulou, tendo isso como base, a teoria, ainda hipotética em seu tempo, de uma *translação continental* (chamada a seguir *deriva dos continentes*), que introduzia a ideia de uma dinâmica da Terra em oposição às concepções precedentes de uma Terra essencialmente estática, sobre a qual se produziam acidentes (desmoronamentos). Wegener era, por outro lado, o autor de uma obra sobre a *Termodinâmica da atmosfera*,[4] surgida em 1911, e foi igualmente fundador, com seu sogro, W. Köppen, da *paleoclimatologia*: eles propuseram fundamentalmente a existência de uma relação entre os ciclos climáticos e os ciclos solares.[5] Não é proibido pensar que seu conhecimento da circulação atmosférica pôde inspirá-lo na ideia de uma dinâmica terrestre, em uma escala muito maior de tempo.

Desde 1912, Wegener sugere, então, a hipótese de uma *translação* ou *deriva* dos continentes, levando em conta os conhecimentos de sua época em diversos domínios, quer se trate da existência de uma energia intraterrestre, de dados geológicos e físicos, por exemplo, dados sismológicos sobre a matéria do fundo dos oceanos, do SIMA, identificado ao

---

[3] Alfred Wegener (1880-1930), meteorologista alemão, formulou igualmente a ideia de que as crateras da Lua originaram-se de impactos meteóriticos, que só foi confirmada bem mais tarde. De origem prussiana, foi nomeado, em 1924, professor da cadeira de meteorologia e de geofísica da Universidade de Graz, na Áustria, onde permaneceu até sua morte prematura, com a idade de 50 anos, durante uma expedição à Groenlândia, na qual explorava a calota glacial.

[4] Essa obra foi re-editada em 1924 e em 1928.

[5] Ele publicou em colaboração, em 1924, uma obra intitulada *Les climats du passé géologique* (*Os climas do passado geológico*).

basalto, e da matéria continental, o SIAL, mais leve e feita de granito e de gnaisse.[6] A matéria dos oceanos prolongar-se-ia sob a dos continentes e deslizaria sobre a primeira com movimentos horizontais. Finalmente, ao fazer a síntese dos dados paleoclimáticos conhecidos, tendo como base as floras e as faunas fósseis com relação aos diversos períodos geológicos, seria preciso admitir, segundo Wegener, que os continentes atualmente separados e repartidos como estão sobre a superfície do globo fossem oriundos de um único continente austral originário, que ele batizou de *Pangeia*.

Diferentemente do supercontinente de Suess, as partes cindidas teriam migrado sobre o manto durante centenas de milhões de anos. "A América do Sul", por exemplo, escreveu Wegener em sua obra, "deve ter sido contígua à África a ponto de constituir com ela um único bloco continental. Esse bloco cindiu-se, durante o Cretáceo, em duas partes, que foram separadas ao longo do tempo, semelhantemente às partes, de um cubo de gelo que se separam ao partirem-se na água".[7]

A teoria de Wegener, que deveria assegurar-lhe uma glória póstuma, não foi aceita em seu tempo pelos geólogos por diversas razões convergentes. Essa teoria, proposta por alguém que não era um geólogo profissional, fugia dos cânones da geologia da época, que foram e permaneceram por

---

[6] Wegener apresentou pela primeira vez as suas concepções em uma comunicação para a sessão anual da *Geologische Vereinigung* (Associação Geológica) em Frankfurt-sur-le-Main, em 6 de janeiro de 1912, com o título "Novas ideias acerca da formação das grandes estruturas da superfície terrestre (continentes e oceanos) sobre bases geofísicas". Redigiu uma obra desenvolvendo sua teoria, publicada pela primeira vez em 1915 (Alfred Wegener, *Die Entstehung der Kontinente und Ozeane*), re-editada com ajustes em 1920, 1922 e 1929 (sendo esta quarta edição sensivelmente aumentada). A primeira tradução para o francês surgiu em 1922: *La genèse des continents et des océans*, Paris, 1922; re-edição aumentada, *La genèse des continents et des océans. Théorie des translations continentales*, traduzida do alemão por A. Lerner, Nizet e Bastard, Paris, 1937; re-edição, *La formation des continents et des océans*, Bourgois, Paris, 1990.

[7] A. Wegener: *La genèse des continents et des océans*. O Cretáceo é o último dos três períodos da era Secundária (os outros dois são o Triásico e o Jurássico), que terminou há 65 milhões de anos.

muito tempo fixistas e não "mobilistas". Certas hipóteses propostas pela geofísica contradiziam os fatos da experiência verificada e, sobretudo, não era possível recorrer a qualquer mecanismo físico conhecido para explicar os deslocamentos continentais. Quanto à primeira objeção, a teoria questionava a permanência dos continentes e dos oceanos, que Wegener substituía, segundo suas próprias palavras, por uma "permanência da superfície oceânica total e da superfície continental total considerada em bloco". Acerca da segunda objeção, é verdade que Wegener supôs uma fluidez dos fundos oceânicos que contradizia os dados da sismologia, que apresentam os fundos dos oceanos como rígidos. Ele atribuía a suposta fluidez a uma temperatura de fusão do SIMA mais baixa que a do SIAL, o que contradizia as experiências laboratoriais. Quanto à terceira objeção, o recurso a um mecanismo ainda desconhecido dependia de um *wishful thinking*, que não parecia científico. Ninguém imaginava na época o que constituiria a resposta às duas últimas objeções, o deslizamento dos fundos oceânicos sobre um substrato em fusão parcial, conduzido por sua renovação como consequência de correntes de convecção da massa fluida a alta temperatura sob o manto terrestre.

A teoria de Wegener, apesar de sua ampla rejeição, foi largamente discutida nos meios científicos durante os anos 1920, principalmente na Alemanha, na Inglaterra, na França e nos Estados Unidos. Até um *Symposium* especialmente consagrado à teoria da deriva dos continentes, *Theory of continental drift*, reuniu-se em Nova York, em 1926. Contudo, a ausência de uma causa dinâmica identificável para essa teoria e o conservadorismo das ideias dos geólogos da época que, exceto uma minoria, recusavam a abandonar as concepções fixistas, fizeram a teoria permanecer marginal até 1960. No conjunto, ela não foi aceita pela ciência geológica de sua época, nem muitos anos após a morte de Wegener. Dentre os raros cientistas que admitiram seus pontos de vista, citamos o geólogo suíço Émile Argand, autor de uma obra sobre a *Tectonique de l'Asie*, surgida em 1922, e o paleontólogo sul-africano Alexandre Du Toit. Este último propôs, em 1927, uma comparação geológica entre a África austral e a América do Sul que reforçavam as ideias de Wegener.

Ele publicou, em 1937, vários anos depois da morte deste último, uma obra sobre "Os continentes em deriva" (ou "errantes": *Wandering continents*), que acrescentava às considerações de Wegener outros indícios, sobre as cadeias hercinianas de montanhas, a favor de sua tese. Du Toit substituiu o continente originário único de Wegener, a Pangeia, por dois paleocontinentes, a Laurásia setentrional e a Gonduana austral.[8]

Se o conhecimento da radioatividade, aliás invocada por Wegener, permitia conceber que uma energia interna da Terra poderia ser a origem de suas transformações, ainda o fazia apenas de uma maneira qualitativa, e a radioatividade não era considerada como possível "motor" da translação dos continentes. Foi somente mais tarde que se pôde dispor de uma estimativa um pouco mais precisa das consideráveis energias de origem radioativa acumuladas no interior da Terra. Deve-se ao geólogo escocês Arthur Holmes levar em conta, desde 1929, essa fonte de energia aplicada precisamente aos movimentos internos da Terra. Em um artigo publicado nesse ano sobre "a radioatividade e os movimentos da Terra", ele conjecturou que, dada a energia interna da Terra de origem radioativa, correntes de convecção ascendentes poderiam mover os continentes, mas sem desenvolver mais este estudo com relação à teoria de Wegener.[9] Este último não teve conhecimento desse trabalho, publicado pouco tempo antes de sua morte.

A hipótese da deriva dos continentes foi retomada na sequência de resultados observacionais de uma importância considerável obtidos nos anos 1950 pela exploração dos fundos oceânicos.[10] O estudo topográfico e geológico dos oceanos revela o caráter recente de sua sedimentação

---

[8] Émile Argand (1879-1940), geólogo suíço, de Genebra, especialista em cadeias de montanhas, muito conhecido por seus trabalhos sobre os Alpes. Alexandre L. Du Toit (1878-1948), paleontólogo sul-africano de ascendência huguenote francesa distante.

[9] Arthur Holmes (1890-1965), geólogo escocês.

[10] Auguste Piccard (1884-1962), físico suíço, que construíra, nos anos 1931-1932, um balão com o qual realizou ascensões estratosféricas; concebeu e realizou, em 1948, o primeiro batiscafo, que teve um papel importante na pesquisa oceanográfica, inaugurando os mergulhos a grandes profundidades.

e de sua divisão por uma linha mediana de montanhas submarinas, as grandes dorsais, elas próprias totalmente vazadas por uma falha profunda, os "*rifts*" oceânicos.

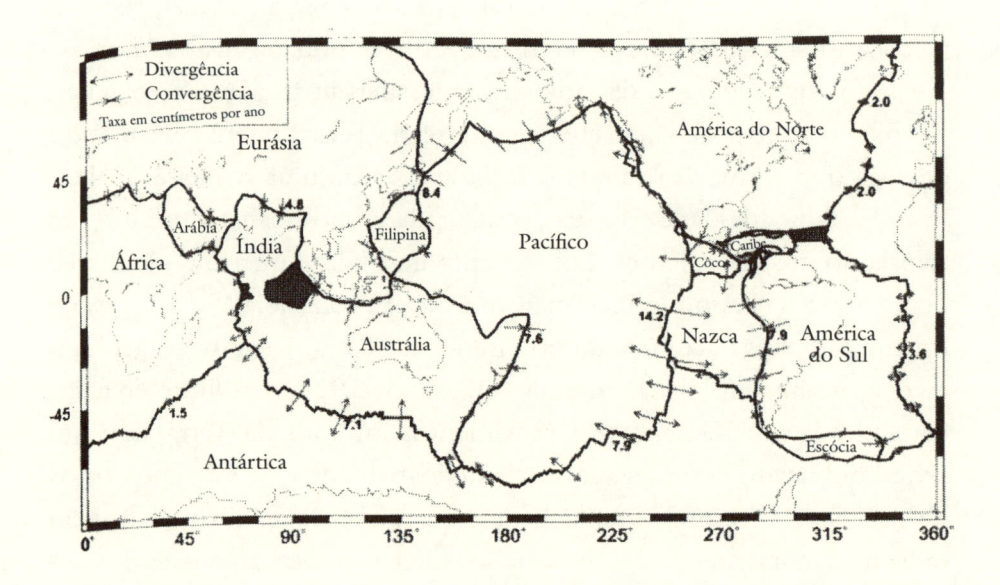

Figura 9.3. Movimentos relativos das placas litosféricas. Os valores presentes na figura correspondem às velocidades relativas de deslocamento das placas (expressas em cm/s). Elas foram calculadas a partir de um modelo elaborado por DeMets *et al.* (1997).

A sismologia, medida das anomalias magnéticas devidas ao surgimento de lavas sob as camadas sedimentares, e os dados do paleomagnetismo (ou estudo das variações do magnetismo das rochas ao longo do tempo), que revelaram as inversões do magnetismo terrestre e dos polos magnéticos (ver quadro 9.2.), renovaram as perspectivas relativas à dinâmica da crosta terrestre. Eles levaram à retomada da hipótese da *deriva dos continentes* para transformá-la na *teoria*, doravante universalmente aceita, da *tectônica de placas* oceânicas e continentais, que repousa sobre o mecanismo de expansão dos fundos oceânicos a partir das fossas ou *"rifts"* das dorsais.

Quadro 9.2. O paleomagnetismo terrestre e a deriva dos continentes

O paleomagnetismo estuda as variações do campo magnético terrestre durante os períodos geológicos, a partir da magnetização das rochas. O estudo dos basaltos descendentes das lavas emitidas pelos vulcões fornece a magnetização dos minerais magnéticos que eles contêm, que foram fixadas pelo campo magnético terrestre no momento do jorro da lava e, então, conservadas desde o resfriamento. É assim que se pôde constatar, desde os anos 1950, que o campo magnético terrestre não tem sempre a mesma orientação, isto é, que os polos magnéticos migraram. No Pré-Cambriano, o polo Norte magnético encontrava-se no meio do Pacífico; em seguida, ele se deslocou em direção ao oeste e atingiu o sul do Japão no final do Primário; depois, sobe novamente ao longo da Sibéria para atingir sua posição atual. Assim, os polos magnéticos inverteram-se diversas vezes durante os períodos geológicos.

Sendo única a posição absoluta dos polos magnéticos para uma época dada, a comparação das suas posições aparentes para diferentes continentes permite constatar os deslocamentos relativos desses últimos. É a partir de uma observação desse gênero, efetuada para a Europa e América do Norte, que se pode constatar que os dois se tocaram no final da era Primária, conforme a predição da teoria da deriva dos continentes de Wegener.

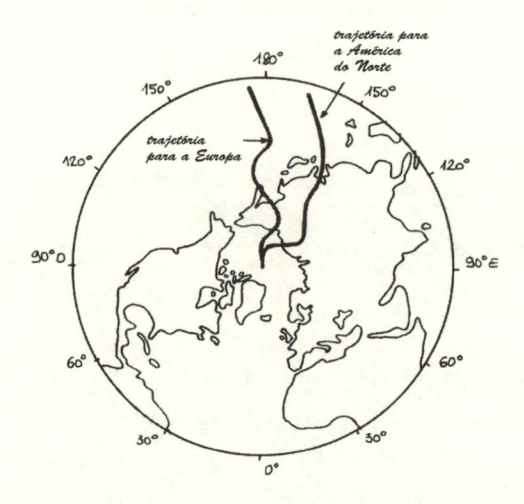

Harry Hesse[11] propôs, em 1960, a ideia de expansão dos fundos oceânicos como consequência da renovação do manto pelas correntes de convecção. Segundo sua teoria, novos fundos oceânicos surgem em nível das dorsais, nos rifts onde surgem a lava dos vulcões submarinos: resfriada e solidificada pelo contato com a água do fundo do oceano, ela forma de cada lado plataformas oceânicas de basalto, que se afastam da dorsal por movimentos de deslizamento contrários para, depois, mergulhar sob as massas continentais.

J. Tuzo Wilson[12] introduziu em 1963 as noções de "placas" e de "falhas transformantes", e o mecanismo da tectônica de placas foi proposto, em 1967-1968, independentemente por Jason W. Morgan, Dan MacKenzie[13] e Xavier Le Pichon:[14] a crosta terrestre é constituída de placas rígidas (uma quinzena), com algumas dezenas de quilômetros de

---

[11] Harry Harmond Hess (1906-1969), geólogo americano, professor da Universidade de Princeton.
[12] J. Tuzo Wilson (1908-1993), geólogo americano.
[13] Dan MacKenzie (1935-).
[14] Xavier Le Pichon (1937-), geólogo francês, atualmente professor da Universidade de Paris.

espessura, deslocando-se umas em relação às outras; novas placas se formam a partir da atividade vulcânica das dorsais, substituindo as antigas. A atividade das dorsais é devida às correntes de convecção que se põem a despejar no interior dos *rifts* a matéria em fusão da astenosfera, renovando assim o manto, ao criar a plataforma oceânica. As placas oceânicas assim renovadas e móveis, afastando-se nos dois sentidos em relação às dorsais, deslizam como uma esteira rolante desde as suas extremidades; mergulhadas sob as placas continentais no nível das fossas oceânicas formam as zonas de subducção. Os maciços continentais mais leves, flutuando sobre suas placas e arrastados por sua deriva, provocam, quando chegam a se chocar, a elevação das montanhas: o Himalaia surgiu desse modo pelo encontro das placas da Índia e da Ásia (há aproximadamente 55 milhões de anos), e os Alpes surgiram da colisão das placas da África e da Europa (no mesmo período). A matéria das placas continentais, parcialmente destruídas pela erosão e pela colisão das placas, encontra-se assim parcialmente renovada pela matéria da plataforma oceânica. Coerente com os fenômenos geológicos e geofísicos, essa teoria proporcionou, assim como as teorias físicas, diversas predições que foram efetivamente verificadas pelas observações.

Doravante, será possível reconstituir a história dos movimentos da crosta terrestre como uma vasta sequência de fragmentações, deslizamentos, reviravoltas e colisões das massas continentais, resultantes das expansões oceânicas. Segundo recentes concepções solidamente apoiadas, um supercontinente primitivo está na origem dos continentes atuais, a *Rodínia*, formado há cerca de 1.200 Ma (milhões de anos); ele se cindiu em fragmentos que em seguida se reuniram formando dois megacontinentes, a *Laurásia* setentrional e a *Gonduana* austral. Esta última, formada há 600 Ma, foi, entre 390 e 210 Ma, na época herciniana da era primária, integrada ao supercontinente da *Pangeia*, reunindo então o conjunto dos continentes e circundado por um único oceano, a *Pantalassa*. Após a cisão da Pangeia – que se deu no início da era Secundária, na época Permiana, há cerca de 200 Ma –, a Gonduana fragmentou-se, há 170 milhões de anos, a partir da entrada, nas fraturas continentais, dos oceanos Atlântico, Índico e Antártico, para formar os subcontinentes do hemisfério austral: África, América do Sul, Índia, Austrália, Antártica...[15]

> **Quadro 9.3. A estrutura da Terra segundo as representações atuais**
>
> Segundo as representações atuais, a Terra tem uma estrutura em "casca de cebola", isto é, com camadas de diversas espessuras embutidas, constituídas de materiais com diversas densidades. Ao centro, tem-se *um núcleo duro de ferro e de níquel* que constitui um gigantesco ímã, cujos movimentos determinam as variações do magnetismo terrestre. A parte que se encontra entre o núcleo e o manto superior é a *astenosfera*, na qual a matéria está parcialmente em fusão. Depois, vem o manto propriamente dito (relativamente pobre em silício) com uma profundidade aproximada de 2.900 km até a crosta, ou superfície, terrestre, que é o envelope superficial da Terra, com uma espessura que vai de alguns quilômetros (sob os oceanos) a uma trintena de quilômetros (sob a superfície dos continentes). A crosta suboceânica é feita de basalto, enquanto a crosta continental é mais rica em silício e constituída, sobretudo, de granito.
>
> A separação entre a crosta e o manto é caracterizada por uma mudança brusca da velocidade das ondas sísmicas (mais rápidas na crosta, que é menos densa). A litosfera, que compreende a crosta e o manto superior, com uma espessura de uma centena de quilômetros, é rígida e fragmentada em placas. O estudo dessas últimas e de seus movimentos, sob o efeito da atividade das dorsais oceânicas, onde as correntes de convecção renovam o manto, constitui a tectônica de placas (ver figura 9.1.).

---

[15] Wegener supôs que a deriva dos continentes, que se evidencia ao longo das eras geológicas, ainda hoje está presente, mas os meios técnicos não permitem no momento pô-la em evidência. Sabemos, atualmente, que a Euráfrica e a América afastam-se uma da outra alguns centímetros por ano, sendo, em tempos geológicos, algumas dezenas de quilômetros por milhão de ano.

As ciências da Terra e planetologia

O conjunto das ciências relativas às propriedades da Terra, como a meteorologia, a oceanografia, a geologia, a geoquímica e a geofísica, a sismologia, a vulcanologia e o magnetismo terrestre aproximaram-se progressivamente ao longo do século. Elas se reúnem em uma perspectiva sintética, segundo a qual todos os fenômenos que estudam são concebidos como estando ligados de maneira coerente em uma mesma *dinâmica*, aquela do planeta Terra. Essas disciplinas estão hoje reunidas na entidade que doravante constitui as *ciências da Terra*.

As últimas décadas do século viram uma outra evolução: a interação com o espaço concebido como constitutivo da Terra e de sua história. O conhecimento dos outros planetas do sistema solar e sua exploração sistemática por missões espaciais permitiram, por exemplo, comparações entre a constituição desses planetas, principalmente os planetas rochosos (ou telúricos) como Marte, Vênus e Mercúrio, sem esquecer nosso satélite vizinho, a Lua, e as propriedades da Terra, que nos são mais familiares. As ciências da Terra juntam-se, assim, à *planetologia*. O conhecimento adquirido desde algumas décadas sobre a importância das colisões dos corpos celestes (meteoritos) obriga a levar em conta o caráter aberto da dinâmica planetária. Doravante, as ciências da Terra e a planetologia pertencem elas próprias a um conjunto mais vasto de disciplinas, as *ciências da Terra e do Universo*.

A história da formação da Terra depende igualmente da astronomia: a formação de nosso planeta acompanha a do sistema solar a partir de uma nebulosa de gás e de poeira anteriormente lançadas no espaço pela explosão de uma estrela, uma supernova. Essas explosões são a consequência final de um processo de gênese dos núcleos de átomos dos elementos químicos, dos núcleos leves até os elementos mais pesados, como o ferro ou o urânio. Pelo simples jogo da gravitação universal, combinado com seus próprios movimentos anteriores, esses átomos e essas poeiras, girando ao redor de seu centro comum de gravidade, reuniram-se a certa distância desse centro em um anel, agregando-se pouco a pouco em um esferoide. Da mesma maneira, dispostos a certa distância entre si, formaram-se os outros planetas, telúricos e gasosos, seus satélites e, ao centro, o Sol, nesta região situada na periferia da galáxia, a Via Láctea, onde se situa nosso sistema solar. Os dados da astronomia e a datação das rochas convergem em um mesmo valor para a idade da Terra e dos outros corpos do sistema solar: 4,5 bilhões de anos.

A Terra, como os outros planetas, os satélites e o próprio Sol, está em interação constante com os outros objetos do universo: ela divide com eles os efeitos da atração gravitacional, recebe o calor do Sol, dele recebendo ventos de partículas eletrizadas, e está sujeita aos impactos de meteoritos. Seu próprio clima depende das leis astronômicas e das variações físicas que delas resultam, da inclinação do eixo da Terra em relação ao plano da eclíptica (que determina as estações), da precessão dos equinócios, das marés, que dependem das posições respectivas da Lua e do Sol em relação à Terra...

Por outro lado, a história astronômica e geológica da Terra prolonga-se para uma outra história, igualmente natural e regulada por leis, a da biosfera, que será tratada mais adiante, pelo menos sob o ângulo particular da questão das origens, que reúne de maneira fundamental o objeto da biologia (os organismos vivos) ao da físico-química (a matéria inanimada).

É curioso destacar que um dos acontecimentos que parece ter estado entre os mais importantes da história da Terra e da vida sobre a Terra, a saber, a extinção dos dinossauros, sobrevinda brutalmente (pela escala geológica: em alguns milhares de anos), provém, se acreditarmos na explicação considerada como a mais verossímil (a colisão de um meteorito gigante com nosso planeta ocorrida no final do Cretáceo, há sessenta e cinco milhões de anos), dessa dupla abertura da Terra enquanto sistema físico, por um lado, ao cosmo e, por outro, à vida. Enquanto o reinado dos grandes répteis durou por toda a era secundária, isto é, de - 235 a - 65 Ma, sua extinção, que marcou a passagem da era secundária para a terciária, permitindo o desenvolvimento dos mamíferos, produziu-se comparativamente em pouquíssimo tempo. A brusca variação climática que dela teria sido responsável teria resultado do impacto de um meteorito gigantesco, cujos traços podem ser encontrados em uma cratera gigante na península de Yucatan, na América Central, e cujo sinal seria a taxa extremamente elevada de irídio (metal muito raro sobre a Terra, mas muito rico em meteoritos), registrados sobre as camadas geológicas de toda a Terra que indicam a junção das eras secundária e terciária.

A força de colisão teria criado nuvens de poeira da Terra e do meteorito misturadas que, espalhadas na atmosfera ao redor de toda a Terra, teriam criado uma cortina contra a luz solar, determinando uma grande noite polar, um "inverno planetário". Essa cortina teria se mantido durante um tempo suficientemente longo (dezenas de anos) para criar uma catástrofe ecológica, na qual os dinossauros – pouco adaptados às variações de temperatura e dos ecossistemas – foram os primeiros a serem vitimados. De fato, milhares de espécies animais e vegetais desapareceram nessa época.

10
Os objetos do cosmo: planetas, estrelas, galáxias, radiações

Os objetos do cosmo: planetas, estrelas, galáxias, radiações

A astronomia e a astrofísica, ciências dos objetos contidos nos céus, isto é, no universo, e a cosmologia, ciência desse mesmo universo considerado como um todo de suas transformações no decorrer do tempo, completam a representação do mundo fornecida pela física propriamente dita.

A astronomia, que é talvez a mais antiga das ciências e que fora a primeira, desde os inícios da ciência moderna, a beneficiar-se dos resultados obtidos pela física matematizada, que foi, aliás, amplamente suscitada por ela (de Copérnico, Galileu e Newton a Laplace e a Poincaré), conheceu, no século XX, um crescimento considerável de seu campo de exploração e um enriquecimento de seus objetos de estudo. Seu domínio estendeu-se, nas profundezas do espaço, dez ou quinze bilhões de anos-luz, distância quase alcançada, no final do século, pelos mais potentes telescópios, terrestres ou embarcados em satélites, e radiotelescópios, que possibilitam resoluções consideráveis. Esse domínio ampliou-se também na direção das profundezas do tempo, pois a astronomia, superando as antigas perspectivas estáticas ou cíclicas, descobriu o desenrolar do tempo, da duração da vida das estrelas à das galáxias mais antigas e até a idade do universo.

Quanto a seus objetos de estudo, estes diversificaram-se e multiplicaram-se, ampliando o campo tradicional da astronomia nas duas direções dos corpos celestes maiores (sistemas de estrelas, galáxias, quasares...) às radiações e partículas mais ínfimas (radiações eletromagnéticas, rádio, luminosa, X e γ, neutrinos cósmicos e estelares, e partículas quânticas da radiação cósmica). Ao fazer isso, a astronomia associou-se estreitamente à astrofísica, ciência que estuda as propriedades, a estrutura física e a evolução desses mesmos objetos celestes. Ela teve início no século XIX com o estudo espectroscópico da luz provinda do Sol e das estrelas, que permite determinar a composição desses últimos em elementos químicos. Ela mobiliza hoje todos os recursos dos diversos ramos da física.

Como veremos no próximo capítulo, a astronomia foi ainda mais longe, ao vincular-se a uma das ciências mais novas e atípicas do século XX, a cosmologia. Esta lhe fornece o objeto mais imenso de todos, o próprio universo, considerado em seu conjunto ou em sua totalidade, que passa a ser objeto legítimo de ciência com a cosmologia contemporânea, contrariamente aos cânones que prevaleceram anteriormente.

A mudança mais relevante que sobreveio com a astronomia contemporânea é sem dúvida alguma o fato de esta ter-se vinculado à astrofísica e à cosmologia, a ponto dessas três ciências serem hoje indissociáveis. Pelos elementos concretos de conhecimento que fornecem, elas contribuem para reforçar e para legitimar, dando-lhes mais amplitude, as questões fundamentais que o homem provavelmente quase sempre se colocou, mas para as quais ele somente pôde durante muito tempo produzir especulações. E, em primeiro lugar, esta aqui: "O que é a matéria de que somos feitos e que nos rodeia, e qual é seu vínculo com a do universo no qual estamos mergulhados?". Ou ainda esta outra, que vem logo a seguir: "O que é este universo?". Estas duas questões são imediatamente retomadas e refletidas na seguinte: "O que nós podemos conhecer do mundo, da matéria e do universo?".

À sua maneira, a astronomia e a cosmologia do século XX contribuíram para fazer reviver, ao considerar com seriedade de modo científico,[1] a consciência do vínculo existente entre a ciência e a filosofia, inclusive nas suas implicações metafísicas (estas questões serão sobretudo abordadas no capítulo 12).

---

[1] Tais interrogações eram geralmente recusadas pelo pensamento dominante impregnado de positivismo no século XIX. Pode-se constatar todavia a presença de uma ideia cosmológica em muitos cientistas desse período, e ela se encontra na origem do surgimento da cosmologia como ciência (ver sobre esse assunto Jacques Merleau-Ponty,

Lições e perspectivas da nova astronomia

Neste capítulo gostaríamos de dar uma ideia das grandes linhas desses desenvolvimentos. À guisa de introdução, é útil insistir, desde o início, em alguns traços da astronomia do século XX e de suas novas direções, que manifestam seu vínculo mais estreito do que nunca com a física, revelando com ênfase, ao mesmo tempo, a inscrição de seus objetos no decorrer do tempo orientado para uma direção sem retorno.

Assim como a astronomia da segunda metade do século XIX fora marcada, do ponto de vista instrumental e observacional, pelo desenvolvimento dos grandes telescópios refratores, a da primeira metade do século XX foi caracterizada pelo desenvolvimento sistemático dos grandes telescópios refletores (o do Monte Wilson, nos Estados Unidos, constitui um dos principais protótipos). Os telescópios refratores atingiram, com efeito, os limites das possibilidades de construção de lentes de largo diâmetro e de grande abertura. A corrida ao gigantismo, para alcançar as melhores resoluções e as maiores aberturas de campo, demandava que se voltasse aos telescópios refletores, de construção mais fácil para tão grandes dimensões. Por outro lado, os telescópios refletores eram mais apropriados aos objetivos da astrofísica. Acrescentemos, no fim do século, o telescópio espacial Hubble, lançado em 1990, cuja coleta de resultados enriqueceu muito o conhecimento dos objetos mais longínquos.

Já a segunda metade do século XX assistiria ao desenvolvimento de grandes instalações de telescópios de interferometria (ver quadro 10.1.), situados na Terra em regiões de atmosfera limpa (montanhas ou desertos), e dos radiotelescópios. A astronomia é enriquecida, além disso, com outros tipos de instrumentos, relacionados com os métodos da astrofísica: contamos, entre os mais atuais, os detectores de neutrinos solares e estela-

---

La science de l'Univers à l'âge du positivisme. Étude sur les origines de la cosmologie contemporaine, Vrin, Paris, 1983, et *Cosmologie du* XXe *siècle. Étude épistémologique et historique des théories de la cosmologie contemporaine*, Gallimard, Paris, 1965). O filósofo Jacques Merleau-Ponty (1916-2002) foi um dos primeiros epistemólogos e historiadores das ciências a estudar as ideias da cosmologia contemporânea.

res, de raios γ de alta energia, e os de ondas gravitacionais em construção. A fotografia, que só começara a ser plenamente admitida entre os instrumentos legítimos da astronomia, no último quartel do século XIX, depois de ser dominada cientificamente, foi no decorrer de todo o século XX um dos detectores privilegiados da astronomia e da astrofísica. Essas disciplinas apropriaram-se ultimamente dos métodos de análise e de resolução desenvolvidos alguns anos antes para a análise de clichês de detectores visuais de partículas elementares (câmaras de bolhas), assim como os métodos eletrônicos de contagem e de análise de dados. Desse modo, é possível detectar, em uma dada região do céu, os sinais raros inicialmente abafados por um considerável ruído de fundo *(background)* e, por exemplo, descobrir por esse intermédio as "anãs marrons" ou outros objetos celestes.

Quadro 10.1. Radiotélescópios e telescópio espacial

Os radiotelescópios são concebidos para captar as radiações eletromagnéticas de origem cósmica na gama das ondas rádio, localizá-las e medir suas intensidades. Estes instrumentos são constituídos de uma antena com a forma de espelho metálico parabólico e de um receptor.

O telescópio espacial Hubble (denominado assim em homenagem ao astrônomo Edwin Hubble) de grandes dimensões foi colocado em órbita terrestre a 520 quilômetros de altitude em 1990. Ele pode observar um céu perfeitamente puro e sem as deformações da atmosfera. No final do século, ele fez uma coleta considerável de dados, apesar de defeitos na sua construção que requereram várias intervenções no espaço. Espera-se dele notadamente informações sobre objetos situados a mais de dez milhares de anos-luz, que estariam entre os mais antigos do universo.

Outros grandes instrumentos, de construção recente ou empreendida nos fins do século XX são, por exemplo, o Observatório Espacial a Infravermelho (*Infrared Space Observatory*), os telescópios gigantes "Keck" de 10 m de diâmetro nos Estados Unidos, o Muito Grande Telescópio (*Very Large Telescope, VLT*) europeu, instalado em um deserto chileno, para o hemisfério austral...

A astronomia propriamente dita permaneceu, no século XX, parcialmente em continuidade com suas abordagens anteriores, tratando primeiramente do conhecimento do sistema solar, com o Sol, os planetas e seus satélites, os cometas e os asteroides. Esse conhecimento ficou cada vez mais preciso graças às observações à distância com o auxílio dos telescópios religados a instrumentos de física performantes (espectrômetros, interferômetros etc.), graças às sondas espaciais munidas de câmeras automáticas e dos mais variados instrumentos de observação de medida. Os objetos do sistema solar são, desde então, acessíveis pela observação cada vez mais próxima, permitindo-nos até mesmo tocá-los, desde os primeiros passos do homem na Lua, com as diversas séries de missões de exploração das sondas interplanetárias, cuja coleta de pedras por um robô no planeta Marte, na virada do século, constituiu uma etapa notável (ver quadro 10.2., e as figuras 10.1. e 10.2.).

Quadro 10.2. Entre os objetos do sistema solar

Pouco falaremos aqui a respeito dos conhecimentos adquiridos no século XX sobre o Sol, os planetas e seus satélites, que são consideráveis (ver, notadamente, Jean-Claude Pecker, *Sous l'étoile Soleil*, Fayard, Paris, 1984; Enciclopædia Universalis, *Dictionnaire de l'Astronomie*, Enciclopædia Universalis/Albin Michel, Paris, 1999). Daremos apenas algumas indicações sobre os objetos mais irregulares, como os cometas e os asteroides que recentemente chamam a atenção do público.

Os *cometas*, corpos do sistema solar de fraca luminosidade, de aspecto nebuloso ou difuso, apresentam-se, quando são iluminados pelo Sol, como um núcleo de partículas sólidas (de fato, de gelo) circundado por uma "cabeleira" gasosa (produzida pela evaporação do núcleo sob o efeito do calor solar). Eles são prolongados por uma calda que se estende a milhões de quilômetros, empurradas pela pressão de radiação no sentido oposto ao Sol. Suas órbitas elípticas, de grande excentricidade, são muito alongadas. Eles reaparecem periodicamente, como, por exemplo, o cometa Halley...

Os asteroides – esses corpos celestes de pequenas dimensões gravitando em torno do Sol – podem atingir dimensões importantes: o maior que conhecemos, Céres, tem um diâmetro de 1.000 km (somente dez vezes menor que o da Terra). Mais de 3.000 foram catalogados, concentrados em sua maioria em uma zona compreendida entre as órbitas de Marte e de Júpiter. Certos asteroides, de trajetória irregular ou excentrada, chegam a cruzar as trajetórias dos planetas, provocando impactos que podem ser de uma importância considerável, liberando energias perto das quais as das bombas atômicas seriam fogos de artifício. A Lua e o planeta Marte, principalmente, cujas superfícies nos são diretamente visíveis, conservaram cicatrizes desses encontros. A Terra sofreu também bombardeios mais intensos nos primeiros períodos que se seguiram à sua formação, e continua de tempos em tempos a ser objeto de impactos importantes (sem contar os meteóritos que são de pequeno tamanho). Os traços dos antigos impactos foram apagados pelos movimentos geológicos, mas os mais recentes são visíveis ainda como os restos de uma gigantesca cratera observados na península de Yucatan, na América Central, causada pelo impacto de um grande asteroide que se pôde datar de 65 milhões de anos. Disso resultou (pelo menos como causa parcial) uma catástrofe planetária que determinou a extinção de numerosas espécies, entre as quais os dinossauros (ver capítulo 9). Parece que outras catástrofes, talvez da mesma natureza, provocaram várias vezes extinções massivas de espécies animais no decorrer da história anterior de nosso planeta. A eventualidade de um futuro cataclisma desse gênero não está excluída, evidentemente, mesmo sendo pouco provável. A observação dos céus tenta fazer face a isso, mas ela não pode dar conta de tudo, principalmente no que concerne aos asteroides de tamanho médio. Os meios para destruí-los ou modificar sua trajetória são ainda pouco evidentes.

A partir desse ponto, deveríamos passar à consideração dos outros sistemas estelares, da "zoologia" dos diversos tipos de estrelas e da pesquisa mais recente dos planetas extrassolares que eventualmente as acompanham. Não seguiremos essa ordem, pois a compreensão da natureza das estrelas e de seus mecanismos dinâmicos requer o conhecimento da nucleossíntese e de outros processos de astrofísica, com os quais, por outro lado, a questão dos planetas extrassolares não está relacionada. Por essa razão, evocaremos primeiramente – mesmo arriscando inverter a cronologia – a questão mais clássica, embora muito recente, dos planetas extrassolares; em seguida, na ordem, a relatividade geral na astronomia e os rudimentos de astrofísica necessários para compreender a constituição das estrelas.

Figura 10.1. Primeiros passos do homem na Lua (21 de julho de 1969, missão Apollo 11). O comandante Niel Armstrong fotografa o piloto do módulo lunar Edwin Aldrin durante seu "passeio" na Lua.

Figura 10.2. O robô Sojourner em Marte (Missão Pathfinder). Sojourner "aterrissou" em Marte, no dia 14 de julho de 1997, e percorreu o planeta durante três meses, a fim de fazer clichês e medidas.

A astronomia, no seu sentido usual, compreende também o inventário dos objetos e das estruturas em grande escala do universo, como as galáxias e seus aglomerados, suas formas, sua natureza e sua repartição: sabe-se que o universo visível contém centenas de bilhões de galáxias, cada uma delas comportando em média qualquer coisa da ordem de cem bilhões de estrelas. No que diz respeito aos planetas e aos grandes objetos cósmicos, a dinâmica da interação entre os corpos é aquela da gravitação, da qual Newton formulou, no final do século XVII, a primeira teoria consequente, que foi desenvolvida, do século XVIII ao XIX, graças notadamente aos progressos do tratamento dado ao "problema dos três corpos".[2] A teoria da gravitação pode ser considerada como a teoria fundamental da astronomia, e a astronomia fornece, nas diversas regiões do céu, os laboratórios mais ou menos localizados dessa teoria.

Por essa razão, a nova teoria da gravitação, a teoria da relatividade geral formulada por Einstein no final de 1915 (ver capítulo 2), conheceu certo impacto na astronomia: ela propôs primeiramente uma explicação do avanço secular do periélio do planeta Mercúrio; depois, ela fez uma predição da curvatura dos raios luminosos passando nas vizinhanças do Sol, como também a de um desvio para o vermelho dos raios luminosos próximos das grandes massas (ambas confirmadas pouco depois pela observação) e de um atraso dos relógios nas mesmas circunstâncias (cujo cálculo do período de Mercúrio é um caso particular). Outras predições seguiram-se mais tarde, assim como as aplicações imediatas aos objetos compactos e massivos para os quais a aproximação newtoniana não era mais suficiente.

Evocaremos a seguir diversas questões de astrofísica, sobre os mecanismos de formação das estrelas e dos diferentes roteiros de sua evolução, de sua gênese ao seu desaparecimento (das anãs brancas às supernovas). Esses processos fazem intervir o jogo da força gravitacional e das diferentes forças de interação da matéria atômica e subatômica, e compreendem a produção dos núcleos atômicos cada vez mais pesados em cada ciclo estelar, propagando-se no cosmo no momento da extinção da estrela, agregando-se de novo para formar em seguida novas estrelas de segunda ou terceira geração...

---

[2] Segundo a lei universal da gravitação de Newton, todas as partículas de matéria atraem-se na razão direta de suas massas e na razão inversa do quadrado de sua distância mútua: $F = G m_1 m_2 / d^2$, sendo F a força de atração, G a constante de gravitação ($G = 6,67 \cdot 10^{-11}$ m² kg⁻²), m_1 et m_2 as massas, d a distância. O problema dos três corpos é tratado por meio de um cálculo de perturbações e de desenvolvimento em série dessas perturbações com o auxílio do cálculo diferencial e integral. Euler, Clairaut e d'Alembert, seguidos por Lagrange e Laplace, foram nisso os pioneiros no século XVIII. Mencionemos, no século XIX, os trabalhos de Lindstedt e os de Poincaré.

Um outro domínio da alçada da astrofísica é o estudo dos processos violentos, em certas regiões do universo, nos quais ocorrem emissões de partículas carregadas e erupções (*burst*) de raios γ de energias extremamente elevadas. Acrescente-se a isso a busca de objetos cósmicos "exóticos", microscópicos ou macroscópicos, até aqui invisíveis, suscetíveis de contribuir para a "massa oculta" que requerem diversas condições de vínculo da astronomia (para assegurar os movimentos observados das galáxias) e da cosmologia (para assegurar a "densidade crítica" que dá conta da "platitude" do universo).

Quanto à cosmologia propriamente dita, esta será assunto do próximo capítulo.

A caça aos planetas extrassolares

Se consideramos que os planetas são (pelo menos, para nós) os objetos menos estranhos do cosmo, é normal que comecemos por eles nosso inventário. Na falta de sermos completos, nada diremos aqui (ver quadro 10.2.) a respeito do conhecimento do sistema solar, cujos objetos se tornaram para nós quase familiares. Pensemos nas representações (inclusive fotográficas, muito próximas dos objetos) de que dispomos hoje, por exemplo, dos planetas gasosos ou telúricos e de seus satélites, ou de seus anéis, assim como dos cometas – espetaculares por suas longas caudas que se desdobram diante do Sol – e que de tempos em tempos vêm dos confins do sistema solar visitar nossas regiões menos frias.

Avancemos então na direção das profundezas do *cosmo*, de seus objetos maiores e menores, que mudaram nossa maneira de conceber o universo. Quando falarmos das estrelas, iremos ater-nos à sua constituição e a seu devir, sem considerarmos se elas formam sistemas como o nosso, pois os planetas, a esta altura, são objetos clássicos e banais. Entretanto, a busca de planetas situados fora do sistema solar representa – desde algum tempo – um capítulo importante das pesquisas empreendidas a partir do final do século XX. Ao evocá-los nessa passagem, não respeitamos evidentemente a ordem cronológica das descobertas, já que a possibilidade de observá-los e sua efetiva observação são muito recentes.[3]

A detecção dos planetas longínquos é difícil. A fraca intensidade de sua luz, refletida daquela de sua estrela,[4] que aliás praticamente o esconde, e sua pequeníssima separação angular, nas grandes distâncias em que se encontra, tornam sua detecção pela ótica praticamente impossível, pelo menos por enquanto. É preciso, portanto, recorrer a outros métodos de detecção, seja baseados no estudo das perturbações dinâmicas provocadas pelos planetas no movimento de suas estrelas (em particular, na sua velocidade radial, medida por efeito Doppler), seja no dos trânsitos planetários (quando elas produzem um eclipse de sua estrela, o que atenua sua luminosidade), ou ainda naquele dos efeitos de lente gravitacional.

Quadro 10.3. O efeito Doppler-Fizeau

Quando uma fonte emite uma radiação (sonora ou luminosa, por exemplo) a certa frequência, V_s, um observador em movimento relativo com respeito a esta percebe essa frequência com um valor diferente, V_{obs}, de tal maneira que $\frac{v_s - v_{obs}}{v_{obs}} = \frac{v}{V}$ (sendo v a velocidade do movimento relativo da fonte e do observador, e V a velocidade de propagação da radiação, que é c no caso da luz). Se a fonte se afasta do observador (ou o inverso), a frequência e a energia diminuem e o comprimento da onda aumenta, isto é, a luz é "desviada para o vermelho". Se a fonte e o observador se aproximam, o efeito é inverso e a luz é desviada para o azul.

---

[3] Os filósofos gregos Demócrito e Epicuro e o poeta e filósofo latino Lucrécio, em seu poema *De rerum natura*, já evocavam, na Antiguidade, a possibilidade de outros mundos como o nosso. Na virada do século XVII, o filósofo italiano e religioso dominicano Giordano Bruno retomou-a como uma consequência do universo infinito aberto pelo sistema de Copérnico. Ele foi condenado pelo Tribunal da Inquisição a ser queimado na fogueira.

[4] A relação entre a luminosidade é estimada a 10^{-9} aproximadamente para uma massa de Júpiter (M_J).

> Devemos a Christian Doppler, físico austríaco (1803-1853), a descrição desse efeito para as ondas sonoras, e a Hippolyte Fizeau, físico francês (1819-1896), o fato de ter estendido à ótica o efeito colocado em evidência por Doppler para as ondas sonoras. Fizeau foi, por outro lado, o autor de importantes trabalhos sobre a ótica, entre os quais a experiência que leva seu nome. Tal experiência, realizada em 1851, confirmava o coeficiente de arrastamento da luz em um meio refringente em movimento (coeficiente de Fresnel), e desempenhou um papel maior na gênese da teoria da relatividade (ver capítulo 2).

Apesar dessas dificuldades, as extremas resoluções na observação e as altas precisões alcançadas nas correções de efeitos conhecidos a levar em conta permitiram detectar planetas situados fora do sistema solar, que pertencem a sistemas muito longínquos. A caça aos planetas extrassolares está aberta desde 1995, quando foi descoberto o primeiro pelos astronômos Mayor e Queloz, o que causou alguma surpresa, todavia esperada. O planeta, de uma meia massa de Júpiter ($M_J/2$), estava situado a uma distância de 15 pc, gravitando em torno de um sol como o nosso, mas numa órbita muito próxima deste (0,05 UA), com um período de revolução de quatro dias.

Desde então, outros planetas extrassolares foram observados com muita regularidade; contava-se uma dezena no começo de 1998. Dentre esses, oito se encontravam muito afastados de nós (quatro associados a sóis simples e quatro a sóis duplos); os outros dois, mais próximos, anunciados pouco depois, encontram-se respectivamente a 15 e a 60 anos-luz. O primeiro gira em torno da estrela Gliese-876; o segundo, pesando três massas de Júpiter, faz sua órbita em torno do astro 14-Herculis, que ele percorre em quatro anos. Um novo planeta, este errante, foi então anunciado, dia 6 de junho de 1998, pelo telecópio espacial Hubble, sentinela da embarcação Terra, na constelação de Touro, a 450 anos-luz, em um sistema de sóis duplos (*TMR 1* no catálogo das estrelas binárias). Esse sistema é de formação recente, de apenas 300.000 anos (quando a duração da formação desses sistemas binários é em geral 30 vezes superior), e seus sóis estão separados por 6 milhões de km. O planeta, designado como objeto *TMR-1C*, situa-se em sua periferia longínqua, a mais de 200 bilhões de quilômetros deles. Desde então, a coleta não parou de enriquecer, e no final do ano 2000 contavam-se cinquenta planetas extrassolares.[5] Os detectados até aqui são mais massivos do que Saturno (seja, $M_J/3$), e suas órbitas são ou muito pequenas ou de grande excentricidade em comparação com os planetas solares. Por outro lado, discos protoplanetários, anunciadores da formação de planetas segundo o modelo da nebulosa solar, foram observados em nossa galáxia. Podemos observá-los com relativa facilidade, devido a suas grandes dimensões (1.000 UA em torno da estrela) e à sua longa duração de vida (de um a trinta milhões de anos).[6]

Quadro 10.4. Grandezas e unidades astronômicas usuais

Distâncias e unidades de distâncias

A dimensão de um objeto celeste é designada pelo seu raio, R. Para o Sol: $R_S \simeq 695.000$ km; para a Terra, $R_T \simeq 6.370$ km; para os planetas Júpiter, $R_J \simeq 70.000$ km, e Saturno, $R_{Sat} \simeq 60.000$ km em seu equador (sua rotação rápida sobre si mesmo, uma volta em aproximadamente 10 horas, torna-o mais achatado nos polos).

---

[5] Este número chegou a 80 em maio de 2002.
[6] Ver Michael A. C. Perryman, "Extra-solar planets", *Reports on Progress in Physics*, 63(8), agosto, 2000, 1209-1272.

Designa-se *Unidade Astronômica* (UA) a distância média Terra-Sol, seja 150.000.000 (= $1,5 \times 10^8$) km. A metade do grande eixo da órbita (elíptica) de Júpiter em torno do Sol é de 5,2 UA, e seu período orbital (ano jupiteriano) é de 11,9 anos (um ano sendo por definição o período orbital da Terra). A metade do grande eixo da órbita de Saturno é de 9,5 UA e seu período orbital (ano saturnino) é de 29,2 anos.

O *ano-luz* (unidade introduzida por William Herschel) é a distância que a luz percorre no vazio em um ano, na velocidade de 3×10^5 km/s, ou seja, cerca de $0,95 \times 10^{13}$ km.

Para as distâncias estelares, utiliza-se como unidade o *parsec* (pc), definido como a distância à qual uma Unidade Astronômica (1 UA) subtende um ângulo de um segundo de arco. O *parsec* vale, portanto, $3,1 \times 10^{13}$ km ou ainda 3,26 anos-luz (1 pc = 3,26 anos-luz). As distâncias das estrelas mais próximas são da ordem do parsec. (Para dar uma ideia da densidade da Galáxia na nossa vizinhança, contam-se cerca de 2.000 estrelas conhecidas em um raio de 25 pc em torno do Sol). Utilizam-se os múltiplos do parsec: o kiloparsec (1 kpc = 10^3 pc), e o Megaparsec (1 Mpc = 10^6 pc). A distância do Sol até o centro da Galáxia (da Via Láctea) é de 8,5 kpc (O Sol gira em torno deste centro com uma velocidade de 215 km por segundo).

O raio da galáxia da Via Láctea é de 30.000 anos-luz. O do universo visível é de 86 Mpc, e o do horizonte é de 3.000 Mpc.

Massas e unidades de massas

A massa do Sol (1 M_S) é de $1,99 \times 10^{30}$ kg (ou seja, 333.432 vezes a da Terra) e sua densidade é 0,256 vezes a da Terra. A massa de Júpiter (1 M_J) é de $1,90 \times 10^{27}$ kg (ou seja, cerca de $10^{-3} M_S$). A de Saturno: $5,605 \times 10^{26}$ kg (ou seja, cerca de $2,80 \times 10^{-4} M_S$ ou 0,3 M_J). A massa da Terra é de $5,908 \times 10^{24}$ kg (ou seja, cerca de $2,95 \times 10^{-6} M_S$).

O Sol é constituído de um plasma de gás incandescente, formado essencialmente de hidrogênio (92%) e de hélio (7,2%), distribuído em quatro camadas concêntricas. O núcleo central, de densidade muito elevada, onde impera uma temperatura de 15 milhões de graus, é a sede de reações termonucleares que transformam o hidrogênio em hélio. A fotosfera, de 100 km de espessura, de temperatura 7.500 K, emite a energia liberada pelas reações do núcleo na direção do exterior (é a luz que recebemos). A cromosfera, espessa de 2.000 km, é visível durante os eclipses; e a coroa, de uma temperatura de um milhão de graus, que contém vestígios de núcleos atômicos mais pesados, é a sede de erupções e a fonte do vento solar. É uma estrela do tipo anã amarela, com a idade de 5 bilhões de anos. Júpiter e Saturno são planetas gasosos e têm suas órbitas para além daquelas dos planetas telúricos, que são: Mercúrio, Vênus, Terra, Marte.

Pode-se fazer uma estimativa da massa de nossa galáxia a partir da dinâmica do movimento das estrelas em seu campo de gravitação (como foi demonstrado por Jan H. Oort, em 1927, para as estrelas próximas do Sol).[7] Podemos determinar a massa de aglomerados de galáxias aplicando-lhes um resultado de mecânica obtido por Henri Poincaré, o "teorema do virial". Para um sistema estacionário, a energia cinética, $\mathcal{E}$, e a energia potencial, Ω, estão ligadas pela relação $2\mathcal{E} + \Omega = 0$. A dimensão do aglomerado, R, e a dispersão das velocidades das galáxias, $\langle v^2 \rangle$, relacionadas com a energia cinética, são mensuráveis e obtém-se a massa do aglomerado, igual a $CR \langle v^2 \rangle / G$ (G é a constante de gravitação; C,

---

[7] Jan Hendrik Oort (1900-1992), astronômo holandês, calculou a cinemática de nossa galáxia, estabeleceu sua rotação e sua forma espiral, determinou sua massa e concluiu desde 1932 a existência provável de uma massa oculta. Deve-se a ele também a descoberta, em 1950, da "nuvem de Oort", reservatório de cometas nos confins do sistema solar, situado entre 40.000 e 50.000 UA.

um parâmetro função da estrutura do aglomerado, da ordem da unidade). A massa média por galáxia é, então, obtida dividindo-se esse valor pelo número de galáxias do aglomerado. Esse valor da massa, obtido pela dinâmica, é mais elevado do que a massa observada das galáxias individuais. É o problema da massa oculta no nível astronômico.

A densidade atual do universo é estimada, a partir dos objetos visíveis, a $p_0 = 10^{-31}$ g/cm³.

A luminosidade

Designa-se a *luminosidade* pela grandeza L. Toma-se frequentemente a luminosidade do Sol (L_s) como ponto de comparação. O logaritmo da luminosidade é chamado *magnitude*. O diagrama de Hertzprung-Russel distribui as estrelas segundo suas luminosidades e suas temperaturas (temperatura do corpo negro equivalente), o que nos fornece uma classificação das mesmas. As estrelas variáveis periódicas *Cefeidas* fornecem uma relação universal entre o período e a luminosidade, que permite determinar as distâncias das estrelas muito afastadas e das galáxias que as contêm.

Hoje, a busca de planetas extrassolares está muitas vezes relacionada com a pesquisa sobre outras formas de vida, até mesmo de inteligência, no universo. Seria surpreendente – pensa-se – que a Terra e sua atmosfera favorável ao desenvolvimento da vida e, a natureza ajudando, ao do pensamento fossem uma exceção, se se considera a miríade de estrelas e se elas estão organizadas em sistemas estelares com planetas. Esta pesquisa já frutuosa é interessante, pois este animal incorrigivelmente antropocêntrico que é o homem gostaria de saber se ele é a única "maravilha" do universo em seu gênero, e a caça aos planetas extraterrestres é, ao mesmo tempo, a busca de outros lugares possíveis de emergência da vida (ver capítulo 12, sobre as origens).

A astronomia: laboratório da relatividade geral

A teoria da relatividade geral – enquanto nova teoria do campo de gravitação (a propagação progressiva, com uma velocidade finita), destinada a substituir a teoria newtoniana da atração instantânea a distância – interessou imediatamente à astronomia. Desde 1914, pensou-se na possibilidade de verificar, antes mesmo da formulação completa da teoria por Einstein, suas predições preliminares sobre a curvatura dos raios luminosos nas vizinhanças das grandes massas, fotografando o deslocamento aparente da posição das estrelas situadas nas proximidades do Sol observadas durante um eclipse. O início da Primeira Guerra Mundial impediu a realização dessa observação, que teria provavelmente fornecido um resultado ambíguo sobre a validade da teoria (em razão da imprecisão das medidas e, acima de tudo, da insuficiência da predição teórica, que até então dava apenas a metade da deflexão finalmente atribuída).

A primeira verificação ocorreu, como vimos precedentemente (ver capítulo 2), em 1919 e foi possibilitada pelo eclipse do dia 29 de maio, na zona equatorial terrestre. Sua observação fora preparada durante os anos da guerra, e ela foi realizada pela dupla missão, na África e no Brasil, dirigida por Arthur Eddington. As medidas da posição das estrelas nas fotografias, comparadas àquelas no céu nu, mesmo relativamente imprecisas, davam a deflexão, indicada pela teoria, para os raios luminosos roçando o disco solar. Esse resultado da observação astronômica foi bastante notável e espetacular, contribuindo para obter em poucos anos a adesão dos cientistas e do público em geral à teoria de Einstein. Já evocamos (ver capítulo 2) as outras implicações astronômicas da relatividade geral formuladas inicialmente, sobretudo a explicação direta do avanço secular do periélio de Mercúrio, observado por Le Verrier, na metade do século XIX, e que até então continuava sem explicação satisfatória.[8]

Figura 10.3.
Sir Arthur Eddington.

Durante muitos anos, a teoria da relatividade geral conheceu uma desafeição da parte dos físicos e dos astrônomos, em razão da ausência de outras predições de fenômenos diretamente observáveis. Somente alguns cientistas com preocupação de ordem físico-matemática (em consideração à "beleza matemática" da teoria) e alguns astrônomos que trabalhavam sobre as implicações cosmológicas da relatividade geral (dos quais voltaremos a falar mais adiante) continuaram interessados. Essa "travessia no deserto" durou até os anos 1960, quando as observações astronômicas e astrofísicas e a cosmologia física deram à teoria de Einstein uma nova atualidade que, desde então, só se ampliou. Vários objetos de

---

[8] A explicação mais natural na teoria newtoniana teria sido a influência perturbadora de um planeta ainda não observado. Foi assim, a partir das irregularidades da órbita de Urânio, que Adams e Le Verrier predisseram por cálculo a existência de um planeta perturbador, Netuno. Ele foi em seguida observado por Galle em 1846 no lugar indicado. John Couch Adams (1819-1892), astrônomo britânico; Urbain Le Verrier (1811-1877), astrônomo francês; Johann Gottfried Galle (1812-1910), astrônomo alemão.

nova natureza, massivos e compactos (regiões de campos de gravitação intensos), foram descobertos nesses anos com a ajuda de radiotelescópios, como os *pulsares* e os *quasares* (sem contar ainda os *buracos negros*, cuja eventualidade começava a ser discutida). A observação da radiação micro-onda do fundo do céu, em 1965, suscitou o impulso da cosmologia e de seus modelos dinâmicos, dos quais a teoria da relatividade geral é a teoria fundamental.

A teoria da relatividade geral foi assim objeto, ao longo das quatro últimas décadas do século, de uma renovação considerável de interesse com relação aos progressos da astrofísica e aos desenvolvimentos da cosmologia, que resultou na renovação da reflexão sobre os objetos astronômicos e a natureza do universo. É interessante constatar, particularmente, que a relatividade geral é solicitada, ao mesmo tempo que as teorias dinâmicas das partículas quânticas, para dar conta da dinâmica elementar dos processos estelares e dos diferentes estados da evolução das estrelas, enquanto os conceitos desses dois tipos de teoria são de natureza totalmente diferente no estado atual das coisas ou até mesmo incompatíveis entre si. Toda consideração de dinâmica estelar funda-se no equilíbrio do objeto considerado (isto é, de seus constituintes) entre a tendência ao colapso gravitacional (governada pela relatividade geral) e a pressão em sentido contrário, de natureza termodinâmica e quântica, que resulta seja de condições quânticas próprias (por exemplo, a degenerescência do gás de férmions), seja da energia liberada nas reações de fusão termonuclear. A seguinte formulação resume bem esta dupla implicação: as estrelas são os lugares de reação entre *objetos quânticos* em condição de *confinamento gravitacional*.

As propriedades explicativas e preditivas da teoria da relatividade geral puderam ser testadas com o maior sucesso. Mesmo os fenômenos astronômicos relativamente ordinários mostraram a superioridade do tratamento dado pela relatividade geral em relação à teoria clássica da gravitação (irregularidades de órbitas no sistema solar, desvios com relação à força newtoniana no caso dos pulsares duplos etc.).

Munidos de seus radiotelescópios terrestres ou embarcados em satélites, doravante os pesquisadores escrutam o céu em busca de objetos muito compactos e massivos, sedes de campos de gravitação intensos, como os "buracos negros", astros devoradores de sua própria luz e da matéria circundante, cuja existência é predita pela relatividade geral. Eles parecem ser hoje os motores dinâmicos das galáxias.

Imaginando aparelhos de detecção apropriados, espécies de antenas gigantes bastante sensíveis, outros pesquisadores tentam captar as *ondas gravitacionais*, preditas pela relatividade geral, que são para o campo de gravitação o que as ondas eletromagnéticas (a luz e as ondas rádio) são para o campo eletromagnético na teoria de Maxwell. Sua existência foi predita por Einstein, desde 1918. As ondas gravitacionais seriam engendradas por uma modificação rápida da intensidade de um campo de gravitação em um dado lugar do universo: emitidas em todas as direções, correspondem às variações da curvatura do espaço-tempo, cuja estrutura elas abalam ao longo de seu percurso, como ondulações que se propagam na velocidade da luz.[9] Elas poderiam ser engendradas nos processos cósmicos implicando mudanças bruscas do campo de gravitação, fenômenos violentos como as explosões de supernovas (dando lugar à formação de estrelas de nêutrons ou a buracos negros). Os detectores apropriados deveriam então captá-los e deveria ser possível referi-los a uma fonte celeste com a ajuda dos outros meios da astronomia e da astrofísica. É muito difícil detectá-las diretamente, em razão da pequena intensidade da interação gravitacional e, de fato, elas não foram ainda observadas. Pode ser, no entanto, que venham a sê-lo num futuro bastante próximo, por meio de dispositivos terrestres atualmente em construção, os detectores de braços muito longos e de grande sensibilidade Virgo e Ligo.[10]

---

[9] Na teoria quântica gravitacional, o bóson mediador do campo gravitacional seria uma partícula (hipotética) de spin 2 (em unidades $h/2\pi$), e esse "graviton" seria para as ondas gravitacionais o que o fóton é para as ondas eletromagnéticas.

[10] Trata-se respectivamente de projetos franco-italiano e norte-americano, que constituem uma outra ocasião de aproximações fecundas entre as diferentes disciplinas implicadas e suas tecnologias (ver capítulo 2).

As ondas gravitacionais foram desde já evidenciadas indiretamente, na evolução de um sistema duplo de pulsares (o sistema 1913 + 16) por R. A. Hulse e J. H. Taylor:[11] o comportamento dessas duas estrelas de nêutrons (um movimento de atração mútua em espiral) resultaria de sua perda de energia por emissão de ondas de gravitação.

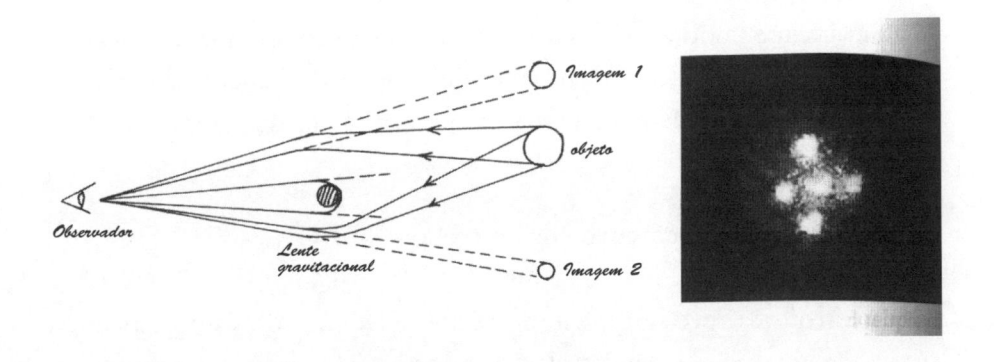

Figura 10.4. A lente gravitacional e a cruz de Einstein. O desvio dos raios luminosos por um corpo massivo sob o efeito da gravitação é um dos fenômenos que a teoria da relatividade geral, desenvolvida por Einstein, permite explicar. Esse efeito pode ser espetacular quando a massa que causa o desvio, a "lente gravitacional", é uma galáxia. Uma formidável ilustração desse fenômeno é fornecida pela célebre "cruz de Einstein" formada pelas quatro imagens do mesmo quasar longínquo (Q2237+0305). A luz provinda do objeto real é desviada por uma galáxia muito mais próxima, situada exatamente sobre a linha de mira.

---

[11] Astrofísicos americanos que obtiveram o Prêmio Nobel de Física em 1995.

O efeito de *lente gravitacional* é um fenômeno igualmente predito pela teoria da relatividade geral (ele foi concebido por Einstein em 1936), causado pela curvatura do espaço na vizinhança de grandes massas, que ocasionam uma deflexão e uma amplificação dos raios luminosos provindo de uma fonte distante que dá, por exemplo, de um quasar uma imagem dupla ou tripla.[12] Tais *miragens gravitacionais* podem fornecer informações sobre a quantidade e a repartição de matéria encontrada no seu caminho pelos raios luminosos provindos de um astro distante e, portanto, permitir a detecção de objetos densos e invisíveis. É assim que as anãs marrons puderam ser recentemente detectadas, de maneira indireta, e que se espera detectar novos planetas extrassolares.[13]

Finalmente, a doutrina do universo em expansão, de que falaremos no capítulo 11, resulta também da relatividade geral, e é de maneira determinante mais uma razão que faz desta última a teoria central da astronomia atual.

A síntese dos elementos nas estrelas

A astrofísica teve seu início no século XIX com o estudo espectroscópico da luz do Sol e das estrelas, que permite determinar a composição destes últimos em elementos químicos. Ela mobilizou, durante todo o século XX, todos os recursos de diversos ramos da física, e é a esse método que devemos o conhecimento da natureza dos objetos celestes, de sua composição e de sua estrutura, assim como de sua evolução temporal. O conhecimento das transmutações dos núcleos atômicos dos diversos elementos, adquirido desde os anos 1930, colocava naturalmente a questão da origem desses últimos, presentes nas estrelas. Desse modo, a questão da matéria constitutiva das estrelas só podia ter resposta com a física quântica e nuclear. Veremos que a estruturação física e a evolução das estrelas são governadas pelas leis da matéria nuclear.

---

[12] As miragens gravitacionais são o análogo das miragens óticas produzidas, quanto a elas, por uma refração anormal do ar superaquecido.

[13] Com o auxílio dos dispositivos "Eros" e "Machos".

Quanto à formação das estrelas, esta efetuou-se sob o regime da força de atração gravitacional. O conceito de gravitação universal podia suscitar muito naturalmente a ideia de uma agregação mútua de poeiras ou de pequenos corpos que seriam inicialmente repartidos em uma espécie de nebulosa em forma de disco. Esta foi a ideia do filósofo Emmanuel Kant, na metade do século XVIII, para o sistema solar, retomada algumas décadas mais tarde pelo matemático e físico Pierre Simon Laplace, depois esquecida, e cujo valor antecipador será reconhecido, pela astronomia do século XX. Considera-se hoje em dia que as estrelas formam-se no interior de nuvens de matéria, gás e poeira, em consequência de instabilidades gravitacionais, produzidas, por exemplo, por uma onda de choque cósmico, que provoca acreções locais de matéria, se a energia potencial de gravitação prevalece sobre a energia térmica. Se a acreção é suficientemente massiva, forma-se uma estrela, circundada por grãos repartidos em camada densa sobre o disco que rodeia o objeto central, como um anel (o anel de Saturno) e seus movimentos irregulares provocam colisões, agregações e fragmentações, que resultarão, depois de alguns milhões de anos, na formação de outros corpos, estrela companheira ou planetas.

Para que o objeto assim formado seja uma estrela, ele deve ter uma massa de pelo menos um décimo de massa solar (aproximadamente),[14] a fim de que as reações nucleares atinjam um regime de estabilidade. A maior parte das estrelas são constituídas essencialmente por núcleos de hidrogênio e de hélio e de uma fraca proporção de elementos pesados. As massas desses corpos situam-se entre um décimo e cem massas solares $(0,1-100\ M_s)$. Elas são classificadas em função de sua temperatura e de sua luminosidade, segundo o diagrama de Hertzprung-Russel,[15] em que elas se repartem majoritariamente na diagonal, formando a "sequência

---

[14] Mais precisamente: $0,08\ M_S$, ou seja, $80\ M_J$.

[15] De Ejnar Hertzprung (1873-1967), astrônomo dinamarquês, e Harry Norris Russel (1877-1957), astrônomo americano, que o propuseram independentemente, respectivamente em 1905 e 1914. A temperatura é a de um corpo negro equivalente. A luminosidade é exprimida em unidades de luminosidade solar.

principal". À diversidade de sua repartição corresponde a de sua evolução, que é determinada pela sua constituição e, sobretudo, por sua massa. A evolução estelar é a sequência de fenômenos que se produzem ao longo do tempo em uma estrela desde sua formação por condensação gravitacional de gás interestelar aos diversos estágios de reações termonucleares que ali ocorrem, até sua extinção por explosão ou por colapso.

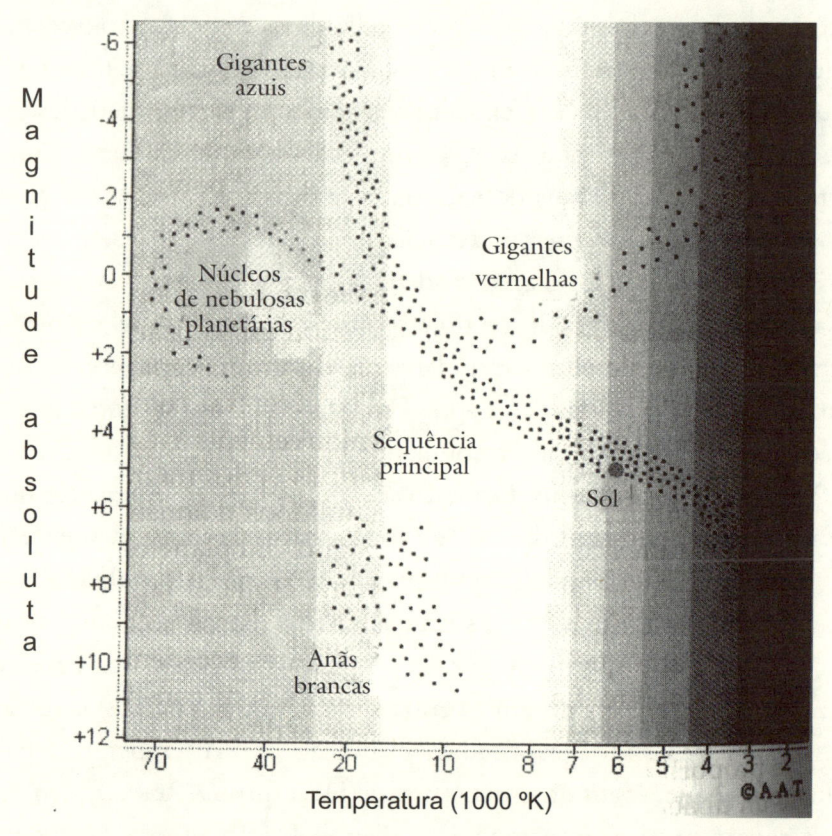

Figura 10.5. Diagrama de Hertzprung-Russel. Estabelece a relação entre a luminosidade real de uma estrela (magnitude absoluta) e sua temperatura de superfície. É uma das ferramentas fundamentais da astrofísica estelar. Cada estrela ocupa uma região do diagrama, "ramo" ou "sequência", correspondendo à sua fase de evolução e à sua composição química. A maior parte de sua existência se desenrola na sequência principal, em que ela se mantém ao operar a fusão do hidrogênio em hélio. Ela evolui em seguida em gigante vermelha; depois, em anã branca.

Deve-se a Joseph N. Lockyer, desde 1890, a primeira sugestão de uma gênese dos elementos que estariam ligados à evolução estelar.[16] Algum tempo depois a relação massa-energia da relatividade restrita de Einstein levou a considerar que os átomos, e mais precisamente os núcleos atômicos, constituem um formidável reservatório de energia. Paul Langevin foi um dos primeiros a conceber, em 1913, a ideia de uma síntese dos diferentes elementos químicos por fusão a partir de átomos de hidrogênio. A nucleossíntese dos átomos nas estrelas foi formulada como hipótese nos anos 1930 antes de ser confirmada. Para resistir ao colapso gravitacional, era necessário que se encontrasse, no coração das estrelas, uma energia tão considerável quanto aquela produzida pelas reações nucleares. Desde 1939, Hans Bethe propunha sua teoria do ciclo da fusão do hidrogênio em hélio acompanhada de produção de neutrinos nas estrelas.

Foi somente no decorrer dos anos de 1950 que se pôde dispor de uma teoria coerente da nucleossíntese, que explicava ao mesmo tempo a energia irradiada pelas estrelas e os processos de síntese dos elementos químicos ao longo da história do universo. Essa nucleossíntese começa de fato (como veremos) com o "Big Bang", desde que a temperatura do universo torna-se suficientemente baixa para que os núcleons possam ser interligados por interação forte: é a nucleossíntese primordial, em que são produzidos os elementos os mais abundantes, limitados à formação do deutério (De), do hélio (He) 3 e 4, do trítio (T) e do lítio (Li) 7. O hélio primordial representa 25% da massa da matéria visível no universo (os 75% restantes sendo essencialmente núcleos de hidrogênio). Dentre esses elementos, o hélio e o lítio são igualmente produzidos nas estrelas. Os elementos lítio, berílio e bório são formados pela interação da radiação cósmica com o meio inte-

---

[16] Joseph Norman Lockyer (1836-1920), astrônomo britânico, descobriu em 1868 a presença da raia do hélio, ausente na Terra, na coroa solar observada graças a um eclipse – ela também foi descoberta, independentemente e ao mesmo tempo, por Jules Janssen (1824-1907), astrônomo e físico francês. O hélio foi descoberto em 1895 por William Ramsay (1852-1916), químico britânico, Prêmio Nobel de Química de 1904, que igualmente descobriu o argônio e os outros três gases raros.

restelar. Para outros elementos, mais pesados, sua formação requer condições que apenas são encontradas no confinamento gravitacional que reina no interior das estrelas, como F. Hoyle, W. A. Fowler, A. G. W. Cameron, G. e M. Burbidge mostraram em 1957. Os elementos pesados, que são os núcleos dos átomos metálicos situados acima dos elementos leves na classificação periódica dos elementos, são fabricados nas estrelas quando estas acabaram a síntese dos elementos leves.

A matéria das estrelas é comprimida pela gravitação, nos estados de grande densidade, na forma de um plasma: os núcleos atômicos animados por grandes energias cinéticas, concentrados e confinados, entretêm reações de fusão termonuclear. Para que essas reações sejam desencadeadas, os núcleos devem vencer a repulsão elétrica coulombiana e aproximar-se a uma distância da ordem de um fermi (10^{-13} cm), em que o campo nuclear age entre eles, e ficar aí durante o tempo suficiente para que a reação comece e, em seguida, entretenha-se com os outros núcleos. Essas condições são alcançadas nos plasmas em estado de confinamento gravitacional das estrelas. Os núcleos de hidrogênio e de hélio, dos quais a estrela é essencialmente composta, em sua primeira fase, entretêm as reações nucleares que resultam, principalmente pelos ciclos de Bethe e de Salpeter, na síntese do carbono e, depois, do oxigênio. Essas reações liberam energia, na forma de energia cinética dos núcleos constituintes, que compensa no total a força de gravitação, e transforma-se parcialmente em energia luminosa que escapa do confinamento, dispersando-se no espaço.

O ciclo das estrelas passa, assim, por fases sucessivas. Primeiramente, uma fase de combustão, no decorrer da qual a estrela é estável, em equilíbrio entre a pressão da gravitação e aquela devida à energia termonuclear. Em seguida, uma fase de resfriamento, quando a estrela esgotou seu combustível: ela não libera mais energia e entra em colapso sob o efeito de sua própria atração gravitacional até que um novo ciclo de reações comece, para energias mais elevadas. De maneira geral, ocorre colapso gravitacional quando um objeto celeste como uma estrela é submetido unicamente à força de gravitação entre suas partes constitutivas, sem outro efeito que possa equilibrar (como uma pressão térmica devida às reações termonucleares ou uma "pressão quântica"): o objeto entra em colapso, tornando-se mais compacto. O colapso interrompe-se apenas quando um novo efeito compensador é encontrado, como o desencadeamento de um novo regime de reações nucleares etc.

No estado de maior densidade da estrela comprimida, a energia cinética elevada dos constituintes do plasma acende – se possível – novas reações nucleares acima de um limiar, produzindo núcleos mais pesados. A estrela encontra-se novamente, durante esse período, em um estado de equilíbrio, que só se interrompe quando o combustível para essas reações se esgota. Uma nova contração se segue, e depois, eventualmente, pode ocorrer a abertura de um novo regime de síntese termonuclear. Esses ciclos se sucedem até a síntese do ferro. As reações que se produzem na estrela podem ser de fusão ou de captura de prótons, depois, de partículas γ, de ^{12}C etc.

Em outros lugares astrofísicos, como as novas e as supernovas, uma nucleossíntese explosiva desenvolve-se em temperatura mais alta, e os núcleos entre os quais se operam as transmutações são muitas vezes instáveis, radioativos. Fora dos ciclos em que se produzem as reações nucleares, existem situações em que a estrela fica estável porque um outro efeito de pressão vem compensar a do colapso gravitacional. É o caso da "pressão quântica", para o estado "degenerado" de gás de plasma em que todos os constituintes são férmions idênticos; estes últimos são mantidos à distância e, desse modo, protegidos do colapso, pelo princípio de exclusão de Pauli (ver capítulo 3).

A fase terminal das estrelas enriquece progressivamente o espaço interestelar de núcleos dos elementos carbono, azoto, oxigênio (CNO) e de metais. Nestes, encontramos, em particular, a molécula CN.

O conhecimento dos grandes objetos do universo: a dinâmica das estrelas e das galáxias

Ao abordarmos agora a observação profunda do universo, devemos precisar primeiramente que somente o *universo observável* nos é acessível, por intermédio de diversos tipos de radiações que nos informam sobre os objetos que ele contém. Suas dimensões, 10^{24} km, são limitadas pelo *horizonte do universo*, isto é, a distância para além da qual nenhum sinal pode chegar até nós, em razão do caráter finito da velocidade da luz. Nós trataremos aqui somente dos maiores objetos do universo, das estrelas aos aglomerados de galáxias, que estão vinculados às inovações mais consideráveis da astronomia e de suas concepções, e, em seguida, dos muito pequenos, que são os raios cósmicos. Entre os grandes objetos do universo, distinguiremos, primeiramente, os diversos tipos de estrelas, que foram descritas, na maioria das vezes, segundo os métodos da astronomia e da astrofísica, antes de que pudéssemos explicar teoricamente sua natureza.

É preciso indicar aqui tudo o que a astronomia deve ao conhecimento das *Cefeidas*, descobertas desde o fim do século XIX, e que devem sua denominação àquela, dentre elas, que foi a primeira conhecida, a estrela γ Céphée. Estas são estrelas variáveis, periódicas, cujo período, compreendido entre um e cem dias, está relacionado com a luminosidade conforme uma lei regular, formulada por H. S. Leavitt em 1912. A relação permite utilizá-las para determinar as distâncias das estrelas e das galáxias mais distantes.

As *anãs marrons*[17] são estrelas (relativamente) massivas e densas (entre 12 e 80 M_J), no interior das quais as reações de combustão que começaram a produzir-se não puderam ser entretidas de maneira estável em razão de uma massa muito pequena. (Quanto aos objetos de massa inferior a 12 M_J, estes estão aquém das condições de qualquer reação termonuclear, mesmo episódica, e não têm nenhuma luminosidade própria: são em geral os planetas; precedentemente nos referimos aos planetas extrassolares.)

As *anãs brancas* são estrelas de fraca luminosidade e de grande densidade, observadas ao telescópio (como a companheira de Sirius,

---

[17] Denominadas em inglês "Massive compact objects".

as duas formando uma estrela dupla,[18] a 8,6 milhões de anos-luz). Elas são o resultado do processo mais violento da extinção de uma estrela. Trata-se de resíduos de estrelas: para uma massa da estrela restante um pouco inferior a uma vez e meia a massa do Sol ($< 1,5\ M_S$), valor que constitui o "limite de Chandrasekhar",[19] o raio é da ordem de grandeza do da Terra (R_T = 6.370 km), o que corresponde a uma densidade elevada (61.000 vezes a da água). Tendo sido esgotado o combustível nuclear, a matéria da estrela apresenta-se como um "gás de elétrons completamente degenerado", isto é, sem estrutura própria, encontrando-se todos os constituintes do gás em estados quânticos semelhantes: eles só são mantidos a distância uns dos outros pelo princípio de exclusão de Pauli. A temperatura de Fermi do gás degenerado de elétrons é muito maior do que a da estrela (mesmo se esta ainda for elevada), e a "pressão quântica" que resulta disso equilibra as forças gravitacionais, o que assegura a estabilidade desse gênero de estrela. A explicação da estrutura dessas estrelas em termos de pressão de degenerescência dos elétrons, devido ao princípio de exclusão, foi imaginada desde 1925 por R. H. Fowler, desde que ele tomou conhecimento da estatística quântica estudada por Paul Dirac, que era seu aluno.

O equilíbrio das *estrelas de nêutrons* procede de um mecanismo de natureza semelhante, ainda que esses objetos sejam muito diferentes dos precedentes. As *estrelas de nêutrons* constituem, como as anãs brancas, o estado de uma estrela em fim de existência após o esgotamento de suas possibilidades de nucleossíntese. Elas foram preditas teoricamente

---

[18] As estrelas duplas, ou sistemas binários, são relativamente frequentes. Os primeiros catálogos sistemáticos foram estabelecidos por William Herschel e, depois, por seu filho John.

[19] De Subrahmanyan Chandrasekhar (1910-1995), astrofísico hindu-americano, igualmente conhecido por seus trabalhos teóricos sobre a estrutura interna das estrelas e sobre as atmosferas estelares (problema da transferência de radiação). Recebeu o Prêmio Nobel de Física de 1983 com William A. Fowler (1911-1995), astrofísico inglês-americano, por seus trabalhos sobre os processos nucleares e a síntese dos elementos químicos nas estrelas. Deve ainda a W. A. Fowler a realização de métodos de datações astronômicas fundadas no decrescimento radioativo do urânio e do tório.

por Lev Landau, por volta de 1932, e suas propriedades tornaram-se precisas do ponto de vista teórico, principalmente graças a J. Robert Oppenheimer, bem antes de terem sido observadas, em 1967, na forma de pulsares.[20] São objetos muito compactos e densos, massivos e de pequenas dimensões; da ordem de uma a duas massas solares, para um volume esférico de dez km de raio, e uma densidade 10^{14} g/cm^3 (seja cem milhões de vezes, 10^8, superior à das anãs brancas). Tendo esgotado todas as possibilidades de combustão, após a explosão da estrela-mãe (uma supernova), ela é apenas constituída por uma crosta de ferro envolvendo os nêutrons (os prótons e elétrons se transformaram em nêutrons por interação fraca), comprimidos uns sobre os outros. Estes nêutrons só são separados uns dos outros pela impossibilidade de estarem todos no mesmo estado, devido ao princípio de exclusão (os nêutrons são férmions, aos quais se aplica esse princípio, ver o capítulo 3). O estado degenerado de nêutrons engendra uma "pressão de degenerescência", que contrabalança a força de gravitação do conjunto e impede a estrela de entrar em colapso.

No colapso da estrela, de seu estado inicial àquele, condensado, de estrela de nêutrons em que seu diâmetro diminuiu consideravelmente, o momento angular ou cinético ficou conservado (conforme as leis da mecânica), o que resulta num grande aumento da velocidade de rotação (pelo efeito dito "do patinador"). Isso faz dela um farol giratório cósmico que emite radiações de radiofrequências: sua periodicidade, de algumas dezenas de mili-segundos, indica a rotação excessivamente rápida da estrela sobre si mesma. A primeira detecção de um *radiofarol*

---

[20] R. H. Fowler (1911-1995), físico britânico, recebeu o Prêmio Nobel de Física em 1983 com Subramanyan Chandrasekhar (1910-1995). Lev Davidovitch Landau (1908-1968), físico soviético, autor de trabalhos teóricos em toda espécie de domínios, do ferromagnetismo às mudanças de fase, da supercondutividade às oscilações nos plasmas, do hélio superfluido à teoria quântica dos campos; recebeu o Prêmio Nobel de Física de 1962. Julius Robert Oppenheimer (1904-1967), físico americano, diretor do Centro de Pesquisas de Los Alamos a partir de 1943, construiu a primeira bomba atômica. Sobre Paul A. M. Dirac, ver o capítulo 3.

astronômico, de pequena dimensão, de rotação rápida e emitindo ondas rádio-periódicas, ocorreu em 1967. Ele foi batizado com o nome de *pulsar* e foi rapidamente identificado como a estrela de nêutrons da predição teórica. Outros como ele não demoraram a ser detectados. Conhece-se hoje cerca de 400 pulsares somente para nossa galáxia. Um dos pulsares mais conhecidos é o da Nebulosa do Caranguejo, objeto remanescente da supernova do ano 1054, registrada pelos astrônomos chineses da época, e que emite ondas de rádio e também de luz visível e de raios X.

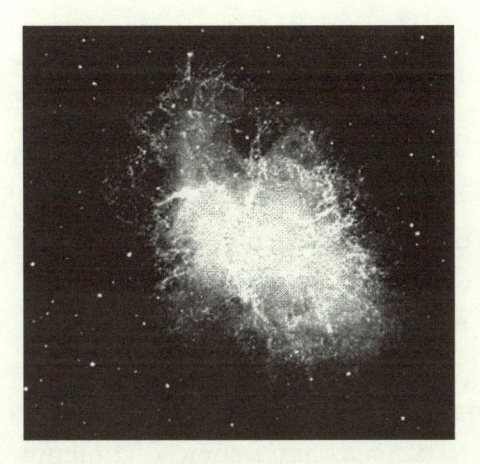

Figura 10.6. Nebulosa do Caranguejo "Messier 1". Ela é o resultado da explosão de uma supernova, a 6.000 anos-luz, observada em 1054 por astrônomos chineses. A Nebulosa do Caranguejo contém, na proximidade de seu centro, uma estrela de nêutrons cuja velocidade de rotação se eleva a 30 voltas por segundo.

As estrelas *gigantes vermelhas* estão, de sua parte, situadas no alto e à esquerda do diagrama de Hertzprung-Russel; possuem cor vermelha e intensa luminosidade, seu raio pode alcançar 1.000 raios solares. As estrelas que chegam a esse estágio esgotaram seu combustível de hidrogênio e queimam o hélio, operando nucleossíntese superiores na tábua dos elementos. A energia liberada dilata o envelope da estrela, cuja superfície esfria, emitindo luz vermelha.

As *novas* manifestam-se com intensos aumentos do brilho de uma estrela, podendo corresponder a mil ou dez mil vezes o brilho inicial, que se produzem em alguns dias, duram várias semanas e depois decrescem para voltar à luminosidade primitiva. Trata-se de explosões da atmosfera estelar, provavelmente ocasionadas pelo fato de a estrela pertencer a um sistema binário muito próximo. Imaginemos, por exemplo, um sistema binário constituído por uma anã branca e uma gigante fria muito próximas uma da outra. A primeira, de grande densidade, atrai uma parte da matéria da segunda, o que dá lugar a reações termonucleares. Tais explosões podem ser recorrentes.

As *supernovas* correspondem a brilhos de luminosidade bem maior, da ordem de cem milhões (10^8) de vezes a luminosidade inicial,[21] que duram vários meses antes de extinguir-se. São explosões de estrelas que se produzem em certa fase da evolução, para as estrelas de uma massa de 6 a 10 vezes a do Sol. Esse estágio é atingido quando as reações de nucleossíntese são interrompidas, com a produção de um coração de núcleos de ferro (o $^{26}_{56}Fe$ é muito estável), e um gás de elétrons degenerado, cuja pressão quântica sustenta o coração de ferro da estrela. Mas a massa desse coração aumenta rapidamente sob o efeito de transmutações radioativas de outros núcleos que se transformam em ferro. Quando essa massa chega a ultrapassar o limite de Chandrasekhar, o coração entra em colapso, por contração gravitacional, liberando uma grande quantidade de energia. Tal energia é comunicada às regiões externas da estrela e provoca uma explosão com forte aumento da luminosidade (a radiação de energia luminosa é de cerca de 6×10^{50} ergs), uma gigantesca onda de choque e a emissão de partículas. Pressupõe-se também que ondas gravitacionais se-

---

[21] Se tomamos a luminosidade do Sol, L_S, como termo de comparação, o brilho de uma supernova pode atingir 10^{10} L_S (dez bilhões).

jam igualmente emitidas. As partículas criadas com a liberação de energia do coração interagem com a nuvem de matéria expelida pela explosão, produzindo principalmente, afinal das contas, um grande número de neutrinos, de maneira praticamente instantânea. Estima-se que seu número chega a cerca de 4×10^{58} por supernova.

No fim da explosão, resta a nuvem de matéria externa que se expande em forma de nebulosa no espaço e o semeia de núcleos atômicos de elementos pesados para um ciclo estelar ulterior. Tal é, parece, a origem desses elementos presentes no sistema solar, notadamente na Terra e nos outros planetas telúricos. A explosão deixa igualmente um núcleo remanente, que pode ser uma estrela de nêutrons ou um buraco negro. Segundo as estimativas são produzidas de uma a duas supernovas por galáxia e por século. As supernovas mais conhecidas, observadas a olho nu, são a da Nebulosa do Caranguejo, consignada pelos astrônomos chineses em 1054, e as observadas respectivamente por Tycho Brahé em 1572 e por Kepler em 1604. Convém, de agora em diante, associar-lhes a supernova SN 1987A, observada em 1987 a partir do Observatório de *Las Campanas* no Chile, igualmente a olho nu, na Grande Nuvem de Magalhães, galáxia satélite da Via Láctea, situada no céu astral a 170.000 anos-luz. A observação recente desta supernova é também importante, pois, pela primeira vez, neutrinos emitidos por ela foram detectados na Terra e registrados antes mesmo que o sinal luminoso tenha sido percebido. Interações de neutrinos provenientes precisamente dessa direção foram detectados, antes do sinal luminoso, em um laboratório subterrâneo situado do outro lado da Terra, no Hemisfério Norte (Kamiokande, no Japão). O enorme poder de penetração dos neutrinos tinha evitado que sofressem qualquer atraso de emissão, ao contrário da luz, oriunda de numerosos processos secundários na nuvem de matéria, permitindo-lhes atravessar a espessura da Terra sem obstáculo até que alguns dentre eles fossem capturados pelo detector que, além do mais, não tinha sido colocado ali com essa finalidade.

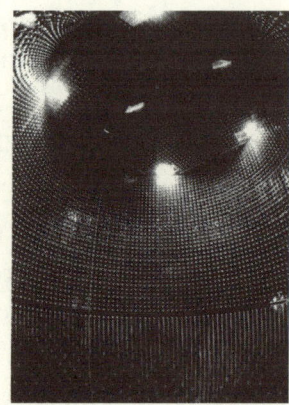

Figura 10.7. Fotografia do detector de neutrinos SuperKamiokande (Japão) que registrou, em fevereiro de 1987, as interações de neutrinos provenientes da supernova SN 1987A. As paredes do detector são revestidas de tubos fotomultiplicadores capazes de detectar a luz Cherenkov emitida por partículas carregadas que atravessam a piscina de água em grande velocidade.

Já os *buracos negros*, aos quais nos referimos várias vezes, são ainda hipotéticos, no sentido em que eles não foram objeto de observações indiscutíveis. Mas do mesmo modo que foram tidos por muitos, quando a hipótese foi formulada, como uma invenção de cérebros delirantes, hoje nos espantaríamos ainda mais se se verificasse (pela improbabilidade) que eles não existem. Pois eles tornaram-se evidentes e necessários para todos os astrônomos, astrofísicos e cosmólogos, que sabem a que ponto a relatividade geral é, doravante, o guia conceitual e teórico, sem o qual nenhum pensamento coerente dos objetos cósmicos seria possível. Por outro lado, conhecemos (por cálculo) suas propriedades, sob todos os ângulos, melhor do que se elas tivessem sido efetivamente observadas e medidas... Antecipou-se até mesmo em um filme (documentário científico) o que seria um buraco negro e que viagem espaço-temporal agitada seria preciso fazer para alcançar, vindo do exterior, seu horizonte...[22] No entanto, é difícil fazer uma representação de suas propriedades intuitivamente, em razão das deformações extremas do cone de luz do espaço-tempo nos campos de gravidade tão intensos quanto os que reinam nos buracos negros e em sua vizinhança.

Na teoria da relatividade geral, a necessidade do *buraco negro* aparece quando se considera uma região de espaço-tempo de curvatura extremamente grande em torno de uma singularidade na equação de campo. Essas regiões são encontradas quando o campo gravitacional é tão intenso e o espaço correspondente tão curvo que a própria luz não pode dele escapar. Daí seu nome, já que esses astros não irradiam luz visível. Mas essa característica não é absoluta, uma vez que as propriedades quânticas aplicadas a essas condições de densidade extremas fazem com que os buracos negros irradiem, o que dispensa a dificuldade matemática das singularidades, e faz com que os buracos negros evaporem-se pouco a pouco.[23] Do ponto de vista de sua constituição material, esses estados muito condensados da matéria, como os buracos negros, podem ser atingidos ao termo da evolução estelar, quando a massa de uma estrela é elevada (mais de três massas solares), nas seguintes circunstâncias. Tendo esgotado seu combustível para reações termonucleares de síntese dos elementos químicos e dado lugar a uma supernova, o coração da estrela entra em colapso sob sua própria gra-

---

[22] O "horizonte" de um buraco negro é a região fronteiriça do espaço-tempo marcada pela trajetória de um raio luminoso que não pode escapar do buraco negro. Pois o cone de luz correspondente é totalmente desviado pela gravitação para o interior. Aquém desta região, nada pode escapar de um buraco negro, nem matéria, nem radiação. No entanto, pode ser produzido um efeito quântico de "evaporação", que ocorre na vizinhança externa do horizonte.

[23] A teoria quântica aplicada aos buracos negros foi elaborada em primeiro lugar pelo astrofísico Stephen Hawking, autor do livro de vulgarização de sucesso sobre a cosmologia contemporânea, *Uma breve história do tempo*.

vidade, tornando-se muito denso e sede de um campo de gravitação muito intenso, engendrando uma importante deformação do espaço-tempo. Essa deformação é tal que a luz dela não pode escapar; a luz ou a matéria que passa perto dela cai no buraco negro. Segundo as especulações atuais, o movimento das galáxias seria causado pela presença em seu centro de um gigantesco buraco negro, podendo conter vários milhões de massas solares, fonte de um campo gravitacional de intensidade considerável.

Se os buracos negros não são visíveis diretamente, eles são em princípio detectáveis por sua ação gravitacional sobre sua vizinhança. É o caso dos sistemas binários (ou estrelas duplas). Seria possível inferir a presença de um buraco negro invisível pelo movimento de seu companheiro visível. Atualmente existem vários candidatos ao título de buraco negro, mas nenhuma identificação segura.

Após termos examinado a maior parte dos objetos de tipo estelar e seus avatares, voltemo-nos agora para esses outros objetos mais gigantescos ainda do que eles, que são seus aglomerados. Estes nos farão passar diretamente da astronomia e da astrofísica à cosmologia.

As estrelas são reagrupadas em *galáxias, aglomerados de galáxias e superaglomerados,* segundo uma hierarquia gravitacional que já fora em parte pressentida em suas grandes linhas por Jean Henri Lambert no século XVIII.[24] As nebulosas de William Herschel e de Charles Messier são, como o primeiro havia previsto, sistemas de estrelas isolados no espaço cósmico, isto é, galáxias como a da Via Láctea onde se encontra o sistema solar. Os Herschel, pai e filho, localizavam-nas e contavam-nas aos milhares nos céus boreal e austral. A resolução dos telescópios

---

[24] Jean Henri (ou Johann Heinrich) Lambert (1728-1777), originário de Mulhouse, cidade livre até então vinculada à Confederação Helvética, filósofo, matemático e físico, membro da Academia de Berlim, inventor da fotometria, é autor da obra *Lettres cosmologiques sur l'organisation de l'Univers* (trad. fr., Brieux, Paris, 1977).

e as medidas de luminosidade permitiram, depois, identificar quantidades incomparavelmente maiores e fazer uma estimativa do número de estrelas que elas contêm, ou seja, em média algumas centenas de bilhões de estrelas (10^{11}). Tal é o caso de nossa galáxia, a Via Láctea; mas existem também galáxias que contêm menos (cerca de 10^7), como as Nuvens de Magalhães, duas galáxias anãs irregulares, satélites da Via Láctea;[25] assim como gigantes que contêm muito mais ainda (10^{13}). A galáxia mais próxima da Via Láctea, para além das Nuvens de Magalhães é a de Andrômada, visível a olho nu, situada a dois milhões de anos-luz, e formando com a Via Láctea o *aglomerado local*. As galáxias podem ter diferentes formas em projeção no céu: espirais, elípticas etc. As que são irregulares, nem espirais nem elípticas, contêm muitas estrelas jovens, de gás e de poeiras. As galáxias ativas, de núcleos muito luminosos, emitem grandes quantidades de energia (da ordem de 10^{58} ergs, ou seja, 10^{10}, dez bilhões de vezes mais do que uma supernova). Uma explicação possível poderia ser a presença em seu centro de um *buraco negro* de vários milhões de massas solares, absorvendo as estrelas circunvizinhas.

---

[25] Denominação inspirada no nome de Fernão de Magalhães (1480-1521), navegador português que fez a primeira viagem de circunavegação em torno da Terra, e que as descobriu no céu austral, perto do polo Sul. As Nuvens de Magalhães são visíveis a olho nu. A Grande Nuvem, situada na constelação do Dourado, contém cerca de 10^9 estrelas, a Pequena Nuvem, situada na constelação do Toucan, contém 10^8. Elas se situam a 60 kpc de nós. A Grande Nuvem foi a sede da supernova SA 1987 da qual já falamos e da qual trataremos ainda a seguir.

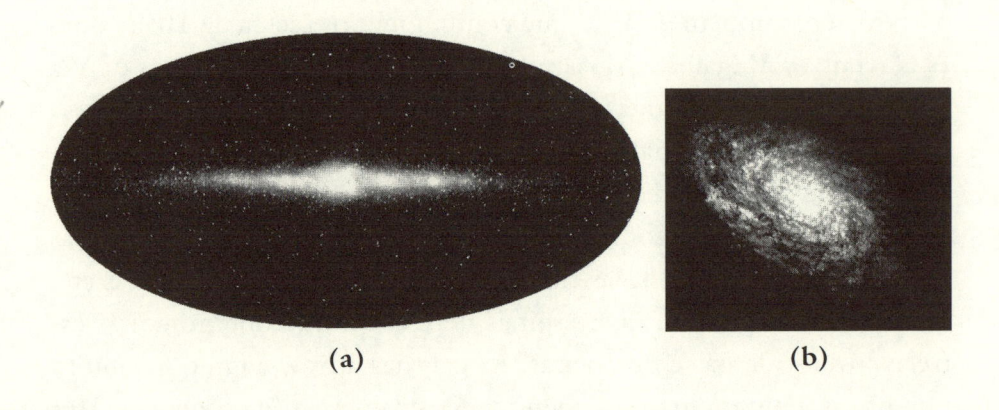

Figura 10.8. Galáxias espirais. (a) A Via Láctea observada no infravermelho pelo satélite COBE. Distingue-se aqui o tênue disco da galáxia espiral. (b) A galáxia espiral NGC 4414 observada pelo telescópio espacial Hubble em 1995. Esta galáxia situa-se a uma distância de 19,1 megaparsecs, ou seja, aproximadamente 60 bilhões de anos-luz.

Novos gêneros de objetos, descobertos mais recentemente (o primeiro foi em 1960), fazem parte das galáxias: os *quasares*. Estes são fontes de rádio muito intensas de origem cósmica. Apesar do nome que lhes foi dado, *quasar* (ou QSO, para *objeto quase-estelar*), verficou-se, de fato, que se trata de galáxias, sedes de uma intensa atividade, muito distantes e muito desviadas "para o vermelho" (de fato, na direção das ondas de rádio), segundo o processo de desvio das galáxias que evocaremos a seguir.

Os *aglomerados globulares*[26] são aglomerados de estrelas, ricos e muito densos, compreendendo de mil a cem mil massas solares (10^5 M_S) contidas em um volume de forma esférica, de algumas dezenas de parsecs de diâmetro. Afastados do plano de nossa galáxia, eles situam-se no disco dos "halos galáticos", que são regiões de baixa densidade estelar circundando as galáxias, e às vezes presentes no espaço intergalático. Esses halos são constituídos de velhas estrelas e de aglomerados globulares circundando uma galáxia espiral, seja visíveis, seja invisíveis e, neste caso, detectados somente por seus efeitos gravitacionais. Esses aglomerados – que teriam sido formados pouco depois do "Big Bang", segundo a teoria do mesmo nome – seriam, portanto, os objetos celestes mais antigos do universo, anunciadores das galáxias; a estimativa de idade dos mesmos situam-nos entre 14 e 18 bilhões de anos.

Partículas e radiações cósmicas

Ao contrário, na escala das dimensões desses enormes objetos, as partículas e as radiações quânticas percorrem, na velocidade da luz, o cosmo em todos os sentidos, portadoras que são de energias às vezes extremamente elevadas, muito além das capacidades dos aceleradores produzidos pelo homem. A radiação ionisante de origem extraterrestre, descoberta em 1912, foi identificada por Robert Millikan, em 1919-1920, como sendo constituída de partículas carregadas, mas não se tratava de elétrons como então ele pensava. Mostrou-se em 1948 que a radiação cósmica primária é constituída, em sua maioria, de prótons, assim como de outros núcleos de átomos completamente ionisados, com energias elevadas compreendidas entre 10^7 e 10^{21} eV. Ao encontrar os átomos da atmosfera, esses prótons e esses núcleos induzem reações nucleares com produção de partículas elementares que consti-

---

[26] Em inglês: *clusters*.

tuem a radiação cósmica secundária. Esta última comporta sobretudo múons (em razão de sua duração de vida relativamente longa, ver os capítulos 6 e 7), prótons e radiação eletromagnética, produzindo grandes chuvas penetrantes, que correspondem à materialização sucessiva dos fótons em pares elétron-pósitron. É com a radiação cósmica que foram evidenciadas as primeiras novas partículas elementares até a era dos aceleradores (ver capítulo 6).

Os *raios cósmicos* são partículas quânticas eletricamente carregadas. As partículas neutras que vêm do espaço como os fótons de alta energia (raios γ) e os neutrinos também podem ser assim denominados. As fontes da radiação cósmica primária são objetos ou regiões celestes, sedes de reações energéticas violentas, como as reações termonucleares de nucleossíntese no Sol e nas estrelas,[27] para a radiação de relativamente baixa energia; a explosão de supernovas, a atividade de centros galáticos etc., para a de alta energia. Os mecanismos de sua aceleração são mal-conhecidos. Eles são conduzidos a altas energias pelos campos eletromagnéticos intensos que reinam em certas regiões do universo.

O estudo das partículas de altíssima energia da radiação cósmica permite prolongar os conhecimentos fornecidos pela física com o uso de aceleradores em um domínio energético que escapa a estes últimos. Ele fornece igualmente informações importantes relativas à astrofísica e à cosmologia. As *partículas carregadas* informam sobre a proporção exata de antimatéria em relação à matéria (10^{-9} segundo os conhecimentos atuais), e os *raios γ* dão uma ideia dos tipos de corpos que emitem essas energias elevadas. Uma outra janela complementar é fornecida por *neutrinos* de alta energia, que provêm diretamente e sem alteração do coração mesmo das fontes energéticas.

---

[27] O *vento solar* é um fluxo de partículas eletricamente carregadas (prótons e elétrons) emitidas pelo Sol e constituindo um plasma interplanetário animado por uma velocidade média de 300 a 400 km. O Sol expele assim em um ano cerca de 10^{-13} vezes sua massa. De modo semelhante, as estrelas emitem os *ventos estelares*.

A astronomia por neutrinos, *neutrino-astronomia*, é um novo capítulo desde já aberto desta ciência, complementar das astronomias ótica, X e γ. A extrema transparência da matéria aos neutrinos, causada pelo imenso poder de penetração destes últimos, faz dos objetos opacos do universo sondas privilegiadas. Um *telescópio de neutrino* é um detector constituído de um grande volume de matéria, líquida ou sólida, equipado com cintiladores, câmaras de fios ou outros detectores de partículas carregadas, que permitem registrar as interações de neutrinos incidentes a partir das partículas produzidas, identificando-os em sua natureza e direção e reconstituindo sua energia incidente. O detector é colocado sob uma espessa camada de matéria, para uma filtragem severa do ruído de fundo de reações parasitas, necessária devido à fraca capacidade de interação dos neutrinos. Os detectores de neutrinos são, portanto, subterrâneos, situados dentro de túneis sob montanhas ou no fundo de minas profundas, desativadas ou não, ou ainda submarinos (em construção).

Os resultados já obtidos pela astronomia por neutrinos concernem em primeiro lugar ao estudo dos *neutrinos solares*, empreendido desde 1968 por Raymond Davis Jr. Os neutrinos (de tipo eletrônico V_e), produzidos nas reações de nucleossíntese solar, eram detectados por meio de suas interações em um imenso reservatório preenchido de tetracloreto de carbono, colocado no fundo de uma mina de ouro desativada, em Homestack, no Estado de Dakota do Sul, nos Estados Unidos. O conhecimento dos processos de nucleossíntese solar e a teoria das interações fracas possibilitam calcular a taxa e o espectro dos neutrinos emitidos e, portanto, prever a taxa das interações no detector situado na Terra. A taxa de neutrinos observada (nas interações "de correntes carregadas", que dão um elétron no estado final $v_e \to e$, ver o capítulo 7) era três vezes mais baixa que a antecipada a partir da teoria e de nosso conhecimento do Sol. A falta de interações constatada poderia ser imputada ou à inexatidão do modelo solar adotado, ou a uma propriedade de "oscilação" dos neutrinos (de uma de suas três espécies a uma outra, $\nu_e \to \nu_\mu$ ou $\nu_e \to \nu_\tau$),[28] previsível se sua massa não for nula.

Outras experiências do mesmo tipo estão sendo realizadas em diferentes lugares do mundo com a ajuda de detectores variados, a fim de captar toda a gama das energias de neutrinos solares produzidos nos diversos tipos de reações nucleares. Diversas experiências com resultados convergentes parecem indicar uma "oscilação" dos neutrinos.[29]

Um outro resultado notável teve por objeto a detecção de *neutrinos emitidos por uma supernova*. Em 24 de fevereiro de 1987, neutrinos foram detectados no hemisfério norte da Terra (no Japão e nos Estados Unidos), sua direção indicava que haviam atravessado a Terra e que provinham da supernova SN 1987A, que sobreveio na Grande Nuvem de Magalhães, situada no céu austral. A supernova era, aliás, visível a olho nu através do brilho da luz emitida, mas o instante de registro dos neutrinos precedia o momento de observação ótica, confirmando, assim, o caráter quase-instantâneo de sua emissão no momento da explosão da estrela. Não é exagerado dizer que essa observação abriu uma nova era para a astronomia, oferecendo uma nova janela de observação para estudar particularmente fontes de eventos muito energéticos.

---

[28] Os neutrinos solares são de baixa energia, da ordem do MeV, e inviabilizam a produção de dois outros léptons carregados, o múon e o tauon, cujas massas são muito elevadas para isso.

[29] Em particular, um resultado anunciado no começo de 2002 mostra que a taxa de neutrinos recolhidos na Terra é a prevista teoricamente, se detectamos os neutrinos que chegam à Terra por meio de suas reações de "correntes neutras" ($\nu_{e,\mu,\tau} \to \nu_{e,\mu,\tau}$), nas quais não há efeito de limiar de massa, como para as correntes carregadas. A atenuação observada para as reações com produção de elétrons seria, portanto, devida à transformação, no percurso do Sol até a Terra, do ν_e nas duas outras variedades.

A massa oculta

O problema de uma "massa oculta" no universo observável colocou-se ao mesmo tempo, a partir de considerações de astronomia local, sobre a dinâmica de certas estruturas, tais como as galáxias, e, a partir da cosmologia, sobre a estrutura global do universo. As primeiras têm por objeto a diferença considerável existente, no movimento das galáxias nos aglomerados, entre a massa, que seria necessária do ponto de vista dinâmico para dar conta de seu movimento, e a estimada pela observação ótica. Em resumo, parece que as massas, no nível dos objetos astronômicos como as galáxias, manifestam-se indiretamente por meio de seus efeitos dinâmicos e gravitacionais, escapando, ao mesmo tempo, à detecção habitual (ver quadro 10.1.).

Quanto ao argumento de natureza cosmológica (antecipamos aqui o que vem a seguir), este concerne ao valor da densidade observada do universo em sua relação com a "densidade crítica". A densidade crítica (p_{crit}) é o valor da densidade do universo para a qual a expansão seria exatamente compensada pela atração gravitacional de seus constituintes, e corresponde a um universo plano ou quase-euclidiano de Minkowski (fala-se de "platitude do universo"). Ora, acontece que a razão da densidade observada com a densidade crítica é, no tempo atual do universo, de 0,01; seu valor é dez vezes menor do que o que nós teríamos se, voltando ao tempo do universo primordial, quando a radiação e a matéria estavam em equilíbrio, a densidade observada tinha exatamente o valor crítico, isto é, era exatamente igual a 1. A coincidência extremamente precisa com esse valor muito particular sugere que a razão atual da densidade efetiva com o valor crítico é dez vezes mais elevada do que a observada.[30]

---

[30] $p_{crit} = H_0^2 / 8\pi G$; H_0 é o valor da constante de Hubble hoje. Define-se a relação da densidade com a densidade crítica, hoje ($\Omega_0 = \rho_0 / \rho_{crit}$) e com o tempo t ($\Omega = \rho / \rho_{crit}$). $\Omega_0 = 0,01$. Seria preciso ter $\Omega_0 = 0,1$, para que o universo tenha sido tal que $\Omega = 1$, na época em que se formou a matéria.

Nos dois casos, um *déficit* é, portanto, diagnosticado nas massas observáveis por referência aos valores que estariam em coerência com a análise dos fenômenos astronômicos e cósmicos. A proporção é bastante elevada. A massa total observada representaria somente 10% da massa total requerida. Deve-se supor que esses 90% de massa escaparam até agora à observação visual ou equivalente: é a *massa* "que falta", "invisível" ou "oculta". Os objetos que escapam à detecção visual, que poderiam contribuir de modo qualitativo para a massa do universo, poderiam ser astros massivos e compactos como os buracos negros ou as anãs marrons, ou objetos ainda desconhecidos, constituindo uma "matéria escura", que não emite radiação detectável, não bariônica (isto é, feita de outros constituintes diferentes dos nêutrons e prótons dos núcleos atômicos). Ela poderia ser constituída de "partículas exóticas",[31] criadas justamente no começo da expansão do cosmo, suficientemente numerosas e massivas para representar uma componente preponderante da energia e da massa do universo. Essas partículas exóticas poderiam ser as partículas requeridas pelas diversas teorias de unificação ou ainda neutrinos, se eles são dotados de massa, como os neutrinos "fósseis" do fundo do céu, tão numerosos quanto os fótons da radiação eletromagnética isótropa (que são cerca de um bilhão (10^9) de vezes mais numerosos do que os núcleons), e foram produzidos, com pouca diferença, ao mesmo tempo que eles. Parece que a massa dos neutrinos – se não é nula – seria, porém, muito fraca para aumentar suficientemente a massa do universo.

A pesquisa da matéria escura não bariônica, diretamente por meio de detectores apropriados ou indiretamente por seus efeitos sobre a dinâmica das estruturas em grande escala e pelas comparações entre as simulações numéricas e as observações, é um tema que se desenvolve muito desde a metade dos anos 1980. É um dos temas nos quais se marca mais ativamente a aproximação entre a cosmologia e a física subatômica.

---

[31] Elas deveriam, com efeito, ser diferentes das partículas conhecidas, cujas interações determinaram a formação do universo, descrita pela "cosmologia dos primeiros instantes".

11
A cosmologia contemporânea: expansão e transformações do universo

Voltemo-nos agora para a *cosmologia*, que passou a ser no início do século XX a ciência que estuda o universo considerado em sua totalidade e em sua evolução temporal. O termo "cosmologia" era, até então, de preferência, reservado às leis da natureza no que elas têm de geral e de universal.[1] Quanto às chamadas "cosmogonias", doutrinas sobre a história e até mesmo sobre a criação do universo, não eram propriamente científicas, mas sim manifestamente míticas. Entretanto, a lei da atração universal tinha começado a suscitar as "cosmogonias naturais", como a nebulosa primitiva de Kant e de Laplace; mas ela se restringia à consideração do sistema solar. A abertura do céu profundo para a observação, inaugurada por William Herschel no final do século XVIII implicava, a longo prazo, a eventualidade de se levar em consideração uma "constituição natural dos céus" para as grandes estruturas do universo, centrada em torno da dinâmica da gravitação.[2]

---

[1] Este é o sentido que lhe é atribuído, no século XVIII, na *Enciclopédia (Encyclopédie)* de D'Alembert e de Diderot, no artigo "Cosmologia" de D'Alembert, a saber, lei de aplicação geral ao cosmo inteiro. É uma concepção pós-copernicana e, nesse aspecto, ela era de uma importância fundamental, ao afirmar a unidade da matéria em todo o universo. Ela supunha a ideia de um universo físico, mas sem ainda tomá-lo como objeto de conhecimento (com raras exceções, nesta mesma época, notadamente, Jean Henri Lambert).

[2] (Nota acrescentada à edição em português). Tais interrogações eram geralmente recusadas pelo pensamento dominante impregnado de positivismo, no século XIX. Pode-se constatar, todavia, a presença de uma ideia cosmológica entre muitos cientistas desse período e, de fato, ela encontra-se na origem do surgimento da cosmologia como ciência. Ver, a esse respeito, Jacques Merleau-Ponty, *La science de l'Univers à l'âge du positivisme*.

A cosmologia surge – suscitada enquanto ciência – como uma decorrência direta e natural da teoria da relatividade geral ou teoria relativista da gravitação, aplicável ao universo inteiro. Para fazer essa aplicação era preciso formular hipóteses sobre a estruturação do universo (como a repartição das massas no espaço), isto é, formular os *modelos cosmológicos*. Esses modelos, que têm por objeto a dinâmica da gravitação, conduziram à necessidade de levar-se em conta uma transformação do universo em função do tempo e de diferentes roteiros possíveis (expansão acelerada ou uniforme, ou recontração). A observação da recessão das galáxias, feita quase na mesma época, e sua lei, formulada por Hubble, forneceram a contrapartida factual e observacional necessária para que a cosmologia pudesse ser considerada, sem restrição, como uma ciência física.

Uma outra dimensão da cosmologia manifestou-se, no terceiro quartel do século, por meio do encontro da cosmologia do universo primordial com a física das partículas e dos campos quânticos fundamentais. Ao considerá-la efetiva, mesmo que de uma maneira apenas teórica e, na maioria das vezes, especulativa, pelo enunciado de sua necessidade, que sobressai forçosamente dos dados de observação, o final do século XX vinha assim a concluir a abertura à observação e ao conhecimento da matéria do macrocosmo e do microcosmo, iniciada no século XVII, pela dupla invenção do telescópio e do microscópio.[3]

Nesse meio tempo, o homem tomava consciência da imensidade dos espaços cósmicos, com as observações, no início do século XIX, de

---

Etude sur les origines de la cosmologie contemporaine, Vrin, Paris, 1983, e *Cosmologie du XXè siècle. Etude épistémologique et historique des théories de la cosmologie contemporaine*, Gallimard, Paris, 1965). O filósofo Jacques Merleau-Ponty (1916-2002) foi um dos primeiros epistemólogos e historiadores das ciências a estudar as ideias da cosmologia contemporânea.

[3] A saber, a luneta de Galileu, o telescópio de Nicolas Cassegrain (1625-1712) e de Newton e o microscópio de Loewenhoek.

William Herschel,[4] que já se dava conta das distâncias astronômicas fora do sistema solar, ao definir o "ano-luz".[5] Ele observava e contava as nebulosas de estrelas em que via os "universos-ilhas", que são as galáxias.

Nos inícios da revolução científica, na metade do século XVII, Blaise Pascal, matemático, físico e igualmente filósofo, interrogava-se sobre o sentido dos "dois infinitos" (pós-copernicanos), que até então só podíamos pressentir, o da extrema pequenez e o da imensidade dos espaços cósmicos: "O que é o homem na natureza? Um nada em relação ao infinito, um tudo em relação ao nada, um meio entre o nada e o todo".

O homem, sem saber muito mais sobre o fundo dessa questão e sobre o que ele mesmo faz nesse mundo, tem abordado desde então essas margens do extremamente pequeno e do extremamente grande. Pelo menos, aproximou-se delas o suficiente para saber que grandezas não lhes são alheias, já que ele pode ter delas um conhecimento bastante preciso. Ele pode familiarizar-se com essas distâncias "astronômicas" e seus inversos, e com os "objetos" correspondentes. Mas, além disso, de uma maneira inesperada, pode considerar que esses dois infinitos brindam uma relação muito estreita. Para retomar a imagem surpreendente proposta pelo físico Leon Lederman (ver capítulo 7), os astrofísicos e os cosmólogos, apontando seus hipertelescópios para a direção do universo em seus primeiros estados (a distância sendo aqui uma medida direta do tempo, o que a luz leva para chegar até nós), e os físicos do domínio quântico direcionando seus hipermicroscópios (ou aceleradores) para pequeníssimas dimensões da matéria (dimensões inversas das energias), dão-se conta de que eles estão olhando o mesmo objeto.

---

[4] William Herschel (1738-1822), astrônomo britânico, nascido em Hanovre, que descobriu a radiação térmica ou infravermelha e, em 1771, o planeta Urano, foi o primeiro a construir grandes telescópios refletores (devido à sua grande luminosidade) e a sondar o espaço extragalático. Ele fez assim o catálogo de numerosos objetos celestes, principalmente as estrelas duplas (visuais) e as galáxias (que ele chamava de "nebulosas"). Seu filho John Herschel (1792-1871), matemático e astrônomo, prosseguiu sua obra, ao fazer observações no hemisfério Sul, no Cabo da Boa Esperança; ele foi um dos primeiros a aplicar a técnica da fotografia à astronomia.

[5] Ver, no quadro 10.4., as unidades de distâncias e outras grandezas usadas em astronomia.

A cosmologia e a física contemporânea ensinam que o mundo do "infinitamente grande" detém as propriedades do mundo do "infinitamente pequeno" pela sua própria estrutura: a forma do continente foi fixada pelo conteúdo, segundo o desenrolar do tempo. Com efeito, o conhecimento do universo em sua totalidade e o de suas grandes estruturas (as galáxias e seus aglomerados) dependem daquele da física subatômica, de que já falamos. Inversamente, as propriedades do "infinitamente pequeno" em suas regiões extremas e assintóticas só serão eventualmente conhecidas por meio daquelas do "infinitamente grande", ainda que esse termo não seja muito adequado para designar o universo inteiro na sua fase inicial (já que toda a sua massa-energia estava então concentrada em um ínfimo volume). Com efeito, em sua observação a longa distância, que corresponde à sua época precoce, o universo se propõe como laboratório para o estudo das propriedades "últimas" da matéria elementar. E esse laboratório "natural" é evidentemente o único possível.

A cosmologia gravitacional

A cosmologia como ciência tomou impulso a partir de uma conjunção de trabalhos teóricos sobre a estrutura espaço-temporal do universo, no quadro da teoria da relatividade geral, e de resultados de observação que dizem respeito ao movimento das galáxias. Do ponto de vista teórico, ela tem início em 1917, quando Einstein foi levado a aplicar sua teoria da relatividade geral ao universo tomado em sua totalidade. Inicialmente foi a preocupação com a coerência de sua teoria que o conduziu a isso, e não a ideia de tomar o universo em consideração. Pode-se dizer, nesse sentido, que a cosmologia impôs-se "naturalmente" à lógica da teoria relativista da gravitação. Também do ponto de vista observacional, como veremos, são os objetos do universo em grande escala, as galáxias, e seus movimentos relativos que suscitaram a ideia de expansão do universo e, portanto, de levar em conta o universo em sua totalidade; portanto, igualmente de maneira natural. Acrescentemos, porém, que a interpretação da recessão das galáxias em termos de expansão do universo foi guiada pela teoria da relatividade geral.

Einstein, dando prosseguimento à sua reflexão sobre a necessidade de erradicar a noção de espaço absoluto, que o havia conduzido no final de 1915 à teoria da relatividade geral, interrogava-se, em 1917, sobre o que aconteceria com a teoria se se levasse em consideração o espaço astrônomico nas regiões mais longínquas (com a ideia de um espaço infinito) onde se pode supor que não há mais corpos. Nesse caso, seria preciso então voltar ao espaço absoluto de Newton, e a teoria da relatividade geral deveria incluir, ao lado do termo representando os campos de gravitação, um outro termo representando o espaço absoluto ao infinito, para as regiões desprovidas de matéria. Mas assim a teoria perderia tanto na forma de suas equações quanto no pensamento de seus conceitos sua simplicidade e sua homogeneidade. Einstein encontrou apoio no "princípio de Mach", que lhe servira de guia no começo de seu trabalho sobre a relatividade geral. Ele recorreu a ele novamente, mas de uma maneira diferente da precedente, em que ele o havia utilizado como um "princípio da relatividade da inércia", para formar o conceito de "covariância" (ver capítulo 2).

O "princípio de Mach", assim batizado por ele na ocasião, fornecia-lhe dessa vez uma condição aos limítrofes para a aplicação de sua teoria. Mach pensava que o espaço absoluto nada mais é do que uma maneira de dizer e que todos os efeitos que lhe possam ser atribuídos referem-se de fato à influência dos corpos distantes (as estrelas fixas de Newton). Em outras palavras, como Einstein o traduziu em seu próprio sistema de conceitos, lá onde não há corpos e, portanto, campo de gravitação, não há espaço; não existe espaço vazio no infinito. Seria preciso, portanto, reter para o universo um espaço finito sem que se possa, todavia, colocar limites para ele. Ora a relatividade geral permitia concretizar na realidade *espaços riemannianos*, para os quais é possível dissociar as noções de finito e de limite (ou de infinito e de ilimitado). Um espaço esférico de duas dimensões, como a superfície de uma esfera, é *finito e sem limites* e o mesmo acontece com as dimensões superiores. Einstein escolheu, portanto, a condição "limítrofe" de sua teoria: um *universo esférico fechado* (com uma distribuição homogênea da matéria). Ele o formulou de fato como *fechado e estático*, pois nada nas observações astronômicas autorizava, na época, a considerar um universo dinâmico, cuja forma global se modificaria com o tempo. A própria ideia disso provavelmente nunca havia sido levantada. E, no entanto, as equações do campo de gravitação de Einstein para o universo inteiro implicavam uma variação, com o tempo, do raio do universo. Para compensá-la, Einstein acrescentou um termo à sua equação: o "termo cosmológico". Ele diria, cerca de dez anos mais tarde, depois de ter aderido à ideia de expansão do universo, que esse foi "o maior erro de sua vida". Entretanto, mesmo com um universo dinâmico e em expansão, o termo cosmológico continuaria a ser mantido, notadamente, nos anos de 1930, por Eddington e Lemaître.[6]

Diversos modelos cosmológicos foram propostos desde então, todos situados no quadro da teoria da relatividade geral de Einstein. Wilhelm de Sitter apresentou, desde 1917, uma solução diferente da de Einstein com seu modelo (mais matemático do que físico) de um universo vazio, praticamente euclidiano, "quase-estático" ou "estacionário", no qual as massas introduzidas devem repelir-se continuamente para compensar a atração. Alexander Friedman escreveu, em 1922-1924, as equações gerais da cosmologia relativista, retomando as hipóteses cosmológicas de Einstein, como um sistema de duas equações diferenciais que admitiam uma infinidade de soluções, podendo ser espacialmente abertas ou fechadas, na qual a métrica espacial é função do tempo cósmico (a variabilidade da métrica substituía a hipótese einsteiniana de um universo fechado). Os modelos estacionários de Einstein e de de Sitter são casos particulares dessas equações. O "universo de Friedmann", onde as ga-

---

[6] A constante cosmológica é mantida nas teorias do universo em expansão, mas com uma significação diferente. É a constante de integração na resolução das equações diferenciais de Einstein, que descrevem os modelos de Friedmann. A constante cosmológica adquire uma importância particular na teoria do "*Big Bang*". Ela está ligada, no universo primordial, às energias potenciais de todos os campos quânticos presentes.

láxias são as moléculas de um gás, cuja pressão é considerada como nula, tem soluções não estacionárias, nas quais o raio ou escala do universo, $R(t)$, varia com o tempo. Ele constitui o primeiro modelo dinâmico do universo.[7] Mas Friedmann não teve em vista as consequências físicas do caráter não estático da métrica, e seu trabalho só foi realmente levado em consideração depois dos trabalhos de Lemaître e de Hubble de 1929.

Hermann Weyl foi o primeiro a mostrar, em 1923, que uma métrica riemanniana do universo implica em geral um desvio espectral para o vermelho no modelo de de Sitter, indo ao encontro da ideia de um tempo cósmico como o de Einstein, mas liberado da hipótese estática. Caberá a Robertson em seguida, em 1929, clarificar as hipóteses geométricas subjacentes à cosmologia relativista de Friedman e formar exatamente a métrica riemanniana correspondente.

É aproximadamente na mesma época que as conclusões das observações astronômicas sobre a expansão do universo trouxeram para a cosmologia uma base factual, a favor de um desenvolvimento dinâmico do universo. A cosmologia privilegiava a hipótese de uma evolução temporal irreversível do universo em relação às duas possibilidades *a priori*, a de um universo cíclico das mitologias da Antiguidade ou a de um universo estático.

Einstein, que reconhecera desde 1922 a exatidão do trabalho de Friedmann, só aderiu efetivamente à ideia de um universo dinâmico em 1931. Desde então, produziu vários trabalhos cosmológicos em

---

[7] Wilhem de Sitter (1872-1934), astrônomo holandês. Alexander Alexandrovitch Friedmann (1888-1925), astrofísico russo, foi igualmente um dos fundadores da meteorologia dinâmica. A equação de Friedman, que faz intervir $R(t)$ e suas derivadas primeira e segunda com referência ao tempo, constitui uma das relações fundamentais da cosmologia relativista. Friedmann mostra que suas soluções têm três regimes: dois de expansão e um periódico com recontração, segundo o valor da constante cosmológica tomada como parâmetro. A ideia de tempo cosmológico, tida em vista por Einstein e Friedmann, supõe que é possível escolher coordenadas de espaço-tempo de maneira que os elementos g_{0i} do tensor métrico sejam identicamente nulos. Sobre todos esses desenvolvimentos, consulte-se com proveito a obra de Jacques Merleau-Ponty, *Cosmologie du XXe siècle*, já citada.

que rejeitava a constante cosmológica, admitia os modelos em expansão e notava que "a estrutura do espaço é cada vez menos determinada pela matéria que este contém".[8] Em 1932 ele propôs, com de Sitter, um modelo de universo em expansão indefinida, para um espaço euclidiano, como uma das soluções de um universo de Friedman-Robertson.[9]

Dali em diante, a cosmologia passava a ser uma ciência propriamente dita, para a qual a estrutura do universo é inseparável de sua dinâmica, governada em seu estado presente pelo campo de gravitação que se exerce entre os constituintes de matéria e de energia. Sua teoria fundamental é, portanto, a relatividade geral, que permite escrever as equações que fornecem sua métrica espaço-temporal. O *princípio cosmológico* enuncia a homogeneidade e a isotropia em grande escala que são efetivamente observadas – a uma escala superior às dimensões das galáxias. Esse princípio generaliza, por assim dizer, a descentração copernicana, no sentido de que nenhum objeto do universo ocupa neste um lugar central. A cosmologia observacional estuda, pela observação astronômica e astrofísica, independentemente de uma dada teoria cosmológica, as propriedades do universo, como sua homogeneidade e sua isotropia, sua estrutura em grande escala, a abundância dos elementos etc. Ela fornece os dados que correspondem aos parâmetros deixados livres nas equações da cosmologia teórica e possibilita assim determinar a dinâmica do universo: para um dado valor da densidade de massa-energia e para um estado inicial correspondendo a uma fase de expansão, um único tipo de evolução, entre os três tipos de solução que dão a dependência do raio do universo em função do tempo, será selecionado. Pode-se tratar seja de uma recontração, se a densidade é superior a certo valor dito den-

---

[8] Em um artigo de 1945.

[9] A variação do raio do universo em relação ao tempo é no modelo de Einstein-de Sitter: $R(t) = t^{2/3}$.

sidade crítica, seja de uma expansão indefinida. Neste último caso, pode-se observar dois resultados distintos: uma variação lenta para um universo plano, se a densidade corresponde exatamente ao valor crítico (modelo de Einstein e de Sitter), ou uma variação rápida, se a densidade é inferior ao valor crítico.

A recessão das galáxias e a expansão do universo

Paralelamente ao desenvolvimento das ideias da cosmologia teórica, a observação astrônomica no domínio das grandes distâncias implicava progressivamente a consideração do universo, tomado em seu conjunto como uma entidade dinâmica em si mesma. As medidas astronômicas haviam mostrado, desde o início do século, desvios espectrais de várias galáxias (elas eram então chamadas de "nebulosas espirais"). Vesto Slipher, principalmente, tinha interpretado seus resultados pelo efeito Doppler-Fizeau (ver quadro 10.3.), em termos de movimentos de fuga a velocidades muito altas, próximas daquela da luz, o que não deixava de surpreender. Outras observações confirmaram depois esses movimentos em numerosas galáxias. O comprimento da onda da luz emitida por estas sofria um deslocamento (ou desvio) para o vermelho (isto é, um aumento). O fenômeno foi admitido por volta de 1919 e, de uma maneira geral e definitiva, em 1924: o desvio era característico de um movimento de afastamento com relação ao observador terrestre, e parecia tanto mais importante quanto mais distantes estão as galáxias.[10]

---

[10] Vesto Melvin Slipher (1875-1969), astrônomo americano, estudou, por outro lado, os espectros dos planetas e contribuiu para a descoberta, em 1930, do planeta Plutão (que passou a ser considerado um quase-planeta, em 2000).

Figura 11.1. Georges Lemaître entre Robert Millikan (à esquerda) e Albert Einstein (à direita). A teoria do átomo primitivo triunfa. *California Institute of Technology*, Pasadena, 10 de janeiro de 1933.

Considerando esses resultados, Georges Lemaître (1894-1966)[11] teve a ideia de interpretá-los por meio da teoria da relatividade geral e de modelos cosmológicos que conhecia bem. Ele formulou e argumentou a ideia, desde 1927, de que o universo estava em expansão: a representação de um universo curvo permitia conceber que as galáxias se afastam umas

---

[11] Georges Henri Lemaître (1904-1966), cônego, astrofísico e cosmólogo belga; foi aluno de Arthur Eddington.

das outras, e mais ainda se elas se encontram mutuamente mais distantes. As medidas precisas das distâncias das galáxias tornaram-se possíveis graças à observação das Cefeidas (ver capítulo 10). Edwin Hubble,[12] medindo as distâncias de afastamentos dessas galáxias, mostrou, em 1928, que o desvio se deixa descrever para todas as galáxias por uma relação de proporcionalidade entre o deslocamento espectral, isto é, a velocidade, e a distância, e enunciou a lei que tem seu nome. Ele também vai inferir, a partir da recessão das galáxias, que o universo está em expansão. A expansão do universo era inferida naturalmente, como vimos, das equações da relatividade geral aplicadas ao universo: o raio ou fator de escala (correspondendo ao raio do universo) R (t) cresce com o tempo. Hoje sabemos, pela lei de Hubble, que essa expansão é regular[13] desde cerca de 15 bilhões de anos.[14]

A recessão das galáxias, na hipótese de uma expansão do universo, não deve ser interpretada como um movimento das galáxias *no* espaço, mas como o efeito de uma deformação *do* próprio espaço (do mesmo modo que quando um balão se enche, as distâncias se dilatam na sua superfície):

---

[12] Edwin Powell Hubble (1889-1953), astrônomo americano, que descobriu o caráter extragalático (fora da Via Láctea) das Nebulosas, pôs em evidência sua distribuição uniforme e forneceu a lei do desvio para o vermelho de seu espectro. Esta lei se escreve $cz = Hd$, com c velocidade da luz, z desvio espectral, d distância da Terra, e H constante de Hubble (H = 100 km s^{-1} Mpc^{-1}). Esta relação indica que a velocidade de fuga, v, é proporcional à distância.

[13] Fala-se de *expansão adiabática do universo*. Adiabática é uma transformação de um sistema físico que se efetua sem troca de energia com o exterior. É efetivamente o caso com o universo tomado em sua totalidade: a transformação é lenta e progressiva, a variação com o tempo do fator de expansão ou de escala cósmica, $R(t)$, é da forma $R \approx t^\alpha$, com $\alpha = 1$. A velocidade de expansão, designada por $H(t)$, varia como t^{-1} em regime normal.

[14] A lei de Hubble da recessão das galáxias é escrita: $z = V/c = H_0$ (com: $z = \lambda_{obs}/\lambda_{émise} - 1$, desvio; d: distância; V: velocidade da galáxia com relação à Terra; c: velocidade da luz; H_0: constante de Hubble para a idade do universo atual). A lei de Hubble da recessão das galáxias permite escrever o fator de escala do universo como: $H_0 = (1/R)_0 \cdot (dR/dt)_0$ (o índice 0 significando o valor tomado para o universo atual). A idade do universo é: $t_0 = 1/H_0$. O valor atualmente admitido de H_0 fica entre 60 et 80 km/s^{-1}Mpc^{-1}. O valor do fator de escala, $R(t)$, depende da densidade média do universo, exprimida por sua relação com a densidade crítica, Ω $(=\rho/\rho_c)$, e da constante cosmológica, Λ. Chama-se cosmocronologia a aplicação de métodos de determinação da idade do universo e de nossa galáxia por datação a partir dos elementos radioativos de meteoritos ou de rochas lunares, ou ainda de rochas terrestres primitivas.

elas "*estão em comobilidade*" com o universo. A recessão das galáxias é, portanto, o testemunho da expansão do espaço físico cósmico e, por conseguinte, do próprio universo; com ela, é o universo, muito mais do que os corpos que ele contém, que é diretamente objeto de observação, o que conforta a cosmologia como uma ciência no sentido pleno do termo.

É possível *a priori* considerar a expansão do universo até seu estado atual desde um tempo infinito ou desde um tempo finito. No primeiro caso, o universo teria existido desde sempre; no segundo, é possível falar de uma duração finita do universo até seu estado atual, o que acarreta certos problemas epistemológicos, como o da significação física de uma idade do universo, até mesmo de uma "origem" deste último. Os modelos do universo do segundo gênero são chamados "modelos do *Big Bang*" e são os mais preferidos hoje. A denominação foi lhe de fato atribuída, na época em que foram propostos, como um sinal de derisão e de inverossimilhança, por Fred Hoyle, que os considerava "criacionistas".[15] Este aspecto foi, é verdade, um pouco explorado no início, mas tais interpretações metafísico-teológicas saíam evidentemente do quadro das ideias científicas. Nesse contexto, a questão não era realmente saber se essas ideias podiam suscitar interpretações arriscadas (pois quem poderia, em todos os casos, frear as imaginações férteis?), mas se eram coerentes do ponto de vista físico e epistemológico. (Lembremo-nos de certas interpretações da mecânica quântica, cujo caráter delirante em nada alterou o bem fundamentado da própria teoria.)

---

[15] Existem outros casos, na história, de epíteto inicialmente atribuído por derisão, que finalmente se impôs e se valorizou, independentemente da intenção inicial. A nova arquitetura das catedrais desenvolvida em torno do entrecruzamento de ogivas, cuja origem remonta à França do século XII, foi qualificada de "gótica" pelos humanistas italianos da época, que a achavam "bárbara" (ver Henri Pirenne, *Histoire de l'Europe. Des invasions au XVIe siècle*, Office de publicité, Bruxelles/ La Baconnière, Neuchâtel, 20e éd., 1945, p. 271). "Impressionista" foi o epíteto irônico utilizado por um jornalista satírico, para significar *inacabado* ou *feito às pressas* a nova pintura não acadêmica representada notadamente pelo quadro de Monet, *Impression, Soleil levant* (1872) etc. (*Nota acrescentada a esta edição*).

O modelo teórico do "*Big Bang*" que vamos descrever é então elevado ao estatuto de "modelo *standard*", e sua denominação é retomada sem conotação alguma. (É verdade que a física habituou-nos desde então às mais curiosas invenções linguísticas imagéticas, como se pôde ver no capítulo 7.)

Seja como for, teorias ou modelos foram propostos como alternativas ao *Big Bang*, na maioria das vezes, para evitar o que poderia aparecer como as aporias de um começo do tempo e de uma sigularidade inicial do espaço (assunto ao qual voltaremos no capítulo 12, consagrado às "origens"), e as interpretações criacionistas que as acompanhavam. As mais conhecidas são a "teoria do estado estacionário" ("*Steady state theory*"), de Hermann Bondi, T. Gold e Fred Hoyle, e aquela, posterior, "da luz cansada", proposta por Hannes Alfvén, Jean-Claude Pecker, Jean-Pierre Vigier e outros. O primeiro modelo propunha um universo estacionário no qual a densidade de matéria no universo é mantida por um fluxo de energia e de matéria-antimatéria em formação permanente que contrabalança a dispersão (a base teórica foi retomada do universo de de Sitter). Os resultados observacionais que fizeram o sucesso do modelo do *Big Bang* invalidavam, pelo contrário, as predições de uma formação contínua de matéria-antimatéria (e notadamente a ausência de antimatéria a um nível comparável ao da matéria). A teoria da formação contínua foi abandonada no decorrer dos anos 1960.

Já o modelo teórico da "luz cansada" propunha um mecanismo físico de desvio da luz na direção do vermelho proporcionalmente à distância, o que evitaria ter um movimento de expansão. Segundo esse mecanismo, hipotéticas partículas neutras de matéria de um tipo ainda não observado, presentes no espaço intergalático, interagiriam com o raio eletromagnético, fazendo este perder sua energia no decorrer de seu percurso, tendo por resultado um aumento do comprimento da onda. Mas esta hipótese é muito desfavorecida pela observação astronômica, nenhuma partícula deste tipo pode ser detectada.

Resta-nos então a segunda solução, que corresponde aos modelos do "*Big Bang*".

A teoria (ou o modelo) do Big Bang

A teoria dita do "*Big Bang*" constitui a versão mais recente e a explicação dinâmica da teoria do universo em expansão. Ela conquistou, durante os últimos trinta anos do século XX (mais precisamente a partir de 1965), a preferência dos astrofísicos e dos cosmólogos, mas sua ideia é mais antiga. Uma primeira forma da teoria foi proposta por Georges Lemaître, em 1931, com o nome de teoria ou modelo do *átomo primitivo*. Lemaître formulava a hipótese de que, ao remontar o curso do tempo no sentido inverso da expansão até seus "inícios", nós veríamos a energia total do universo concentrar-se em um volume cada vez menor até formar uma "bola de fogo" de uma densidade de energia extrema, figurando uma espécie de "átomo primitivo" único, de natureza quântica. Esse átomo original ter-se-ia desintegrado à maneira do átomo radioativo, seus produtos formando, por meio de cascatas sucessivas de matéria-energia que se propagam no espaço, o universo em expansão.

A teoria de Lemaître introduzia na cosmologia nascente dados da física da matéria elementar, mas de uma maneira ainda puramente especulativa. A ideia diretriz mostrar-se-ia finalmente fecunda. Retomada nos anos de 1947-1950, por Georges Gamow,[16] em um modelo mais plausível do universo como corpo negro, que integrava os últimos desenvolvimentos da física nuclear, ela redundaria na teoria do "*Big Bang*". Esta nova cosmologia recorre tanto à teoria da relatividade geral quanto à física quântica e, na forma do "modelo *standard*", à teoria quântica dos campos para o período da evolução temporal do universo chamado de *cosmologia primordial*.

---

[16] Georges Gamow (1904-1968), físico norte-americano, autor das célebres obras de divulgação.

Figura 11.2.
George Gamow, inventor da nucleossíntese primordial.

Gamow e seus colaboradores, Ralph Alpher e Robert C. Hermann, retomaram a ideia de Lemaître de um estado inicial extremamente denso da matéria-energia do universo reunida em um pequeníssssimo volume. Supunha-se que essa matéria era constituída de prótons e de nêutrons de energia cinética elevada, muito próximas umas das outras, e cujas colisões incessantes desencadeavam as reações nucleares com a produção de núcleos cada vez mais complexos (como isso já era admitido na época para o Sol e para as estrelas). Eles pensavam poder explicar assim a nucleossíntese dos elementos químicos. Tal conjetura mostrar-se-ia correta apenas para os núcleos muito leves, de número atômico inferior ou igual a 4. Mas a nucleossíntese nas condições do universo primordial não é possível para as massas atômicas superiores. E. Fermi e A. Turkhevich mostraram, em 1950, que os núcleos de número atômico 5 e 8 são muito instáveis e bloqueiam a possibilidade de outras reações. Os outros núcleos só podem ser produzidos em condições de confinamento gravitacional das estrelas.[17]

---

[17] Esta nucleossíntese estelar foi demonstrada em 1957 por Fred Hoyle, William A. Fowler, A. G. W. Cameron, G. e M. Burbridge. De fato, o lítio, o berílio e o boro são formados por interação da radiação cósmica com o meio interestelar.

Na teoria de Gamow, os estados muito "quentes" e de grande densidade de energia do universo nos seus primeiros instantes são resfriados pela expansão. Quando a temperatura passa a ser inferior a aproximadamente 10.000 K, os núcleos atômicos ionizados (essencialmente os núcleos de hidrogênio) capturam os elétrons, até então livres, para formar os átomos, segundo a reação $p^+ + e^- \to H + \gamma$, que é acompanhada de uma emanação intensa de radiação eletromagnética no ultravioleta. Essa radiação é resfriada em seguida pela expansão, até se tornar uma radiação micro-onda. Esta predição seria plenamente confirmada, com uma pequena diferença de valor numérico, cerca de vinte anos mais tarde.

Em 1965, com efeito, Arno Penzias e Robert Wilson,[18] procurando, por razões totalmente diferentes, sinais de rádio no céu, detectaram acidentalmente a radiação radiodifusa, isótropa, que foi rapidamente identificada como a radiação electromagnética fóssil do fundo do céu, prevista pela teoria (ou o modelo) de Gamow. O comprimento de onda observado correspondia a uma temperatura de corpo negro de 2,7 K, mais baixa que aquela calculada pela teoria (5 a 7 K).[19] O acordo quase perfeito seria objeto de refinamentos ulteriores, tornados possíveis pelos desenvolvimentos da física subatômica.

Já a nucleossíntese primordial teria sido realizada a uma temperatura do universo compreendida entre alguns bilhões e algumas dezenas de milhões de graus, no intervalo de tempo situado entre 1 e 100 segundos no eixo dos tempos ao qual se refere a expansão. A teoria do *Big Bang* predizia a *abundância* do hélio (de número atômico 2, representando 25% da massa da matéria visível) e de outros elementos leves primordiais como o deutério (hidrogênio pesado) e o lítio 7 (de número atômico 3).

---

[18] Arno Penzias (1933-) e Robert Wilson (1936-), físicos americanos da companhia Bell Telefone, receberam o Prêmio Nobel de Física em 1978.

[19] Lembremos que um corpo negro é uma cavidade (forno) aquecida que emite luz em equilíbrio térmico (a radiação absorvida e a radiação emitida equilibram-se). O espectro emitido (distribuição em comprimentos de onda) é, então, somente função da temperatura. A lei da radiação do corpo negro foi a primeira manifestação da necessidade de introduzir os quanta (ver capítulo 3).

A observação da radiação micro-onda difusa do fundo do céu, junto com o conhecimento da abundância do hélio primordial e do movimento de conjunto de expansão do universo, desencadeiam a adesão – que logo seria praticamente geral – à teoria do *Big Bang*, apesar da obscuridade que representava a singularidade do "ponto-origem", extrapolado no eixo do tempo e daquele que representa o espaço, designado metaforicamente como o *"Big Bang"*.

A cosmologia primordial e a matéria subatômica

A cosmologia, em seu estado atual, integra dois regimes distintos da evolução do universo, que correspondem a duas séries de organizações da matéria que se sucedem, cada uma delas governada por um tipo definido de teoria física. O primeiro tipo é *a cosmologia do universo em expansão*, tal qual a tínhamos inicialmente considerado, organizada em torno da teoria da relatividade geral e do estudo das estruturas do universo em grande escala, governadas pelo campo de gravitação. O segundo tipo é a *cosmologia primordial*, que constitui a teoria do *Big Bang* propriamente dita e que concerne ao período do universo preparatório de sua organização em grande escala. No decorrer desse período, o universo está concentrado em sua totalidade em um volume muito restrito e encontra-se em um estado de matéria-energia de altíssima densidade. Durante uma fase inicial muito rápida, mas muito movimentada, a matéria do universo encontra-se em um estado de plasma de partículas e de campos quânticos comprimidos a altíssimas temperaturas, submetido às leis da física desses campos.

A *cosmologia primordial* encontra aqui a *física subatômica*, o que é natural, já que seus objetos retrospectivos correspondem a estados da matéria submetidos às mesmas condições físicas, para energias e densidades de energia muito elevadas e distâncias espaciais extremamente pequenas. Esse encontro constitui em si um fenômeno notável, tanto do ponto de vista epistemológico quanto do da organização das disciplinas científicas. Uma nova disciplina surgiu com efeito, desde vinte anos, na junção da astrofísica-cosmologia e da física subatômica, à qual, às vezes, dá-se o nome de física "astropartícula". Esta compreende os temas já encontrados, relativos às propriedades físicas dos objetos do universo em sua estrutura subatômica, e igualmente tudo o que concerne à cosmologia primordial. A relação é uma interpenetração nos dois sentidos; cada uma das disciplinas fornece interrogações para a outra, mas também informações e condições de vínculos que permitem determinar uma solução entre as várias possíveis *a priori*.

Mostraremos esta imbricação ao examinarmos as diferentes fases que podem ser associadas à cosmogênese, isto é, ao universo primordial em expansão, em seu estado microscópico e quântico "precoce", bem como no estado seguinte intermediário, no qual, com a diminuição da densidade e o aumento das distâncias espaciais, as interações quânticas param de agir e os efeitos do campo de gravitação ("clássico", relativista e não quântico) predominam dali em diante. Para termos uma representação da sucessão dos estados do universo, isto é, da matéria-energia nele contida, nesse período precoce, pode-se definir uma *escala do tempo cósmico* por extrapolação a partir dos dados do universo macroscópico em expansão, considerando-se o raio de escala, $R(t)$, função do tempo, vinculado à lei de Hubble. Este raio dá o volume ocupado pela matéria do universo a cada instante t. A ele corresponde uma densidade de matéria-energia, $p(t)$. Ao considerarmos o universo como um corpo negro em equilíbrio termodinâmico, pode-se associar a cada instante uma temperatura do universo, $T(t)$. Obtém-se, assim, uma escala de correspondência entre os diferentes parâmetros, que possibilita conceber as propriedades físicas do universo em cada instante, as quais são fornecidas pelo regime das leis físicas que são efetivas para a temperatura ou a densidade de energia considerada, correspondentes aos diversos estados de partículas e de campos da física subatômica (ver figuras 11.1. e 11.2.).

Os estados sucessivos do universo são, então, diretamente dados pelos campos quantificados tal qual são estruturados nas condições de energia correspondentes aos tempos considerados. Esses campos são os *campos de calibre* das físicas de alta energia, como nós a encontramos precedentemente com suas propriedades de unificação e de simetria. Quanto mais elevada é a energia, maior a simetria e mais forte o grau de unificação; as rupturas de simetria acontecem quando a energia diminui. As massas das partículas dominantes nessa fase ficam sensíveis, e os campos de interação diferenciam-se uns dos outros. Deste modo, a escala do tempo cósmico torna efetivo este cenário teórico, que se identifica por essa razão às fases sucessivas do universo primordial, no "sentido descendente" da diminuição de densidade de energia, que é o do curso do tempo cósmico e da expansão.

Pode-se distinguir na escala do tempo uma primeira fase para os tempos t inferiores ao valor dito "tempo de Planck" ($t_p = 10^{-43}$s),[20] que corresponderia a um só campo de calibre unificado contendo todas as interações, em particular, a interação gravitacional, que deve ser então quântica. Com efeito, se se considera o diagrama das variações das constantes de acoplamento dos quatro campos de interação conhecidos em função da energia, estas convergem até coincidirem na região das energias superiores à "energia de Planck" deste primeiro período "inaugural". Esta tem por objeto um domínio que os físicos não conseguem ainda tratar do ponto de vista teórico, já que se trata da quantização da gravitação, o que corresponde a reunir a teoria da relatividade geral e a mecânica quântica, duas teorias cujas bases conceituais são incompatíveis (o espaço-tempo contínuo, de um lado, as grandezas quânticas e seus valores próprios descontínuos, de outro).

Levar em conta esse domínio e esse período corresponde a uma necessidade lógica (por continuidade), mas a uma completa indeterminação física (por ignorância, mesmo se esforços notáveis e de grande inventividade são atualmente feitos para isso, como será visto mais adiante, a propósito da significação do tempo nessas condições). Aqui não falaremos muito mais sobre esse aumento, a não ser para mencionar certas direções das pesquisas em curso, que modificam a abordagem da teoria quântica dos campos em um sentido que possa ser adaptado ao campo de gravita-

---

[20] O tempo de Planck é definido por: $t_p = \sqrt{(hG/c2)}$

ção. As teorias de cordas (os objetos não são mais pontos materiais, mas cordas a uma dimensão) e de supersimetrias (ver capítulo 7), as geometrias não comutativas ou as aproximações topológicas com espaços de mais de quatro dimensões, as excedentes sendo dobradas sobre si mesmas...

Em uma fase seguinte, o estado de matéria-energia é estruturado pelo campo de Grande Unificação (GU), dissociado daquele de gravitação quântica, e cuja simetria se rompe a 10^{-35}s, diferenciando o campo de interação forte (cromodinâmica quântica) e o campo eletrofraco. A transição de fase que então sobrevém, entre 10^{-35} e 10^{-32}s, sob o efeito de (hipotéticos) "bósons de Higgs" específicos, provoca um aumento muito rápido (exponencial, $R(t) = e^t$) do volume do universo. Esta fase intermediária, dita de "*inflação*", foi inserida pelos físicos e cosmólogos teóricos[21] a fim de acelerar o movimento de expansão de conjunto do universo observável em um tempo muito curto, por diversas razões, entre as quais assinalamos a necessidade de manter a possibilidade de uma relação causal entre as regiões do universo mais tarde separadas (em relação à isotropia da radiação difusa emitida em uma fase ulterior) e a necessidade de diluir rapidamente no espaço objetos hipotéticos, como "cordas cósmicas", "falhas topológicas", "miniburacos negros primordiais" ou também monopólios magnéticos massivos que supostamente teriam sido produzidos na fase GU.[22] Quando a fase da inflação acaba, o regime normal da expansão espacial retorna de 10^{-32} a 10^{-12}s, com a dominância dos campos cromodinâmico e eletrofraco. A 10^{-12}s, a simetria eletrofraca se rompe por sua vez, diferenciando os campos eletromagnético quântico e nuclear fraco.

---

[21] A teoria da inflação foi formulada por Alan Guth, François Englert e Paul Steinhardt.

[22] As *cordas cósmicas* são tipos particulares de falhas topológicas; elas são formadas pelo conjunto de pontos que constituem uma curva fechada em torno da qual os campos de Higgs são orientados da mesma maneira que as linhas de força de um campo magnético orientam-se em torno de uma corrente elétrica. São regiões filiformes, de uma estreiteza de 10^{-24} cm, de grande densidade de energia, representando uma espécie de fenda do tecido do espaço, produzidas justamente nos primeiros instantes do universo, segundo as teorias da unificação dos campos de interação. Elas poderiam ter a ver com a origem das estruturas filamentosas das galáxias, mas até o momento não foram observadas.

Os estados da matéria que dominam no universo entre 10^{-6} e 10^{-4}s definem uma *era hadrônica*, na qual núcleons, antinúcleons e fótons estão em equilíbrio e à qual sucede, de 10^{-3} a 1s, uma *era leptônica*, em que léptons e antiléptons mantêm-se em equilíbrio com os fótons. Depois, estes últimos, resfriados pela expansão, não podem mais se recombinar em pares de elétron-pósitron e se desprendem da matéria, determinando a *era radioativa*. Esta dura de um segundo a trezentos mil anos aproximadamente. A densidade de fótons, produzidos então com a formação dos átomos pela captura dos elétrons pelos núcleos (os prótons e os núcleos de hélio sintetizados aproximadamente em três minutos), passa a ser muito superior à das partículas de matéria residual.

Nesse meio tempo diversos fenômenos intervieram, contribuindo para dar ao universo sua configuração atual; em primeiro lugar, a supressão da antimatéria. Sabemos que o universo é constituído essencialmente de matéria. A assimetria entre matéria e antimatéria é medida pela razão do número atual de bárions ou núcleons (dado pelo número de bárions subtraído pelo número de antibárions, $N_B - N_{\overline{B}}$),[23] e do número de fótons da radiação térmica isótropa; este número ($\frac{N_B - N_{\overline{B}}}{N_\gamma}$) é igual à 10^{-9}. Este fato, contrário à suposta simetria inicial das partículas e antipartículas no universo, encontra uma explicação (por um mecanismo proposto por Andreï Sakharov)[24] com as teorias de unificação dos campos de interação aplicáveis ao universo primordial, e pela ruptura da simetria PC em certos processos (ver capítulo 7). Já o confinamento dos quarks se produziu durante a transição que os sintetizou em hádrons (prótons, nêutrons, deutério...).

---

[23] Lembremos (capítulo 7) que o número de bárions (prótons, nêutrons etc.) no universo é conservado (conservação da carga bariônica).

[24] Andreï Dmitrievitch Sakharov (1921-1989), físico soviético, membro da Academia das Ciências da U.R.S.S., autor de importantes trabalhos sobre a fusão nuclear, foi um dos principais artífices da construção da bomba H soviética. Militou a seguir pelos direitos do homem, recebeu o Prêmio Nobel da Paz em 1975. Foi então perseguido pelo poder antes de ser reabilitado em 1988, durante o governo de Mikhail Gorbatchev.

No decorrer da *era radioativa*, a radiação, diluída no espaço, não controla mais a evolução do universo, que prossegue em expansão, freado lentamente pela atração mutual de gravitação da matéria-energia que ele contém e que representa dali em diante a solicitação dinâmica preponderante. A *era da matéria* é aquela na qual os átomos, formados na nucleossíntese primordial, vão lentamente agregar-se sob o efeito de seu campo de gravitação para constituir (a partir de "germes" pré-formados nos períodos precoces, como potenciais energéticos) as galáxias, no interior das quais se constituirão as estrelas. Tudo isso sem contar as aventuras paralelas da "matéria escura", sobre a qual, até esse momento, nada mais sabemos, exceto que ela deve estar presente em algum lugar, para aumentar na proporção requerida (de 90%) a densidade global do universo (ver o início deste capítulo).

O que foi dito precedentemente a respeito da cosmologia primordial é suficiente para ver que o universo, nas primeiras fases de sua evolução temporal, constitui o laboratório ideal da física nuclear e das partículas elementares para o estudo dos estados extremos da matéria, que nos esclarece sobre a sua natureza profunda. Laboratório ideal e privilegiado (de acesso indireto, evidentemente), por ser um campo único (no sentido literal) de observações (reconstituídas por meio da coerência teórica), e cujas condições físicas não serão renovadas.

Se a cosmologia em seu conjunto tornou-se uma ciência no sentido pleno do termo, vê-se bem, por este aspecto e por outros, que foi às custas de inovações consideráveis, quanto ao seu objeto e a seus métodos, em relação aos cânones habituais da física. Ela suscita, por isso, uma ampliação notável da racionalidade científica, o que nem sempre acontece sem riscos, se a inventividade e a imaginação teórica não são acompanhadas de uma lucidez epistemológica do mesmo nível.

É possível pensar que o próprio universo – tal como o implicam a teoria da relatividade geral e as cosmologias relativista e quântica, bem como as observações astronômicas e astrofísicas – desenrola seu tempo e seu espaço, que não são definidos fora dele. A recessão das galáxias, que revela a expansão do universo, não deve ser compreendida como um movimento que resulta de uma dinâmica de forças que lhes seriam aplicadas, mas somente como o efeito da dilatação do espaço, constitutiva da estrutura deste último para os tempos considerados. Quanto ao tempo, nós lhe consagramos, para terminar, algumas observações.

Observações sobre a significação do tempo físico e cosmológico

Nos inícios da física clássica, a definição do tempo como o ano, o dia, a hora, que asseguravam a significação natural ou física do tempo como conceito e grandeza, estava associada a fenômenos astronômicos. Em uma época em que os relógios eram ainda muito imprecisos, a significação, do ponto de vista físico, das divisões menores do tempo não era evidente. Descartes, evocando, no século XVII, a divisão do tempo abaixo da unidade de dia ou de hora, considerava-a puramente convencional e pensava que ela se deve unicamente ao fato de que nós consideramos o tempo como uma grandeza contínua, isto é, indefinidamente divisível. Desde então, foi possível associar durações temporais mais curtas a certos fenômenos físicos e preservar assim uma significação física do tempo para frações muito breves de segundo.

É desse modo que a definição relativamente recente do tempo pelos relógios atômicos tornou-se posssível pela evidência da realidade física de intervalos de tempo bastante pequenos quanto da ordem de 10^{-10}s. Esse tempo corresponde ao período de vibração, para a estrutura hiperfina, do átomo de Césio-133 (^{133}Cs), excitado no intervalo de frequência $\Delta v = 9192631 \times 770$ Hz (aproximadamente $9,2 \times 10^9$ Hz). Pode-se ir muito mais longe ainda, quanto ao caráter físico de pequeníssimos intervalos de tempo, com a física, não mais atômica, mas subatômica. Esta considera, experimental ou teoricamente, períodos ou tempos de vida de "objetos" quânticos bem menores ainda, e esses períodos continuam tendo uma significação física clara. Para as partículas consideradas como relativamente estáveis (desintegrando-se pela via da interação fraca ou eletromagnética), essas durações físicas vão até 10^{-18}s, e para as partículas metaestáveis (ou ressonâncias, desintegrando-se pela via de interação nuclear forte) até a ordem de 10^{-23}s, e até mesmo mais abaixo disso.

Vemos como o conceito de tempo, definido por esses "relógios naturais", ou a eles referidos, é construído por nós com relação aos fenômenos do mundo físico. Em outros termos, o conteúdo físico do tempo submete-se às propriedades dos fenômenos. Existe entre o tempo e os fenômenos associados uma relação de reciprocidade.[25] Este estado de coisas se inscreve contra a concepção de um tempo absoluto, e vai ao encontro das considerações sobre o tempo da teoria da relatividade (restrita e geral) e da termodinâmica. A cosmologia o confirma e oferece, além disso, a possibilidade de prolongar a escala dos tempos físicos até valores ainda menores.

A cosmologia primordial e as atuais teorias quânticas de calibre em física subatômica de altas energias, segundo a concepção geralmente admitida do "*modelo standard*" dessas duas teorias associadas, dão, com efeito, uma significação a tempos ou durações temporais ainda muito inferiores. Na fase da evolução do universo – em que a matéria se encontra em estados que pertencem ao domínio da física das partículas elementares e dos campos quantizados –, as escalas de tempo são estruturadas diretamente pelas leis que governam os campos de interação em jogo. A significação física desses tempos cosmológicos lhes é dada pelo regime do comportamento dos campos e das partículas e pelo estado do universo correspondendo a esse período. Pode-se, portanto, considerar que o tempo, como conceito e grandeza física, guarda um sentido até o valor do "tempo de Planck" ($T_p = 10^{-43}$s). O conceito de tempo escande as diferentes fases da evolução do estado físico do universo, e a escala espacial deste último, $R(t)$, associa ao tempo a lei do campo (ou dos campos) doninante(s) e o estado das disposições de matéria correspondentes.

---

[25] Ver Michel Paty, "Sur l'histoire du problème du temps: le temps physique et les phénomènes", *in* Etienne Klein e Michel Spiro (Ed.), *Le temps et sa flèche*, Gif-sur-Yvette: Editions Frontières, 1994; Collection Champs, Flammarion, Paris, 1996, p. 21-58.

Por essa razão – que associa aos tempos primordiais um estado caracterizado da matéria – o conceito de tempo não tem mais, no nosso estado atual de conhecimento, significação física aquém do valor do tempo de Planck (istoé, $T_p \leq 10^{-43}$s). Podemos então retomar o argumento de Descartes sobre a definição do tempo aquém da hora e continuar a falar de tempo na região assintoticamente pequena, com a condição de considerar que, aquém deste lado do tempo de Planck, a divisão do tempo nada mais é do que uma convenção, se continuarmos a fazer dele uma grandeza contínua. Mas pode ser que as teorias futuras, que vincularão, de uma maneira fundamental, o campo de gravitação e os campos quantizados, decidam totalmente de outro modo. Não parece, em particular, que se possa falar de um "tempo zero" do universo, preservando um sentido físico ao conceito de tempo.[26]

---

[26]Esta questão é retomada mais adiante, no capítulo 12, a propósito da questão da "origem do universo".

12
Observações acerca das pesquisas sobre as origens

Se a humanidade, na diversidade de suas culturas, sempre se mostrou preocupada com suas origens e com as origens do cosmo que a cerca, sua narrativa era geralmente confiada aos mitos, entregue ao poético e ao sobrenatural. Apenas progressivamente o problema das origens tornou-se um objeto de conhecimento científico e, além disso, sob formas muito diferentes, conforme se trata das origens do homem (problema pertencente à *paleontologia humana*), da vida (jovem ciência que recebeu por nome *exobiologia*), da Terra (este planeta muito especial para nós, mas talvez banal na escala do cosmo) ou do universo (preocupação recente para a ciência, desde a *cosmologia* do universo em expansão).

Evoluções, origens do homem, fronteiras

A questão das origens encontra-se na ordem do dia das mais diferentes disciplinas a partir do momento em que elas admitiram plenamente que seus objetos situam-se em uma evolução temporal, abandonando toda concepção fixista. As coisas e os seres do universo não foram sempre tal como as vemos hoje; eles se transformaram, em todos os domínios, no desdobrar do tecido do tempo: é disso que nos asseguram a paleontologia e a antropologia, para as formas animais e humanas, a biologia evolucionista, para as formas vivas em geral, e a química, a física, a astrofísica e a cosmologia, para os corpos inanimados terrestres ou cósmicos.

A questão das origens da vida e talvez a das origens do homem são questões de fronteira, não mais da fronteira da ciência, já que doravante dela são parte integrante, mas da fronteira qualitativa das formas da matéria: da matéria inanimada à matéria viva (nos confins da físico-química e da biologia) e da matéria viva à matéria pensante (entre a biologia e as neurociências e as "ciências do espírito", mas com relações também com a antropologia e as ciências humanas). Admitir que a questão das origens nesses domínios depende da abordagem científica é admitir a possibilidade de passagens "naturais" entre os objetos de disciplinas que estiveram separadas por uma tradição de pensamento na qual se enraíza a ciência que atualmente coloca essas questões. É reconhecer, sob as rupturas qualitativas, uma continuidade fundamental e uma unidade de natureza da matéria constituinte desses diferentes estados de organização. Propondo respostas a essas questões, a ciência suscita ao mesmo tempo novas questões filosóficas que têm por objeto, em primeiro lugar, as categorias de pensamento que sustentam seus enunciados. Inicialmente epistemológicas e filosóficas, essas questões interessam, afinal, também à metafísica. O fio que une os objetos da ciência, porque ele próprio é objeto de pensamento, é seguido por uma outra cadeia fundamental de dimensões desse pensamento em sua diversidade.

Ao falar das origens, precisamos ultrapassar o objeto (a física) ao qual nos limitamos até aqui, já que o aumento da complexidade das formas materiais atômicas e moleculares, subordinada à química orgânica, é capaz, em certas condições que se busca conhecer, de resultar em organismos vivos. De agora em diante a questão impõe-se e não pode ser evitada: como se dá, na estrutura e na disposição das formas, mas também em sua gênese, a passagem do orgânico para o vivo? Ultrapassaremos nosso objeto em ainda mais um grau (aliás, desde o início desta evocação da pesquisa das origens) colocando antes das demais a questão da origem do *pensamento*. Com efeito, a questão das origens também implica as origens do pensamento, à medida que este último conduz, com o pensamento humano, ao retorno sobre si mesma da "matéria" viva, pensante e consciente, para compreender-se e empenhar-se em descobrir de onde ela vem.

Certamente, no desenrolar ou no desenvolvimento da evolução do universo e das formas da matéria, o aparecimento ou a emergência do pensamento ocorre apenas no extremo da escala, ao menos para nosso olhar interessado e, para esse tema, sempre antropocêntrico, mesmo que aceitemos a existência de outras formas de pensamento além da humana e que os animais também o tenham em algum grau. Sem dúvida, a história do pensamento, quando a circunscrevermos melhor no futuro por meio da paleontologia e da biologia animal comparada, revelará séries de saltos de diferenças qualitativas sobre um fundo de transformações mais ou menos contínuas das formas materiais. Resta, de qualquer modo, que o pensamento humano é, sem falsa modéstia, o que de mais elaborado conhecemos atualmente quanto aos seus efeitos (e, sem dúvida, quanto à organização do sistema nervoso central). Nenhuma outra espécie animal chegou, de fato, por suas capacidades cognitivas e técnicas, a transformar de uma tal maneira o mundo onde ela vive (com o risco de destruí-lo), nem a operar esse retorno reflexivo, capaz de colocar o mundo exterior e a si mesmo a distância, para interrogar-se sobre eles, procurando-lhes a razão (como se ela se pretendesse a criadora ou, ao menos, se alçasse no nível de um criador), para refazer, assim, o caminho de suas origens. Não seria, talvez, no final das contas, para lhe revelar o sentido? Um objetivo provavelmente fora do alcance deste imperceptível (ainda que irrequieto) elemento do universo que é o homem, mas que, entretanto, constitui em si mesmo, apenas por ter sido colocado, um fenômeno cósmico bastante perturbador.

 É um fato – a ser considerado como um dado da natureza – que o cosmo engendrou em seu seio (e não faz diferença que o tenha sido pelo efeito de séries quase infinitas de acasos) essa criatura que se propõe a questão do sentido de seu próprio lugar neste universo, e mesmo do próprio universo. Propósito desmedido, sem dúvida, mas, mesmo assim, um propósito, que é lançado ou como um grito condenado a perder-se nessa infinitude de espaços e de tempos e a extinguir-se, ou como uma "centelha na noite do universo", segundo o dito de Poincaré, evocando Diderot. "Mas", acrescentavam eles, "é uma centelha que é tudo". Pelo menos essa travessia, esse propósito, essa ambição insana teriam deixado alguns traços, localizáveis, mas reconhecíveis: as ferramentas, os restos funerários, os adornos e os objetos de arte, os monumentos e os vestígios das obras do pensamento, que incluem os saberes (e as questões). O quadro dos conhecimentos em física que os humanos possuíam no século XX também fará parte desses traços e, por isso, ao falar de origens, não é sem interesse começar por aquelas da admirável espécie que inventou, com a ideia de sentido, a de conhecimento, e formulou as noções gerais, sem as quais nada poderia ser dito, de matéria, de vida, de universo...

Que essas questões de origem acabassem por tornar-se objeto de ciência não é indiferente à natureza da ciência e à sua relação com a situação do homem na natureza. Objetivando esta última, o homem concebia, ao mesmo tempo, sua distância da natureza, tomada a partir do conhecimento que dela obtinha, e sua inserção neste mundo como um elemento da natureza. O século XX completaria o movimento de descentralização que a ciência dos tempos modernos havia inaugurado, de Copérnico a Kepler e Galileu: não apenas o homem e seu habitat não eram mais o centro do universo, mas nada nesse universo permanecia fixo e dado de uma vez por todas, nem as formas vivas, nem a Terra, nem o cosmo. Tudo era movimentos e transformações.

O pensamento humano – que se conscientiza disso em um grau inigualável em nossos dias – não cessa de opor à precariedade inexorável de sua situação natural, as significações parciais obtidas em suas questões, a partir das quais seria possível, de certa maneira, transcender tal precariedade. Ou, em outros termos, como tudo se passa internamente à ciência, essas questões guardam algo de seu vínculo metafísico, no qual elas, aliás, talvez reencontrem o porquê da própria ciência.

Começaremos então por uma rápida evocação dos progressos, obtidos no decorrer do século, acerca do conhecimento das origens do homem, que é o objeto de uma ciência bastante distante da física, a paleoantropologia, somente para sublinhar a ligação que esta questão mantém, no fundo, com aquelas colocadas pelas ciências do espírito e da cognição sobre a união da matéria com o pensamento. Do mesmo modo, é sempre fascinante considerar que uma continuidade ontológica fundamental vai da matéria elementar ao homem, e o que chamamos *a obra do tempo* teria conseguido, após longo período e pelo jogo das leis da natureza, formar, a partir de núcleos atômicos fabricados no interior dos fornos de inúmeras gerações de estrelas, sobre um astro convenientemente temperado, primeiramente os elementos moleculares complexos, depois os organismos vivos e os seres pensantes.

Trataremos em seguida das diversas abordagens que tentaram compreender de diversas maneiras como as formas vivas apareceram a partir da matéria inanimada. Retomaremos, enfim, alguns aspectos da cosmologia para ver em que sentido é possível dizer que também ela coloca um problema de origens. Veremos que isso só pode acontecer em um sentido bem diferente dos dois precedentes.

A natureza física e as origens do homem

As ciências naturais do homem compreendem a antropologia, a etnologia, a pré-história e a paleontologia humana ou paleoantropologia. A interpenetração dessas disciplinas e a utilização de técnicas fornecidas pelas ciências exatas, como a física e a química, permitiram o surgimento da *paleontologia humana*, nascida no século XIX,[1] progredindo consideravelmente ao longo do século XX em direção a um melhor conhecimento das origens da espécie humana. De uma maneira geral, a paleontologia está interessada no estudo morfológico dos restos fósseis e esforça-se para interpretar esses dados em função do contexto ecológico, visando compreender as características próprias dos seres que viveram nesses períodos remotos. Com relação aos humanos, ela se interessa pelos seus modos de vida, seus costumes, seus recursos, sua vida social e até mesmo seu pensamento e sua linguagem. A *paleontologia animal* e a *palinologia*, estudo dos pólens fósseis, fornecem informações indispensáveis sobre o

---

[1] Praticamente todos os termos ligados à pré-história entraram na língua francesa (e nas outras) no século XIX, sobretudo na segunda metade do século (ver o *Dictionnaire Robert de la langue française*).

clima e o ambiente. O aperfeiçoamento dos métodos de escavação, das técnicas de datação (ver quadro 12.1.), em particular, com o progresso da geologia e da estratigrafia, e a vinda a lume, em diferentes sítios, de numerosos restos humanos fósseis fizeram recuar sensivelmente a estimativa do passado do homem e precisar sua filiação à família dos primatas, assim como sua pertinência à série das espécies animais.

> **Quadro 12.1. Os métodos de datação em paleontologia**
>
> Os métodos básicos de datação em paleontologia são os da geologia, a saber: a *estratigrafia*, que repousa sobre o princípio da maior antiguidade, numa superposição de camadas de terra, de camadas inferiores, e os *marcadores cronológicos*, que são constituídos por fósseis animais ou vegetais, característicos de uma dada época geológica, considerando os modos de sedimentação. As datações são tanto *relativas*, por meio da exibição de evidência de contemporaneidades, quanto absolutas, pela utilização de substâncias radioativas, como o urânio ou outras substâncias indicadas anteriormente (ver quadro 10.1.), ou pela *termoluminescência*. A termoluminescência é a estimulação, pela elevação da temperatura, de uma luminescência preliminar característica da estrutura da substância no momento de sua formação.
>
> O radiocarbono (carbono-14), cujo método foi apresentado em 1949 para a matéria orgânica, permite datar com precisão até -40.000 anos. Doravante aperfeiçoam-se essas determinações detectando o carbono-14 pela medida de sua massa graças aos aceleradores nuclear "Tandems", que destroem apenas uma ínfima parte da amostra. Para os períodos muito antigos, utilizam-se outras substâncias radioativas contidas nas rochas eruptivas ou sedimentares. Para as datações geológicas finas, os *foraminíferos* constituem marcadores estratigráficos particularmente valiosos. Eles, com efeito, dividiram-se, nos seus 530 milhões de anos de existência, em 50.000 espécies, cada qual caracterizada por uma duração

de vida breve para a escala de tempo geológico, permitindo datar com precisão a "fatia de tempo" da camada sedimentar onde se encontram. Essas conchas microscópicas, de fácil fossilização, foram descritas pela primeira vez pelo naturalista francês Alcide d'Orbigny (1802-1857), também conhecido por suas explorações da América do Sul (registradas em suas *Voyages en Amérique méridionale*, em vários volumes), e titular, em 1853, da primeira cadeira de Paleontologia do Museu de História Natural em Paris.

No que diz respeito ao homem pré-histórico, aos marcadores cronológicos naturais juntam-se *os marcadores culturais*, que são as ferramentas, sobretudo as ferramentas líticas (pedras talhadas), muito abundantes, a arte, as formas de habitat etc.

Doravante, a paleontologia ganha igualmente contribuições da biologia molecular sobre a filogênese humana, especialmente do ADN mitocondrial (ver quadro 12.2.). O estudo das variações do ADN mitocondrial e de sua transmissão fornece informações sobre a diversidade genética e sobre os fluxos gênicos entre as populações humanas (particularmente as modernas) durante a sua história evolutiva. Se podemos obter, decididamente, definições mais precisas para as diversas espécies, ainda persistem diferenças sobre as classificações e as filiações, segundo os autores e as escolas. A essas determinações físicas juntam-se aquelas provenientes dos instrumentos utilizados e fabricados pelos homens pré-históricos. Elas compreendem a reconstituição das técnicas e dos gestos da indústria lítica, o tornar-se complexo do corte das pedras, a relação dos utensílios com o cérebro e, de uma maneira geral, os elementos que caracterizam cada cultura, cada vez mais elaboradas ao se aproximarem do homem moderno e dos tempos presentes.[2]

---

[2] Ver principalmente as obras de André Louis-Gourhan (cf. a bibliografia). André Louis-Gourhan (1911-1986), etnólogo e pré-historiador francês, foi professor do College de France e membro do Instituto.

> **Quadro 12.2. Deriva genética e ADN mitocondrial**
>
> *Deriva genética.* As distâncias genéticas oferecem informações muito grosseiras sobre as relações de parentesco entre as populações. A deriva genética (descrita a partir de 1930) é um fenômeno ligado à frequência de flutuações aleatórias de um gene. Seja t o número de gerações, N a população da geração seguinte, a deriva entre duas populações que resultam de uma mesma população ancestral depende da relação $t/2N$.
>
> *ADN mitocondrial.* O ADN (ácido desoxirribonucléico), suporte molecular de informação genética, está situado principalmente no núcleo celular: é o ADN *nuclear*. Entretanto, uma porção muito pequena está situada fora do núcleo, nas *mitocôndrias*, que são pequenas organelas celulares que possuem uma função na síntese das moléculas; é o ADN *mitocondrial*, que pode ser mais facilmente isolado e analisado, pois a sequência de bases com as quais ele é formado é bastante curta. Como ele se transmite unicamente pela mãe e está mais sujeito a mutações, constitui um meio sensível para analisar a diversidade interespecífica, em particular, no caso do *Homo sapiens*.

Todas essas técnicas e disciplinas conjugadas permitem que conheçamos melhor a série de formas aparentadas ao homem e que vejamos por quais evoluções prováveis, marcadas por descontinuidades, elas conduziram ou não ao homem moderno. Tanto para o homem como para as diversas espécies animais, o estudo da evolução das espécies e a anatomia comparada mostram, sob as relações de *identidade* entre as espécies (pelos conceitos de "tipo" e de "homologia") e sob as relações de *diferenças*, no tempo geológico e no espaço geográfico, "a dimensão temporal como característica essencial do mundo vivo".[3]

---

[3] Bernard Balan, *L'ordre et le temps*.

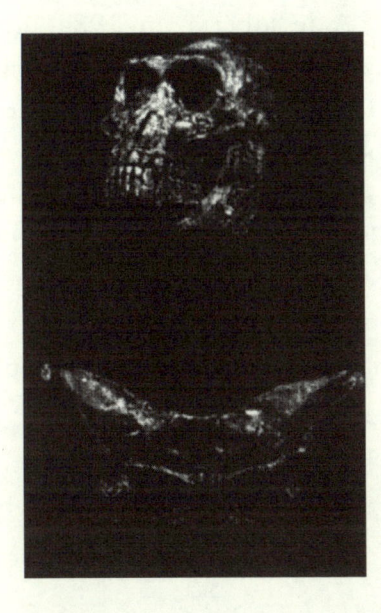

Figura 12.1.
Lucy. Reconstituição do crânio e da bacia "em pressão" de Lucy.

Os estudos de paleontologia, então desenvolvidos sobretudo na Europa, haviam produzido, no século XIX, a tomada de consciência de que o homem se enraíza nas profundezas do tempo: conheceu-se o homem de Cro-Magnon, o *Homo sapiens sapiens* do magdalenense e o homem de *Neandertal*, muito mais antigo e primitivo por sua morfologia e cultura muito rudimentares. O início do século XX revelou a antiguidade muito maior do homem com a descoberta, inicialmente por Louis S. B. Leakey,[4] dos restos fósseis de homens na África oriental e de numerosos

---

[4] Louis Seymour B. Leakey (1903-1972), nascido no Quênia, fez seus estudos de arqueologia e antropologia na Inglaterra e defendeu uma tese sobre a pré-história africana. Foi membro da expedição ao Tanganyika entre 1923-1926, antes de organizar ele próprio suas missões de pesquisa, e fez numerosas descobertas importantes. Ele descobriu e prospectou o sítio o acheulense no Vale da Grande Fenda do oeste africano e encontrou no Quênia o crânio do mais antigo macaco conhecido, o *procônsul* africano. Ele estudou com sua família, a partir de 1959, o sítio do Olduvai. Sua esposa Mary coletou o primeiro crânio do *australopiteco*; seu filho Robert deparou-se, em 1960, com os restos do *Homo habilis* e ele mesmo descobriu, no mesmo ano, um crânio ao qual deu o nome de *Homo erectus*.

outros nos diferentes continentes.⁵ A descoberta, em 1934, no Quênia, na África austral, do *australopiteco* remeteu os primeiros hominídeos a 1 milhão de anos (Ma), segundo a estimativa de então; na realidade, encontramos esses hominídeos bípedes de pequena estatura, vivendo em savanas, fabricando instrumentos de pedra e de ossos, de -6,5 a -1 Ma, tanto na África no Sul quanto na Etiópia. O mais conhecido dos australopiteco, precioso para o paleontólogo Yves Coppens, é "Lucy", uma jovem do sexo feminino e de pequena estatura, identificada em 1974 em uma jazida do Omo, na Etiópia, com esqueleto quase completo (ver quadros 12.3. e 12.4.).

---

⁵ A chegada do homem na América foi mais tardia. Aí foram encontrados, desde as primeiras décadas do século XIX, apenas restos fósseis do homem moderno, com o homem da Lagoa Santa no Brasil, descoberto e identificado pelo geólogo e paleontólogo dinamarquês estabelecido no Brasil Peter Lund (1805-1880). Ele remonta aproximadamente há 12.000 anos. O povoamento da América foi feito da Ásia para a América do Norte pelo estreito de Bering, na época em que este último estava coberto de gelo (cerca de 20.000 a 12.000 anos), após isso, do norte do continente até o extremo sul da Patagônia.

Quadro 12.3. Tabela das idades geológicas

Era	Período	Tempo em milhões de anos (Ma)	Características (os tempos indicados estão em Ma)
Quaternário	Pleistoceno	1,8-5.3	Ver o quadro 12.4.
Terciário ou Cenozóico	Plioceno		3,5: surgimento da espécie *Homo* [problema*]. *Homo habilis* (África equatorial do Leste: depressão de Afar)
	Mioceno	5,3-23,8	1-6, 5 *australopiteco* (África do Sul, Etiópia)
	Oligoceno	23,8-33,7	8-12: *ramapiteco* (ancestral dos hominídeos, utilização de ferramentas) (Europa, África, Ásia)
	Eoceno	33,7-54,8	15: marcha bípede do *Oreopiteco* 14-22: *macaco procônsul* (África equatorial oriental, posteriormente Eurásia)
	Paleoceno	54,8-65	35: *Aegyptopithecus* (pequeno macaco hominídeo) 40: primeiros símios (África, América do Sul)
Secundário ou Mesozóico	Cretáceo	65-144	65: extinção dos dinossauros
	Jurássico	144-206	100: primeiros *mamíferos placentários*
	Triássico	206-248	225: primeiros *mamíferos*
Primário ou Paleozóico	Permiano	248-290	
	Carbonífero	290-354	
	Devoniano	354-417	354: primeiros *répteis*
	Siluriano	417-443	435: primeiras *plantas* terrestres
	Ordoviciano	443-490	
	Cambriano	490-540	1500: primeiros *eucariontes* (células com núcleo)
	Pré-cambriano	540-4500	3500: primeiras *bactérias*
		4500	4500: formação da Terra e do sistema solar

* problema: Homo é gênero e não espécie.

Quadro 12.4. Tabela da filogênese do grupo humano

Tempo em milhões de anos antes da nossa era	Culturas (períodos paleontológicos)	Grupos	Regiões	Características
0-0,8	Idade do ferro			megálitos (Stonehenge, Carnac), cidades, escrita
0,8-2	Idade do bronze			
2-5	Neolítico			
7-11	Mesolítico		Oceania	
11-18	Magdalenense	*Homo sapiens sapiens* (Homem moderno)	América	arte parietal: Lascaux (Fr), Altamira (Esp)
18-20	Gravetieno Solutrense			
22-33	Aurinhacense, Perigordieno			
33	Fim do Paleolítico médio		Europa, Ásia	Cro-Magnon
40				
80	Paleolítico médio		África do Norte	gruta Cosner (Fr)
100			Oriente Médio	
140			África	ritos funerários
100	Musteriano	*Homo sapiens neandertalensis* (Homem de Neandertal) e *Homo sapiens* arcaico	Europa	
500	Paleolítico		África (surgimento)	
150	Acheulense	*Homo erectus*	África do Norte	fogo
500		*Homo erectus* arcaico	China (Ásia)	*Sinantropo*
1000	Abevilense		Indonésia	Homem de Java
1700	Pleistoceno Médio		África subsaariana do leste	habitações
1600		*Homo habilis*	África equatorial do leste	utilização de ferramentas
2000				
3500				
1500	Paleolítico Antigo (Plestoceno Antigo)	*Australopithechus Pitecanthropus*	(depressão de Afar) Quênia (África equatorial do leste)	ferramentas sobre seixos
2600				
4500				*Lucy*

O gênero *Homo* propriamente dito mostra-se, sob os traços do *Homo habilis*, dotado de uma capacidade craniana mais elevada e com postura vertical, na África equatorial do leste entre -4 e -1,5 milhões de anos, segundo estimativas atuais. Os restos desse homem socializado foram encontrados na jazida de Hadar, no Afar etíope, na África oriental. Os primeiros indícios do *Homo habilis* foram datados inicialmente em -2 Ma, mas descobertas posteriores remeteram essa origem para -3,5 Ma. Descobriram-se, durante esses dois milhões de anos de sua presença, evoluções na morfologia, a passagem de um regime vegetariano para um regime onívoro e, há cerca de -1,6 Ma, foram encontrados restos de estruturas habitacionais. Segundo Yves Coppens,[6] sua aparição seria concomitante a modificações climáticas ao redor do Vale da Grande Fenda africano (secagem da depressão do Afar) resultante de um revigoramento da atividade geológica, determinando, a leste, uma região de savana baixa no lugar de florestas densas, o que teria favorecido a marcha bípede e a adaptação a uma alimentação diversificada (esta hipótese deverá, sem dúvida, ser modificada em vista das descobertas mais recentes).

O *Homo habilis* é seguido pelo *Homo erectus*: surgido na mesma região há cerca de -1,7 Ma, estende-se da África para a Ásia e para a Indonésia. Os mais antigos exemplares (*Homo erectus* arcaicos) foram encontrados na parte baixa do Lago Turkana, no Quênia, e outros no Olduvai, na Tanzânia, para o período entre -1,7 e -1 Ma, no pleistoceno inferior. Eles são localizados na Indonésia entre 1,7 e 0,5 Ma, onde chegaram graças à junção de terras emersas, sob o nome de *Homem de Java*, que fora descoberto, de fato, desde 1890. Depois, ele é encontrado na China, com o *sinantropo* ou *homem de Pequim*, descoberto em Choucoutien (Zhoukoudian) nos anos 1920 (entre 1921 e 1929). Pierre Teilhard de Chardin, um de seus descobridores, aplicou, de modo evidente,

---

[6] Yves Coppens, *Le singe, l'Afrique et l'homme*, Fayard, Paris, 1983. Yves Coppens (1934-), professor do Collège de France, descobriu e estudou numerosos restos de australopitecos e de fósseis humanos na África oriental: ele batizou Lucy em referência a uma canção dos Beattles.

a inspiração do significado dos restos fósseis do sinantropo em seu livro *Le phénomène humain*.[7] Teilhard dedicou-se, para além de seus trabalhos em paleontologia, a desenvolver a construção de uma metateoria geral da evolução. Ele situou o "lugar do homem na natureza" como a última etapa presente de um processo universal de *cosmogênese*, de *biogênese* e de *noogênese*,[8] etapas decisivas da evolução universal da matéria, orientada para uma espiritualização progressiva desta última por meio do crescimento da "complexidade-consciência".[9]

Os estudos sobre os sinantropos tiveram de ser interrompidos em razão da guerra e da ocupação da China pelo Japão. Eles foram retomados em seguida e novas descobertas, feitas nos anos 1960 no sítio de

---

[7] Pierre Teilhard de Chardin (1881-1955), padre jesuíta, geólogo e paleontólogo francês, fez suas primeiras pesquisas em paleontologia sob a direção de Marcellin Boulle (1861-1942), professor do Museu de História Natural de Paris e especialista no homem de Neandertal. Boulle foi um dos primeiros paleontólogos, após Albert Jean Gaudry (1827-1908), ele próprio professor do Museu e correspondente de Darwin, a adotar a teoria da evolução. Teilhard realizou numerosas escavações em diversos sítios do planeta, na China, na África e na América, de 1923 até sua morte em 1955. Mas foi sobretudo a China que o marcou. Ele foi um dos membros do célebre *Cruzeiro amarelo* e participou da descoberta dos restos do sinantropo, que estudou, bem como outros homens fósseis, esperando encontrar as etapas do desenvolvimento do homem dentre as espécies vivas. Esses trabalhos valeram-lhe a proposta da cadeira de Paleontologia do Collège de France, à qual foi obrigado a renunciar por seus superiores religiosos. Foi no exílio, proibido de publicar e de ensinar, que morreu, em Nova York.

[8] "Noogênese", gênese do espírito ou do pensamento.

[9] Pierre Teilhard de Chardin viveu íntima e dolorosamente o conflito entre sua condição religiosa e sua vocação científica, num período em que a Igreja católica opunha-se, em nome da Revelação e do dogma, a certas teorias científicas, como a teoria darwiniana da evolução do homem junto com a das espécies animais. Ele superou esse conflito elaborando uma espécie de síntese entre a ciência e a religião, entre a evolução das espécies e a transcendência cristã, em torno de uma concepção dinâmica e espiritual da matéria. A hominização seria, segundo suas opiniões, um momento decisivo da espiritualização da matéria em direção a sua divinização crística. Ele foi proibido de publicar em vida seus escritos, que circularam, entretanto, clandestinamente, e que tiveram, de fato, uma importância considerável para o *aggiornamento* da Igreja católica (no Concílio Vaticano II, nos anos 1960), no que concerne à teoria da evolução e à ciência moderna.

escavação recuperado de Choucoutien, indicam que eles conheciam o uso do ferro, sem falar de eventuais "vestígios metafísicos". Sua presença é atestada entre -500.000 a -130.000 anos. Em 1954, exemplares de *Homo erectus* foram identificados na África do Norte, os mais recentes datando do pleistoceno médio. Mas não existem traços tangíveis deles na Europa. Ao longo do milhão e meio de anos (1,5 Ma) de sua presença, a espécie conheceu diversas transformações morfológicas graduais que correspondem a uma evolução rápida, como a redução dos dentes posteriores e o aumento do cérebro, com um volume endocraniano ao redor de 1.000 ml.

Paralelamente ao *Homo erectus* recente, o *homem de Neandertal* (cujos primeiros restos fósseis foram descobertos em 1856, no vale do Neander, na Alemanha) apareceu na Europa há cerca de -45.000 anos e expandiu-se até o Oriente Próximo e a Ásia central. O *homem de Tautavel*, descoberto nos Pirineus orientais (na Caune de Arago), estudado e datado por Henry de Lumley, é um dos mais antigos representantes conhecidos. Sua capacidade cerebral – que atinge 1.500 ml – aproxima-se da do homem moderno. Geralmente considerado hoje em dia como uma subespécie do *Homo sapiens*, colateral àquela (*pré-sapiens*) que supostamente engendrou o *Homo sapiens sapiens*, o homem moderno, ele coabitou com esta nos mesmos territórios, mas sem se misturar com ela. Pelo menos esta é a conclusão obtida dos dados conhecidos para a Europa ocidental, mais estudada que as outras regiões do mundo e, há muito tempo, onde se dispõe de restos fósseis em maior número. O homem de Neandertal desapareceu aproximadamente há -40.000 anos, sem deixar descendência direta, por ocasião da última grande glaciação, por razões mal compreendidas. Quanto ao *Homo sapiens sapiens*, ele surgiu no início do paleolítico superior, há cerca de 150.000 anos, na África, a partir de formas do *Homo sapiens* arcaico, e pratica o enterro de seus mortos há pelo menos 100.000 anos. Da África subsaariana ele alcança a África do Norte e a Europa ocidental, onde sua cultura expande-se no magdalenense, com o homem de Cro-Magnon, bem como no Oriente Próximo e, depois, na Ásia.

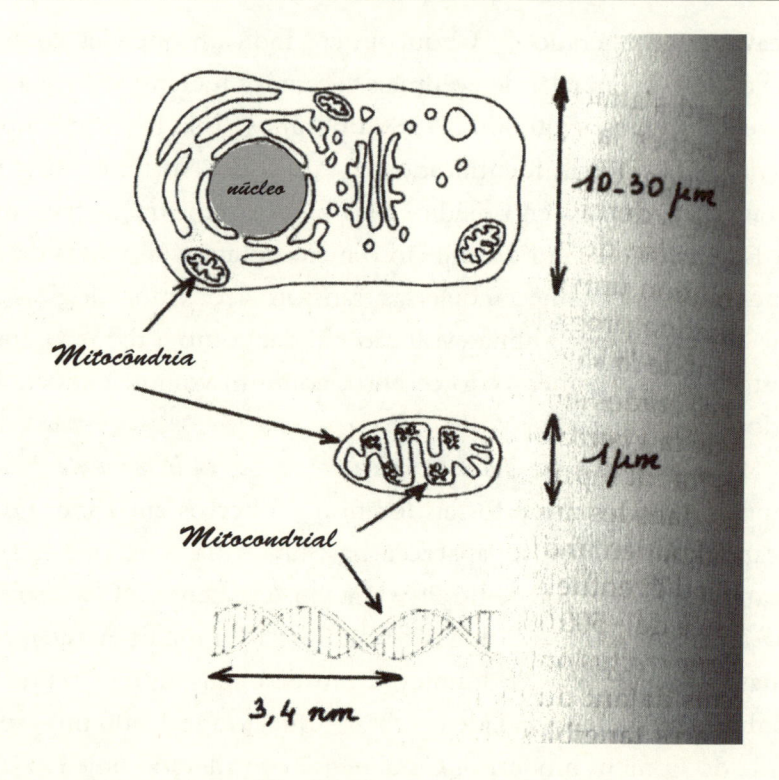

Figura 12.2. Organização celular e ADN mitocondrial. Nas células eucariontes (células com núcleo), o ácido desoxirribonucléico (ADN) está presente simultaneamente no núcleo e nas mitocôndrias. As mitocôndrias são pequenas estruturas (organelas) que fornecem a energia necessária para o funcionamento da célula. A molécula de ADN apresenta-se como uma dupla hélice formada pelo pareamento de dois filamentos complementares de nucleotídeos.

O problema da variabilidade das espécies torna complexa a atribuição exata de suas distribuições, no tempo e no espaço. Certos caracteres do *Homo erectus* confundem-se, nos primeiros períodos, com os do *Homo habilis*. Por outro lado, quanto mais próxima de nosso tempo, a dispersão geográfica é acompanhada, no caso do *Homo sapiens* arcaico, de caracteres regionais adquiridos durante a expansão da espécie no mundo Antigo. Essa dispersão às vezes torna tênue a distinção entre traços de *Homo erectus* e de *Homo sapiens*. Até 1980 o *Homo erectus* era considerado como o ancestral do *Homo sapiens*. Na África, os *Homo sapiens* arcaicos precoces possuíam traços do *Homo erectus* e do *Homo sapiens*. Daí, a manutenção de diferentes interpretações para as cadeias filéticas e para os povoamentos. Entretanto, parece que, doravante, a origem africana dos primeiros homens modernos está bem estabelecida por meio das recentes reavaliações da cronologia do paleolítico *subsaariano*, graças a novas descobertas paleontológicas e à revisão de datações pelo ^{14}C.

Duas teorias acerca das origens das populações do homem moderno concorrem atualmente, fundamentadas em hipóteses opostas e combinando de duas maneiras diferentes os dados paleontológicos e da anatomia comparada, cada uma com sua própria explicação e interpretação das variações do ADN mitocondrial.

A primeira é o modelo chamado "jardim do Éden" ou "A Eva africana", que postula uma origem única para o homem moderno na África. Segundo esta teoria, o homem moderno, o *Homo sapiens sapiens*, seria uma nova espécie biológica, surgida pela mutação de uma fonte única, situada na África subsaariana, subindo em seguida lentamente para a África do Norte para o Oriente Médio e, a partir daí, para a Europa ocidental e para a Ásia. Segundo evidências fósseis, parece que o *Homo sapiens sapiens* da Europa realmente não se misturou com o homem de Neandertal, com quem não teria filiação e a quem teria substituído completamente há cerca de -40.000 anos.[10]

A segunda teoria é a de uma evolução multirregional, segundo a qual as formas do *Homo sapiens* seriam provenintes de mestiçagens locais de diversas espécies presentes. O *Homo erectus* da Ásia ter-se-ia misturado aos *Homo sapiens* precoces, que seriam, assim, os ancestrais do homem moderno na China. Mas tal tese, que pode parecer à primeira vista natural, encontra algumas dificuldades, sendo a primeira a grande unidade do homem moderno em todos os continentes.

---

[10] Marcellin Boulle, que foi o iniciador da paleoantroplogia europeia, havia mostrado já na sua época que existe uma descontinuidade entre o Neandertal e o Cro-Magnon.

A dianteira do palco é então finalmente ocupada, definitivamente ou pelo menos até nova ordem, pelo *Homo sapiens sapiens* que, acreditou-se por muito tempo, teria surgido entre -35.000 e -10.000 anos. Pouco depois, fez-se a origem retroceder muito mais, provindo da África sub-saariana. Assim, subindo pela África do Norte e para o Oriente Médio, as populações, sob as pressões ecológicas, dividiram-se entre a Europa e a Ásia, graças à progressiva retração da última calota glacial (Würm) e à lenta migração da fauna glacial no Magdalenense. Encontrou-se recentemente, no Oriente Próximo, homens modernos a partir de -90.000 anos, que eram contemporâneos dos neandertalenses da mesma região, até mesmo mais antigos do que eles.

Tal Homem de Cro-Magnon, morfologicamente semelhante em todos os pontos ao homem moderno, é o autor de cavernas ornamentadas, de pinturas que estão dentre as mais belas da humanidade, de estatuetas de admirável delicadeza, confeccionadas em osso, chifre ou marfim e de ferramentas talhadas com grande maestria no sílex ou em outras pedras.[11] O povoamento humano estendia-se desde então aos cinco continentes: do norte da Ásia em direção à América através do estreito de Bering, em diversas vagas graças à glaciação (a primeira, ao que parece, há cerca de -20.000 anos); da África e da Austrália para os diversos arquipélagos da Oceania, em grandes pirogas com balanceiro, de -10.000 anos até o início da era moderna (a última grande migração foi sem dúvida a colonização de Rapa Nui, Ilha de Páscoa, a 2.000 km a oeste da costa chilena), pelo menos no que concerne a migrações maciças. Depois do *Homo sapiens sapiens,* que coabitou algum tempo com o *Homo*

---

[11] Deve-se mencionar aqui o nome do abade Henri Breuil (1877-1961), eclesiástico, arqueólogo e pré-historiador francês de renome internacional por seus trabalhos pioneiros sobre a arte e a indústria do paleolítico. Professor de Pré-história do Collège de France de 1929 a 1947, foi o primeiro arqueólogo a descrever, em 1960, as pinturas da gruta de Lascaux, em Périgord.

neandertalensis, eliminando-o, sem que saibamos como (parece que o genocídio é uma invenção mais recente, devida ao lado Mr. Hyde de H. S. Sapiens), as diferenças significativas que atuam nos seres humanos não são mais morfológicas, mas culturais. Conhece-se depois sobre a Terra apenas uma *espécie* e mesmo, propriamente falando, uma única *raça* humana, sob diversas variedades de caracteres secundários que, ademais, se ocultam graças às mestiçagens.[12] Em seguida, uma grande aceleração demográfica teve lugar no período histórico e, advindo a história, múltipla e agitada, civilizações humanas surgiram sobre o conjunto dos continentes do planeta, suas conquistas dos oceanos e, no século XIX e sobretudo no século XX, dos ares, surgindo até mesmo as primeiras explorações do espaço interplanetário...

As origens físico-químicas da vida

A história da vida sobre a Terra é hoje conhecida para as grandes linhas de sua cronologia. Ela começa – a julgar por seus primeiros traços fósseis – bem pouco tempo após a formação da Terra e do Sistema Solar, que remonta a -4,5 bilhões de anos. As primeiras bactérias apareceram há cerca de -3,5 bilhões de anos, segundo os vestígios fósseis que elas deixaram. Os primeiros eucariontes (células nucleadas) surgiram aproximadamente há 1,5 bilhões de anos. A conquista dos continentes foi feita primeiramente pelas plantas: as primeiras plantas terrestres aparecem há cerca de -435 milhões de anos. Seguem-se os animais, pela aquisição de pulmões e membros: os primeiros répteis, há -345 milhões de anos, e os primeiros mamíferos, há -225 milhões de anos. [Problema conceitual

---

[12] Acerca do tema, ver: Claude Lévi-Strauss, *Race et histoire*, Plon/Unesco, 1959; Jean Dausset, François Jacob, Jacques Ruffié, Axel Kahn, André Langaney, Luca Cavalli-Sforza, Alberto Piazza, *Les races: un faux concept*, Conférence au Musée de l'homme, Paris, 10 octubre 1996.

nesta cronologia.] Estes últimos serão dominantes após a extinção dos dinossauros, a partir de -65 milhões de anos (ver capítulo 9). Os mamíferos placentários entraram em cena na Terra faz aproximadamente -100 milhões de anos, seguindo-se os primatas há -70 Ma, caracterizados, entre outros traços notáveis, pelo desenvolvimento do cérebro, a redução da face, o polegar oponível, o desenvolvimento da visão... Há -40 Ma surgiram os símios na África e na América do Sul. Há -15 Ma distingui-se a marcha bípede do oreopiteco. No Mundo Antigo (Europa, África, Ásia), o ramapiteco, pequeno primata, ancestral da linhagem dos hominídeos, faz-se conhecer entre -12 a -8 Ma; talvez ele já utilizasse ferramentas. Constatam-se adaptações ao bipedalismo em resposta à pressão ecológica. Depois vem o homem, já evocado pelas razões que dissemos, "de invenção" mais recente (invenção da natureza), pois ele verdadeiramente não tem mais do que 3 ou 4 milhões de anos.

Dessa breve evocação da cronologia da evolução das espécies vivas sobre a Terra, reteremos um tipo de lei temporal (totalmente empírica) de sucessões, que pode ser assim formulada: aos três longos períodos iniciais desde a formação da Terra, durante os quais quase nada se passa de qualitativamente importante, sucedem-se fases de transição progressivamente mais rápidas, até o surgimento do homem. Além do mais, a partir deste, na ordem dos movimentos das civilizações e das culturas (e também dos conhecimentos), notamos uma lentidão inicial análoga à da natureza, modificada por uma aceleração progressiva. De certa maneira, o tempo é, nessas produções da natureza, "criador de formas": a vida é uma propriedade "emergente" da organização da matéria, amadurecida longamente pela superfície da Terra, oceanos, continentes e atmosferas, e as diversas etapas qualitativas das formas de organização dos seres vivos também podem cada qual aparecer como tais.

Pode-se dizer que o problema da origem da vida passou a fazer parte plenamente das ciências com a teoria da evolução de Darwin, como ponto de fuga da própria origem das espécies, mesmo se certos pensadores já a haviam colocado em termos da relação entre os organismos vivos e a matéria físico-química. Essa questão fundamental estava no centro da controvérsia que opôs, da metade do século XVIII à metade do XIX, os partidários de um reducionismo físico-químico e os de um princípio vital irredutível (ou vitalismo). O término dado por Louis Pasteur à questão da geração espontânea determinou a transformação da questão da relação do vivo com o não vivo em uma questão de origem: se a barreira entre ambos era então intransponível, seria preciso supor que ela não fora sempre assim e que o vivo nasceu um dia do inanimado.[13] De sua parte, *A origem das espécies* convidava a colocar-se essa questão-limite.

Figura 12.3. Caricatura de Charles Darwin (1809-1882) publicada em uma revista do século XIX. Naturalista inglês, Charles Darwin é o pai das teorias modernas sobre a evolução dos seres vivos. Ele foi intensamente criticado por seus contemporâneos, como mostram as numerosas caricaturas de que foi objeto.

---

[13] Sendo, como sabemos, criacionista, o próprio Pasteur não se colocava o problema, apesar de seu papel ter sido decisivo para a nova formulação.

Doravante deixaremos de lado as transformações das formas e dos reinos do vivo, que hoje sabemos terem resultado de dois processos combinados: as *mutações*, que ocorrem nas cadeias moleculares que contêm o código genético (as moléculas gigantes de ácido desoxirribonucléico, ADN) no momento de sua replicação, e os jogos de circunstâncias, que produzem a *evolução* ao favorecer os indivíduos melhores adaptados ao meio. Remeteremo-nos direta e unicamente ao problema da aparição sobre a Terra das primeiras dessas formas. O problema das origens da vida depende, para a sua própria formulação, da definição dada à palavra e ao conceito de *vida*. Esta foi circunscrita de maneira precisa somente na segunda metade do século XX, com o advento da biologia molecular.

Assim, o geólogo Edmond Perrier fez notar, por volta do início do século, que a pesquisa sobre a formação da vida sobre a Terra exigia antes de tudo "determinar primeiro em que consiste a matéria viva". O problema da origem da vida não pode ser corretamente formulado a não ser em relação àquilo que constitui a especificidade dos organismos vivos, da teoria celular à bioquímica que, no início do século vinte, descobriu a complexidade química da célula e identificou as enzimas específicas. Por outro lado, isso tornou a questão da origem mais complicada: ela não pode provir de uma única substância como, por exemplo, o protoplasma celular da teoria de Thomas Huxley ou de Emil Dubois-Reymond.[14]

Interrogações fecundas foram efetivamente colocadas pela química e pela biologia, antes que a natureza real do fenômeno da "vida" fosse compreendida, a propósito da constituição e das propriedades das moléculas que determinam a especificidade das estruturas "vivas" e do surgimento dessas estruturas moleculares. Formularam-se hipóteses, modelos e cenários para tentar dar conta da formação, por meio de processos físico-químicos a partir da matéria mineral inanimada, da matéria orgânica e dos organismos vivos.

---

[14] Thomas Huxley (1825-1895), naturalista britânico, defensor da teoria darwiniana da evolução, interessou-se pelo problema da origem do homem; Emil Dubois-Reymond (1818-1896), fisiólogo alemão, foi um dos fundadores da fisiologia experimental.

A origem da vida na Terra está evidentemente ligada tanto à história como à origem da própria Terra. Os elementos químicos que servem de material para as moléculas vivas são predominantemente o oxigênio, o hidrogênio, o carbono, o enxofre e o fósforo (O, H, C, S, P), mas comportam também materiais mais pesados como o cálcio (Ca) e o ferro (Fe). Estes elementos encontram-se reunidos sobre a Terra apenas porque a formação desta resultou – apenas pelo jogo da gravitação universal combinado com movimentos inerciais próprios – da agregação progressiva de átomos errantes dentre aqueles que formaram os corpos (planetas, satélites, cometas, asteroides) do sistema solar. Esses átomos foram anteriormente atirados no espaço pela erupção de alguma supernova primitiva, após terem sido sintetizados na estrela, alto-forno de produção da matéria nuclear, condenado em seguida à explosão pelo efeito do desequilíbrio entre a atração gravitacional entre esses átomos e as pressões termodinâmicas internas (ver capítulo 10)...

Com toda a probabilidade, a vida surgiu do encontro de moléculas complexas, levadas, em certas condições químicas e termodinâmicas, a polimerizar-se em moléculas ainda mais complexas. Reunidas essas condições sobre a superfície da Terra em certo momento de sua história, foram posteriormente transformadas, em parte sob o próprio efeito das consequências do surgimento e do desenvolvimento da vida (por exemplo, a produção do oxigênio lançado na atmosfera), e seus traços foram irremediavelmente perdidos. Uma eventual reconstituição dessas condições será sempre apenas indireta e hipotética; entretanto, podemos julgar o grau de credibilidade desses modelos por seus resultados.

A química prebiótica interessou-se pelas condições da Terra mineral primitiva, por seus oceanos e por sua atmosfera, dos quais se podia pensar que os constituintes químicos tinham contribuído para a síntese das moléculas orgânicas cada vez mais complexas. De fato, essa síntese também poderia realizar-se em outros meios, como os meteoritos do espaço, fósseis do material primitivos do sistema solar, portadores, como sabemos agora, de moléculas orgânicas bem diversas, ou os outros planetas e seus satélites que podem auxiliar a formular as condições físico-químicas da Terra primitiva. No início do século, o físico-químico sueco Svante Arrhenius[15] formulou a hipótese de uma "panspermia" ou semeadura da vida sobre a Terra proveniente do exterior. Essa hipótese ainda hoje experimenta ressurgimentos, tanto mais que a síntese de grandes moléculas orgânicas, observadas no espaço, é sem dúvida favorecida pelos raios ultravioletas nas regiões do espaço interestelar onde nada os filtra.

Físico-químicos e biólogos esforçam-se em tentar reconstituir o estabelecimento das condições de formação da atmosfera primitiva terrestre, levando em conta o bombardeamento meteorítico, a irradiação ultravioleta, a radioatividade natural então muito elevada e consumidora de energia, a intensa atividade telúrica, as erupções vulcânicas, bem como o efeito estufa devido ao gás carbônico, do qual resultou a formação dos oceanos primitivos. Se sabemos que a atmosfera terrestre foi formada pela desgaseificação do manto terrestre, ignoramos se a primeira atmosfera era redutora (como o metano) ou oxidante (como o dióxido de carbono). Poder-se-ia supor que sínteses moleculares resultantes de circunstâncias particulares fizeram a vida surgir sob a forma de micro-organismos, cujos traços diretos e mais importantes estariam para sempre perdidos em sua maior parte nas transformações geológicas. Entretanto, traços fósseis puderam ser reunidos: algas microscópicas teriam produzido por fotossíntese o primeiro oxigênio da atmosfera.

Neste veio de uma interessante verossimilhança, apesar da ignorância em que se estava acerca da verdadeira natureza do vivo, devemos mencionar a teoria pioneira do pesquisador russo Aleksander Oparin,[16] que concebeu o surgimento da vida na ausência de oxigênio com uma atmosfera dominada pelo metano. Oparin contava com o metabolismo, mas ainda ignorava os genes, o mecanismo hereditário e o caráter fun-

---

[15] Svate Arrhenius (1859-1927), físico e químico sueco, autor da teoria iônica da dissolução eletrolítica, recebeu o Prêmio Nobel de Química em 1903.

[16] Aleksander Ivanovich Oparin (1894-1980), botânico e bioquímico russo, fundou e foi diretor do Instituto Bakh de bioquímica de Moscou.

damental destes para a definição do vivo. Os biólogos britânicos John Haldane e John D. Bernal[17] propuseram concepções variantes. Haldane optou por uma atmosfera de gás carbônico. Bernal considerou a síntese de aminoácidos produzida por fenômenos naturais, quer nas condições de diluição dos oceanos, quer nas de adsorção nas argilas do litoral.

Figura 12.4.
Aleksander Ivanovich Oparin (1894-1980).

Essas teorias constituem o que podemos chamar de "corrente do metabolismo bioquímico", por oposição à "corrente genética", que é a última palavra hoje em dia. Esta está baseada na teoria genética da hereditariedade, que tem como fonte os trabalhos de George Mendel e Thomas Morgan,[18] desembocou na biologia molecular e na trilogia do ADN portador do código genético, do ARN mensageiro e da síntese de proteínas (referência feita aos trabalhos decisivos de Étienne Wolf, de Jacques Monod e de François Jacob).[19]

---

[17] John Haldane (1892-1964), biólogo indiano de origem britânica, partidário do neodarwinismo, especialista em genética de populações e em mutações genéticas no homem; John D. Bernal (1901-1971), cristalógrafo e biólogo britânico, também escreveu obras importantes acerca de história da ciência.

[18] Gregor Johann Mendel (1822-1884), botânico e monge austríaco, fundador da genética por seus estudos sobre a hibridização das plantas; Thomas Morgan (1866-1945), biólogo americano, um dos fundadores da genética moderna a partir de seus estudos de várias gerações de moscas drosófilas.

[19] André Lwolf (1902-1994), Jacques Monod (1910-1976) e François Jacob (1920-), receberam todos o Prêmio Nobel de Medicina de 1965.

Outras teorias mais recentes, levando em consideração a biologia molecular, retomaram uma parte das ideias físico-químicas de Oparin, Haldane e Bernal. A teoria da substituição genética (ou da "usurpação": *take-over*) de Graham Cairns-Smith situa a síntese das moléculas do vivo (antepassadas do ADN ou ARN) na junção da água e da terra, em lamelas minerais de argila. Esta última, cumprindo o papel de enzima primitiva, teria catalisado a polimerização das moléculas adsorvidas sobre as superfícies minerais organizadas em folhetos, fornecendo a matriz de sua estrutura para a molécula orgânica que lhe seria apropriada e que a teria transformado. As cadeias de polímeros assim constituídas teriam, em seguida, adquirido definitivamente a capacidade de reproduzir-se de maneira autônoma. Há numerosos outros modelos sobre os quais não nos podemos deter aqui (ver bibliografia).

Todas essas tentativas para compreender as origens da vida mobilizando uma grande variedade de conhecimentos são marcadas pelas características dos saberes de uma época e por seus limites. A teoria genética e a biologia molecular obrigam a ultrapassar o simples quadro físico-químico, exigindo a elaboração de teorias dinâmicas que possam dar conta do mecanismo detalhado de surgimento do vivo, juntamente com a formação do material hereditário e de um aparelho genético primitivo. Tal é, doravante, a maneira pela qual se formula o problema da origem da vida. A pesquisa nesse domínio mobiliza simultaneamente disciplinas muito variadas, compreendendo – além da biologia molecular – a astrofísica, a geologia e a física nuclear, que fornecem o quadro, o contexto e os elementos. Uma questão limite como a da origem lembra-nos oportunamente de que ainda são essas sólidas disciplinas que conduzem o jogo, que nossas divisões disciplinares são, antes de tudo, o resultado de nossas convenções e que ao coração desses objetos de estudo conecta-se uma unidade fundamental, que está na base da matéria e de seus fenômenos.

Em que medida podemos falar em uma origem do universo?

O caráter aberto dos sistemas vivos submete sua constituição, seu desenvolvimento e sua origem à influência das condições físicas exteriores. A ideia de uma origem do universo, bem como de sua transformação na expansão, remete, ao contrário, para um sistema fechado, sujeito em todas as suas primeiras fases, caracterizado por densidades extraordinariamente grandes de energia (a totalidade de energia do universo restringe-se, então, a ínfimos volumes), não ligado tanto à termodinâmica, mas às leis físicas fundamentais das entidades físicas elementares (partículas e campos quânticos). De fato, essas condições extremas correspondem àquelas estudadas no nível infra-atômico com as partículas elementares e seus campos de interação e, para a gama de energias mais elevadas, as extrapolações assintóticas efetuadas a partir das primeiras. A escala de tempo aí se desenvolve desdobrando o volume espacial segundo um processo no qual cada etapa significativa corresponde a certo regime de campos quânticos e de partículas associadas.

A partir de um único campo inicial suposto, os quatro campos conhecidos diferenciam-se e separam-se segundo quebras sucessivas de simetrias. A cada diferenciação de campo corresponde uma diferenciação correlativa de partículas, inicialmente indistintas (ver os capítulos 7 e 11), graças à diminuição da densidade de energia resultante da expansão do universo no espaço. Melhor dizendo, essa diminuição provém da autoexpansão do espaço da matéria, pois este espaço não preexiste ao universo que o ocupa. O próprio espaço é engendrado ou produzido pela matéria do universo em expansão. A teoria da relatividade geral ensina, com efeito, que seu objeto, a matéria-espaço-tempo, é indissociável.[20]

A sequência admitida pelo "modelo *standard*" do *Big Bang* (ver capítulo 11) combinada ao da física de interações fundamentais (ver capítulo 7) é aproximadamente a seguinte (ver quadro 12.5. – apesar do tom seguro da descrição e da beleza da ideia, tenhamos em mente que se trata de uma visão hipotética, fundada certamente sobre a física ou, pelo menos, coerente com ela).

---

[20] Pelo menos esta parece-me ser a maneira mais direta de ver as coisas. Seria preciso, de outra forma, conceber um espaço vazio de matéria e de campo, que seria um quadro exterior que universo viria a ocupar, o que seria retornar ao conceito de espaço absoluto.

Quadro 12.5. Quadro da escala temporal da cosmogênese

Tempo	Estado do universo	Regime da física	Fenômenos dominantes e objeto
$< 10^{-43}$ s	Totalidade indiferenciada?	"Teoria do Todo"	todos os campos estão reunidos em um só, que contém a gravidade quântica (terra incógnita)
10^{-43} s - 10^{-35} s	Era de Planck	Campos:gravitação quântica + grande unificação (GUT)	partículas quânticas: leptoquarks
	Era da inflação		aumento exponencial do volume do universo
10^{-32} s-10^{-12} s		unificação eletrofraca campos: CDQ + eletrofracas	partículas quânticas: quarks, antiquarks elétrons, neutrinos
10^{-6} s		4 campos separados 3 campos quânticos ativos a pequenas distâncias: CDQ + eletromagnética + fraca	plasma de quark, de antiquarks e de glúons aniquilações quarks-antiquarks
10^{-4} s		formação dos núcleons	próximo a 1 s: desacoplamento dos neutrinos (fundo de neutrinos cósmicos)
10^{-3} – 1 s	Era leptônica		elétrons, pósitrons, neutrinos
3 min		formação de núcleos de hélio: núcleos-síntese primordial	
$1\cdot 3 \times 10^5$ anos	Era radioativa	a densidade dos fótons domina a de partículas de matéria formação dos átomos	desacoplamento dos fótons (fundo de irradiação cósmica isotrópica)
10^9 anos	Era da matéria	campos clássicos a grandes distâncias: gravitação eletromagnética	formação de galáxias nucleossíntese estelar
15×10^9 anos	Era presente do universo	o campo gravitacional domina a estrutura do universo	galáxias, sistemas estelares, buracos negros, gigantes vermelhas, estrelas de neutrons, anãs brancas, planetas, cometas, asteroides, irradiação de partículas cósmicas, moléculas orgânicas, o "planeta azul" (a Terra), às vezes alguns cosmonautas nesta região do céu

Antes do tempo 10^{-43} s, dito "tempo de Planck", o universo estava concentrado em um volume que é bem menor do que uma fração de fração de fração da cabeça de um alfinete, e sua densidade de energia é imensa, correspondendo a condições físicas nas quais o campo de gravitação não pode mais ser considerado sob a forma do campo clássico válido para grandes distâncias, e deve ser quantificado. Para essas energias, os outros campos igualam-se em intensidade, e supomos que prevaleçam somente um único campo e um único tipo de partículas. Tal universo parmenidiano é, certamente, apenas uma visão do espírito sugerida pela passagem ao limite assintótico das leis físicas conhecidas para as energias menos elevadas. Tudo o que podemos saber acerca disso será unicamente apenas hipotético e nenhuma experiência em laboratório, mesmo que localizada, poderá verificá-la. Por mais elevada que seja a energia utilizada, ela jamais chegará a igualar-se àquela do universo em sua totalidade.

Fora isso, a física que conhecemos não nos fornece, nesse campo, qualquer informação, nem experimental, pois ela ainda não chegou a aproximar-se, mesmo de longe, de tais energias, nem teórica, porque seria necessário formular, pelo menos, uma teoria do campo de gravitação quântica (e unificá-lo aos outros campos). Não é impossível que possamos um dia dizer mais sobre isso e vários teóricos dos campos quânticos e da cosmologia estão trabalhando para tentar formular uma tal teoria. A dificuldade, como dissemos mais acima (capítulos 7 e 11), é considerável; precisaríamos conciliar o *contínuo* da teoria da relatividade geral e as transformações espaço-temporais com o *descontínuo* que é inerente aos processos quânticos. Ou ainda, precisaríamos conciliar uma teoria que é fundamentalmente espaço-temporal (a relatividade geral, ver capítulo 2) e uma teoria que não é (uma teoria quântica, ver capítulos 3 e 4). Para tanto, seria verdadeiramente necessário inventar novas matemáticas, talvez uma nova geometria sem pontos materiais e sem localidade... Se chegarmos a isso, e nada o exclui *a priori* (pois o pensamento humano provou suas capacidades prodigiosas de invenção), aproximar-nos-íamos da "origem" do universo, qualquer que seja o sentido que dermos à palavra "origem", o que mantém um motivo legítimo de fascinação.

Essa mesma fascinação é, verdadeiramente, o que nos leva a evocar o desdobramento do universo material, seguido pelas formas que nele se engendram (agregações em objetos celestes, sínteses dos núcleos atômicos nas estrelas, desenvolvimento dos seres vivos, depois dos seres pensantes e depois dos autorreflexivos), que me estimula a conceber neste livro sobre as conquistas da física um capítulo acerca da ideia de origem, que ultrapassa a física, mas que também, como veremos, a contém. Entretanto, com o universo, esta procura da origem vai necessariamente de encontro a uma barreira, pois nos deparamos com a impossibilidade, para todos os primeiros períodos, de formular exatamente isso que falamos, porque o espaço, o tempo, a matéria (e as leis físicas que lhes são recíprocas) definem-se e determinam-se uns aos outros como em um nó. É nisso que acabaremos chegando. Retomemos a evocação da descida do tempo cosmológico.

Entre 10^{-43} e 10^{-35} s, reina um regime de campos quânticos, no qual o campo de gravitação desprendeu-se de outros, coexistindo com um campo de *Grande Unificação*, este último torna-se dominante e conecta a ele, de maneira equivalente, os *léptons* e os *quarks* (eles existem, nesse momento, no estado de "leptoquarks"), que perderão, em seguida, a simetria que os confundia e tornam-se distintos. De 10^{-35} a 10^{-32} s ocorre aquilo que chamamos "inflação", onde uma quebra de simetria particular "sopra", por assim dizer, o espaço, fazendo-o crescer exponencialmente (pré-formando, assim, em germe certas estruturações importantes do universo posterior à grande escala). De 10^{-32} a 10^{-12} s (observemos como a inclinação dos tempos se curva, com a desaceleração do ritmo dos acontecimentos), as partículas elementares "pontuais" que conhecemos, os quarks, antiquarks e glúons coexistem com os léptons (carregados e neutros), interagindo entre si em estado de equilíbrio. De 10^{-12} a 10^{-6} s (isto é, o fluir aproximado de um micro segundo), os quarks e os antiquarks anulam-se entre si e formam com os glúons um plasma em equilíbrio. O jogo das transformações e das aniquilações atinge, em aproximadamente dez milésimos de segundo (10^{-4}), a um excedente de partículas (devido a não conservação da grandeza CP[21] em alguns desses processos), e os quarks encerram-se no interior dos núcleons. Perto de um segundo, os neutrinos desprendem-se de outras partículas e seguem de agora em diante seu caminho independentemente dos outros, preparando a sua longa viagem "isotrópica" no universo em expansão, transformando-os em fósseis privilegiados (ainda que fortemente resfriados a energias muito baixas) nos primeiros instantes.

Um intervalo de tempo muito mais longo (relativamente!) transcorre até o tempo cósmico de três minutos, em que as condições físicas correspondem à formação dos núcleos de hélio e, em proporções mínimas, de berílio e boro: é a *núcleo-síntese primordial*. Em seguida, o desdobramento do tempo torna-se mais lento novamente: quem disse que "por sua própria natureza, o tempo corre uniformemente"?[22] Antes, veremos, no calendário dos fenômenos cosmológicos, uma variação logarítmica do ritmo dos eventos ao descer o curso do tempo.[23] É preciso, assim, passar daí para cem mil anos, para assistir à formação dos átomos a partir dos núcleos precedentes (hidrogênio, hélio e os outros núcleos leves mais raros) por atração eletrostática dos elétrons livres do meio e a emissão de irradiações eletromagnéticas de maneira isotrópica.

Ainda que esta matéria do universo pareça como uma sopa já próxima disso que conhecemos; o universo, nessa época, se conseguíssemos alcançá-lo (através de um possante telescópio espacial, por exemplo), parecer-nos-ia opaco devido a essas mesmas irradiações. Essa irradiação

---

[21] *C* é a conjugação de carga e *P* é a paridade. Na física de partículas elementares, a operação combinada *CP* não é conservada em certas interações. Este efeito, presente nas partículas individuais, tem, portanto, consideráveis consequências para todo o universo: temos aí a razão pela qual o universo é constituído essencialmente de partículas e não de antipartículas, já que, a esse respeito, ele era simétrico na origem.

[22] Newton, em seus *Principia*, ou *Princípios matemáticos da filosofia natural*, de 1687.

[23] Isto é, o inverso de uma variação exponencial.

que, resfriada na expansão ao longo dos 15 milhões de anos seguintes, transformou-se, alongando seu comprimento de onda, na "irradiação centimétrica fóssil" de fundo do céu, observada por acaso em 1965. Irradiação que foi considerada como a primeira prova verdadeiramente tangível do *Big Bang*, com a taxa de hélio primordial.

Passaremos daí diretamente, pois nenhum evento qualitativamente novo ocorreu nesse período, a um bilhão de anos. É a época da formação das galáxias. Doravante, o efeito do campo de gravitação domina as grandes estruturas do universo e a lei do seu devir, e não mais os campos nucleares forte e fraco, cujo alcance está limitado às dimensões nucleares, ou ao campo eletromagnético, ainda que seja sensível a grandes distâncias. São, pois, as massas materiais que contam na escala do universo desdobrado sobre as distâncias astronômicas e, com elas, os campos gravitacionais que estruturam o espaço e formam sua geometria. Os outros campos intervêm apenas muito localmente; por exemplo, no interior das estrelas, que são fornos nucleares, ou, para o campo eletromagnético (clássico) de longo alcance, os campos aceleram as partículas cósmicas, as tempestades magnéticas e as auroras boreais...

Ei-nos aqui, sem transição, atravessando as séries de nascimento e morte das estrelas e as evoluções das galáxias, quinze bilhões de anos atrás, até a época presente. De onde, situados em um lugar singular do universo, a Terra do sistema solar, que está na periferia da Via Láctea, e nós próprios, descendentes das evoluções estelares e planetárias, químicas, orgânicas e biológicas, neurofisiológicas e culturais, colocamo-nos, desde muito recentemente em relação ao tempo dessas evoluções, talvez estimulados pela contemplação "do campo de estrelas", a tríplice questão que é como uma marca de nossa humanidade: "De onde viemos? Quem somos? Para onde vamos?"[24]

---

[24] "O campo de estrelas": Victor Hugo "Booz endormi", em *La légende des siècles*. "De onde viemos? Quem somos? Para onde vamos?": legenda de um quadro taitiano de Paul Gauguin.

A consciência da questão
das origens e a interrogação metafísica

A consciência de nossa precariedade e do acaso que nos fez surgir no mundo, nesse lugar, e por muito pouco tempo, leva, certamente, a concluir (metafisicamente) um absurdo: é "uma história de loucos narrada por um bêbado". Outros, ao contrário, sensíveis à necessidade das coisas que fez que tudo isso seja assim (pois mesmo as cadeias do acaso têm o real e sua necessidade como suporte), imaginam que tudo isso tem um sentido e que esse sentido enaltece a nossa presença no mundo. A poesia tanto quanto a religião são seus efeitos. Outros ainda concluem por uma finalidade no universo, quer seja ela divina ou imanente. A finalidade por sua vez imanente e divina de uma evolução concebida, na visão profética e poética de um Pierre Teilhard de Chardin, como a "consciência de uma deriva profunda, ontológica, total, do universo em redor de si", pois retorna ao espírito humano, nesse momento de elevação da complexidade-consciência na natureza, revelar a "potência espiritual da matéria".[25] Ou finalidade apenas imanente à natureza, como a do "princípio antrópico", formulado por Brandon Carter e repetida por outros cosmólogos, segundo o qual as teorias e os modelos do universo devem ter em conta que o homem faz parte dele, e que todos os parâmetros e as constantes físicas da natureza estão de tal modo ajustados que a emergência do homem seja possível. Este princípio, de certo modo "umbilical", quer romper expressamente, pela própria vontade de seus adeptos, com a visão copernicana da descentralização do cosmo com relação ao homem (ver quadro 12.6.).

Esses exemplos – e haveria outros – mostram, bem entendido, o alcance metafísico dos conhecimentos científicos nesse domínio e o risco de confusão dos gêneros que lhe é inerente. Eles também mostram como a questão das origens é naturalmente totalizante: a origem do cosmo re-

---

[25] Pierre Teilhard de Chardin, *Oeuvres*. Paris: Seuil, v. 13, p. 33.

mete à da vida e à do homem, enquanto estas últimas apelam à questão da origem do mundo. Contudo, é em um sentido particular que esta última questão é colocada na continuidade das outras. Trata-se, então, da *organização do mundo* tal como o conhecemos, de sua gênese, e é, em realidade, o próprio objeto da cosmologia entendida como ciência do universo e de suas transformações, bem antes do que a de uma *origem* no sentido próprio do universo.

Existe, de fato, uma grande diferença entre a origem da vida, das espécies e do homem, de um lado, que diz respeito a pluralidades localizadas, e a origem do universo como totalidade singular. Ou, antes, há várias diferenças, fundamentais. A primeira diferença refere-se à singularidade e à unicidade do universo, e isso afeta de uma maneira radical a questão da origem, pois, nesse caso, é difícil não colocar a questão da origem da própria matéria que, com a cosmologia, apenas se desdobra e muda de estado, sendo ela mesma sempre dada. Tal questão – a origem da matéria – não pode mais ser científica, pois a *matéria* como objeto da ciência vê-se, então, identificada à *substância* ou ao *ser*, cuja definição pode ser somente metafísica.

Por outro lado, o universo, assim como é implicado pela teoria da relatividade geral, pela cosmologia relativista e pelas observações astronômicas e astrofísicas, desdobra ele mesmo, segundo toda verossimilhança, seu espaço e seu tempo, que não são definidos exteriormente a ele. O desenvolvimento do universo define o desenvolvimento do tempo, enquanto o desenvolvimento da vida – das formas vivas – inscreve-se no desenvolvimento do tempo, de um tempo biológico já constituído e implantado sobre o tempo termodinâmico, astronômico e cosmológico.

Quadro 12.6. O "princípio antrópico", um novo finalismo

O "princípio antrópico" foi proposto pelo astrofísico Brandon Carter, em 1973, durante uma conferência internacional sobre a "Confrontação de teorias cosmológicas com os dados de observação". Apoiando-se em "coincidências" entre os valores numéricos de certos parâmetros e as constantes físicas e astronômicas que as teorias cosmológicas não explicavam, ele invocou a necessidade, pelo menos provisória, de um princípio heurístico que levasse em conta a existência de certas coincidências para descrever o universo tal como ele é, esperando obter sua razão teórica. As coincidências em questão tinham sido anteriormente referidas por Eddington (1935), Dirac (1938), Dicke (1961) (ver capítulo 11). O "princípio antrópico" de B. Carter pode ser enunciado assim: "Aquilo que podemos esperar observar deve ser restringido pelas condições requeridas por nossa presença enquanto observadores". Tal formulação é deliberadamente anticopernicana (donde a denominação particular "antrópico", do "princípio"), julgando o autor que é preciso restabelecer nesse domínio a prioridade do "observador" particular do cosmo, que é o homem, que se encontra ele próprio contido no interior do cosmo. (Com o sistema heliocêntrico de Copérnico, contrariamente ao de Ptolomeu, geocêntrico, o homem não mais ocupava qualquer lugar privilegiado no universo: os movimentos dos astros eram independentes de sua situação.)

A presença do homem no universo, sobre o que a cosmologia não se pronuncia enquanto ciência, não é, entretanto, sem importância, estima B. Carter, pois as propriedades do universo, como queremos descrevê-las, devem ser tais – com toda objetividade – que as condições físicas da produção do homem em seu interior sejam possíveis. Essas condições físicas são, de fato, aquelas de toda cadeia de eventos que conduziram à vida e ao homem: a possibilidade de reações de nucleossíntese nas estrelas, a duração da vida da estrela suficiente para que essas reações nela ocorram até a formação de elementos pesados, a idade do universo em conformidade com tal exigência, os valores de diversas constantes físicas

– como o da gravitação, por exemplo – para que a formação dos planetas seja possível etc.

O "princípio antrópico" conheceu, e ainda conhece, certo sucesso entre os astrofísicos e os cosmólogos que adicionam às considerações já inreferidas outras considerações sobre a homogeneidade e a isotropia das irradiações eletromagnéticas fósseil, sobre o achatamento do universo etc. É verdade que, como um deles escreveu, "os materiais necessários para nossa própria existência são totalmente dependentes de uma estrutura em grande escala de todo universo".[a] Mas compreenderíamos igualmente bem o que está em questão sem colocar o homem como existente e como observador; bastaria mencionar os "materiais" presentes no mundo. A expressão "necessário para a nossa existência" implica uma espécie de finalismo, aliás, um finalismo expressamente invocado por alguns. Outros invocam a diversidade de universos pensáveis e possíveis, caracterizados por parâmetros que seriam totalmente diferentes dos de nosso mundo; a coincidência constatada para este seria apenas o efeito de perspectiva devido ao fato de estarmos em nosso mundo, que é apenas um caso particular, com o homem no topo da cadeia. Esta doutrina de universos paralelos é vizinha daquela de "universos múltiplos", formulada a propósito da interpretação da física quântica, tão conceitualmente pesada e contestável quanto ela. (Invocar uma infinidade de universos para dar conta de um único não equivale a adotar o "princípio": por que simplificar quando podemos complicar?)

Não poderemos aqui desenvolver mais uma análise e uma crítica do princípio antrópico e de seus pressupostos.[b] Ressaltaremos somente que o apelo à ideia do *observador* não é estritamente necessário, pois este último não intervém por seus atos de observação, como se supôs na interpretação

---

[a] John Barrow e Franck Tipler, *L'homme et les cosmos*, entrevistas reunidas por Marie-Odile Monchicourt, posfácio de Hubert Reeves, Rádio France/Imago, Paris, 1984.
[b] Ver Michel Paty, Critique du principe anthropique, *La Pensée*, n. 251, mai-jun 1986, p. 77-95.

de Copenhague da mecânica quântica (da qual podemos mostrar que esta noção é diretamente tirada). O "observador" fornece, quando muito, a informação de que o universo contém certas estruturas (o carbono, as moléculas complexas, zonas temperadas para o desenvolvimento da vida etc.) que a teoria deve *levar em conta* e, quando possível, *dar conta*. Mas levar em conta o que é não é uma exigência geral na elaboração de toda teoria científica? Para dizer a verdade, é o *construtor da teoria* que deve levá-la em conta, pois sua teoria deve estar de acordo com todos os fatos reconhecidos e o observador aparece aqui apenas para informar o construtor.

A esse respeito, a cosmologia é apenas uma teoria entre outras. Se ela pode ser vista como diferente, talvez seja porque esquecemos de seu caráter de construção intelectual, dado seu objeto único e excepcional. Os princípios de uma teoria sobre o universo como um todo deve, evidentemente, compreender a possibilidade de objetos que lhe pertencem e de fenômenos que nele se desenvolvem. Acerca disso, a cosmologia deve incluir a física fundamental e suas exigências. Ela não é apenas uma geometria dinâmica do universo e deve incorporar a dinâmica da própria matéria (e, portanto, outros campos além do gravitacional). Esta talvez seja uma das lições mais interessantes da recente simbiose entre a cosmologia quântica do universo precoce e a física subatômica (ver capítulos 7 e 11), e nenhum princípio antrópico foi então necessário.

O "princípio antrópico" é uma tentativa de responder ao caráter atípico da cosmologia, como ramo da física e, mais precisamente, da astrofísica: a cosmologia é a ciência de um evento único, hoje em dia completo, doravante acabado, não reprodutível, que seguramente coloca problemas epistemológicos particulares. Ele coloca, por exemplo, no mesmo plano, as leis fundamentais (expressas por equações) e as condições iniciais, que são cuidadosamente distinguidas, ao contrário das teorias mais clássicas ou mais locais. Esse problema, inédito, havia sido abordado por pesquisadores como Einstein (este último dizia que não há constantes fundamentais somente empíricas, que elas devem ser deduzidas). Mas a solução "chave-mestra" que propõe o princípio antrópico põe em curto-circuito toda discussão dos problemas epistemológicos que a cosmologia coloca.

A unicidade do tempo cosmológico

Saber se o tempo cosmológico, tal como o fixam os modelos dinâmicos do universo, é um tempo médio único ou, se for possível considerá-lo de diversos pontos de vista, tempos relativos e inteiramente equivalentes, é uma questão vivamente debatida entre os especialistas da cosmologia relativista.[26]

Poderemos observar que esses modelos fixam, com a dinâmica, as condições iniciais e que, desde então, o tempo recebe uma unicidade de direção e a definição que o separa da simetria do espaço, estabelecendo-o como o tempo próprio do universo. É verdade que o tempo cósmico seria, então, desligado do espaço, contrariamente à interpretação usual da relatividade geral. Contudo, não seria, por isso, um tempo absoluto, pois, diferentemente do tempo absoluto de Newton e da mecânica clássica, o tempo cosmológico não é "definido sem relação com as coisas exteriores", já que ele mantém uma relação de reciprocidade com a física do universo, que se define segundo ele, assim como ele se define segundo ela.

Restará como único problema conceitual que traz dificuldade o da origem absoluta desse tempo. Entretanto, do ponto de vista físico, a questão não tem verdadeiramente sentido e ultrapassa os paradoxos que poderiam ser levantados com uma concepção geométrica do tempo, já que nos primeiros períodos da "autogênese" do universo, a física é quantificada e o conceito de tempo no domínio quântico não tem sentido evidente, exceto o de ser um simples parâmetro. Podemos considerar, de um lado, que na escala do tempo físico das interações fundamentais no nível do universo tomado como um todo, o "ponto zero" do tempo seria apenas um ponto de fuga (uma escala de tempo física seria logarítmica, e

---

[26] Jacques Merleau-Ponty (1916-2002), um dos primeiros epistemólogos da cosmologia contemporânea, consagrou páginas muito pertinentes a esta questão em seu livro *Cosmologie du XXe siècle* (Gallimard, Paris, 1965). Ele próprio se pronunciava favorável a algum tempo cosmológico único.

o "tempo zero" seria, de fato, dirigido para menos infinito, escapando-nos irremediavelmente). Por outro lado, e mais fundamentalmente, a primeira fração de tempo do universo que sabemos tratar com a física (campos quantificados) é a que começa a 10^{-43} s, isto é, o "tempo de Planck". Para além disso, como vimos anteriormente, na região da escala de tempo anterior a 10^{-43} s, os fenômenos escapam ao domínio da física, pois ela não sabe tratar em conjunto a gravitação e a física quântica (ver capítulo 7 e observações precedentes). Mesmo que ela chegue aí um dia, é provável que o conceito de tempo deverá sofrer para o período inferior a 10^{-43} s uma modificação radical, até mesmo ser substituído por outro. O que provoca o descolamento da fronteira da origem ou a mudança de sua natureza. De uma maneira geral, se o tempo for definido em função dos fenômenos,[27] a física ignorará o que quereria dizer um ponto singular a um "tempo zero". De qualquer modo, a origem do universo seria apenas uma maneira de falar...

Nosso conhecimento dos processos que se desenvolveram no universo nas diferentes categorias evocadas (o pensamento, a vida e a matéria-energia) convidar-nos-ia mesmo a retornar ao problema da origem do cosmo, uma origem que só poderia ser totalmente esquemática (que seria, quando muito um vazio, fosse ele quântico[28]), considerando que o efeito mais surpreendente dessas séries filogenéticas que se encaixam, indo em direção à maior complexidade e organização, seria preferencialmente a densidade temporal que conduz a elas, o amadurecimento dos

---

[27] Ver Michel Paty, Sur l'histoire du problème du temps. Les temps et les phénomènes, editado por Étienne Klein e Michel Spiro, *Le temps et sa fleche* (Éditions Frontières, Gif-sur-Yvette, 1994); (Flammarion, Paris, 1996), p. 21-58.

[28] Evoquemos, a esse respeito, o modelo teórico do nascimento do universo proposto por François Englert, de Bruxelas, a partir do vazio quântico e de suas flutuações. Esta teoria toma diretamente o caminho oposto da ideia de uma criação, fosse ela somente inicial, somente da matéria dada, que em seguida se organizaria segundo suas potencialidades e suas leis. O "nada", por si mesmo, poderia deste modo criar um mundo. Observamos que é preciso, apesar de tudo, admitir, no estado inicial, o vazio quântico, que não é verdadeiramente "nada", visto que contém todas as potencialidades da matéria e de seus campos.

processos sem os quais esses estados não aconteceriam. Esta constatação não implica qualquer finalismo e não se confunde com o "princípio antrópico" invocado por certos cosmólogos contemporâneos (ver quadro 12.6.). Ela restitui alguma autoridade, senão algum sentido, à presença de um pensamento localizado em um lugar minúsculo deste imenso universo. Jacques Merleau-Ponty escreveu, nas reflexões filosóficas que concluem sua *Cosmologie du XXe siècle*: "Um dos resultados surpreendentes da investigação [da cosmologia] é que, em todo caso, se a permanência do homem no espaço é ínfima à escala das estruturas cósmicas, na escala dos eventos cósmicos, a duração das transformações físicas sem as quais ele não poderia existir, não o é no tempo". E, prossegue ele, "se, portanto, a própria existência da humanidade até aqui foi apenas um breve relâmpago na própria história parcial de seu ambiente, a centelha foi longamente preparada. O homem guarda alguma harmonia com o universo no preâmbulo de seu surgimento. E esta descoberta contribui para reforçar o sentimento de proximidade entre o mundo físico e nós".[29]

Esta proximidade é um parentesco: nossa origem é a do próprio universo e somos o produto de seu amadurecimento.

---

[29] Jacques Merleau-Ponty, *Cosmologie du XXe siècle, op cit.*, p. 454-455.

13
Objetos e métodos

Estamos chegando ao fim deste ensaio panorâmico sobre o que foi a física do século XX e temos bem a dimensão do que nele falta, do que poderia ter sido desenvolvido ainda mais e do que nem chegamos a evocar, sem falar do aspecto subjetivo que preside necessariamente certas escolhas ao, por exemplo, desenvolver mais alguns problemas do que outros. Certas modificações importantes de nossos conhecimentos nesse domínio, sobretudo muitas realizações correlativas que contribuíram para mudar nossa vida cotidiana, não puderam ter lugar em uma exposição dessa natureza. A física é muito vasta e estende suas ramificações a outras disciplinas das quais por sua vez ela também se nutre, como tentamos mostrar a propósito de algumas: as ciências do espaço e do universo, a geofísica e as ciências da Terra, a química, as ciências da vida...

Gostaríamos de tratar agora de alguns problemas de caráter mais geral do que os tratados nos capítulos precedentes, que tinham por objeto conteúdos detalhados de conhecimentos e que foram levantados precisamente por esses mesmos conteúdos. As inovações da física, em seus objetos, seus métodos, suas representações e suas modalidades de compreensão, suscitam com efeito, sob vários pontos de vista, interrogações sobre a natureza de nosso conhecimento. Os problemas que escolhemos para abordar são de dois tipos. Alguns, de natureza mais intelectual e filosófica, tratam da relação dos conceitos e das representações teóricas da física com as abstrações da matemática, assim como da pluralidade dos níveis de conhecimento em física, e da questão conexa da "emergência" de propriedades qualitativamente novas nos níveis de maior complexidade. Os outros problemas estão ligados à consideração das práticas, isto é, dos métodos experimentais e das técnicas, e também das maneiras efetivas de conduzir a pesquisa (experimental ou teórica) e de conceber suas aplicações: eles concernem certas mutações (pelo menos em aparência) que surgiram com o que se chama desde então a "*Big Science*".

Objetos abstratos, teorias matematizadas, simplicidade e complexidade

A física passou por modificações teóricas importantes no decorrer do século XX, tanto no que diz respeito à definição de seu objeto, quanto à natureza das teorias que a fundam e de seus procedimentos experimentais.

Do ponto de vista conceitual e teórico, ela conheceu primeiramente as revoluções relativista e quântica. Os conceitos de tempo, de espaço e de energia são concebidos desde então segundo as relações da relatividade restrita, e as grandezas físicas são submetidas à condição de covariância nas transformações de Lorenz. Esta condição assegura a invariância das equações e das leis fundamentais para os movimentos de inércia – sem aceleração –, impondo uma condição forte para a forma da teoria. As leis da física clássica são reencontradas como limite das leis relativistas no domínio das velocidades pequenas em relação à velocidade da luz no vazio (a constante universal c). Os efeitos relativistas também intervêm nos movimentos rápidos dos objetos físicos (como as partículas elementares emitidas pelas substâncias radioativas ou nas reações nucleares, ou presentes na radiação cósmica, ou ainda produzidas junto aos aceleradores, ver capítulos 6 e 7). Esses efeitos afetam igualmente os objetos macroscópicos, até mesmo os celestes (dos planetas às galáxias, ver capítulo 10), se estes são animados da mesma maneira por movimentos rápidos. Quanto aos efeitos relativistas no sentido da relatividade geral (ver capítulo 2), estes concernem todos os objetos que sofrem intensidades elevadas de campos de gravitação, como os relógios de precisão próximos de montanhas ou a trajetória de um planeta como Mercúrio (o mais rápido do sistema solar) ou como, mais intensamente ainda, os objetos "extremos": os buracos negros ou os quasars. Uns e outros são de uma importância considerável na astrofísica e, evidentemente, na cosmologia.

Figura 13.1. O Cern.
À esquerda, o anel do LEP em superimpressão na paisagem genebrina; à direita, um detector do LEP.

A estrutura da matéria requer que se leve em conta a física quântica (ver capítulos 3 e 4) em todos os seus níveis de organização, a partir do nível atômico: desde as propriedades dos elementos químicos, as ligações moleculares e as combinações da matéria condensada, regidas pelo campo eletromagnético (quantificado), até os diferentes estados subatômicos de sua constituição interna, do núcleo do átomo a suas partículas constituintes, governadas pelos três campos quantificados (eletromagnético, nuclear fraco e forte, ver capítulos 5, 6 e 7). Essa matéria quântica do mundo que nos rodeia é a mesma que a do cosmo, e espera-se de uma teoria quântica da matéria ainda mais elaborada que ela dê conta da gênese longínqua das partículas e da do próprio universo.

Essas mudanças conceituais e teóricas transformaram ao mesmo tempo nossas concepções gerais da física e da definição de seu objeto. Um dos aspectos mais surpreendentes das concepções atuais diz respeito à relação, cada vez mais estreita, entre as teorias físicas e as formalizações matemáticas. Esta imbricação não faz, de resto, nada mais que acentuar uma característica fundamental das evoluções anteriores. Elas tinham visto as teorias físicas constituírem-se com o auxílio da análise (no sentido do cálculo diferencial e integral); primeiramente, com a mecânica dos pontos materiais e dos corpos sólidos; depois, com a extensão do cálculo diferencial às equações a derivadas parciais (primeiro, para a mecânica dos fluidos; em seguida, para a teoria do campo e, igualmente, para a termodinâmica).[1]

Com a relatividade geral e a teoria quântica, a *formalização matemática* tornou-se um motor ainda mais potente para o trabalho teórico da física. É por este meio que são exprimidas as propriedades físicas conhecidas ou admitidas, tanto as propriedades gerais ou *princípios físicos* quanto as relações quantitativas entre as grandezas. Uma vez que os princípios físicos estão estabelecidos – na maioria das vezes, na forma de invariâncias espaço-temporais ou internas –, e que as grandezas utilizadas para descrever os sistemas físicos são conhecidas ou formuladas (esses sistemas podendo ser estados atômicos, nucleares, de partículas, de campos etc.), a teoria que relaciona essas grandezas exprime-se com o auxílio de relações matemáticas, e ela torna-se quase inteiramente dedutiva.

---

[1] Desde o final do século XVII, com a mecânica dos *Principia* de Isaac Newton, até o final do século XIX, com a teoria eletromagnética de James Clerk Maxwell, passando pelo XVIII, com os trabalhos de mecânica dos fluidos de Jean d'Alembert e de Leonhard Euler e a *Mecânica analítica* de Joseph Louis Lagrange.

As representações teóricas da estrutura (quântica) da matéria elevam esse caráter a um grau extremamente alto. Elas operam com grandezas físicas de formulação abstrata, pensadas a partir de propriedades de invariância, como os "números quânticos" como o spin, as cargas de férmions ou "números bariônico e leptônico", os "sabores" e as "cores" dos quarks etc. As relações entre essas grandezas determinam as propriedades de simetria mais gerais que são então elevadas ao estatuto de princípios e escolhidas para governar a forma da teoria dinâmica. É assim que foram formuladas as teorias "invariantes de calibre" dos campos fundamentais da matéria, eletrofraca e da cromodinâmica. A ideia de *invariância* ou de *simetria* requer, ao mesmo tempo, a de unificação, como os desenvolvimentos que conduziram a essas teorias mostraram de maneira eloquente (ver capítulo 7). Uma parte importante da física fundamental, a que é mais matematizada, parece dirigir-se em direção a uma *teoria unitária*.

Voltamos a encontrar nesta constatação uma nova atualização da ideia de que a matemática permite exprimir da maneira mais exata o *elo de estrutura*, profundo e oculto, entre os elementos pertencentes a uma mesma realidade. Tal é provavelmente a razão profunda da relação privilegiada (é, na verdade, uma relação de constituição) entre o pensamento físico e o pensamento matemático. Voltaremos a isso na conclusão (capítulo 14).

Convém, entretanto, notar que essa direção da física teórica, concernente às estruturas internas da matéria, rumo a uma maior abstração e matematização, não esgota seu caráter fundamental, as representações da matéria em seus diferentes *níveis de estruturação*. A complexidade desses níveis, mesmo sendo reconduzida em princípio à simplicidade do elementar, não se deixa dissolver e requer conceitos e modelos teóricos intermediários. Em outras palavras, o conhecimento da constituição profunda da matéria (campos e partículas) não dá em geral, pela reconstrução das combinações elementares (na medida em que certa reconstrução seria possível em princípio), uma representação diretamente utilizável de seus níveis complexos de organização, como a matéria nuclear dos núcleos atômicos, os átomos, as moléculas e as propriedades químicas, as moléculas complexas e as macromoléculas, os comportamentos macroscópicos da matéria etc. Teorias ou modelos específicos, de manuseios apropriados e relativamente simples, são necessários para cada nível onde as grandezas físicas pertinentes são ligadas de maneira mais e mais longínqua às do nível mais "fundamental", por razões tanto conceituais quanto práticas.

Fazer a junção entre as representações de níveis diferentes faz parte do trabalho de pesquisa nos diferentes ramos da física, da química etc. As questões epistemológicas que esta junção suscita estão vinculadas ao problema geral da redução ao elementar e da constituição de níveis "complexos" ou níveis "de *emergência*", e das propriedades que só aparecem nesse nível. Essas propriedades mostram a insuficiência de uma redução no nível inferior, mesmo se se supõe que existe uma continuidade de um nível a outro e que nenhum fator ou princípio não material deve ser invocado para o do nível superior (esta condição, que constitui o "princípio da unidade da matéria", é constitutiva do modo científico de pensamento). A insuficiência da redução não pode ser devida a uma imperfeição provisória da representação no nível elementar na qual um aspecto não tinha sido levado em consideração. É desse modo, por exemplo, que a noção de valência manifestou-se na química das moléculas antes de ser integrada à teoria quântica do nível atômico.

A insuficiência da redução pode ser também de natureza puramente prática, a simplicidade do nível inferior perdendo suas vantagens, tornando-se uma complexidade inextricável quando muitos elementos são tomados em conjunto e em interação. Neste caso, a redução, possível em princípio, não terá nenhuma utilidade nos fatos, garantindo, todavia, ao mesmo tempo a continuidade e a possibilidade da passagem de um nível a outro mais elevado na organização. Ao passar do nível estabelecido como fundamental a um nível de estruturação ou de organização superior em complexidade, deve-se, portanto, em todos os casos, levar em conta as propriedades que se manifestam somente neste nível e que são exprimíveis pelas grandezas específicas ou grandezas "emergentes".

De uma maneira geral, e a física não é uma exceção, nossos conhecimentos são nossas construções, e cabe a estas se ajustarem à natureza. Trata-se de construções simbólicas, apropriadas à natureza humana e aos modos de representação mental e cerebral. A unidade do conhecimento e a unidade da natureza postuladas geralmente pelo pensamento científico não garantem que a simplicidade de um sistema conceitual simbólico que se manifesta como absolutamente adequado para certo domínio de realidade seja ainda adequado para um outro, mesmo em continuidade com o primeiro. As moléculas altamente complexas da biologia molecular ficariam totalmente obscuras para nós, se apenas dispuséssemos para conhecê-las e tratá-las das equações de Schrödinger e de Dirac, tão potentes para representar o átomo de hidrogênio.

A especificidade de um dado nível estabelece-se de fato, preservando-se ao mesmo tempo de uma redução muito rápida e na maioria das vezes inoperante para os elementos do nível superior, guardando a ideia fundamental subjacente da continuidade e da unidade da matéria em todas as suas manifestações, de um nível de estruturação a outro. Trata-se de uma *tensão* entre duas abordagens, orientadas diferentemente, mas cada uma necessária em princípio, mais do que uma *dualidade*, em razão do caráter dinâmico do conhecimento em suas regiões fronteiriças, que são também objeto de abordagens interdisciplinares. Desse tipo de regiões moventes surgem muitas vezes novas perspectivas para as representações teóricas.

Em um outro domínio, o dos sistemas dinâmicos não lineares (ver capítulo 8), os sistemas de equações diferenciais da mecânica, totalmente deterministas, que fornecem a mais exata descrição teórica desses sistemas físicos, verificar-se-iam inoperantes ou pouco úteis na prática, se apenas se tratasse de calcular suas soluções particulares em termos de trajetórias. Entretanto, considerados de outra maneira do que por essas soluções, levando em conta suas equações sob um outro ângulo (o das propriedades qualitativas para os conjuntos de trajetórias), esses sistemas revelam as propriedades estruturais (os atratores) que ficariam de outro modo ignorados. Ainda que este caso seja muito diferente do precedente, ele ilustra também que a descrição que deveria ser a mais exata em princípio e a mais fundamental não é necessariamente a mais direta e a mais fecunda (nesse caso, se a tomamos ao pé da letra, seguindo os cânones habituais). Terá sido preciso de fato desenvolver uma outra teoria, mantendo as equações, mas formulando novos conceitos, matemáticos e físicos, que resultam em uma outra descrição e em uma outra inteligibilidade.

Métodos e técnicas experimentais na era da "Big Science"

O desenvolvimento, acelerado pela Segunda Guerra Mundial, de um vínculo cada vez mais estreito entre, de um lado, a pesquisa científica e, de outro, a técnica e a indústria, em domínios como os da física nuclear e da física dos sólidos (por exemplo), deu o sinal de uma mutação da pesquisa nessas disciplinas e em outras. Essa mutação diz respeito à atividade dos pesquisadores, aos métodos e às técnicas de experimentação, às relações com os poderes públicos, à organização de um trabalho que passou a ser mais coletivo, dentro dos laboratórios, onde pesquisadores e engenheiros colaboram estreitamente para a implementação e a utilização de aparelhagens inéditas, complexas e de alta precisão. Essas máquinas pesadas e custosas são do domínio da alta tecnologia: elas se beneficiam das técnicas mais avançadas, como os vazios extremos, a supracondutividade, a eletrônica, os tratamentos informáticos, frequentemente efetivados nos laboratórios de pesquisa muito antes de suas utilizações industriais, fornecendo outro tanto de "resultados" utilizáveis em outros campos das ciências. Cada vez mais elas funcionam para as coletividades que se determinam em torno de colaborações internacionais, como os grandes aceleradores de partículas, os grandes observatórios ou os laboratórios espaciais.

A física subatômica e a astrofísica constituem dois exemplos característicos desta forma de ciência, específica da segunda metade do século XX, que recebeu o nome de "Big Science" ou ciência de grandes meios:

financeiros, materiais, de alta tecnologia e organizacionais. Esta apresenta diferenças consideráveis com relação às formas de pesquisa científica anterior, mais individual e artesanal.

Pode-se dizer que a "Big Science" surgiu – acompanhada pela tecnologia correspondente – com o "Projeto Manhattan" para a construção da primeira bomba atômica realizada no Laboratório dos Los Alamos, nos Estados Unidos, a partir de 1942.[2] Ali se aprendia, ao mesmo tempo, a ter controle sobre a produção de energia nuclear, com a primeira pilha atômica para enriquecer o urânio em matéria físsil e transformá-lo em plutônio: pilhas e reatores nucleares seriam concebidos em seguida para a produção de energia elétrica. A física nuclear e a física das partículas elementares, como as conhecemos, saíram diretamente dessa história estreitamente ligada à conjuntura política. Paradoxalmente, com a implementação e o funcionamento do Cern ("Laboratório Europeu para a Física das Partículas", antigamente "Organização Europeia para a Pesquisa Nuclear"), situado na fronteira franco-suíça, perto de Genebra, essas disciplinas fornecem hoje um modelo de colaboração científica internacional de espírito pacífico, implicando ao mesmo tempo a participação direta dos Estados aos níveis europeu e doravante mundial. Ao ser aprofundado, o conhecimento da física subatômica desconectou-se em grande parte das utilizações práticas, que cabem no essencial, desde então, à tecnologia industrial.

---

[2] Essa afirmação deve ser nuançada, pois já existia antes grandes instrumentos para a pesquisa fundamental, como, na França, o grande eletro-imã de Bellevue realizado por Aimé Cotton. Ver Terry Shinn, na bibliografia.

Figura 13.2.
A entrada do centro de Los Alamos.

A pesquisa, nas disciplinas que são do domínio da "Big Science" (como a física nuclear, a física das partículas ou a astrofísica), é marcada pelo elo estreito entre a elaboração das ideias teóricas e a realização das experiências, relacionadas com os progressos técnicos, que ela frequentemente suscita. Essas experiências concernem a aceleração, a produção de feixes intensos e a detecção de núcleos, partículas, radiações de todos os gêneros, o tratamento em linha de dados complexos de estatísticas elevadas com o auxílio de grandes computadores, os reconhecimentos de forma e a localização de alta precisão...

Figura 13.3.
Julius Robert
Oppenheimer
(1904-1967).

A tecnologia dos aceleradores desdobrou-se, na física nuclear, dos aceleradores eletrostáticos de prótons e núcleos leves aos aceleradores de íons pesados, desenvolvidos a partir do fim dos anos 1960; e, na física das partículas, os ciclotrons, sincrotrons de prótons e aceleradores lineares aos anéis de colisões de elétrons-pósitrons e de prótons-antiprótons desenvolvidos nos anos de 1970 e de 1980. Nesse domínio, um dos avanços consideráveis mais recentes foi a realização da técnica do "esfriamento estocástico" por Simon van der Meer, que permitiu a utilização de feixes controlados de antiprótons no anel de colisão $p - \bar{p}$ do CERN e a produção dos bósons intermediários de que já falamos.[3]

---

[3] Simon van der Meer (1925-) recebeu o Prêmio Nobel de Física de 1984, dividindo-o com Carlo Rubbia (1934-).

Os detectores, para analisar as reações de colisão e as partículas produzidas, foram desenvolvidos em variadas direções: detectores eletrônicos, com os contadores, ou visuais, das emulsões fotográficas às câmaras de Wilson e às câmaras de bolhas.[4] Estas últimas foram suplantadas depois, no início dos anos 1980, pelos detectores eletrônicos de nova geração, constituídos de grandes câmaras de fios "à deriva" e de projeção tridimensional,[5] associadas a identificadores de partículas e a calorímetros para as medidas de energias. Estas aparelhagens permitem a reconstrução integral das reações em linha pelo computador, combinando assim as vantagens da antiga detecção visual precisa e da acumulação estatística dos dados da eletrônica. Estas técnicas de análise foram adaptadas em seguida para a coleta e para o estudo de dados em astrofísica.

A interação entre as tecnologias de ponta e a pesquisa experimental em física fundamental é também de regra em outros domínios como os que acabam de nos servir de exemplo. Tratamos anteriormente dos progressos na tecnologia de temperaturas muito baixas a propósito da obtenção da condensação de Bose-Einstein. Poderíamos mencionar, nesse mesmo espírito, as condições que possibilitaram a obtenção de imagens de átomos individuais ou as proezas técnicas a serem superadas na realização projetada de aparelhos para detectar as ondas gravitacionais. Em regra geral, os fenômenos de caráter novo, implicados pelos progressos teóricos da física, requerem, para serem colocados em evidência, progressos correspondentes nas possibilidades experimentais e nas realizações técnicas.

---

[4] A invenção da câmara de bolhas valeu o Prêmio Nobel de Física a Donald A. Glaser (1926-) em 1960.

[5] A invenção da câmara proporcional multifios, que está na origem desses detectores, valeu a Georges Charpak o Prêmio Nobel de Física de 1992.

Figura 13.4. Carro radiológico de Marie Curie. As "pequenas Curie" podiam transportar aparelhos de raios X até a frente de batalha.

Um outro aspecto das aparelhagens experimentais implementadas para a pesquisa fundamental em física é sua utlização em outros domínios, tanto nos da física quanto nos de disciplinas, como a biologia e a medicina. Esta plasticidade parece ser uma constante da física experimental moderna desde a descoberta dos Raios X e da radioatividade, aplicados quase imediatamente à observação do interior do corpo humano ou a seu tratamento médico: temos na lembrança as atividades radiológicas de Marie Curie no fronte durante a Primeira Guerra Mundial.

Mencionemos, entre esses "resultados", a título indicativo e sem ter a pretensão de ser exaustivo, a espectroscopia RMN (de ressonância magnética nuclear) em química; as técnicas de datação através de elementos radioativos, principalmente por radiocarbono (ver capítulo 10); a bomba de cobalto, este elemento químico sendo produzido por radiotividade induzida para o tratamento dos tumores cancerosos; os progressos consideráveis no campo da imageria cerebral obtidos graças aos elementos radioativos e, sobretudo, à câmara de pósitron, que oferece uma localização extremamente precisa das zonas danificadas e que permitiu recentemente grandes progressos em neurofisiologia; os anéis aceleradores de életrons, que fornecem, por radiação sincrotrônica, feixes intensos de raios eletromagnéticos em toda a gama do espectro, os raios γ e X de luz visível e de definição tão fina quanto os feixes a laser (esses feixes são utilizados tanto para o estudo da estrutura dos corpos sólidos quanto para as aplicações na biologia e na medicina); o poder de localização muito precisa das câmaras proporcionais multifios que as tornaram suscetíveis de aplicações em variados domínios, além da detecção de partículas elementares, da medicina à detecção de fraudes em mercadorias nas alfândegas etc.

Deve-se dizer igualmente algumas palavras sobre os telescópios, a astronomia-astrofísica rivalizando de agora em diante com a física subatômica no plano das grandes aparelhagens para as pesquisas fundamentais. De fato, a astronomia já tinha, nessa matéria, uma experiência de longa tradição com o grandes observatórios (o de Maragha no Irã do século XII e sua cópia ampliada em Jaipur na Índia do século XVIII, o de Uranienbourg na Dinamarca construído por Tycho Brahé no século XVI; depois, com a observação com auxílio de lunetas, com os grandes telescópios refletores construídos por William Herschell, já no final do século XVIII).

O fim do século XX assiste à construção de grandes telescópios e radiotelescópios terrestres e de um telescópio espacial cuja resolução permite escrutar os sistemas de astros e galáxias mais longínquos. É desse modo que o duplo telescópio de 10 metros do Hawaí, denominado Keck, situado no topo do vulcão Mauna Kea e que escruta o hemisfério norte do céu, detectou em 1997 e 1998 duas galáxias muito primitivas (cujas idades são fornecidas pela velocidade de fuga, revelada pelo desvio

Objetos e métodos 385

para o vermelho de seus espectros) nos confins do universo, em pelo menos 13 bilhões de anos-luz da Terra. A metade sul do céu é examinada pelo Observatório Europeu do Hemisfério Sul (ESO) localizado no norte do Chile, no monte Cerro Paranal, que se eleva a 2.635 m de altitude, no deserto de Atacama, não longe da cidade de Antofagasta. Este observatório, instalado em uma região de clima excepcional (bom tempo, céu transparente, ventos moderados) e que pode ser plenamente funcional desde o primeiro ano do século XXI, acolhe um Muito Grande Telescópio (VLT) constituído de um conjunto de quatro telescópios de 8,2 metros. Ele escrutará o hemisfério sul celeste, com uma acuidade visual[6] que possibilita, dizem seus construtores, distinguir uma ervilha a mil quilômetros de distância e remontar na noite dos tempos cósmicos até o primeiro ou segundo bilhão de anos de idade do universo (considerando-se que ele tem hoje 15).

Quanto ao observatório Hubble, embarcado em satélite (seu nome é uma homenagem ao astrônomo Edwin Hubble, que descobriu nos anos 1920 a fuga das galáxias e, portanto, a expansão do universo, ver capítulo 11), liberado das condições da atmosfera, ele pode explorar regiões e fenômenos inacessíveis para os observatórios terrestres (por exemplo, os que se revelam na luz infravermelha). Por assim dizer, as entranhas do universo, pois este último nos aparece como um imenso corpo que se expande, e que começamos apenas a explorar.

---

[6] Esta acuidade é aumentada pelas técnicas de interferometria ótica, desenvolvidas sobretudo desde 1976, e cuja ideia remonta ao físico francês Hippolyte Fizeau (1819-1896).

14
Conclusão
Algumas lições da física do século XX e um olhar para o século XXI

Conclusão

Ao final deste percurso podemos, em primeiro lugar, dar uma última olhada para trás, para tentar formular algumas lições simples e de alcance geral sobre o que nos aparece como sendo uma bela aventura do pensamento humano. Depois, perguntaremos se esses conhecimentos e essas lições são capazes de delinear algumas das características da ciência de amanhã, preparada pela do presente.

Ao longo do século, a física revelou-se como uma ciência absolutamente apaixonante, pelos seus conteúdos, seus prolongamentos, suas inovações de perspectivas, sua abertura para novos objetos e para novas ideias – e pelo entusiasmo de seus atores. Ela se desenvolveu em muitas direções; algumas das quais insuspeitáveis há apenas um século (o alcance e a extensão da física quântica, a cosmologia física), enquanto outras podiam ser entrevistas, pelo menos no que concerne a certos domínios muito recentemente abertos à investigação (o papel do eletromagnetismo, a termodinâmica, a radiação, os átomos, a química física...). Algumas das direções que se revelaram fundamentais tinham sido já abordadas por certos pioneiros, mas raros eram os que se arriscariam a apostar nelas (os sistemas dinâmicos não lineares, as propriedades de simetria, os grupos de transformação, as geometrias não euclidianas...).

A física do século XX foi uma ciência de encadeamentos e de mutações, de continuidades e de rupturas entre os conhecimentos do passado e os de hoje, e também dos novos vínculos criados com outros campos de diferentes ciências. Ela ampliou seu domínio empírico nos fenômenos da natureza e sistematizou sua apreensão racional deles nos dois terrenos, no da experiência/observação e no da teoria; ela ganhou, ao mesmo tempo, em diversidade e em unidade. Em *diversidade*, uma vez que a física apreende tanto os objetos supostamente mais simples ou elementares quanto os que parecem hipercomplexos, desordenados ou caóticos. Em *unidade*, pelos vários aspectos que comentaremos mais adiante.

A diversidade das formas e a unidade da matéria

A *unidade da matéria*, princípio pós-copernicano que é o embasamento de toda ciência contemporânea, permite conceber facilmente que os conhecimentos estão encadeiados e dependem uns dos outros. As diferenças disciplinares, tanto no interior da física quanto entre esta e as outras ciências da natureza, são, sobretudo, feitas por nós, para dispor os problemas em série e para nossa comodidade, ao abordarmos níveis diferentes de organização das formas do mundo material. As próprias noções de *nível* e de *organização* são categorias de pensamento nas quais o conhecimento se apóia, ao mesmo tempo, para dar conta da autonomia estrutural e conceitual desses níveis (subatômico, atômico, da matéria condensada, das grandes estruturas do cosmo...) e de suas dependências mútuas.

As físicas atômica, nuclear e subnuclear, interligadas pela penetração em profundidade da estruturação sucessiva dos elementos da matéria, vinculam-se desde então igualmente de maneira estreita à astrofísica e à cosmologia. Os desenvolvimentos no campo da física nuclear e das partículas elementares e, ao mesmo tempo, o conhecimento de objetos cósmicos, que são a sede de processos cósmicos extremamente energéticos (quasars, supenovas...) e que emitem radiações de vários tipos (partículas quânticas carregadas e neutras, em particular fótons e neutrinos), suscitaram, ao longo dos vinte últimos anos, uma aproximação fecunda entre essas disciplinas. Essa aproximação é muito natural se se pensa que as condições físicas dos objetos do universo e dos fenômenos de que são a sede estão diretamente ligados aos da matéria elementar, já que se encontram em estados de densidade de energia que a ela correspondem. A isso, acrescente-se o elo de origem dos objetos dessas ciências na cosmogênese.

Mesmo a separação entre o domínio quântico e o domínio "macroscópico" é menos nítida do que se pensava habitualmente ao referi-la à oposição entre o descontínuo e o contínuo, se é regular a transição dos estados quânticos coerentes para os estados de-coerentes, que resulta das interações múltiplas dos primeiros com seu meio ambiente. Essas transições são subjacentes à descontinuidade entre as físicas quântica e "clássica", descontinuidade esta que se dá, antes de tudo, entre seus conceitos e suas grandezas físicas respectivas. Esse estado de coisas serve de testemunho da unidade da matéria para além da disparidade de suas abordagens conceituais e teóricas. A *teoria quântica da decoerência* poderia desempenhar assim um papel epistemológico e filosófico muito importante para o pensamento da física. Ela daria conta da passagem entre os dois domínios sem descontinuidade física, ao mesmo tempo justificando a consistência dos conceitos e das grandezas propriamente quânticas, tão diferentes das clássicas, e mantendo esses últimos quando considerados no seu próprio nível de aproximação.

Conheceu igualmente desenvolvimentos consideráveis a física dos sistemas complexos de organização material, dos objetos que nos rodeiam e dos quais podemos ter uma experiência direta, do nível microscópico ao macroscópico, das organizações de moléculas aos grãos de areia e aos fluidos turbulentos, dos movimentos da atmosfera aos do centro e da crosta da Terra, e ainda das macromoléculas aos constituintes do material genético. Ela serve também para testemunhar a favor da unidade da matéria e do mundo físico, tanto por estar fundada na *constituição atômica da matéria*, quanto por suas abordagens teóricas guiadas por princípios de simetria.

A dimensão temporal

Existe igualmente uma continuidade do inanimado ao ser vivo, mas não nos é possível conceber a formação natural do segundo a partir do primeiro a não ser segundo as contingências de uma longa série de evoluções temporais, sobrevindas na franja estreita de condições físicas excepcionais. Esta lição da biologia, sobre *a introdução do contingente na longa duração temporal*, penetrou a física, não somente na junção das duas ciências, na pesquisa das circunstâncias físico-químicas do aparecimento das estruturas próprias ao ser vivo, mas desde que se tratou de uma *gênese natural dos próprios objetos físicos*, dos elementos químicos atômicos ao cosmo em suas grandes estruturas, passando pelos objetos celestes, galáxias, estrelas e planetas. De uma maneira geral, o século XX terá sido o do conhecimento dos *processos de formação* dos objetos físicos e da tomada de consciência da importância da *dimensão temporal* nesses processos.

Sabe-se doravante que a longa duração da gênese das formas justapõe-se a sua simples "lógica" constitutiva (ou estrutural): é um aspecto que aprendemos, em primeiro lugar, com a *história*, que é uma ciência humana e social. Esse aspecto foi retomado pela *teoria darwiniana da evolução*, que fez da biologia a primeira (cronologicamente) das ciências temporais da natureza. Pode-se dizer, assim, que a física seguiu de perto a história e a biologia evolucionista, da geofísica à cosmologia. E que, ao fazer isso, generalizou e aprofundou o que a termodinâmica tinha começado a ensinar no fim do século precedente – o papel do tempo como duração[1] –, mas invertendo esse papel: *o tempo é essencial para a constituição das formas materiais apesar da irreversibilidade*, porque os sistemas físicos, nos quais ocorrem essas formações, não são fechados e interagem com o exterior.

---

[1] O tempo considerado neste parágrafo é o tempo na duração, na longa duração. Pois o tempo como variável (infinitesimal e diferencial) é, quanto a ele, intrinsecamente vinculado à física, desde suas primeiras teorias dinâmicas no século XVIII.

Matemática e racionalidade

Há uma outra característica da física que todos os desenvolvimentos que vimos até agora acentuam: *sua relação muito estreita e privilegiada com a matemática*. Desde os inícios da ciência moderna no século XVIII, a física, no sentido que lhe damos, começando pela mecânica, seguida pela constituição de outros domínios, estabeleceu-se como ciência, conjugando a matematização e o recurso à observação quantitativa e à experimentação. Esse traço a distinguia desde sua origem das outras ciências da natureza e é o que ainda hoje faz sua particularidade (no sentido geral dado à física, da química teórica à cosmologia). Vemos bem como o pensamento dos conceitos físicos, exprimidos pelas grandezas, é indissociável das propriedades matemáticas dessas grandezas, e a teoria física só pode assim ser concebível matematizada. Isso vale para todos os domínios: na física dos campos fundamentais, caracterizada por *grandezas quânticas* e referindo-se cada vez mais às considerações de *grupos de invariância e de simetria*, algébricas, mas também tendo por objeto geometrias abstratas; na física da matéria condensada e dos fenômenos críticos, em que vimos a importância do *grupo de renormalização* e das *invariâncias de escala*, como também a de *geometrias de dimensões não clássicas*, fractais para as formas complexas ou mais elevadas que três para as estruturas não periódicas (quase cristais).

Esse *papel constitutivo da matemática* aparece sempre um pouco enigmático, e enquanto alguns se perguntam, de modo platoniciano, se "o universo é matemático", outros veem nisso nada mais do que a imposição, nas representações da natureza, de um aspecto do pensamento cuja origem não deve ser procurada em outro lugar, a não ser na estrutura dos neurônios do cérebro humano. Essas duas respostas são muito radicais e gerais para serem realmente satisfatórias, pois o tipo de raciocínio e de representação que constitui a matemática, ela mesma ciência em elaboração e em invenção permanente, mostra-se perfeitamente apropriado para formar os *conceitos* da física enquanto *grandezas*, ao exprimir as *relações* entre essas grandezas; com efeito, é a essas relações, objeto *das teorias físicas*, que se remete a descrição dos sistemas e dos fenômenos físicos.

Mais geralmente do que a matemática, é sobre o *papel do próprio pensamento racional* que poderíamos interrogar-nos, pois é este que, afinal de contas, apreende o mundo mesmo o mais alheio ao homem, à primeira vista, e escapando à apreensão direta de seus sentidos. O que surpreende não é tanto a matemática propriamente dita quanto a *capacitade do cérebro humano de fazer uma representação* desse mundo de maneira espantosamente precisa como jamais vimos. Essa capacidade resulta seguramente da organização dos neurônios do cérebro, como substrato do pensamento; mas isso não basta evidentemente para explicá-la; é preciso levar em conta, no nível mesmo das representações, da impregnação desse cérebro por uma *cultura oriunda da história* e da particularidade das *formas simbólicas*, que são a própria marca do pensamento humano. A esse respeito, a matemática não é talvez nada mais do que a forma mais simples e, por conseguinte, a mais exata das representações do pensamento racional abstrato, apropriado à descrição das formas do mundo legitimamente percebidas como as mais simples.

Não é a matemática que é diretamente apropriada à representação do universo físico; são as *teorias físicas*, matematizadas. As transformações dos conhecimentos na física mostram cada vez mais essa ciência, voltada para a natureza, como que construída com elaborações teóricas prévias. O papel da matemática não é o de simples aplicação; ela é constitutiva do pensamento físico, a característica estrutural das teorias matemáticas sendo particularmente apta a tornar manifesta a *estrutura* do mundo físico real, em razão das propriedades relacionais das grandezas. Esse aspecto ultrapassa o simples cálculo de quantidades exatas, de valores numéricos ou de relações métricas. Lembremos, por exemplo, o princípio de superposição linear das funções de estado em física quântica, particularmente adaptado para dar conta dos caracteres específicos deste domínio; a adequação dos grupos e das leis físicas; ou ainda o lugar mais importante ocupado, desde algum tempo, pela topologia ao lado da métrica.

Para sublinhar ainda o insubstituível papel da matemática na física, arrisquemos fazer a seguinte proposição: se a física atual consegue tratar tanto de sistemas simples quanto de sistemas complexos sem um reducionismo brutal dos segundos aos primeiros,[2] é talvez em razão mesmo da função da matemática que exemplificariam aqui os grupos de transformação.

Uma lição de modéstia

Apesar de todos esses resultados e esses traços de grande riqueza intelectual, a física está atualmente, dizem, perdendo velocidade. Os estudantes a deixam de lado e preferem a seu estudo nas universidades as escolas de engenharia, que a adaptam enquanto *savoir-faire* e eficácia prática. A informática parece sorridente, lúdica ou remuneradora. Na linha de frente das instituições de pesquisa, como na das aplicações técnicas, a física cedeu o passo à biologia na hierarquia efetiva das ciências. Provavelmente isso não é ruim, como lição de modéstia, para uma disciplina que exerceu durante muito tempo o domínio sobre as outras, que foi apresentada como o modelo de qualquer cientificidade e que nem sempre resistiu às tentações da arrogância em face das outras ciências.

Pelo menos, valendo-se dessa experiência passada, ela pôde oferecer às outras a lição que aprendeu sobre o reducionismo. Mesmo na época de sua preponderância, as outras ciências não se reduziram a ela, ainda que seus objetos tenham todos um substrato físico-químico. A biologia molecular não se reduz evidentemente à física atômica e molecular,

---

[2] Pode-se talvez fazer a objeção de que a constituição atômica da matéria é uma redução. Não seria exato, já que para admitir os átomos e a estruturação dos mesmos foi necessário inventar a física quântica. A redução consistiu em persistir a conceber os átomos à maneira clássica.

porque ela teve de desenvolver conceitos adaptados aos objetos que ela considera no seu próprio nível. A unidade da matéria não implica a redução dos objetos a um único nível que seria o mais fundamental. Isso é verdade também para a relação entre as diversas disciplinas no interior da própria física. E ainda com mais razão isso é válido para a relação de uma com outra ciência; o que se deve fundamentalmente ao fato de que nós pensamos por meio das *representações* da matéria; como o acesso direto a elas está fora de questão, contrariamente à ilusão do "naturalismo", uma vez que é pelo pensamento (o *pensamento simbólico*) que temos acesso ao mundo.

Pensamento físico e reflexividade crítica

Esta lição vincula-se a uma dimensão do pensamento físico, comum a todo pensamento científico em seus diferentes domínios de aplicação. Trata-se de *seu alcance crítico* e da necessidade que ele encontra, para melhor compreender-se, de refletir sobre si mesmo, colocando-se à distância de seus objetos, de suas representações teóricas e de seu próprio movimento, para considerá-los como se fosse do exterior, questionando-se a respeito deles para avaliá-los.

Com esse distanciamento (esse recuo), que o libera do contato com e das implicações imediatas de suas produções, o pensamento passa a ser analítico e crítico. Ele não se interroga mais sobre seus objetos de ciência, mas sobre suas condições de engendramento e de produção e, em particular, sobre a *representação simbólica* por meio da qual nós os apreendemos. Uma representação não se identifica com o que ela representa, que é dado como exterior ao pensamento. Natureza e matéria são independentes de nós, e as representações que delas fazemos são evidentemente imperfeitas e sujeitas a transformações. E provavelmente melhoram no decorrer do avanço dos conhecimentos.

Veremos com maior clareza o alcance e a significação dessas representações, se nos interrogarmos sobre suas características, sobre o fato de que elas são elaboradas, construídas – e, por meio disso, sobre suas marcas de contingência – sobre seus aspectos racionais, sobre seu vínculo com o mundo dos fenômenos para os quais elas estão voltadas, sobre a *necessidade* (mesmo relativa) que as encerra, sobre seu grau de certeza...

O ato ou o momento, *reflexivo*, inerente a um pensamento racional consciente de si mesmo estabelece, portanto, a ligação entre a física enquanto ciência à epistemologia e à história da física e, mais amplamente, à filosofia da ciência. Essa dimensão de *pensamento crítico* da física (entre as ciências), ao lado de seu caráter construtivo e descritivo, faz com que suscite problemas de interpretação, que são às vezes de natureza diretamente filosófica. Como exemplos desses problemas, mencionamos a questão da "natureza da geometria" a propósito do espaço curvo da teoria da relatividade geral, ou a da "realidade física" que foi, como vimos, objeto de debate com a mecânica quântica; ou certos aspectos da cosmologia ou das ciências da vida, a relação entre o mineral e o ser vivo, a questão das origens, que foram igualmente tratadas. E ainda a natureza do pensamento teórico da física, sua relação com a observação e com a experiência...

De maneira mais geral, para além do detalhe das descrições, das explicações e até dos retornos reflexivos e críticos nos diversos campos de relevância, os ensinamentos que recebemos da física sobre a natureza – e sobre o pensamento da natureza – concorrem para formar em nós uma *representação do mundo*. Trata-se de uma concepção mais ampla do universo, do pensamento e da situação em que cada um vê a si mesmo. A física não é a única disciplina a formar essa concepção, mas ela contribui para isso entre os outros conhecimentos. Por estes últimos entendemos os outros conhecimentos científicos dos quais podemos ter uma ideia sem ser especialista, mas também as concepções éticas, axiológicas (que tem por objeto os valores), estéticas... Essa *representação do mundo* inscreve-se em uma cultura e forma o terreno fértil de onde brotarão novas formas de conhecimentos.

Pois a física não está acabada. Ela está em elaboração, em transformação, e contribui para formar o pensamento humano na sua apreensão racional do mundo e de suas formas. Ela se modifica, mas ela não nos escapa, e os conhecimentos futuros seriam impensáveis se eles não se nutrissem dos atuais, mesmo se é para transformá-los de maneira radical. O conhecimento científico é, ele também, o fruto de uma gênese ao longo do tempo, desta vez na ordem das culturas.

Os conhecimentos futuros: lançando as redes do conhecido ao desconhecido

Uma outra lição a reter desse percurso, que corresponde à "aventura do pensamento" de que falamos no início deste capítulo, é que os conhecimentos assim adquiridos não eram dados desde o começo e que estes foram objeto de descoberta e, em síntese, de "invenção", de "invenção criadora".

A partir deste presente em que nos situamos, enquanto detentores de informações sobre um passado palpitante ainda recente, do qual podemos discernir as grandes linhas que estruturam sua significação, dirigimos nosso olhar para o futuro. As linhas do passado, evocadas nos capítulos que o leitor acaba de ler certamente se estendem, pois, como exemplo e em continuidade com o que ocorreu precedentemente, os conhecimentos do amanhã apresentam-se, por sua vez, como a sequência e o desenvolvimento dos conhecimentos de ontem. Basta, a esse respeito, lembrar os projetos com programação de longo prazo das experiências de física com o auxílio de grandes aparelhagens; por exemplo, os aceleradores de partículas, os grandes telescópios, as antenas gigantes para captar as ondas gravitacionais etc. Esses aparelhos são construídos em cerca de dez anos, às vezes mais, para explorar a matéria subatômica ou cósmica durante outras dezenas de anos: uma prova de que se considera a direção seguida como portadora de conhecimentos novos e significativos.

Sabe-se (ou acredita-se saber) em qual direção é melhor ir, e dispõe-se, para orientar-se na exploração dos domínios do desconhecido, de mapas marinhos das zonas já exploradas. São estas que nos permitem imaginar que possamos ir mais longe, pois sabemos o que falta ao nosso conhecimento presente para que ele seja mais completo aos nossos olhos. Sabemos também que aquilo que não conhecemos pode ser completamente diferente do que imaginamos hoje. A viagem da pesquisa, mesmo balizada, é um caminho na direção do desconhecido e, por essência e definição, o desconhecido é o que ignoramos absolutamente.

Temos acesso aos novos conhecimentos graças a nossa apreensão de uma parte da realidade, que nos faz entrever índices. O que conhecemos faz parte da totalidade do que é, da qual ignoramos a maior parte. É por essa razão que essas apreensões permitem que avancemos, progredindo na direção de uma maior clareza. Mas às vezes essa clareza só é obtida às custas de mudanças profundas na própria maneira de pensar. A inovação, nesse caso, não terá sido em geral previsível. Ao sobrevir e impor-se, ela muda toda a perspectiva e, colocando-nos na perspectiva atual, podemos conceber que, de alguma maneira, é o futuro que nos arrasta, é o conhecimento futuro que nos faz um apelo no movimento do conhecimento atual. O problema não é, portanto, tanto o de prever o novo (isso é impossível, se é realmente o que pretendemos que ele seja), mas mais o de saber prepará-lo e reconhecê-lo, quando o momento se apresenta.

A questão das aplicações

Consagramo-nos, anteriormente, à física considerada como conhecimento intelectual. Esse ponto de vista é evidentemente fundamental, pois a física apresenta-se, antes de tudo, como um conjunto – ou sistema – de ideias. Mas são ideias voltadas para a natureza e, aliás, em certo sentido, modeladas por ela ou em função dela. São também ideias materializadas em objetos, concretizadas pela reprodução – ou criação – de fenômenos em laboratório, pela implementação de aparelhagens, pelas aplicações técnicas ou tecnológicas. Essa dimensão concreta apareceu ao longo dos capítulos e ela continuará a caracterizar a física futura. Ela faz parte desse caráter da física de voltar-se para o mundo, de referir-se aos fenômenos e de ser por isso uma *fenomenotécnica*, de acordo com as palavras de Bachelard. Esse aspecto é também constitutivo da física, do mesmo modo que a matematização de seus conceitos e de sua estrutura teórica.

Ele tem diretamente a ver com a questão das aplicações e vemos a cada dia, no nosso mundo transformado pelas realizações da "tecnociência", conhecimentos recentes da física materializarem-se em objetos técnicos que se tornam rapidamente indispensáveis. Aqui, é impossível analisar esta questão como ela o mereceria; seria preciso escrever um outro livro (e, sobretudo, ela ultrapassa nossa competência). Contentemo-nos em assinalar que a análise dessa dimensão da física faz parte das reflexões críticas que devem acompanhá-la e em enfatizar a solidariedade da física com outras instâncias da atividade e do pensamento humano. Em suma, o conhecimento teórico e prático não pode ser dissociado dos usos que deles são feitos.

Einstein falava, a esse respeito, da "responsabilidade social dos cientistas". O termo é mais do que nunca de atualidade no alvorecer de um século, em que, ao lado dos avanços notáveis do saber, uma proporção inaceitavelmente elevada de homens continuam condenados à ignorância, à miséria e à fome. Os progressos da física e da técnica não bastariam, por eles mesmos, para responder às necessidades mais urgentes do mundo. A questão é antes de tudo econômica e política. A modéstia, vê-se, é aqui ainda de rigor, e o homem de saber em física pode informar-se sobre o que dizem os conhecimentos econômicos sobre esse problema, quando ele é realmente levado em conta (cientificamente): ele será então prevenido para não tomá-los em consideração, a não ser quando se apresentam de um ponto de vista reflexivo e crítico.[3] Não esqueçamos, além disso, que um "homem de saber" é também um cidadão (e, principalmente, do mundo) e que a respeito disso todo saber implica grandes responsabilidades.

---

[3] Por essa razão, privilegiei, na bibliografia, algumas obras de Amartya Sen, economista e filósofo, de nacionalidade indiana, cuja escolha para o Prêmio Nobel constituiu uma feliz surpresa. Ele considera que a fome e a pobreza devem ser objeto da ciência econômica.

Bibliografia

Bibliografia

Nota. Tentou-se, nesta bibliografia, dividida por capítulo, reter as obras (livros individuais ou coletivos), que tratam das ciências do século XX, úteis para o leitor e significativas de vários pontos de vista. Procuramos manter, de início, aqueles textos de leitura fácil, pelo menos na média, e que são de divulgação, de reflexão geral, filosófica ou epistemológica, de história da ciência, assim como biografias e autobiografias. Acrescentaram-se também obras mais fundamentais e marcantes sobre os assuntos tratados, mesmo quando elas possam apresentar dificuldades de leitura e textos "históricos", frequentemente especializados e produzidos pelos grandes autores pioneiros desses domínios (essas duas categorias são indicadas por um asterisco), e, enfim, alguns textos "intermediários" de síntese, que refletem o estado dos conhecimentos em certos períodos do século. Assim, o leitor poderá fazer, a seu modo, uma ideia mais direta dos desenvolvimentos e evoluções dos assuntos descritos, aprofundar por alguns segundos suas preferências e seguir em seu próprio ritmo o caminho que preferir abrir na história da física do século passado, como quando se está em uma biblioteca em meio às estantes, nas quais os livros antigos se mesclam aos novos e os livros fáceis aos difíceis, e cuja heterogeneidade não é o menor dos atrativos. Indicamos também, para as traduções, os títulos nas línguas originais, assim como alguma obras úteis ou significativas em línguas diferentes do francês e do inglês, esperando que o leitor aprecie essa abertura, que ele arejará um pouco a uniformidade cada vez mais pesada hoje em dia devido à imposição do inglês como única língua de comunicação científica.

Não se separaram os títulos das obras segundo os subtemas, naqueles capítulos que comportam vários assuntos separados (como os capítulos

8, 12 e 13). Certamente o leitor os encontrará. Não se trata evidentemente de ser exaustivo, e esta bibliografia é em parte subjetiva; pede-se, assim, a indulgência do leitor para as deficiências muito gritantes e o autor se declara responsável por essas ignorâncias.

Capítulo 2. A teoria da relatividade

Boi, Luciano; Flament, Dominique et Salanski, Jean-Michel (eds.), *1830-1930 : A century of geometry. Epistemology, history and mathematics*, Springer-Verlag, Berlin, 1992.

Born, Max, *Einstein's Theory of Relativity*, revised ed.with the collab. of Günther Liebfried and Walter Biem, Dover, New York, 1962; 1965. (Original alld., 1920; trad. angl., Methuen, 1924.)

Darrigol, Olivier, *Electrodynamics from Ampere to Einstein*, Oxford University Press, 2000.

Eddington, Sir Arthur Stanley, *Report on the Relativity theory of gravitation*, London, 1918; 2nd ed., 1920.*

Eddington, Sir Arthur Stanley, *Space, time and gravitation*, Cambridge University Press, Cambridge, 1920.*

Eddington, Sir Arthur Stanley, *The mathematical theory of relativity*, Cambridge University Press, Cambridge, 1923; 2nd ed., 1924.*

Einstein, Albert, *La théorie de la relativité restreinte et générale*, Gauthier-Villars, Paris, 1954 (trad. fr. par Maurice Solovine sur la 14 ème éd. allemande, avec les appendices; ré-ed. 1969. Original en allemand : *Ueber die spezielle und die allgemeine Relativitätstheorie, Gemeinverständlich*, Vieweg, Braunschveig, 1917).

Einstein, Albert, *Conceptions scientifiques, morales et sociales*, trad. fr. par Maurice Solovine Flammarion, Paris, 1952.

Einstein, Albert, *Ideas and Opinions*, trad. anglaise par S. Bergmann, Crown, New York, 1954. Ré-éd. Laurel, New York, 1981.

Einstein, Albert, *The Collected Papers of Albert Einstein*, edited by John Stachel, Martin Klein *et al.*, Princeton University Press, Princeton,

New Jersey. Vols. 1-5, 1987-1993. (Textes et correspondance jusqu»en 1914. Chaque volume accompagné d'un volume de traduction en anglais des textes originaux).*

EINSTEIN, Albert, *Oeuvres choisies*, trad. fr. par le groupe de trad. de l'ENS Fontenay-St-Cloud *et al.*, édition publiée sous la dir. de Françoise Balibar, Seuil/éd. du CNRS, Paris, 1989-1993, 6 vols.*

EINSTEIN, Albert, LORENTZ, Hendryk Antoon, MINKOWSKI, Hermann, WEYL, Hermann, *The principle of relativity*, with notes by Arnold Sommerfeld, transl. by W. Perrett and G.B. Jeffery, Methuen, London, 1923. Ré-ed., Dover, New York, 1952.*

EINSTEIN, Albert et INFELD, Leopold, *L'évolution des idées en physique*, trad. fr. par Maurice Solovine, Flammarion, Paris, 1938. (Original en anglais: *The evolution of physics*, 1938).

EINSTEIN, Albert, et CARTAN, Elie, *Letters on absolute parallelism, 1929-1932*, éd. par Robert Debever. Texte original et trad. angl. par J. Leroy et J. Ritter, Princeton University Press et Académie royale de Belgique, Princeton, 1979.*

EISENSTAEDT, Jean, *Einstein et la relativité générale. Les chemins de l'espace-temps*, Préface de Thibault Damour, CNRS Editions, Paris, 2002.

ELBAZ, Edgar, *Relativité générale et gravitation*, Ellipses, Paris, 1986.*

ELBAZ, Edgar, *Cosmologie*, Ellipses, Paris, 1986.*

GLICK, Thomas (ed.), *The Comparative reception of relativity*, Reidel, Dordrecht, 1987.

KLEIN, Etienne et SPIRO, Michel (éds.), *Le temps et sa flèche*, Editions Frontières, Gif-sur-Yvette, 1994; 2è éd., 1995; Collection Champs, Flammarion, Paris, 1996.

LANGEVIN, Paul, *La physique depuis vingt ans*, Doin, Paris, 1923.

LANGEVIN, Paul, *Oeuvres scientifiques*, Paris, Ed du CNRS, 1950.*

MERLEAU-PONTY, Jacques, *Leçons sur la genèse des théories physiques : Galilée, Ampère, Einstein*, Vrin, Paris, 1974.

LOPES, José Leite, *Théorie relativiste de la gravitation*, Masson, Paris, 1993.*

NOEL, Emile (éd.). *La symétrie aujourd'hui*, Seuil, Paris, 1989.

OUGAROV, V., *Théorie de la relativité restreinte*, trad. fr. du russe par V. Platonov, Ed. Mir, Moscou, 1974. (Original en russe, 1969).

PATY, Michel, *Einstein philosophe*, Presses Universitaires de France, Paris, 1993.

PATY, Michel, *Albert Einstein, ou la création scientifique du monde*, Belles Lettres, Paris, 1997.

PIERSAUX, Yves, *La "structure fine" de la Relativité Restreinte*, L'Harmattan, Paris, 1999.

REICHENBACH, Hans. *Philosophie der Raum Zeit Lehre*, de Gruyter, Berlin, 1928. Trad. angl. par Maria Reichenbach et John Freund, *The philosophy of space and time*, Dover, New York, 1957.

SCHILPP, Paul Arthur (ed.). *Albert Einstein, philosopher-scientist*, The library of living philosophers, Open Court, La Salle (Ill.), 1949. Ré-ed., *ibid*. et Cambrige University Press, London; 3 ème éd., 1970.

SCHRÖDINGER, Erwin, *Space-time structure*, Cambridge University Press, Cambridge, 1950; repr. with corrections, 1960; 1988.*

WEYL, Hermann, *Temps, espace, matière. Leçons sur la théorie de la relativité générale*, Trad. fr. sur la quatrième édition allemande, par Gustave Juvet et Robert Leroy, Blanchard, Paris, 1922, 1958, 1979; nouveau tirage augmenté de commentaires par Georges Bouligand, Blanchard, Paris, 1958. (Original allmd : *Raum, Zeit, Materie*, 1917; 4 ème éd., augm., 1921).*

ZAHAR, Elie, *Einstein's Revolution. A Study in heuristics*, Open Court, La salle (Ill., USA), 1989.

Capítulo 3. A física quântica

BITBOL, Michel et DARRIGOL, Olivier (eds.), *Erwin Schrödinger. Philosophy and the birth of quantum mechanics. Philosophie et naissance de la mécanique quantique*, Editions Frontières, Paris, 1993.

BOHM, David, *Quantum Theory*, Prentice hall, Englewood Cliffs, N.J., 1951.*

BOHR, Niels, *Collected Works*, éd. par J. Rud Nielsen *et al.*, 10 vols. North Holland, Amsterdam, 1972, 1999.*

BORN, Max, *Ausgewählte Abhandlungen*, Vandenhoeck & Ruprecht, Göttingen, 1963, 2 vols.*

BROGLIE, Louis de, *Recherches sur la théorie des quanta*, Thèse, Paris, 1924; *Annales de physique*, 10 ème série, 3, 1925, 22-128; ré-éd., Masson, Paris, 1963.*

BROGLIE, Louis de, *La physique nouvelle et les quanta*, Flammarion, Paris, 1937; 1986.

BROGLIE, Maurice DE et LANGEVIN, Paul (eds.) [1912]. *La théorie du rayonnement et les quanta. Communications et discussions de la réunion tenue à Bruxelles du 30 octobre au 3 novembre 1911, sous les auspices de M.E. Solvay*, Gauthier-Villars, Paris, 1912.*

COHEN-TANNOUDJI, C., DIU, B., LALOË, F., *Mécanique quantique*, 2 vols. (Hermanni Paris, 1973).

CORNELL, Eric & WIEMAN, Carl, La condensation de Bose-Einstein, tr. fr., *Pour la Science*, n. 247, mai 1998, 92-97.

DARRIGOL, Olivier, *From c-Numbers to q-Numbers. The classical Analogy in the History of Quantum Theory*, University of California Press, Berkeley, 1992.

DIRAC, Paul A. M., *The principles of quantum mechanics*, Clarendon Press, Oxford, 1930. 4th ed., 1958. Trad. fr. par Alexandre Proca et Jean Ullmo, *Les principes de la mécanique quantique*, Presses Universitaires de France, Paris, 1931.*

DIRAC, Paul, A. M., *Directions in Physics*, Wiley, New York, 1978.*

DIU, Bernard, *Les atomes existent-ils vraiment ?*, Odile Jacob, Paris, 1997.

DONCEL, Manuel G., HERMANN, Armin, MICHEL, Louis, PAIS, Abraham (eds.), *Symmetries in physics (1600-1980)*, Universitat Autonoma de Barcelona, Barcelona, 1987.

EHRENFEST, Paul, *Collected scientific papers*, edited by M. Klein, North Holland, Amsterdam, 1959. *

EINSTEIN, Albert, *Oeuvres choisies*, trad. fr. par le groupe de trad. de l'ENS Fontenay-St-Cloud *et al.*, édition sous la dir. de Françoise Balibar, Seuil/éd. du CNRS, Paris, 1989-1993, 6 vols.

ELECTRONS ET PHOTONS. *Rapports et discussions du cinquième Conseil de physique tenu à Bruxelles du 24 au 29 octobre 1927 sous les auspices de l'Institut international de physique Solvay*, Gauthier-Villars, Paris, 1928.*

ENCYCLOPÆDIA UNIVERSALIS, *Dictionnaire de la Physique. Atomes et particules*, Encyclopædia Universalis/ Albin Michel, Paris, 2000.

GRIFFIN, A, SNOKE, D.W. & STRINGARI, S. (eds.), *Bose-Einstein condensation*, Cambridge University Press, 1995.*

HEISENBERG, Werner, *La partie et le tout. Le monde de la physique atomique (Souvenirs, 1920-1965)*, trad. fr. par Paul Kessler, Albin Michel, Paris, 1972; 1990. (Original en allemand : *Der Teil und der Ganze. Gespräche in Umkreis der Atomphysik*, Piper, München, 1969).

HEISENBERG, Werner, *Gesammelte Werke. Collected works*, ed. by W. Blum, H.P. Dürr, H. Rechenberg, vol. 1, Springer-Verlag, Berlin, 1985. *

JAMMER, Max, *The conceptual development of quantum mechanics*, Mc Graw-Hill, New York, 1966.

KRAGH, Helge S., *Dirac. A scientific biography*, Cambridge Univ. Press, Cambridge, 1990.

KRAGH, Helge S., MARAGE, Pierre & VANPAEMEL, G. (eds), *History of Modern Physics*, Brepols, Liège, 2002.

KUHN, Thomas, *Black-body theory and the quantum discontinuirty, 1894-1912*, Clarendon Press, New York, 1978.

LANGEVIN, Paul, *La physique depuis vingt ans*, Doin, Paris, 1923.

LANGEVIN, Paul, LAPICQUE, L., PEREZ, Ch., PERRIN, Jean, PLANTEFOL, L., URBAIN, Georges, *L'orientation actuelle dans les sciences*, Introduction de Léon Brunschvig, Alcan, Paris, 1930.

LOPES, José Leite et ESCOUBÈS, Bruno (eds.), *Sources et évolution de la physique quantique*, Masson, Paris, 1994.

MEHRA, Jagdish and RECHENBERG, Helmut, *The historical development of quantum theory*, Springer, New York, 7 vols., 1982-1987.

MESSIAH, A., *Mécanique quantique*, 2 vols. (Dunod, Paris, 1959-1960; ré-édition, 1995).

NEUMANN, John von, *Les fondements mathématiques de la mécanique quantique*, trad. fr. par Alexandre Proca, Librairie Alcan et Presses Universitaires de France, Paris, 1947. (Original en allemand : *Mathematische Grundlagen der Quantenmechanik*, Springer, Berlin, 1932).*

PATY, Michel, *Einstein, les quanta et le réel (critique et construction théorique)*, à paraître.

PAULI, Wolfgang, *Collected scientific papers*, edited by R. Kronig and V.F. Weisskopf, 2 vols., Interscience/Wiley and sons, New York, 1964.*

PAULI, Wolgang, *General Principles of Quantum Mechanics*, Sringer-Verlag, Berlin, 1980. (Trad. en angl. de textes parus originellement en allemand en 1933 et 1958).*

PAULI, Wolfgang; ROSENFELD, Léon and WEISSKOPF, Victor F. (eds.). *Niels Bohr and the development of physics. Essays dedicated to Niels Bohr on the occasion of his seventieth birthday*, Pergamon press, London, 1955.*

PLANCK, Max, *Autobiographie scientifique et derniers écrits*, trad. de l'allemand, préface et notes par André George, Albin Michel, Paris, 1960.

PLANCK, Max, *Planck's original papers in quantum physics*, German and English ed., annotated by Hans Kangro, transl. by D. ter Haar and Stephen G. Brush, Taylor and Francis, London, 1972.*

SCHRÖDINGER, Erwin, *Mémoires sur la mécanique ondulatoire*, trad. fr. par Alexaandre Proca, avec des notes inédites de E. Schrödinger, Alcan, Paris, 1933. (Original en allemand : *Abhandlungen zur Wellenmechanik*, Barth, Leipzig, 1926; 2ème éd. 1928).*

SCHRÖDINGER, Erwin, *Gesammelte Abhandlungen. Collected papers*, 4 vols., Verlag der Oesterreichischen Akademie der Wissenschaften/Vieweg und Sohn, Braunschweig/Wien, 1984. [Vol. 1: *Beiträge zur statistischen Mechanik-Contributions to statistical mechanics*; 2: *Beiträge zur Feldtheorie-Contributions to field theory*; vol. 3: *Beiträge zur Quantentheorie-Contributions to quantum theory*; vol. 4: *Allgemein wissenschaftiche und populäre Aufsätze-General scientific and popular papers*.]*

WAERDEN, B. L. van der, *Sources of quantum mechanics*, North Holland, Amsterdam, 1967.

WEYL, Hermann, *Gruppentheorie und Quantenmechanik*, Hirzel, Leipzig, 1928 (2ème éd. 1931). Trad. angl. par H. P. Robertson, *The theory of groups and quantum mechanics*, Methuen, London, 1931; Dover, New York, 1950.*

Capítulo 4. A interpretação dos conceitos quânticos

AGAZZI, Evandro (ed.), *Realism and quantum physics*, Rodopi, Amsterdam, 1997.

ASPECT, Alain, *Trois tests expérimentaux des inégalités de Bell par mesure de polarisation de photons*, Thèse de doctorat ès-sciences physiques, Université Paris-Sud, Orsay, 1983.*

BELL, John S., *Speakable and Non Speakable in Quantum Physics*, Cambridge University Press, Cambridge, 1987.*

BELTRAMETTI, E. & LÉVY-LEBLOND, Jean Marc (eds.), *Advances in Quantum Phenomena*, Plenum Press, New York, 1995.*

BITBOL, Michel et DARRIGOL, Olivier (eds.), *Erwin Schrödinger. Philosophy and the birth of quantum mechanics. Philosophie et naissance de la mécanique quantique*, Editions Frontières, Paris, 1993

BOHM, David, *Wholeness and the implicate order*, Routledge and Kegan Paul, London, 1980.

BOHM, David & HILEY, Basil J., *The Undivided Universe: An Ontological Interpretation of Quantum Theory*, London, Routledge, 1993.

BOHR, Niels. *Atomic theory and the description of nature*, Cambridge University Press, Cambridge, 1934; re-ed., 1961. (Original en danois : *Atomteori og Naturbeskrivelse*, L. Bogtrykkeri, Kobenhavn, 1929).

BOHR, Niels, *Physique atomique et connaissance humaine*, trad. fr. par Edmond Bauer et Roland Omnès, Paris, Gauthier-Villars, 1961; nlle éd. établie par Catherine Chevalley, avec présentation et notes, Paris, Gallimard, 1991. (Original en anglais : *Atomic physics and human knowledge*, New York, Wiley, 1958).

BOHR ET LA COMPLÉMENTARITÉ, *Revue d'histoire des sciences* 38, 1985 (n. 3-4), 193-363.

BROGLIE, Louis de, *La physique quantique restera-t-elle indéterministe?*, Gauthier-Villars, Paris, 1953.

BROGLIE, Louis de, *Louis de Broglie, physicien et penseur*, Albin Michel, Paris, 1953.

BUNGE, Mario, *Philosophie de la physique*, tr. fr. par Françoise Balibar, Seuil, Paris, 1975. (Original en anglais : *Philosophy of physics*, Reidel, 1973).

CHIBENI, Silvio, *Aspectos da descrição física da realidade*, Coleção CLE, Campinas (Br.), 1997.

CINI, Marcello & LÉVY-LEBLOND, Jean Marc (eds.), *Quantum Theory without Reduction*, Adam Hilger, London, 1990.*

EINSTEIN, Albert, *Oeuvres choisies*, trad. fr. par le groupe de trad. de l'ENS Fontenay-St-Cloud *et al.*, édition sous la dir. de Françoise Balibar, Seuil/éd. du CNRS, Paris, 1989-1993, 6 vols.

EINSTEIN, Albert et BORN, Max *Albert Einstein/Max Born Briefwechsel 1916-1955*, Nymphenburger Verlagshandlung GmbH, München, 1969. Trad. fr. par P. Leccia, *Correspondance 1916-1955, commentée par Max Born*, Seuil, Paris, 1972.

ELECTRONS ET PHOTONS. *Rapports et discussions du cinquième Conseil de physique tenu à Bruxelles du 24 au 29 octobre 1927 sous les auspices de l'Institut international de physique Solvay*, Gauthier-Villars, Paris, 1928.*

ESPAGNAT, Bernard D', *Conceptions de la physique contemporaine*, Hermann, Paris, 1965.*

ESPAGNAT, Bernard D', *A la recherche du réel, le regard d'un physicien*, Gauthier-Villars, Paris, 1979.

ESPAGNAT, Bernard D', *Une incertaine réalité*, Gauthier-Villars, Paris, 1985.

FREIRE Jr, Olival, *David Bohm e a controvérsia dos quânta*, Prefácio de Michel Paty, Coleção CLE, Campinas (Br), 1999.

GHIRARDI, Gian Carlo, *Un'occhiata alle carte di Dio, Gli interrogativi che la scienza moderna pone all'uomo*, Il Saggiatore, Milano, 1997.

GRANGIER, Philippe, *Étude expérimentale de propriétés non-classiques de la lumière; interférences à un seul photon*, Thèse de doctorat ès-sciences physiques, Université Paris-Sud, Orsay, 1986.*

HAROCHE, Serge, RAIMOND, Jean-Michel, et BRUNE, Michel, Le chat de Schrödinger se prête à l'expérience, *La Recherche*, n. 301, septembre 1997, 50-55.

HEISENBERG, Werner, *La partie et le tout. Le monde de la physique atomique (Souvenirs, 1920-1965)*, trad. fr. par Paul Kessler, Albin Michel, Paris, 1972; 1990. (Original en allemand: *Der Teil und der Ganze. Gespräche in Umkreis der Atomphysik*, Piper, München, 1969).

HOFFMAN, Banesh et PATY, Michel, *L'étrange histoire des quanta*, Seuil, Paris, 1981; ré-édition augm., 1991.

IMPLICATIONS CONCEPTUELLES DE LA PHYSIQUE QUANTIQUE. *Colloque de la Foundation Hugot du Collègue de France, juin 1980, Journal de Physique, Supplément, fasc. 3, Colloque n. 2*, 1981.

JAMMER, Max, *The philosophy of quantum mechanics*, Wiley and sons, New York, 1974.

KRAGH, Helge, MARAGE, Pierre & VANPAEMEL, G. (eds), *History of Modern Physics*, Brepols, Liège, 2002.

LANDÉ, Alfred, *Foundations of quantum theory, a study in continuity and symmetry*, Yale and Oxford University Presses, Yale/Oxford 1955.

LANDÉ, Alfred, *From dualism to unity in quantum physics*, Cambridge University Press, Cambridge, 1960.

LANGEVIN, Paul, *La notion de corpuscules et d'atomes*, Hermann, Paris, 1934.

LOPES, José Leite et PATY, Michel (eds.), *Quantum Mechanics Half a Century Later*, Reidel, Dordrecht, 1977.

OMNÈS, Roland, *Philosophie de la science contemporaine*, Gallimard, Paris, 1994.

OMNÈS, Roland, *Comprendre la mécanique quantique*, EDP Sciences, Les Ulis-Paris, 2000. (Version fr. de *The interpretation of Quantum Mechanics*, Princeton University Press, Princeton, 1994).

OMNÈS, Roland, *Alors l'un devint deux. La question du réalisme en physique et en philosophie des mathematiques*, Flammarion, Paris, 2000

PATY, Michel, *La matière dérobée. L'appropriation critique de l'objet de la physique contemporaine*, Archives contemporaines, Paris, 1988.

PATY, Michel, *Einstein, les quanta et le réel (critique et construction théorique)*, à paraître.

PATY, Michel, *L'intelligibilité du domaine quantique*, à paraître.

PAULI, Wolfgang, *Physique moderne et philosophie*, trad. fr. de l'allemand par Claude Maillard, Albin Michel, Paris, 1999, 294 p. (Original en allemand, *Aufsätze und Vorträge über Physik uns Erkenntnisrheorie*, Friedrich Wieveg & Sohn Verlag, Braunschweig, 1961).

PRZIBRAM, K. (ed.). *Schrödinger, Planck, Einstein, Lorentz: Briefe an Wellenmechanik*, Springer, Wien, 1963. Trad. angl., *Letters on wave mechanics: Schrödinger, Planck, Einstein, Lorenttz*, Philosophical Library, New York, 1967.

RAIMOND, Jean-Michel, BRUNE, Michel and HAROCHE, Serge, Reversible Decoherence of a Mesoscopic Superposition of Field States, *Physical Review Letters*, 79, 1997, 1964-1967.*

REICHENBACH, Hans, *Philosophical Foundations of Quantum Mechanics*, Berkeley, University of California Press, 1944.

ROSENFELD, Léon, *Selected papers*, edited by Robert S. Cohen and John Stachel, Reidel, Dordrecht, 1979.

SCHRÖDINGER, Erwin, *Science and humanism. Physics in our time*, Cambridge University Press, Cambridge, 1951. Trad. fr. par J. Ladrière, *Science et humanisme. La physique de notre temps*, Desclée de Brouwer, Paris, 1954. Ré-éd. *in* Schrödinger 1992, p. 19-87.

SCHRÖDINGER, Erwin, *Mein Weltansicht*, Paul Zsolnag Verlag, Hamburg/Wien, 1961. Trad. fr. par C. Rinova et B. Chabot, *Ma conception du monde*, Mercure de France-Le Mail, Paris, 1982.

SCHILPP, Paul Arthur (ed.). *Albert Einstein, philosopher-scientist*, The library of living philosophers, Open Court, La Salle (Ill.), 1949. Ré-ed., *ibid.* et Cambrige University Press, London. [3 ème éd., 1970]. Trad. en alld., *Albert Einstein als Philosoph und Naturforscher*, Kohlhammer Verlag, Stuttgart, 1955.

SHIMONY, Abner, *Search for a naturalistic world view*, Cambridge University Press, Cambridge, 1993, 2 vols.

VAN FRASSEN, Baas, *Quantum Mechanics, an empiricist view*, Oxford University Press, Oxford, 1991.

WHEELER, John A. & ZUREK, Wojcieh H. (eds.), *Quantum theory of measurement*, Princeton University Press, Princeton, 1983.*

WIGNER, Eugen, *Symmetries and Reflexions. Scientific essays*, Indiana University Press, Bloomington, 1967.

ZUREK, Wojcieh H., Decoherence and the Transition from Quantum to Classical, *Physics Today*, oct. 1991, 36-44.*

Capítulo 5. Átomos e estados da matéria

ABRAGAM, Anatole, *De la physique avant toute chose*, Odile Jacob, Paris, 1987.

BARBO, Loïc, *Pierre Curie, 1859-1906. Le rêve scientifique*. Préface de Hélène Langevin-Joliot, Coll. "Un homme, une époque", Belin, Paris, 1999.

BROWN, Laurie M., PAIS, Abraham & PIPPARD, Brian (eds.), *Twentieth century physics*, 3 vols., Philadephia Institute of Physics, New York, 1995.

COHEN-TANNOUDJI, Claude, DUPONT-ROC, J. et GRYNBERG, G., *Processus d'interaction entre photons et atomes*, InterEditions/Ed. du CNRS, Paris, 1988.*

COHEN-TANNOUDJI, Claude, Atomes ultrafroids, *Bulletin de la Société Française de Physique*, n. 107, ? 1996, 3-.

CORNELL, Eric & WIEMANN, Carl, La condensation de Bose-Einstein, trad. fr., *Pour la science*, n. 247, mai 1998, 92-97. (Original en anglais: The Bose-Einstein condensation, *Scientific American* n.° 3 (march), 1998, p. 26-31.

CURIE, Eve, *Madame Curie*, Gallimard, Paris, 1938; Folio, Paris, 1981.

CURIE, Marie, *Pierre Curie*, Payot, Paris, 1923; Denoel, Paris, 1955; Odile jacob, Paris, 1996.

CURIE, Pierre, *Œuvres*, Gauthier-Villars, Paris, 1908.*

DINER, Simon, FARGUE, Daniel et LOCHAK, Georges (éds.), *La pensée physique contemporaine*, Editions Fresnel, Hierzac (Fr.).

DIU, Bernard, *Les atomes existent-ils vraiment ?*, Odile Jacob, Paris, 1997.

DONCEL, Manuel G., HERMANN, Armin, MICHEL, Louis, PAIS, Abraham (eds.), *Symmetries in physics (1600-1980)*, Universitat Autonoma de Barcelona, Barcelona, 1987.

DUQUESNE, Maurice, *La physique*, De Boeck Université, Bruxelles, 2001.

ECKERT, M. & SCHUBERT, H., *Crystals, electrons, transistors: from scholars' study to industrial research*, American Institute of Physics, New York, 1986.

ENCYCLOPÆDIA UNIVERSALIS, *Dictionnaire de la Physique. Atomes et particules*, Encyclopædia Universalis/ Albin Michel, Paris, 2000.

GOLDSMITH, Maurice, *Frédéric Joliot-Curie*, Lawrence and Wishart, London, 1976.

GRIFFIN, A, SNOKE, D.W. & STRINGARI, S. (eds.), *Bose-Einstein condensation*, Cambridge University Press, 1995.*

KASTLER, Alfred, Le concept d'atome depuis cent ans, *Journal de physique*, Colloque C10, Supplément au n. 11-12, Tome 34, nov.-déc 1973, p. 33-43. Repris dans A.K., *Œuvres*, vol. 2, p. 1156-1166.

KASTLER, Alfred, *Cette étrange matière*, Stock, Paris, 1976.

KASTLER, Alfred, *Œuvres*, édité par M. Goubern, J. Morlane-Hondere, Editions du CNRS, Paris, 1988, 2 vols.*

KRAGH, Helge, MARAGE, Pierre & VANPAEMEL, G. (eds), *History of Modern Physics*, Brepols, Liège, 2002.

LANGEVIN, Paul, *Oeuvres scientifiques*, Paris, Ed du CNRS, 1950.*

LANGEVIN, Paul, LAPICQUE, L., PEREZ, Ch., PERRIN, Jean, PLANTEFOL, L., URBAIN, Georges, *L'orientation actuelle dans les sciences*, Introduction de Léon Brunschvig, Alcan, Paris, 1930.

LOPES, José Leite et ESCOUBÈS, Bruno (éds.), *Sources et évolution de la physique quantique*, Masson, Paris, 1994.

MATRICON, Jean & WAYSAND, Georges, *La guerre du froid*, Seuil, Paris, 1994.

MENDELSON, Kurt, *La recherche du zéro absolu*, Hachette, Paris, 1966.

MOSSÉRI, Rémy, *Léon Brillouin. À la croisée des ondes*, Belin, Paris, 1999.

NÉEL, Louis, *Œuvres scientifiques*, CNRS Editions, Paris, 1978.*

NÉEL, Louis, *Un siècle de physique*, Odile Jacob, Paris, 1991.

NOEL, Emile (dir.), *La Matière aujourd'hui*, coll. Points Science, Seuil, Paris 1981.

NOEL, Emile (éd.), *La symétrie aujourd'hui*, Seuil, Paris, 1989.

NYE, Mary Jo, *Before Big science: the pursuit of modern chemistry and physics: 1800-1940*, Twayne-Mac Millan, New York, 1996.

PATY, Michel, *La matière dérobée. L'appropriation critique de l'objet de la physique contemporaine*, Archives contemporaines, Paris, 1988.

PERRIN, Jean, *Les atomes*, Paris, 1913. Nouvelle éd., Présentation et compléments par Francis Perrin, Gallimard, Paris, 1970.

PERRIN, Jean, *Grains de matière et de lumière*, Activités Scientifiques et Industrielles, Hermann, Paris, 1935, 4 fascicules (n. 190-193).

PERRIN, Jean, *Oeuvres scientifiques*, CNRS, Paris, 1950.*

PESTRE, Dominique, *Louis Néel, le magnétisme et Grenoble*, Cahiers pour l'histoire du CNRS, 1939-1989, CNRS Editions, Paris.

QUINN, Suzanne, *Marie Curie*, Odile Jacob, Paris, 1996.

RADVANYI, Pierre et BORDRY, Monique, *La radioactivité artificielle et son histoire*, Seuil, Paris, 1984.

REID, Robert, *Marie Curie derrière la légende*, trad. de l'anglais, Seuil, Paris, 1979.

SODDY, Frederick, *The Interpretation of Radium*, John Murray, London, 1912.

TATON, René (dir.), *Histoire générale des sciences*, t. 3, *La science contemporaine*, vol. 2, *Le XXe siècle*, Presses Universitaires de France, Paris, 1981.

WEISSKOPF, Victor F., *Physics in the twentieth century : selected essays*, MIT Press, Cambridge (Mass., USA), 1972.

WIGNER, Eugen, *Symmetries and Reflexions. Scientific essays*, Indiana University Press, Bloomington, 1967.*

WILSON, D., *Rutherford, Simple Genius*, Hodder and Stoughton, London, 1983.

Capítulo 6. Matéria subatômica
No interior do núcleo atômico

BIMBOT, René et PATY, Michel, Vingt cinq années d'évolution de la physique nucléaire et des particules, in J. Yoccoz (éd.), *Physique subatomique: 25 ans de recherches à l'IN2P3*, Ed. Frontières, Bures-sur-Yvette, 1996, p. 12-99.

BLATT, John M., et WEISSKOPF, Victor F., *Nuclear Theoretical Physics.**

BOHR, Niels, *Collected Works*, éd. par J. Rud Nielsen *et al.*, North Holland, Amsterdam, 1972.*

BROWN, Sandorn (ed.), *Physics, 50 years later*, National Academy of Science, Washington, 1973.

CHANG, N.P. (ed.). *Five decades of weak interactions*, New York Academy of Sciences, New York, 1977, 102 p.*

DÉTRAZ, Claude et ISABELLE, Didier (éds.), *La Recherche en physique nucléaire*, Seuil, Paris, 1983.

DONCEL, Manuel G., HERMANN, Armin, MICHEL, Louis, PAIS, Abraham (eds.), *Symmetries in physics (1600-1980)*, Universitat Autonoma de Barcelona, Barcelona, 1987.

FERMI, Enrico, *Collected Papers. Note e memorie*, University of Chicago Press and Academia dei Lincei, Roma, 1962, 2 vols.*

GOLDSCHMIDT, Bertrand, *Pionniers de l'atome*, Stock, Paris, 1987.

LABERRIGUE-FROLOW, Jeanne, *La physique des particules élémentaires*, Masson Paris, 1990.

MOSSÉRI, Rémy, *Léon Brillouin. À la croisée des ondes*, Belin, Paris, 1999.

PAIS, Abraham, *Inward bound: of matter and forces in the physical world*, Clarendon Press, Oxford, 1986.

PAULI, Wolfgang, *Collected scientific papers*, edited by R. Kronig and V.F. Weisskopf, 2 vols., Interscience/Wiley and sons, New York, 1964.*

PAULI, Wolfgang, ROSENFELD, Léon and WEISSKOPF, Victor (eds.), *Niels Bohr and the development of physics. Essays dedicated to Niels Bohr on the occasion of his seventieth birthday*, Pergamon press, London, 1955.*

ROSENFELD, Léon. *Selected papers*, edited by Robert S. Cohen and John Stachel, Reidel, Dordrecht, 1979.

ROSSI, Bruno, *Rayons cosmiques*, Actual. Scientif. Industr., Hermann, Paris, 1935.

ROSSI, Bruno, *High Energy Particles*, Prentice hall, Englewoods Cliff, NJ (USA), 1952.*

ROSENFELD, Léon, *L'exploration du noyau atomique*, Actual. Scientif. Industr., Hermann, Paris, 1935.

RUTHERFORD, Ernest. *The Collected papers of Lord Rutherford of Nelson*, publ. under the scientific direction of James Chadwick, 3 vols., Allen and Unwin, London, 1952-1965.*

SEGRÉ, Emilio, *Les physiciens modernes et leurs découvertes*, trad. de l'italien, Fayard, Paris, 1987. (En anglais : *From X-rays to Quarks. Modern Physicists and their discoveries*, University of California, Berkeley, 1980).

SOLOMON, Jacques, *Photons, neutrons, neutrinos, Leçons professées au Collège de France*, Gauthier-Villars, Paris, 1939.*

TURLAY, René, *Les déchets nucléaires*, EDP-Sciences, Paris, 1997.*

VALENTIN, Luc, *Noyaux et particules*, Hermann, Paris, 1989.*

YOCCOZ, Jean (éd.), *Physique subatomique: 25 ans de recherche à l'IN2P3, la science, les structures, les hommes*, Editions Frontières, Gif-sur-Yvette, 1996

Capítulo 7. Matéria subatômica
Os campos fundamentais e suas fontes

BIMBOT, René et PATY, Michel, Vingt cinq années d'évolution de la physique nucléaire et des particules, *in* Yoccoz, Jean (éd.), *Physique subatomique: 25 ans de recherches à l'IN2P3*, Ed. Frontières, Bures-sur-Yvette, 1996, p. 12-99.

CAO, Tian Liu (ed.), *Examination and Philosophical Reflections on the Foundations of Quantum Field Theory*, Cambridge, Cambridge University Press, 1999.

COHEN-TANNOUDJI, Gilles et SPIRO, Michel, *La matière-espace-temps. La logique des particules élémentaires*, Fayard, Paris, 1986.

COHEN-TANNOUDJI, Gilles et SAQUIN, Yves (éds.), *Symétrie et brisure de symétrie*, EDP-Sciences, Paris, 1999.

CONNES, Alain, *Géométrie non-commutative*, Interéditions, Paris, 1990.*

CROZON, Michel, *La matière première. La recheche des particules fondamentales et de leurs interactions*, Seuil, Paris, 1987.

DINER, Simon & GUNZIG, Edgar (éds.), *Le Vide. Univers du tout et du rien*, Editions de l'Université de Bruxelles, Bruxelles, 1998.

DIRAC, Paul, A. M., *Directions in Physics*, Wiley, New York, 1978.

DONCEL, Manuel G., HERMANN, Armin, MICHEL, Louis, PAIS, Abraham (eds.), *Symmetries in physics (1600-1980)*, Universitat Autonoma de Barcelona, Barcelona, 1987.

ENCYCLOPÆDIA UNIVERSALIS, *Dictionnaire de la Physique. Atomes et particules*, Encyclopædia Universalis/ Albin Michel, Paris, 2000.

FAYET, Pierre, La supersymétrie et l'unification des interactions fondamentales, *La Recherche* 19, n. 197, mars 1988, p. 334-345.

FEYNMAN, Richard P., *La nature des lois physiques*, Seuil, Paris, 1970. (Original en angl.: *The nature of physoical laws*, BBC, London, 1965).). Edition en français augmentée: *La nature de la physique*, Seuil, Paris, 1980.

FEYNMAN, Richard; LEIGHTON, R. B.; SANDS, M., *The Feynman Lectures in Physics*, Addison-Wesley, Reading (Mass., USA), 1965.*

FEYNMAN, Richard P., *QED. The Strange Theory of Light and Matter*, Princeton University Press, Princeton, 1985.

FLEURY, Norbert; JOFFILY, Sergio; MARTINS SIMÕES, José A. and TROPER, A. (eds), *Leite Lopes Festchrift. A pioneer physicist in the third world* (dedicated to J. Leite Lopes on the occasion of his seventieth birthday), World scientific publishers, Singapore, 1988.

GELL-MANN, Murray and NE'EMAN, Yuval, *The Eightfold Way*, Benjamin, New York, 1964.*

ITZYKSON, Claude et ZUBER, J.B., *Quantum field theory*, Mc GrawHill, New York, 1980.*

KLEIN, Etienne, *Sous l'atome, les particules*, Flammarion, Paris, 1996.

KRAGH, Helge, MARAGE, Pierre & VANPAEMEL, G. (eds), *History of Modern Physics*, Brepols, Liège, 2002.

LABERRIGUE-FROLOW, Jeanne. *La physique des particules élémentaires*, Masson Paris, 1990.

LOPES, José Leite, *Gauge Field Theories. An Introduction*, Pergamon Press, 1981.*

LOPES, José Leite et ESCOUBÈS, Bruno (éds.), *Sources et évolution de la physique quantique*, Masson, Paris, 1994.

MINÉ, Philippe, *Bizarre Big Bang. L'épopée de la physique*, Belin-Pour la Science, Paris, 2001.

NGUYEN-KHAC, Ung et LUTZ, Anne-Marie (éds.), *Neutral Currents, twenty years later (Proceedings of the International Conference, Paris, France, july 6-9, 1993)*, World Scientific, Singapore, 1994.*

NOEL, Emile (éd.), *La symétrie aujourd'hui*, Seuil, Paris, 1989.

PATY, Michel, *La matière dérobée. L'appropriation critique de l'objet de la physique contemporaine*, Archives contemporaines, Paris, 1988.

PATY, Michel, Les neutrinos, *Encyclopædia Universalis*, vol. 12, Paris, 1995, p. 294-300.

ROUSSET, André, *Gargamelle et les courants neutres. Témoignage sur une découvertes scienntifique*, Préface de Georges Charpak, Ecole des Mines de Paris, 1996.

SAKHAROV, Andrei D., *Collected scientific works*, transl. from Russian. *Oeuvres scientifiques*, trad. fr. par L. A. E. Riouai, Anthropos, Paris, 1984.*

SALAM, Abdus, HEISENBERG, Werner et DIRAC, Paul A.M., *La Grande Unification. Vers une théorie des forces fondamentales ?*, Trad. fr. par Jean Kaplan et Alain Laverne, Seuil, Paris, 1991, 128 p. (Original en anglais : *Unification of fundamental forces*, Cambridge Univ. Press, New York, 1990).

SCHWEBER, Sam Sylvain, *QED and the men who made it*, Princeton University Press, Princeton, 1994.

SCHWINGER, Julian (ed.), *Selected Papers on Electrodynamics*, Dover, New York, 1958.*

VALENTIN, Luc, *Noyaux et particules*, Hermann, Paris, 1989.*

WEINBERG, Steven, *Dreams of a final theory: the search for the fundamental laws of nature*, Pantheon, New York, 1992.

YOCCOZ, Jean (éd.), *Physique subatomique: 25 ans de recherche à l'IN2P3, la science, les structures, les hommes*, Editions Frontières, Gif-sur-Yvette, 1996

YUKAWA, Hideki, *L'itinéraire intellectuel d'un physicien japonais. Autobiographie*, Belin, Paris, 1985.

Capítulo 8. Sistemas dinâmicos e fenômenos críticos

ARNOLD, V. I., *Teoria Katastrof*, MGU, Moscou, 1983; trad. en espagnol par Vicente Almenar Palau et Consueloi Sempere Martinez, *Teoría de catástrofes*, Alianza ed., Madrid, 1987.*

AUBIN, David, *A cultural history of catastrophes and chaos : around the Institut des Hautes Etudes Scientiifiques, France*, Doctoral Thesis, Princeton University, 1998.

BARNSLEY, M. F., *Fractals everywhere*, Academic Press, Boston, 1988.*

BARROW-GREEN, June, *Poincaré and the Three Body Problem*, American Mathematical Society, Providence, 1997.*

BERGÉ, Pierre, DUBOIS, Monique & POMEAU, Yves, *Des rythmes au chaos*, Odile Jacob, Paris, 1994.

BERGÉ, Pierre, POMEAU, Yves & VIDAL, Charles, *L'ordre dans le chaos*, Odile Jacob, Paris, 1998. Trad. en angl., *Order within chaos*, Willey, New York, 1984.

BOTTER, R.; LAVERY, R.; LEACH, S. et MARX, R., *Un siècle de chimie physique, 1903-1999*, EDP-Sciences, Paris, 2000.

BOYER, Louis, DUBOIS, Monique & POMEAU, Yves, Pierre Bergé: un grand chercheur, *Bulletin de la Société Française de Physique*, n. 113, mars 1998, p. 14-16.

BRILLOUIN, Léon, *La théorie de la science de l'information*, Paris, 1959. Reimpr. Jacques Gabay, Paris, 1988.

BRILLOUIN, Marcel, *Mémoires originaux sur la théorie de la circulation de l'atmosphère*, Carré et Naud, Paris, 1900.*

BROWN, Sandorn (ed.), *Physics, 50 years later*, National Academy of Science, Washington, 1973.

BROWN, Laurie M., PAIS, Abraham & PIPPARD, Brian (eds.), *Twentieth century physics*, 3 vols., Philadephia Institute of Physics, New York, 1995.

COHEN-TANNOUDJI, Gilles (éd.), *Virtualité et réalité dans les sciences*, Ed. Frontières, 1996; ré-éd., Diderot éditeur, Paris, 1997.

COHEN-TANNOUDJI, Gilles et SAQUIN, Yves (éds.), *Symétrie et brisure de symétrie*, EDP-Sciences, Paris, 1999.

DAHAN-DALMELICO, Amy, CHABERT, Jean-Louis & CHEMLA, Karine (éds.), *Chaos et déterminisme*, Seuil, Paris, 1992.

DINER, Simon, FARGUE, Daniel et LOCHAK, Georges (éds.), *La pensée physique contemporaine*, Editions Fresnel, Hierzac (Fr.), p.19.

DINER, Simon & GUNZIG, Edgar (éds.), *Le Vide. Univers du tout et du rien*, Editions de l'Université de Bruxelles, Bruxelles, 1998.

DIU, Bernard, *Les atomes existent-ils vraiment ?*, Odile Jacob, Paris, 1997.

DUHEM, Pierre, *La théorie physique. Son objet, sa structure*, 1906; 2 ème éd. revue et augmentée, 1914; ré-éd., av.-propos par Paul Brouzeng, Vrin, Paris, 1981.

DURAN, J., *Sables, poudres et grains: introduction à la physique des milieux granulaires*, Eyrolles, Paris, 1997.

EKELAND, Ivar, *Le calcul, l'imprévu. Les figures du temps, de Képler à Thom*, Seuil, Paris, 1984. (Trad. en angl., *Mathématics and the unexpected*, Univversity of Chicago Press, Chicago, 1988).

EKELAND, Ivar, *Le chaos*, Coll. Dominos, Flammarion, Paris, 1995.

ESSAM, J. W., *Percolation theory*, Reports on Progress in Physics, 43, 1980, 833.*

FRANCESCHELLI, Sara, *Nouveaux objets, nouveaux styles de recherche dans la physique du "chaos déterministe": approche historique et épistémologique* Thèse de doctorat en épistémologie et histoire des sciences, Université Paris 7-Denis Diderot, 2001.

FRISCH, U., *Turbulence : The legacy of A.N. Kolmogorov*, Cambridge University Press, Cambridge, 1995.*

FURUKAWA, Yasu, *Staudinger, Carothers, and the emergence of macromolecular chemistry*, University of Pennsylvania Press, Philadelphia, 1998.

GENNES, Pierre G. de, *Scaling concepts in polymer physics*, Cornell University Press, Ithaca, New York, 1979; 1985.*

GLEICK, James, *Chaos : making a new science*, Viking Press, New York, 1987; trad. fr., *La théorie du chaos*, Flammarion, Paris, 1991.

GOUYET, J.-F., *Physique et structures fractales*, Préface de B. Mandelbrot, Masson, Paris, 1992.

GUYON, Etienne, Hulin, Jean-Pierre & Petit, L. *Hydrodynamique phsique*, EDP-Sciences, Paris, 2001.

GUYON, Etienne, HULIN, Jean-Pierre et LENORMAND, R., "Application de la percolation à la physique des milieux poreux", *Annales des Mines*, 191, 1984, n. 5 et 6, p. 17.*

GUYON, Etienne & TROADEC, Jean-Pierre, *Du sac de billes au tas de sable*, Odile Jacob, Paris, 1994.

HAO, Bai-Lin, *Chaos*, World Scientiific, Singapore, 1984.*

HAO, Bai-Lin, *Chaos II*, World Scientiific, Singapore, 1990.*

HODDESON, L, BRAUN, E., TEICHMANN, J. & WEART, Spencer, *Out of the crystal maze: chapters from the history of solid state physics*, Oxford University Press, Oxford, 1992.

HOULLEVIGUE, Louis, *La matière. Sa vie et ses transformations*, Préface de Edmond Bouty, Armand Colin, Paris, 1931.

HUDSON, John, *The history of chemistry*, Chapman & Had, New York, 1992.

KLEIN, Etienne et SPIRO, Michel (éds.), *Le temps et sa flèche*, Editions Frontières, Gif-sur-Yvette, 1994, p. 21-58; 2è éd., 1995; Collection Champs, Flammarion, Paris, 1996.

KOCH, Helge von, "Sur une courbe continue sans tangente, obtenue par une construction géométrique élémentaire", *Arkiv for Matematik, Astronomi och Fysik*, 1, 1904, p. 145.*

LANGEVIN, Paul, LAPICQUE, L., PEREZ, Ch., PERRIN, Jean, PLANTEFOL, L., URBAIN, Georges, *L'orientation actuelle dans les sciences*, Introduction de Léon Brunschvig, Alcan, Paris, 1930.

LORENZ, Edward, *The essence of chaos*, University of Washington Press, Washington, 1993; 2nd impression, 1995.

MANDELBROT, Benoit, *Les objets fractals. Forme, hasard et dimension*, Flammarion, Paris, 1975; 2 ré-éd. rév., 1984. (Edition en anglais: *Fractals: form, chance and dimensions*, Freeman, San Francisco, 1977).

MANDELBROT, Benoit, *The fractal geometry of nature*, Freeman, San Francisco, 1977; p. 1982.

MARK, Hermann F., *From small organic molecules to large: a century of progress*, American Chemical Society, Washington, 1993.*

MONATSTYRSKY, Michael, *Modern mathematics in the light of the Fields medals*, A. K. Peters, Wellesley (Mass.), 1998.

MOSSÉRI, Rémy, *Léon Brillouin. À la croisée des ondes*, Belin, Paris, 1999.

NEBEKER, Frederick, *Calculating the weather: meteorology in the twentieth century*, Academic Press, San Diego, 1995.*

NOEL, Emile (éd.) [1989]. *La symétrie aujourd'hui*, Seuil, Paris, 1989.

NYE, Mary Jo, *Before Big science : the pursuit of modern chemistry and physics: 1800-1940*, Twayne-Mac Millan, New York, 1996.

OSTWALD, Wilhelm, *L'évolution d'une science, la chimie*, trad. fr. par Marcel Dufour, Flammarion, Paris, 1909, 1916. (Original en allemand: *Der Werdeganng einer Wissenshaft*).

PACAULT, Adolphe et VIDAL, C., *A chacun son temps*, Flammarion, Paris, 1975.

PETITOT, Jean (éd.), *Logos et théorie des catastrophes. A partir de l'œuvre de René Thom. Actes du Colloque de Cerisy*, 1982, Patiño, Genève, 1988.

POINCARÉ, Henri, Sur les problèmes des trois corps et les équations de la dynamique, *Acta mathematica*, 13, 1890, 1-270; repris dans Poincaré [1913-1965].*

POINCARÉ, Henri, Sur les problèmes des trois corps et les équations de la dynamique, *Acta mathematica*, 13, 1890, 1-270; repris dans Poincaré [1913-1965].*

POINCARÉ, Henri, *Les méthodes mathématiques de la mécanique céleste*, Gauthier-Villars, Paris, 3 vols., 1892-1899.*

POINCARÉ, Henri, *Les méthodes mathématiques de la mécanique céleste*, Gauthier-Villars, Paris, 3 vols., 1892-1899.*

POINCARÉ, Henri [1913-1965]. *Oeuvres*, Gauthier-Villars, Paris, 11 vols., 1913-1965.*

PRIGOGINE, Ilya, *Les lois du chaos*, Flammarion, Paris, 1994, 128 p. (Première public. en italien, *Le leggi del caos*, Laterza, Roma, 1993).

PRIGOGINE, Ilya et STENGERS, Isabelle, *La nouvelle alliance*, Gallimard, Paris, 1979.

ROQUE, Tatiana, *Ensaio sobre a gênese das ideias matemáticas. Exemplos da theoria dos systemas dinâmicos*, Tese de doutoramento, UFRJ, Rio de Janeiro, 2001.

RUELLE, David, *Hasard et chaos*, Odile Jacob, Paris, 1988.

RUELLE, David & TAKENS, Floris [1971]. On the nature of turbulence, *Communications in Mathematical Physics* 20, 1971, 167-192. *

SAPOVAL, Bernard, *Les fractales*, Editech, Paris, 1990.

SMALE, Stephen, *The mathematics of time : essays on dynamical systems, economic processes and related topics*, Springer Verlag, New York, 1980.*

THOM, René, *Modèles mathématiques de la morphogénèse. Recueil de textes sur la théorie des catastrophes et leurs applications*, 10/18, Paris, 1974.

THOM, René, *Stabilité structurelle et morphogénèse. Essai d'une théorie générale des modèles*, Benjamin, Reading, 1972. Ré-éd., Ediscience, Paris, 1977.

THOM, René, *Paraboles et catastrophes*. Entretiens sur les mathématiques, la science et la philosophie, réalisés par Giulo Giorello et Simona Morini (version italienne, Il Saggiatore, Milano, 1980), version française de Luciana Berini, revue et complétée par l'auteur, Flammarion, Paris, 1983.

THOM, René, *Prédire n'est pas expliquer*, Entretiens avec Emile Noel, rédigés par Yves Bonin, Lexique, textes et dessins d'Alain Chenciner, Ed. Eshel, Paris, 1991.

WOOL, R. P., *Dynamics and fractal structure of polymer interfaces*, Third Chemical Congress of North America, Toronto, 1988.*

ZHANG, Shu-yu, *Bibliography on chaos*, 1991.*

Capítulo 9. A dinâmica da Terra

ALLÈGRE, Claude, *L'Ecume de la Terre*, Fayard, Paris, 1983.

ALLÈGRE, Claude, *Les Fureurs de la terre*, Odile Jacob, Paris, 1987.

ALLÈGRE, Claude, *Introduction à une histoire naturelle. Du big-bang à la disparition de l'Homme*, Fayard, Paris, 1992.

ARGAND, Emile, *La tectonique de l'Asie*, in 13 è Congrès géologique international, Bruxelles, 1922, 1, 5, p. 171-372.*

ESTERLÉ, Alain (dir.), *L'homme dans l'espace*, Presses Universitaires de France, Paris, 1993.

CORTEZE, E, *L'origine e la costituzione della Terra*, Fratelli Bocca Editore, Torino, 1923.

DEBEIR, Jean-Claude; DELÉAGE, Jean-Paul; HÉMERY, Daniel, *Les servitudes de la puissance. Une histoire de l'énergie*, Flammarion, Paris, 1986.

GOHAU, Gabriel, *Histoire de la géologie*, La Découverte, Paris, 1987; ré-éd., Points-sciences, Seuil, Paris, 1990.

HALLAM, A., *Une révolution dans les sciences de la terre. De la dérive des continents à la tectonique des plaques*, trad. de l'anglais, Seuil, Paris, 1976.

HAUG, Émile, *Traité de géologie*, 2 vols., Paris, 1907-1911.*

HESS, Harry Hamond, *Histoire des bassins océaniques*, trad. fr., 1962. (Original en anglais).*

KRAFT, Maurice et Katia, *Volcans du monde*, Flammarion, Paris, 1987.

LeGrand, Homer E., *Drifting continents and shifting theories : the modern revolution in geology and social change*, Cambridge University Press, New York, 1988.*

Le Pichon, Xavier, La naissance de la tectonique des plaques, *La Recherche*, n. 153, mars 1984, p. 414-422.

Le Pichon, Xavier et Patot, G., *Le fond des océans*, Coll. Que sais-je ?, Presses Universitaires de France, Paris, 1967.

Le Pichon, Xavier, Francheteau, J. et Bonin, J., *Plate Tectonics*, Elsevier, Amsterdam, 1973.*

Maglioca, Argeo, *Glossário de Oceanografia*, Nova Stella/Edusp, São Paulo, 1987.*

Natal, H. C., Sommeric, J., *La physique de la terre*, collection "Croisée des seiences" (Belin - CNRS Éditions, Paris, 2000).

Nebeker, Frederick, *Calculating the weather : meteorology in the twentieth century*, Academic Press, San Diego, 1995.

Perrier, Edmond, *La Terre avant l'histoire*, Paris, Albin Michel, 1920.

Pirart, Jean, *Une histoire de la Terre*, Syros, Paris, 1994.

Prigogine, Ilya et Stengers, Isabelle, *La Nouvelle Alliance. Métamorphoses de la science*, Gallimard, Paris, 1979.

Rochas, Michel et Javelle, Jean-Pierre, *La météorologie*, Syros, Paris, 1993.

Schwartzbach, Martin, *Wegener, 1880-1930. Le père de la dérive des continents*, trad. de l'allemand par Eric Buffetaut, Belin, Paris, 1985. (Original en allemand : Wissensch. Verlagsgessellshaft mbH, Stuttgart, 1980).

Suess, Eduard, *La face de la Terre*, trad. fr. et notes de E. La Margerie, Armand Colin, Paris, 4 vols., 1897-1918. (Original en allemand : *Das Antlitz der Erde*, 3 vols., 1883-1909).*

Tatarewicz, Joseph N., *Space technology and planetary astronomy*, Indiana University Press, Bloomington, 1990.

Tazieff, Haroun, *La Prévision des séismes*, Hachette, Paris, 1986.

Termier, Pierre, *A la gloire de la Terre*, Desclée de Brouwer, Paris, 1922.

TROMPETTE, Laurent, *Geology of Western Gondwana (2000-500Ma)*, Balkema, 1996.*

TROMPETTE, Laurent, Le Gondwana, *Pour la Science*, n.°252, octobre 1998, p. 64-70.

UYEDA, S., *The New View of the Earth*, Freeman, San Francisco, 1971; ré-éd. augm., 1978.*

WEGENER, Alfred, *La Genèse des continents et des océans*, trad. fr., Paris, 1922; ré-éd. augm., *La Genèse des continents et des océans. Théorie des translations continentales*, trad. de l'allemand par A. Lerner, Nizet et Bastard, Paris, 1937; *La formation des continents et des océans*, Bourgois, Paris, 1990. (Original en allemand : *Die Entstehung der Kontinente und Ozeane*, 1915; éd. augm, 1929).

Capítulo 10. Os objetos do cosmo: planetas, estrelas, galáxias, radiações

AUDOUZE, Jean, MUSSET, Paul & PATY, Michel, *Les particules et l'Univers*, Presses Universitaires de France, Paris, 1990.

BRUHAT, Georges, *Les étoiles*, Alcan, Paris, 1939.

DAUVILLIER, Alexandre, *Cosmologie et chimie. L'origine des éléments chimiques et l'évolution de l'Univers*, Presses Universitaires de France, Paris, 1955.

EDDINGTON, Arthur Stanley, *The internal constitution of stars*, Cambrige University Press, Cambridge, 1925.*

ENCYCLOPÆDIA UNIVERSALIS, *Dictionnaire de l'Astronomie*, Encyclopædia Universalis/ Albin Michel, Paris, 1999.

GINGERICH, O. (ed.), *Astrophysics and twentieth century astronomy to 1950*, Cambridge University Press, 2 vols., 1984.*

HUBBLE, Edwin, *Realm of the nebulæ*, Yale University Press, New Haven, 1936.*

JEANS, Sir James, *The Universe around us*, MacMillan, New York, 1929.

LUMINET, Jean-Pierre, *Les trous noirs*, Belfond, Paris, 1987.

MINEUR, Henri, *Histoire de l'Astronomie stellaire*, Actualités scientifiques et industrielles, n. 115, Hermann, Paris, 1933.

MITTON, Jacqueline, *Astronomy. An Introduction for the amateur astronomy*, Charles Scribner's sons, New York, 1978.

NARLIKAR, Jayant V., *The Structure of the Universe*, Oxford University Press, Oxford, 1977; repr. 1978.

NARLIKAR, Jayant V., *Violent Phenomena in the Universe*, Oxford University Press, Oxford, 1982; 1984.

PECKER, Jean-Claude, *Sous l'étoile Soleil*, Fayard, Paris, 1984.

PERRYMAN, Michael A. C. Extra-Solar Planets, *Reports on Progress in Physics*, 63(8), Aug. 2000, p. 1209-1272.

REEVES, Hubert, *Poussières d'étoiles*, Seuil, Paris, 1984.

SCHATZMAN, Evry, *Origine et évolution des mondes*, Albin Michel, Paris, 1957.

SCHATZMAN, Evry (dir.), *L'astronomie*, Gallimard (coll. La Pléiade), Paris, 1962.

STÖRMER, Carl, *De l'espace à l'atome*, trad. sur la 4e éd. norvégienne, Alcan, Paris, 1929.

TATAREWICZ, Joseph N., *Space technology and planetary astronomy*, Indiana University Press, Bloomington, 1990

THORNE, Kip S., *Black holes and time warps: Einstein's outrageous legacy*, New York, Norton, 1994.

THORNE, Kip S., WHEELER, John Archibald, MISNER, Charles W., *Gravitation*, Freeman, New York, 1973.*

Capítulo 11. A cosmologia contemporânea: expansão e transformações do universo

ANDRILLAT, H., HANCK, B., MAEDER, A. & MERLEAU-PONTY, Jacques [1988]. *La cosmologie moderne*, 2è éd., Paris, Masson, 1988.

AUDOUZE, Jean, *L'Univers*, Coll. Que sais-je ?, Presses Universitaires de France, Paris, 1997.

AUDOUZE, Jean, MUSSET, Paul & PATY, Michel, *Les particules et l'Univers*, Presses Universitaires de France, Paris, 1990.

COHEN-TANNOUDJI, Gilles, *Les Constantes universelles*, Hachette, Paris, 1991.

COHEN-TANNOUDJI, Gilles et SAQUIN, Yves (éds.), *Symétrie et brisure de symétrie*, EDP-Sciences, Paris, 1999.

DAUVILLIER, Alexandre, *Cosmologie et chimie. L'origine des éléments chimiques et l'évolution de l'Univers*, Presses Universitaires de France, Paris, 1955.

DAVIES, Paul C.W., *Space and Time in the Modern Universe*, Cambridge University Press, Cambridge, 1977; ré-éd with corr., 1979.

DESMARET, Jacques, *Univers: les théories de la cosmologie contemporaine*, Le Mail, Bruxelles, 1991.

DIRAC, Paul, A. M., *Directions in Physics*, Wiley, New York, 1978.

EDDINGTON, Arthur Stanley, *The expanding universe*, Cambridge University Press, Cambridge, 1933; 1940.*

HAKIM, Rémy, *La science de l'Univers*, Syros, Paris, 1993.

HAWKING, Steven, *A brief history of time*, Bantam Book, New York, 1988. Trad. fr. par Isabelle Naddeo-Souriau, *Une brève histoire du temps*, Flammarion, Paris, 1989.

HUBBLE, Edwin, *Realm of the nebulæ*, Yale University Press, New Haven, 1936.*

JEANS, Sir James, *The Universe around us*, MacMillan, New York, 1929.

JEANS, Sir James; LEMAÎTRE, Abbé Georges; SITTER, W de; EDDINGTON, Sir Arthur; MILNE, Edward A., MILLIKAN, Robert, *Discussion sur l'Evolution de l'Univers, d'après le Rapport du Meeting du Centenaire de l'Association Britannique pour l'Avancement des Sciences (Londres, 1931)*, traduction et Avant-Propos par Paul Couderc, Gauthier-Villars, Paris, 1933.

KLEIN, Etienne et SPIRO, Michel (éds.), *Le temps et sa flèche*, Editions Frontières, Gif-sur-Yvette, 1994, p. 21-58; 2 ré-éd., 1995; Collection Champs, Flammarion, Paris, 1996.

LACHIÈZE-REY, Marc, *Initiation à la cosmologie*, Masson, Paris, 1992.

LEMAITRE, Georges, *L'hypothèse de l'atome primitif. Essai de cosmogonie* (recueil de textes), Neuchâtel, Griffon, 1946; nlle éd., Culture et civilisations, Bruxelles, 1972.

MERLEAU-PONTY, Jacques, *Cosmologie du XX è siècle. Etude épistémologique et historique des théories de la cosmologie contemporaine*, Gallimard, Paris, 1965.

MERLEAU-PONTY, Jacques, *Philosophie et théorie physique chez Eddington*, Les Belles Lettres (Annales Littéraires de l'Université de Besançon, vol. 75), Paris, 1965.

MERLEAU-PONTY, Jacques, *La science de l'Univers à l'âge du positivisme. Etude sur les origines de la cosmologie contemporaine*, Vrin, Paris, 1983.

MERLEAU-PONTY, Jacques, *Le spectacle cosmique et ses secrets*, Larousse, Paris, 1988.

MERLEAU-PONTY, Jacques, *Einstein*, Flammarion, Paris, 1993.

MERLEAU-PONTY, Jacques, *Sur la science cosmologique*, textes édités et présentés par Michel Paty et Jean-Jacques Szczeciniarz, Collection "Penser avec les sciences", EDP-Sciences, Paris, 2003.

MINÉ, Philippe, *Bizarre Big Bang. L'épopée de la physique*, Belin-Pour la Science, Paris, 2001.

MINEUR, Henri, *L'Univers en expansion*, Actualités scientifiques et industrielles, n. 63, Hermann, Paris, 1933.

MORANDO, Bruno et MERLEAU-PONTY, Jacques, *Les trois étapes de la Cosmologie*, Laffont, Paris, 1971.

NARLIKAR, Jayant V., *The Structure of the Universe*, Oxford University Press, Oxford, 1977; repr. 1978.

NOVIKOV, I.D., *Evolution of the Universe*, trad. du russe par M.M. Basko, Cambridge University Press, Cambridge, 1983. (Original en russe, Moscou, 1979).

OMNÈS, Roland, *L'Univers et ses métamorphoses*, Hermann, Paris, 1973.

PAGELS, Heinz R., *Perfect symmetry. The search of the beginning of time*, Simlon and Schuster, New York, 1985; Bantam Books, 1985.

PEEBLES, P. J. E., *Physical cosmology*, Princeton University Press, Princeton, 1971.*

REEVES, Hubert, *Patience dans l'azur*, Seuil, Paris, 1981.

REEVES, Hubert, *L'heure de s'enivrer. L'Univers a-t-il un sens?*, Seuil, Paris, 1986.

REEVES, Hubert, *Dernières nouvelles du cosmos*, Seuil, Paris, 1994.

REICHENBACH, Hans, *The direction of time*, edited by Maria Reichenbach, University of California Press, Berkeley, 1956; 1982.

SCHATZMAN, Evry, *Origine et évolution des mondes*, Albin Michel, Paris, 1957.

SCHATZMAN, Evry (éd.), *L'astronomie*, Gallimard (coll. La Pléiade), Paris, 1962.

SCHATZMAN, Evry, *L'expansion de l'Univers*, Hachette, Paris, 1986.

SCIAMA, D. W., *Modern Cosmology*, Cambridge University Press, Cambridge, 1971; 1981.*

SILK, Joseph, *Le Big Bang*, Odile Jacob, Paris, 1997. (Original en angl.: *The Big Bang*, New York, Freeman, 1980).

SEIDENGART, Jean et SCZECINIARZ, Jean-Jacques (éds.), *Cosmologie et philosophie. Hommage à Jacques Merleau-Ponty*, numéro spécial de *Épistémologiques, philosophie, sciences, histoire. Philosophy, science, history* (Paris, São Paulo) 1, n. 1-2, janvier-juin, 2000.

THORNE, Kip S., WHEELER, John Archibald, MISNER, Charles W., *Gravitation*, Freeman, New York, 1973.*

THUAN, Trinh Xuan, *Le destin de l'Univers. Le Big-bang et après*, Gallimard, Paris, 1992.

WEINBERG, Steven, *Gravitation and cosmology: principles and applications of the general theory of relativity*, Wiley, New York, 1972.

WEINBERG, Steven, *The first three minutes. A modern view of the origin of the Universe*, Basic Books, New York, 1977; trad. fr. par Jean-Benoît Yelnik, *Les trois premières minutes de l'Univers*, Seuil, 1978.

Capítulo 12. Observações acerca das pesquisas sobre as origens

ALLEN, G., *Life sciences in the twentieth century*, Cambridge University Press, Cambridge, 1978.

ANDLER, Daniel (éd.), *Introduction aux sciences cognitives*, Gallimard, Paris, 1992.

BALAN, Bernard, *L'ordre et le temps*, Vrin, Paris, 1979.

BARROW, John et TIPLER, Franck, *L'homme et le cosmos*, entretiens recueillis par Marie-Odile Montchicourt, postface de Hubert Reeves, Radio France/ Imago, Paris, 1984.

BEER, Gavin de, *Embryology and Evolution*, Clarendon Press, Oxford, 1930.*

BERNAL, John D., *The Origin of Life*, London, 1967.

BUNGE, Mario, *The Mind-body problem*, Pergamon Press, Oxford, 1980.

CAIRNS-SMITH, Graham, *Genetic take over and the mineral origin of life*, Cambridge Univ. Press, Cambridge, 1982.

CAIRNS-SMITH, Graham, *Seven clues to the origin of life*, Cambridge Univ. Press, 1982. Trad. fr. *L'énigme de la vie*, Odile Jacob, Paris, 1990.*

CAIRNS-SMITH, Graham, The origin of life and the nature of the primitive gene, *Journal of Theoretical Biology*, 1986, 10, p. 53-88.

CANGUILHEM, Georges, *La connaissance de la vie*, 1952; 2 ème éd. revue et augm., Vrin, Paris, 1975.

CAVALLI-SFORZA, L. L., and BODMER, A.W.F., *The Genetics of Human Populations*, Freeman, San Francisco, 1976.

CHANGEUX, Jean-Pierre, *L'homme neuronal*, Fayard, Paris, 1983.

CHANGEUX, Jean-Pierre et CONNES, Alain, *Matière à pensée*, Odile Jacob, Paris, 1989.

CHANGEUX, Jean-Pierre et RICŒUR, Paul, *La nature et la règle. Ce qui nous fait penser*, Odile Jacob, Paris, 1998.

CLARK, W. E. Le Gros, *The Fossil Evidence for Human Evolution*, 2nd ed., Chicago University Press, Chicago, 1964.*

COHEN-TANNOUDJI, Gilles, *Les Constantes Universelles*, Hachette, Paris, 1991.

COPPENS, Yves, *Le singe, l'Afrique et l'homme*, Fayard, Paris, 1983.

DAUDEL, Raymond, *L'Empire des molécules*, Hachette, Paris, 1988.

DEBRU, Claude, *Philosophie de l'inconnu : le vivant et la recherche*, Presses Universitaires de France, Paris, 1998.

DELÉAGE, Jean-Paul, *Histoire de l'écologie. Une science de l'homme et de la nature*, La Découverte, Paris, 1992.

DOBZHANSKY, Theodosius, *Genetics and the origin of species*, Columbia Univ. Press, New York, 1937; 1951. Trad. fr., *Génétique du processus évolutif*, Flammarion, Paris, 1977. *

DURIS, Pascal et GOHAU, Gabriel, *Histoire des sciences de la vie*, Nathan, Paris, 1997.

FURUKAWA, Yasu, *Staudinger, Carothers, and the emergence of macromolecular chemistry*, University of Pennsylvania Press, Philadelphia, 1998

GAYON, Jean, *Darwin et l'après-Darwin, Une histoire de l'*hypothèse *de sélection naturelle*, Kimé, Paris, 1992.

GOULD, Stephen Jay, *Ontogeny and Phylogeny*, 1977.

GROS, François, *Les secrets du gène*, Odile Jacob/Seuil, Paris, 1986.

HUBLIN, Jean-Jacques et TILLIER, Anne-Marie (dir.), *Aux origines d'Homo sapiens*, Presses Universitaires de France, Paris, 1991.

JACOB, François, *La logique du vivant. Une histoire de l'hérédité*, Gallimard, Paris, 1970.

JEANNEROD, Marc, *Le cerveau-machine*, Fayard, Paris, 1983.

KAHANE, Ernest, *Evolution des idées sur l'origine de la vie, Cahiers d'Hisstoire et de philosophie des sciences*, n. 4, 1977, p. 1-124.

KAY, L. E., *The molecular vision of life*, Oxford University Press, Oxford, 1993.*

LEAKEY, Louis S.B., *The Stone Age in Africa*, Oxford University Press, Oxford, 1936.

LEAKEY, Louis S.B., TOBIAS, P.V., LEAKEY, M.D., *Olduvai Gorge*, Cambridge University Press, Cambridge, 5 vols, p. 1951-1961.

LEAKEY, Richard E., *Ceux du Lac Turkana. L'humanité et ses origines*, trad. fr. par Victor Paul, Seghers, Paris, 1980. (Original en anglais:

People of the Lake. Mankind and its beginning, Anchoir Press, New York, 1978; Collins, London, 1979).

LEAKEY, Richard E. et LEWIN, Roger, *Les origines de l'homme*, trad. de l'anglais par Pierre Champendal, préface de Yves Coppens, Arthaud, Paris, 1979; Flammarion, Paris, 1985. (Original en anglais, USA).

LE GUYADER, Hervé (dir.), *L'évolution*, Bibl. Pour la science, Belin, Paris, 1998.

LEROI-GOURHAN, André, *L'homme et la mort*, Albin Michel, Paris, 1943.

LEROI-GOURHAN, André, *Les religions de la préhistoire*, Presses Universitaires de France, Paris, 1964.

LEROI-GOURHAN, André, *Le geste et la parole*, Albin Michel, Paris, 2 vols., 1964-1965.

LEROI-GOURHAN, André, *Préhistoire de l'art occidental*, Mazenod, Paris, 1965.

LEROY, P. et BARJON, L., *La carrière scientifique de Teilhard de Chardin*, Le Rocher, Monaco, 1964.

LÉVI-STRAUSS, Claude, *Race et histoire*, Plon, Paris, 1959.

LWOFF, Etienne, *L'ordre biologique*, Laffont, Paris 1969; Marabout, Gérard, Paris, 1970. (Remanié de la première éd. en anglais parue aux USA en 1962).

MARK, Hermann F., *From small organic molecules to large: a century of progress*, American Chemical Society, Washington, 1993.

MAUREL, Marie-Christine, *Les origines de la vie*, Syros, Paris, 1994.

MAUREL, Marie-Christine, *La naissance de la vie*, Diderot, Paris, 1997.

MAUREL, Marie Christine et MIQUEL, Paul-Antoine, *Programme génétique: concept biologique ou métaphore?*, Kimé, Paris, 2001.

MEDAWAR, Peter B., *The Uniqueness of the Individual*, Basic Books, New York, 2nd printing, 1958.

MOHEN, Jean-Pierre (dir.), *Le temps de la préhistoire*, Soc. Préhist. Française/Ed. Archaeologia, Dijon, 2 vols, 1989.

MONOD, Jacques, *Le hasard et la nécessité. Essai sur la philosophie naturelle de la biologie moderne*, Seuil, Paris, 1970.

MORANGE, Michel, *Histoire de la biologie moléculaire*, La Découverte, Paris, 1994.

MOYSE, Alexis, *Biologie et physico-chimie*, Presses Universitaires de France, Paris, 1948.*

MUSÉE DE L'HOMME, MUSÉUM NATIONAL D'HISTOIRE NATURELLE, *Origines de l'homme. Catalogue de l'exposition au Musée de l'homme*, Paris, 1976.

OPARIN, Aleksander Ivanovich, *The Origin of Life on Earth*, trad. angl., 3ᵉ éd. revue, 1957.

OVENDEN, Michael W., *La vie dans l'Univers*, trad. de l'anglais par J. Métadier, Payot, Paris, 1970. (Original en anglais : *Life in the Universe*, Doubleday, New York, 1962).

PATY, Michel, Critique du principe anthropique, *La Pensée*, n°251, mai-juin 1986, p. 77-95.

PROUST, Joëlle [1997]. *Comment l'esprit vient aux bêtes. Essai sur la représentation*, Gallimard, Paris, 1997.

RICQLÈS, Armand de [1996]. *Leçon inaugurale. Chaire de Biologie Historique et Evolutionnisme* (1996), Collège de France, n. 137, 1996.

SHAPIRO, R, *L'origine de la vie* (trad.), Flammarion, Paris, 1994.

TEILHARD DE CHARDIN, Pierre, *Le phénomène humain* (première version rédigée en 1941, puis modifiée), Seuil, Paris, 1955.

TEILHARD DE CHARDIN, Pierre, *L'apparition de l'homme*, Seuil, Paris, 1956.

TEILHARD DE CHARDIN, Pierre, *La place de l'homme dans la nature. (Le groupe zoologique humain*, Seuil, Paris, 1963.

TEILHARD DE CHARDIN, Pierre, *Œuvres*, Seuil, Paris, 13 vols., p. 1955-1976.

TESTART, Jacques, *L'œuf transparent*, Flammarion, Paris, 1990.

TIRARD, Stéphane [1996]. *Les travaux sur l'origine de la vie, de la fin du XIXᵉ siècle jusqu'aux années 1970*, Thèse de doctorat en Epistémologie et Histoire des sciences, Université Paris 7-Denis Diderot, 1996.

TORT, Patrick (éd.), *Dictionnaire du darwinisme et de l'évolution*, Presses Universitaires de France, Paris, 1996.

TORT, Patrick (éd.), *Pour Darwin*, Presses Universitaires de France, Paris, 1997.

WRIGHT, S., *Evolution and the genetics of populations*, 4 vols., University of Chicago Press, Chicago, 1968-1978. *

Capítulo 13. Objetos e métodos

ACTES DE LA RECHERCHE EN SCIENCES SOCIALES, *Science*, n.°141-142, mars 2002.

ANDLER, Daniel (éd.), *Introduction aux sciences cognitives*, Gallimard, Paris, 1992.

AUGER, Pierre, *L'homme microscopique*, Flammarion, Paris, 1951; 2^è éd. augm., 1966.

BACHELARD, Gaston, *Le Nouvel esprit scientifique*, Presses Universitaires de France, Paris, 1934.

BACHELARD, Gaston, *Le Rationalisme appliqué*, Presses Universitaires de France, Paris, 1949.

BACHELARD, Gaston, *L'Activité rationaliste de la physique ccontemporaine*, Presses Universitaires de France, Paris, 1951.

BACHELARD, Gaston, *Le Matérialisme rationnel*, Presses Universitaires de France, Paris, 1953.

BASSALO, José Maria, *Nascimentos da Física (1901-1950)*, Editora Universidade do Pará, Belém (Pa, Brasil), 2000.

BASSALO, José Maria, CATTANI, Mauro Sérgio Dorsa, NASSAR, Antônio Boulhosa, *Aspectos Contemporâneos da Física*, Editora Universidade, Belém (Pa, Br.), 2000.

BENSAUDE-VINCENT, Bernadette, *Langevin, 1872-1946. Science et vigilance*, Belin, Paris, 1987.

BERGSON, Henri *et al.*, *La science française*, Larousse, Paris, 1915.

BITSAKIS, Eftichios, *La nature dans la pensée dialectique*, Collection Ouverture philosophique, L'Harmattan, Paris, 2001.

BLACKETT, P.M.S., *Les conséquences militaires et politiques de l'énergie atomique*, trad. de l'anglais par l'Association des travailleurs scientifiques, Avant-propos de Edmond Bauer, Albin Michel, Paris, 1949. (Original en anglais : *The Military and Political Consequences of Atomic Energy*, Turnstile Press, London, 1948).

BOURDIEU, Pierre, *Science de la science et réflexivité*, Raisons d'agir, Paris, 2001, p. 240.

BREUER, Hans, *Atlas de la physique*, Trad. de l'allemand par Claudine Maurin, version française revue et mise à jour par Martine Meslé-Gribenski, Philippe Morin, Michème Sénéchal-Couvercelle (coord.), Encyclopédies d'aujourd'hui, Le Livre de poche, Paris, 1997.

BUNGE, Mario, *Philosophie de la physique*, trad. de l'anglais par Françoise Balibar, Seuil, Paris, 1975. (Titre original : *Philosophy of physics*, Reidel, Dordrecht, 1973).

CALDER, Richtie, *L'homme et ses techniques de la préhistoire à nos jours*, trad. de l'anglais par Henri Delgove, Payot, Paris, 1963. (Titre original : *Man and his techniques*).

CAVAILLÈS, Jean, *Oeuvres complètes de philosophie des sciences*, Hermann, Paris, 1994.

CAZENOBE, Jean, *Technogenèse de la télévision. Le diable en histoire des machines*, L'Harmattan, Paris, 2001.

CHARPAK, Georges et SAUDINOS, Dominique, *La vie à fil tendu*, Odile Jacob, Paris, 1993.

COSTA, Newton da, *Logiques classiques et non classiques. Essai sur les fondements de la logique*, Masson, Paris, 1993.

COSTA, Newton da, *O conhecimento científico*, Discurso editorial, São Paulo, 1997.

DEBRU, Claude (ed.), *History of Science and Technology in Education and Training in Europe, Conférence at Strasbourg, 25-26 june 1998*, Office for Official Publications of the European Communities, Luxembourg, 1999.

DINER, Simon, FARGUE, Daniel et LOCHAK, Georges (éds.), *La pensée physique contemporaine*, Editions Fresnel, Hierzac (Fr.), 1982.

DUHEM, Pierre, *La théorie physique. Son objet, sa structure* (1915), 2è éd. revue et augmentée, av.-propos par Paul Brouzeng, Vrin, Paris, 1981.

DÜRR, Hans Peter, *De la science à l'éthique. Physique moderne et responsabilité scientifique*, trad. de l'allemaznd par Claude Dhorhais, Albin Michel, Paris, 1994. (Original en allemand : *Das Netz der Physik*, Carl Hanser Verlag, Munich, 1988).

DYSON, Freeman, *Disturbing the Universe*, Harper and Row, New York, 1979; Pan Books, London, 1981.

ECKERT, M. & SCHUBERT, H., *Crystals, electrons, transistors : from scholars' study to industrial research*, American Institute of Physics, New York, 1986.

ELLUL, Jacques, *La technique ou l'enjeu du siècle*, Armand Colin, Paris, 1954; ré-éd., Economia, 1990.

ELLUL, Jacques, *Le Bluff technologique*, Hachette, Paris, 1988.

ESPAGNAT, Bernard d', *Traité de physique et de philosophie*, Fayard, Paris, 2002.

ESPINOZA, Miguel, *Théorie de l'intelligibilité*, Ed. Univ. du Sud, Toulouse, 1994; 2 ré-éd., Ellipses, Paris, 1998.

ESPINOZA, Miguel, *Les mathématiques et le monde sensible*, Ellipses, Paris, 1997.

FÉVRIER, Paulette, *La structure des théories physiques*, Préface de Louis de Broglie, Presses Universitaires de France, Paris, 1951.

FEYNMAN, Richard; LEIGHTON, R. B.; SANDS, M., *The Feynman Lectures in Physics*, Addison-Wesley, Reading (Mass., USA), 1965.

GALISON, Peter, *How Experiment End*, Chicago University Press, Chicago, 1987.

GALISON, Peter, *Image and Logic: a Material Culture of Microphysics*, Chicago University Press, Chicago, 1997.

GALISON, Peter & HEVLY, Bruce (eds.), *Big science: the growth of large-scale research*, Stanford University Press, Stanford, 1992.

GILLISPIE, Charles-Couton (ed.), *Dictionary of Scientific Biography*, Scribner and Sons, New York.

GRANGER, Gilles Gaston, *Pour la connaissance philosophique*, Odile Jacob, Paris, 1988.

GRANGER, Gilles Gaston, *Le probable, le possible et le virtuel*, Odile Jacob, Paris, 1995.

GRANGER, Gilles-Gaston, *La pensée de l'espace*, Odile Jacob, Paris, 1999.

HABERMAS, Jürgen, *Technik und Wissenschaft als Ideologie*, 1968. Trad. fr., *La technique et la science comme idéologie*, Payot, Paris, 1968.

HOTTOIS, Gilbert [1984]. *Le signe et la technique*, Aubier, Paris, 1984

HUSSERL, Edmund, *La crise des sciences européennes et la phénoménologie transcendantale*, trad. fr. par Gérard Granel, Gallimard, Paris, 1976. (Original en allemand : *Die Krisis der europaischen Wisseenschaften und die tranzendentale Philosophie*, Martinus Nijhoff, La Haye, 1954).

JOERGES, Bernward & SHINN, Terry (eds.), *Instrumentation between science, state and industry*, Kluwer, Dordrecht, 2001.

KITCHER, Philip, *The Advancement of science*, Oxford Univ. Press, New York.

KRAGH, Helge, MARAGE, Pierre & VANPAEMEL, G. (eds.), *History of Modern Physics*, Brepols, Liège, 2002.

KRIGE, John & PESTRE, Dominique (eds.), *Science in the twentieth century*, Horwood Academic Publishers, Amsterdam, 1997.

KUHN, Thomas, *Dogma contra critica. Mondi possibili nella storia della scienza* , a cura di Stefano Gattei, Raffaello Cortina Editore, Milano, 2000.

LAZLO, Pierre, *La découverte scientifique*, Collection Que sais-je ?, Presses Universitaires de France, Paris, 1999.

LECOURT, Dominique (dir.), *Dictionnaire d'histoire et philosophie des sciences*, Presses Universitaires de France, Paris, 1999.

MACH, Ernst, *La connaissance et l'erreur*, Trad. fr. (abrégée, sur la 2^c éd. allemande) par Marcel Dufour, Flammarion, Paris, 1908; ré-éd., 1922. (Original allemand: *Erkenntnis und Irrtum. Skizzen zur Psychologie der Forschung*, J. A. Barth, Leipzig, 1905; 2 ème éd. augm., 1906; autres éd.: 1917, 1920, 1926.)

MATRICON, Jean & WAYSAND, Georges, *La guerre du froid*, Seuil, Paris, 1994.

MERWE, Alwyn van der (ed.), *Old and New Questions in Physics, Cosmology, Philosophy and Theoretical Biology. Essays in Honour of Wolfgang Yourgrau*, Plenum Press, New York, 1983.

MILLER, Arthur I., *Intuitions de génie. Images et créativité dans les sciences et les arts.* Trad. de l'anglais par Marcel Filoche, Nouvelle Bibliothèque Scientifique, Flammarion, Paris, 2000

MONATSTYRSKY, Michael, *Modern mathematics in the light of the Fields medals*, A. K. Peters, Wellesley (Mass.), 1998.

MONNOYEUR, Françoise (éd.). *La matière des physiciens et des chimistes*, Le Livre de poche, Hachette, Paris, 2000.

NYE, Mary Jo, *Before Big science: the pursuit of modern chemistry and physics: 1800-1940*, Twayne-Mac Millan, New York, 1996.

PATY, Michel, *L'analyse critique des sciences, ou le tétraèdre épistémologique (sciences, philosophie, épistémologie, histoire des sciences)*, L'Harmattan, Paris, 1990.

PATY, Michel, *Albert Einstein, ou la création scientifique du monde*, Belles Lettres, Paris, 1997, p. 156. (Collection Figures du savoir).

PATY, Michel et MALET, Emile (éds.), *Le droit à l'énergie. Penser le XXI è siècle*, Editions Passages, Paris, 1996.

PATY, Michel et MALET, Emile (éds.), *Aux frontières de la science*, Editions Passages, Paris, 1999.

PENROSE, Roger, *The Emperor's new mind*, Oxford University Press, New York, 1989; Vintage, New York/Oxford, 1990.

PESTRE, Dominique, *Physique et physiciens en France, 1918-1940*, Ed. Archives contemporaines, Paris, 1984.

PICKERING, Andrew, *Constructing Quarks. A Sociological History of Particle Physics*, Edinburgh University Press, Edinburgh, 1984.

PLANCK, Max [1933]1963. *L'image du monde dans la physique moderne*, trad. de l'allemand par Cornelius Heim, Gonthier, Genève, 1963, p. 158 (Original allemand: *Vorträge und Errinerungen*, Hirzel Verlag, Stuttgart, 1933; éd. rév., 1949).

POINCARÉ, Henri, *La science et l'hypothèse*, Flammarion, Paris, 1902; 1968.

POINCARÉ, Henri, *La valeur de la science*, Flammarion, Paris, 1905; 1970.

POINCARÉ, Henri, *Science et méthode*, Flammarion, Paris, 1908; 1918.

POINCARÉ, Henri, *Dernières pensées*, Flammarion, Paris, 1913; ré-ed. 1963.

POINCARÉ, Henri, *L'analyse et la recherche*, choix de textes et introd. de G. Ramunni, Hermann, Paris, 1991.

POPPER, Karl R., *The Logic of Scientific Discovery*, Hutchinson, London, 1959; 1968. (Trad. angl modif. et augm. de l'original alld *Logik der Forschung*, Springer, 1935). Trad. fr. par Nicole Thyssen-Rutten et Philippe Devaux, *La logique de la découverte scientifique*, Payot, Paris, 1973.

POPPER, Karl R, *Objective knowledge, an evolutionary approach*, Clarendon Press, Oxford, 1972. Trad. fr. (partielle) par C. Bastyns, *La connaissance objective*, Complexe, Bruxelles, 1978.

REICHENBACH, Hans, *Selected writings*, edited by Maria Reichenbach and Robert S. Cohen, Reidel, Dordrecht, 1978, 2 vols.

SCHATZMAN, Evry, *La science menacée*, Odile Jacob, Paris, 1989.

SHINN, Terry, The structure and state of science in France, *in Contemporary French Civilization*, vol. 6, n. 1-2, Fall-Winter 1981-1982, p. 153-193.

SHINN, Terry, The Bellevue grand électroaimant, 1900-1940. Birth of a research-technology community, *Historical Studies in the Physical Sciences*, 24/1 1993, p. 157-187.

SHINN, Terry, Change or mutation ? Reflections on the foundations of contemporary science, *Social Science Information* 38 (n. 1, March), 1999, p. 149-176.

SHINN, Terry, Formes de division du travail scientifique et convergences intellectuelles. La recherche technico-instrumentale, *Revue Française de Sociologie* 41 (3), p. 447-473.

SINACEUR, Hourya et BOURGUIGNON, Jean-Pierre, David Hilbert et les mathématiques du XXe siècle, *La Recherche*, sept 1993.

TATAREWICZ, Joseph N., *Space technology and planetary astronomy*, Indiana University Press, Bloomington, 1990.

VUILLEMIN, Jules, *Logique et monde sensible. Etude sur les théories contemporaines de l'abstraction*, Flammartion, Paris, 1971.

WEART, Spencer, *La grande aventure des atomistes français. Les savanjts au pouvoir*, trad. de l'anglais, Fayard, Paris, 1980.

WEBER, Max, *Essais sur la théorie de la science*, tr. fr., Plon, Paris, 1965. (Trad. partielle de l'original en allemand : *Gesammelte Aufsätze zur Wissenschaftlehre*, 1922).

YOCCOZ, Jean (éd.), *Physique subatomique : 25 ans de recherche à l'IN2P3, la science, les structures, les hommes*, Editions Frontières, Gif-sur-Yvette, 1996

ZAHAR, Elie, *Essai d'épistémologie réaliste*, Coll. Mathesis, Vrin, Paris, 2000.

ZWIRN, Hervé, *Les Limites de la connaissance*, Odile Jacob, Paris, 2000.

Capítulo 14. Conclusão. Algumas lições da física do século XX e um olhar para o século XXI

BOUGUERRA, Mohammed L., *La pollution invisible*, Presses Universitaires de France, Paris, 1997, p. 326.

DEBRU, Claude (ed.), *History of Science and Technology in Education and Training in Europe* (Euroconference, Strasbourg, 25-26 june 1998), Office for Official Publications of the European Communities, Luxembourg, 1999.

EINSTEIN, Albert, *Einstein on peace*, edited by Nathan, Otto and Norden, Heinz, Simon and Schuster, New York, 1960.

HAAK, Susan. *Manifesto of a Passionate Moderate. Unfashionable Essays*, University of Chicago Press, Chicago, 1998.

LEITE LOPES, José. *Ciência e liberdade. Escritos sobre ciência e educação no Brasil*, organizado por Ildeu de Castro Moreira, Editora UFRJ, CBPF/MCT, Rio de Janeiro, 1999.

SALDAÑA, Juan José (ed.), *Science and Cultural Diversity. Filling a Gap in the History of Science*, Cadernos de Quipu 5, México, 2001.

SALMERON, Roberto A., *A universidade interrompida. Brasilia, 1964-1965*, Editora UNB, Brasilia, 1999.

SEN, Amartya, *On Ethics and Economics*, Blackwell, Oxford, 1987.

SEN, Amartya, *On Economic Inequality*, Clarendon Press, Oxford, 1973; Enlarged edirion with a substantial Annexe: "On *Economic inequality* after a Quarter century", by Amartya Sen and James E. Foster, Oxford Univ. Press, Delhi, 1997; 1998.

Índice de Nomes

A

Abel, Niels, 177
Abragam, Anatole, 414
Adams, John Couch, 272
Agazzi, Evandro, 410
Aldrin, Edwin, 261
Alembert, Jean le Rond (d'), 42, 198, 215, 263, 301, 374
Alfvén, Hannes, 313
Allègre, Claude, 426
Allen, G., 433
Alpher, Ralph, 315
Anderson, Philip, 115
Andler, Daniel, 433, 437
Andrillat, H., 429
Andronov, Aleksander A., 203, 204
Arago, François, 32, 33
Argand, Émile, 242, 243, 426
Armstrong, Niel, 261
Arnold, V. I., 206, 421
Arrhenius, Svante, 352
Aspect, Alain, 77-79, 84, 410
Aubin, David, 421
Audouze, Jean, 428, 429
Auger, Pierre, 437
Avogadro, Amedeo, 95

B

Bachelard, Gaston, 400, 437
Balan, Bernard, 336, 433
Balibar, Françoise, 405, 407, 411, 438
Balmer, Johann Jakob, 55, 103, 104
Barbo, Loïc, 414

Bardeen, John, 115, 118
Barjon, L., 435
Barrow-Green, June, 421
Bassalo, José Maria,
Bastyns, C., 437
Bauer, Edmond, 410, 438
Becker, H., 56, 133
Becquerel, Henri, 96
Bednorz, Johannnes Georg, 195
Beer, Gavin, 433
Bell, John Stuart, 77, 78, 84, 316, 410
Bell, Mary, 337
Beltrametti, E., 410
Bensaude-Vincent, B., 437
Bergé, Pierre, 210, 211, 421
Bergmann, Sonia, 404
Bergson, Henri, 437
Berini, Luciana, 425
Bernal, John D., 353, 433
Bernoulli, Daniel, 94
Bethe, Hans A., 115, 279, 280
Biem, Walter, 404
Bimbot, René, 128, 417, 418
Birkhoff, Georges David, 205
Bitbol, Michel, 406, 410
Bitsakis, Eftichios, 437
Bjorken, J. D., 224
Blackett, Patrick M. S., 134, 437
Blatt, John M., 417
Bloch, Felix, 113
Blum, W., 408
Bodmer, A. W. F., 433
Bogolubov, N. N., 204
Bohm, David, 80, 406, 410, 411
Bohr, Aage, 142
Bohr, Niels, 54, 55, 59, 62, 69, 74, 103, 138, 140, 141, 407, 409, 410, 417
Boi, Luciano, 404
Boltzmann, Ludwig, 94, 95, 112
Bondi, Hermann, 313
Bonin, J., 426, 427

Bordry, Monique, 416
Born, Max, 59, 60, 62, 63, 69, 76, 404, 407, 411
Bose, Satyendra, 57, 108, 109, 118-120, 214, 382, 407, 408, 414, 415
Bothe, Walther, 56, 133, 137
Botter, R., 421
Bouguerra, Mohammed, L., 443
Bouligand, Georges, 406
Boulle, Marcellin, 342, 345
Bourdieu, Pierre, 438
Bourguignon, Jean-Pierre, 442
Boyer, L., 421
Bradley, James, 32
Bragg, William Henry, 111
Bragg, William Lawrence, 62, 111
Brahé, Tycho, 287, 384
Brattain, Walter H., 115
Braun, E., 423
Bravais, Auguste, 110
Breuer, Hans, 438
Breuil, Henri, 346
Brillouin, Léon, 41, 62, 112, 415, 417, 421, 424
Brillouin, Marcel, 422
Broglie, Louis, (de), 41, 56, 57, 62, 75, 77, 80, 407, 410, 439
Brossel, Jean, 116, 117
Brout, Robert, 181, 182
Brown, Laurie M., 414, 422
Brown, Sandorn, 417, 422
Bruhat, Georges, 428
Brune, Michel, 411, 413
Bruno, Giordano, 265
Brush, S. G., 409
Bunge, Mario, 72, 411, 433, 438
Burbidge, G., 280
Burbidge, M., 280

C

Cairns-Smith, Graham, 354, 433
Calder, Richtie, 438
Cameron, A. G. W., 280, 315

Cao, Tian, 418
Carothers, Wallace Hume, 423, 434
Cartan, Elie, 405
Carter, Brandon, 361, 363
Cattani, Mauro S. D., 437
Cavaillès, Jean, 438
Cavalli-Sforza, Luca, 347, 433
Cazenobe, Jean, 438
Chabert, Jean-Louis, 422
Chabot, B., 413
Chadwick, James, 134, 418
Chaïkin, S. E., 204
Chamberlain, Owen, 161
Champendal, Pierre, 435
Chandrasekhar, Subramanyan, 283, 284, 286
Chang, N. P., 417
Changeux, Jean-Pierre, 433
Charpak, Georges, 382, 420, 438
Chemla, Karine, 422
Chenciner, Alain, 426
Cherenkov, Pavel, 288
Chevalley, Catherine, 410
Chibeni, Silvio, 411
Cini, Marcello, 411
Clairaut, Aléxis, 198, 215, 263
Clark, W. E. Le Gros, 433
Clausius, Rudolf, 94
Cockroft, John Douglas, 130
Cohen, Robert S., 413, 418, 442
Cohen-Tannoudji, Claude, 110, 111, 414
Cohen-Tannoudji, Gilles, 419, 422, 430, 433
Colombo, Cristóvão, 182
Compton, Arthur, 56, 62, 131
Connes, Alain, 419, 433
Cooper, Leon, 118
Copérnico, Nicolas, 255, 265, 332, 363
Coppens, Yves, 338, 341, 434, 435
Cornell, Eric, 120, 407, 414, 423
Corteze, E., 426
Costa, Newton da, 438

Cotton, Aimé, 379
Cowan Jr., Clyde L., 157, 158
Cram, Donald J., 196
Crick, Francis, 124
Crowfoot-Hodgkin, Dorothy, 122
Crozon, Michel, 419
Curie, Eve, 414
Curie, Marie Sklodowska, 41, 62, 96, 98, 383, 414, 416
Curie, Pierre, 96, 112, 414

D

Dahan-Dalmelico, Amy, 422
Dalibard, Jean, 120
Darrigol, Olivier, 404, 406, 407, 410
Darwin, Charles, 342, 348, 349
Daudel, Raymond, 434
Dausset, Jean, 347
Dauvillier, Alexandre, 428, 430
Davaux, Edouard, 200
Davies, Paul C. W., 430
Davis, Raymond, 295
Davisson, Clinton Joseph, 57
De Donder, T., 62
Debeir, Jean-Claude, 426
Debever, Robert, 405
Debierne, André Louis, 96
Debru, Claude, 434, 438, 443
Debye, 62
Deléage, Jean-Paul, 426, 434
DeMets, Charles, 244
Demócrito de Abdera, 265
Descartes, René, 323, 325
Desmaret, Jacques, 430
Détraz, Claude, 417
Devaux, Philippe, 442
Dicke, Robert H., 363
Diderot, Denis, 301, 331, 422, 435, 436
Diner, Simon, 127, 414, 419, 422, 438
Dirac, Paul Adrian M., 57, 59, 62-64, 107, 113, 137, 152, 159, 161, 283, 284, 363, 377, 407, 408, 419, 420, 430

Diu, Bernard, 407, 414, 422
Dobzhansky, Theodosius, 434
Doncel, Manuel G., 407, 415, 417, 419
Doppler, Christian, 35, 265, 266, 309
Du Toit, Alexandre, 242, 243
Dubois, Monique, 211, 421
Dubois-Reymond, Emil, 350
Dufour, M., 424, 440
Duhem, Pierre, 201, 202, 422, 438
Dulong, Pierre-Louis, 98
Dunoyer de Segonzac, Louis, 95, 107
Dupont-Roc, J., 414
Duquesne, Maurice, 415
Duran, J., 422
Duris, Pascal, 434
Dürr, Hans Peter, 408, 439
Dyson, Freeman, 439

E

Eckert, M., 415, 439
Eddington, Sir Arthur Stanley, 23, 47, 271, 272, 306, 310, 363, 404, 428, 430
Ehrenfest, Paul, 54, 62, 407
Eisntein, Albert, 23, 24, 29-48, 52-59, 62, 75-77, 84, 85, 95, 97, 98, 110, 116, 118, 131, 141, 151, 263, 271, 272, 274-276, 279, 304-310, 365, 400, 404, 405, 407, 411, 443
Eisenstaedt, Jean, 405
Ekeland, Ivar, 422
Elbaz, Edgar, 405
Ellul, Jacques, 439
Englert, François, 182, 320, 367
Epicuro, 265
Escoubès, Bruno, 408, 415, 420
Espagnat, Bernard (d'), 411, 439
Espinoza, Miguel, 439
Essam, J. W., 422
Esterlé, Alain, 426
Euler, Leonhard, 198, 215, 263, 374
Everett, Hugh, 80

F

Fajans, Kasimir, 96
Fargue, Daniel, 414, 422, 438
Fayet, Pierre, 419
Fermi, Enrico, 57, 113, 114, 129, 137, 138, 156, 157, 180, 283, 315, 417
Février, Paulette, 439
Feynman, Richard P., 152, 180, 224, 419, 439
Filoche, Marcel, 441
Fisher, Emil, 122
Fizeau, Hippolyte, 34, 35, 265, 266, 309, 385
Fleury, Norbert, 419
Foster, James E., 444
Fourier, Joseph, 171
Fowler, R. H., 62, 283, 284
Fowler, William A., 280, 283, 315
Franceschelli, Sara, 211, 422
Francheteau, J., 427
Franck, James, 105
Frege, Gottlob, 19
Freire Jr., Olival, 411
Fresnel, Augustin, 33-35, 266
Freund, J., 406
Friedmann, Alexandre A., 48, 306, 307
Frisch, Otto, 140
Frisch, U., 423
Furukawa, Yasu, 423, 434

G

Galileu, Galileo Galilei, dito, 29, 44, 45, 224, 255, 302, 332
Galison, Peter, 439
Galle, Johann Gottfried, 272
Gamow, Georges, 314-316
Gaudry, Albert Jean, 342
Gauguin, Paul, 360
Gayon, Jean, 434
Geiger, Gans, 134
Gell-Mann, Murray, 166, 167, 180, 216, 419
Gennes, Pierre-Gilles (de), 227, 423

George, A., 430
Gerlach, Walter, 107
Ghirardi, Gian Carlo, 411
Giambiaggi, Juan José, 152
Gillispie, Charles-Couton, 439
Gingerich, O., 428
Giorello, Giulo, 425
Glaser, Donald A., 382
Glashow, Sheldon Lee, 172, 177, 180-182
Gleick, James, 423
Glick, Thomas, 405
Gödel, Kurt, 19
Gohau, Gabriel, 426, 434
Gold, T., 313
Goldschmidt, Bertrand, 41, 417
Goldsmith, Marice, 415
Gorbatchev, Mikhail, 321
Gottfried, K., 272
Goubern, M., 415
Goudsmit, Samuel, 105
Gould, Stephen Jay, 434
Gouyet, J.-F., 423
Granger, Gilles Gaston, 439, 440
Grangier, Philippe, 411
Griffin, A., 408, 415
Gros, François, 433, 434
Grynberg, Gilbert, 414
Gunzig, Edgar, 127, 419, 422
Guth, Alan, 320
Guye, C. E., 62
Guyon, Étienne, 423

H

Haak, Susan, 443
Habermas, Jürgen, 440
Hadamard, Jacques, 201, 202
Hahn, Otto, 140
Hakim, Rémy, 430
Halban, Hans, 140

Haldane, John, 353, 354
Hallam, A., 426
Hallley, Edmund, 260
Hammersley, J. M., 228
Hanck, B., 429
Hao, Bai-Lin, 423
Haroche, Serge, 411, 413
Hasenohrl, Friedrich, 41
Haug, Èmile, 239, 426
Hausdorff, Félix, 225
Haüy, René-Just, 110, 218, 220
Hawking, Stephen, 289, 430
Heisenberg, Werner, 59, 61-63, 69, 73-76, 114, 121, 136, 163, 408, 412, 421
Heitler, Walter, 123
Hémery, Daniel, 426
Henriot, E., 62
Hermann, Armin, 407, 415, 417, 419
Hermann, Robert C., 315
Herschel, William, 268, 283, 290, 301, 303
Hertz, Gustav, 105
Hertz, Heinrich, 34, 53
Hertzprung, De Ejnar, 270, 277, 278, 285
Herzen, T., 62
Hess, Harry Harmond, 246, 426
Hess, Victor Franz, 130
Hevly, Bruce, 439
Higgs, P. W., 133, 182, 185, 320
Hilbert, David, 62, 63, 82, 83, 442
Hiley, Basil J., 410
Hobsbawn, Eric, 23
Hoddeson, L., 423
Hoffamn, Banesh, 412
Hofmeister, Franz, 122
Hofstadter, Robert, 116, 171
Holmes, Arthur, 243
Hooft, Gerard't, 182
Hopf, E., 205, 208
Hostelet, H., 41
Hottois, Gilbert, 440

Houllevigue, Louis, 423
Hoyle, Fred, 280, 312, 313, 315
Hubble, Edwin Powell, 257, 258, 266, 292, 297, 302, 307, 311, 318, 385, 428, 430
Hublin, Jean-Jacques, 434
Hudson, John, 423
Hugo, Victor, 360
Hulin, Jean-Pierre, 423
Hulse, Robert A., 48, 275
Husserl, Edmund, 440
Huxley, Thomas, 350

I

Iliopoulos, Jean, 172
Infeld, Leopold, 405
Isabelle, Didier, 417
Itzykson, Claude, 419

J

Jacob, François, 347, 353, 434
Jammer, Max, 408, 412
Janssen, Jules, 279
Javelle, Jean-Pierre, 427
Jeannerod, M., 434
Jeans, Sir James, 428, 430
Jeffery, G. B., 405
Joerges, Bernward, 440
Joffily, Sergio, 419
Joliot, Frédéric, 134, 137, 415
Joliot-Curie, Irène, 134, 137, 140
Joly, John, 236
Jones, Harry, 115
Jordan, Pascual, 59, 64
José, A., 419
Joyce, James, 167
Juvet, Gustave, 406

K

Kahane, Ernest, 434
Kahn, Axel, 347
Kamerlingh Onnes, Heike, 41, 117, 118
Kangro, H., 409
Kant, Emmanuel, 277, 301
Kaplan, J., 420
Kastler, Alfred, 116, 117, 415
Kay, L. E., 434
Kelvin, Lord, 18, 235, 236
Kepler, Johannes, 287, 332
Kessler, P., 408, 412
Kitcher, Philip, 440
Klein, Étienne, 324, 367, 405, 420, 423, 430
Klein, Martin, 404, 407
Klein, Oskar, 64
Knudsen, M., 41, 62
Koch, Helge (von), 225, 423
Kokkinou, Maria, 52, 70
Kolmogorov, Andrei N., 204, 211, 423
Köppen, W., 240
Kowarski, Lev, 140
Kraft, Katia, 426
Kraft, Maurice, 426
Kragh, Helge S., 408, 412, 415, 420, 440
Kramers, H. A., 62
Krige, John, 440
Kronig, R., 409, 417
Krylov, N. S., 204
Kuhn, Thomas, 408, 440

L

La Margerie, E., 427
Laberrigue-Frolow, Jeanne, 417, 420
Lachièze-Rey, Marc, 430
Ladrière, Jean, 413
Lagarrigue, André, 5, 184
Lagrange, Joseph Louis, 42, 198, 215, 263, 374

Laloë, Franck, 407
Lamb, Willis Eugen, 107, 152, 159
Lambert, Jean Henri (ou Johann Heinrich), 290, 301
Landau, Lev Davidovitch, 205, 208, 284
Landé, Alfred, 412
Lanford, Oscar, 209
Langaney, André, 347
Langevin, Paul, 38-41, 62, 112, 279, 405, 407, 408, 412, 415, 424
Langevin-Joliot, Hélène, 414
Langmuir, Irving, 62, 123
Lapicque, L., 408, 415, 424
Laplace, Pierre-Simon, 198, 211, 215, 217, 255, 263, 277, 301
Larmor, Joseph Louis, 106, 112
Laskar, Jacques, 208, 212
Lattes, César, 138
Laue, Max (von), 110, 111
Laverne, A., 420
Lavery, R., 421
Lawrence, Ernest Orland, 132
Lazlo, Pierre, 440
Le Bel, Joseph, 121
Le Guyader, Hervé, 435
Le Pichon, Xavier, 246, 427
Le Verrier, Urbain, 47, 211, 272
Leach, S., 421
Leakey, Louis Seymour B., 337, 434
Leakey, Mary D., 434
Leakey, Richard E., 434, 435
Leavitt, H. S., 282
Leccia, P., 411
Lecourt, Dominique, 440
Lederman, Leon, 158, 303
Lee, David, 119
Lee, Tsung Dão, 156, 165
Lefschetz, Salomon, 204, 205
LeGrand, Homer E., 427
Lehn, Jean-Marie, 196
Leighton, R. B., 419, 439
Lemaître, Georges Henir, 306, 307, 310, 314, 315, 430
Lenard, Philip, 96

Lenormand, R., 423
Lerenr, A., 241, 428
Leroi-Gourhan, André, 435
Leroy, J., 405
Leroy, P., 435
Leroy, Robert, 406
Lévi-Strauss, Claude, 347, 435
Lévy-Leblond, Jean-Marc, 410, 411
Lewin, Roger, 435
Lewis, Gilbert Newton, 131
Liapounov, Alexandre Mikhailovitch, 200, 201, 203
Liebfried, Günther, 404
Lindemann, T., 41
Lindstedt, M., 215, 263
Lochak, Georges, 438
Lockyer, Joseph N., 279
London, Fritz, 119, 123
Lopes, José Leite, 181, 405, 408, 412, 415, 420, 443
Lorentz, Hendryk Antoon, 31, 33-36, 38, 41, 42, 54, 62, 96, 106, 178, 405, 413
Lorenz, Edward, 206-209, 372, 424
Lucrécio (Titus Lucretius), 265
Lucy (Australopithèque), 337, 338, 340, 341
Luminet, Jean-Pierre, 428
Lumley, Henri (de), 343
Lund, Peter, 338
Lutz, A.-M., 420
Lwoff, Étienne, 435
Lwolf, André, 353
Lyman, T., 104

M

Mach, Ernst, 37, 305, 440
Mackenzie, Dan, 246
Maeder, A., 429
Magalhães, Fernão (de) (Magellan), 287, 291, 296
Maglioca, Argeo, 427
Maiani, Luciano, 172
Maillard, Claude, 413

Malet, Émile, 441
Mandelbrot, Benoît, 223, 224, 423, 424
Mandelstam, L. I., 204
Marage, Pierre, 408, 412, 415, 420, 440
Mark, Hermann F., 424, 435
Martins, Simões, 419
Marx, R., 421
Mascart, Eleutère, 35
Matricon, Jean, 415, 440
Maurel, Marie-Christine, 435
Maxwell, James Clarck, 31, 34, 36, 37, 47, 53, 94, 158, 200, 274, 374
Mayor, Michel, 266
Medawar, Peter B., 435
Mehra, Jagdish, 408
Meitner, Lise, 140
Mendel, Gergor Johann, 19, 353
Mendelson, Kurt, 415
Merleau-Ponty, Jacques, 256, 257, 301, 302, 307, 366, 368, 405, 429, 431, 432
Merwe, Alwyn (van der), 440
Meslé-Gribenski, Martine, 438
Messiah, Albert, 408
Messier, Charles, 290
Métadier, J., 436
Michel, Louis, 407
Michelson, Albert, 35, 46
Miller, Arthur I., 441
Millikan, Robert, 293, 310, 430
Mills, Robert, 113, 177
Milne, Edward A., 430
Miné, Philippe, 420, 431
Mineur, Henri, 428, 431
Minkowski, Hermann, 42, 43, 297, 405
Miquel, Paul-Antoine, 435
Misner, Charles W., 429, 432
Mitton, Jacqueline, 429
Mohen, Jean-Pierre, 435
Monatstyrsky, Michael, 424, 441
Monchicourt, Marie Odile, 365
Monnoyeur, Françoise, 441
Monod, Jacques, 353, 435

Montchicourt, Marie-Odile, 365
Morando, Bruno, 431
Morange, Michel, 436
Morgan, Jason W., 246
Morgan, Thomas, 353
Morin, Philippe, 438
Morini, Simona, 425
Morlane-Hondere, J., 415
Morley, Edward Wilson, 35
Morse, G. M., 205
Mössbauer, Rudolf, 116
Mosséri, Rémy, 415, 417, 424
Mott, Nevill Francis, 115
Mottelson, Bem Roy, 142
Moyse, Aléxis, 436
Muller, Karl Alexander, 195
Musset, Paul, 184, 428, 429

N

Narlikar, Jayant V., 429, 431
Nassar, Antônio B., 437
Natal, H. C., 427
Nebeker, Frederick, 424, 427
Néel, Louis, 416
Ne'eman, Yuval, 166, 419
Nernst, Walter, 41, 54, 98, 117
Neumann, John (von), 408
Newton, Isaac, 29, 33, 44, 46, 151, 211, 255, 262, 263, 302, 305, 359, 366, 374
Nguyen-Khac, Ung, 420
Nielsen, J. R., 407, 417
Nishijima, K., 166, 169
Noel, Émile, 405, 416, 420, 424, 426
Noether, Emmy, 178
Novikov, I. D., 431
Nye, Mary Jo, 416, 424, 441

O

Occhialini, Giuseppe P. S.,138
Okubo, S., 166
Okun, L., 161
Omnès, Roland, 410, 412, 431
Onsager, Lars, 196
Oort, Jan Hendrik, 269
Oparin, Aleksander Ivanovich, 352-354, 436
Oppenheimer, Julius Robert, 141, 284, 381
Orbigny, Alcide (d'), 335
Oscheroff, Douglas D., 119
Ostwald, Wilhelm, 424
Ougarov, V., 406
Ovenden, Michael W., 436

P

Pacault, Adolphe, 424
Pagels, Heins R., 431
Pais, Abraham, 407, 414, 415, 417, 419, 422
Palau, V. A., 421
Palis, Jacob, 205
Pascal, Blaise, 303, 434
Paschen, F., 104
Pasteur, Louis, 121, 349
Patot, G., 427
Paty, Michel, 127, 128, 324, 365, 367, 406, 409, 412, 416, 417, 420, 428, 429, 436, 441
Paul, Victor, 434
Pauli, Wolfgang, 57, 62, 63, 106, 113, 114, 138, 144, 181, 281, 283, 409, 413, 417
Pauling, Linus, 123, 124
Pecker, Jean-Claude, 259, 313, 429
Pedersen, Charle J., 196
Peebles, P. J. E., 432
Peixoto, Maurício, 205
Penrose, Roger, 221, 222, 441
Penzias, Arno, 316
Perez, Ch., 408, 415, 424
Perl, Martin, 158

Perret, W., 405
Perrier, Edmond, 350, 427
Perrin, Francis, 416
Perrin, Jean, 41, 94, 95, 408, 415, 416, 424
Perryman, Michael A. C., 267, 429
Pestre, Dominique, 416, 440, 441
Petit, Aléxis T., 98, 423
Petitot, Jean, 424
Piazza, Alberto, 347
Piccard, Auguste, 62, 243
Pickering, Andrew, 441
Piersaux, Yves, 406
Pippard, Brian, 414, 422
Pirart, Jean, 427
Pitágoras, 42
Planck, Max, 41, 52, 54, 57, 62, 94, 103, 117, 159, 319, 324, 325, 356, 357, 367, 409, 413, 441
Plantefol, L., 408, 415, 424
Paltonov, V., 406
Podolski, Boris, 76
Poincaré, Henri, 24, 31, 35, 37, 41, 42, 54, 198-201, 203-205, 207, 211, 213-215, 217, 224, 255, 263, 269, 331, 421, 424, 425, 441, 442
Poisson, Siméon Denis, 198, 199, 205
Pomeau, Yves, 211, 421
Pontriaguine, Lev Semenovitch, 204
Popper, Karl R., 442
Powell, Cecil Franck, 138
Prigogine, Ilya, 196, 425, 427
Proca, Alexandre, 407-409
Proust, Joëlle, 436
Ptolomeu, Cláudio, 363
Purcell, Edward Mills, 113

Q

Queloz, Didier, 266
Quinn, Suzanne, 416

R

Rabi, Isidor Isaac, 107
Radvanyi, Pierre, 416
Raimond, Jean-Michel, 88, 411, 413
Rainwater, L. James, 142
Raman, Chandrasekhara Venkata, 124
Ramsay, William, 279
Ramunni, G., 442
Rayleigh, John William Strutt, Lord, 11, 211
Rechenberg, Helmut, 408
Reeves, Hubert, 365, 429, 432, 433
Reichenbach, Hans, 406, 413, 432, 442
Reichenbach, Maria, 406, 432, 442
Reid, Robert, 416
Reines, Frederick, 157, 158
Richardson, Robert C., 62, 119
Richter, Burton, 172
Ricoeur, Paul, 433
Ricqlès, Armand (de), 436
Riemann, Bernhard, 46
Rinova, C., 413
Riouai, L. A. E., 420
Ritter, Jim, 405
Robertson, Howard P., 307, 308, 409
Rochas, Michel, 427
Röntgen, Wilhelm Conrad, 96
Roosevelt, Franklin D., 141
Roque, Tatiana, 206, 425
Rosen, Nathan, 76
Rosenfeld, Léon, 409, 413, 417, 418
Rossi, Bruno, 418
Rousset, André, 184, 420
Rubbia, Carlo, 185, 381
Rubens, H., 41
Rud Nielsen, J., 407, 417
Ruelle, David, 205, 208, 210, 211, 425
Ruffié, Jacques, 347
Russel, Harry Norris, 277
Russel, Bertrand, 19, 141
Rutherford, Ernest, 54, 96, 97, 99, 100, 103, 133, 418
Rydberg, Johanes, 88, 104

S

Sakharov, Andrei Dmitrievitch, 321, 420
Salam, Abdus, 177, 180-182, 420
Salanski, Jean-Michel, 404
Saldaña, Juan José, 443
Salmeron, Roberto A., 443
Salpeter, E. E., 280
Sands, M., 419, 439
Sapoval, Bernard, 425
Saquin, Yves, 419, 422, 430
Saudinos, Dominique, 438
Schatzman, Evry, 429, 432, 442
Schetman, Dany, 220
Schilpp, Paul Arthur, 406, 413
Schockley, William, 115
Schrieffer, John Robert, 118
Schrödinger, Erwin, 56, 59, 60, 62, 63, 70, 73, 75, 78, 82, 84-86, 124, 377, 406, 409-411, 413,
Schubert, H., 415, 439
Schwartz, Mel, 158
Schwartzbach, Martin, 427
Schweber, Sam Sylvain, 420
Schwinger, Julian, 152, 420
Sciama, D. W., 432
Scecziniarz, Jean-Jacques, 432
Segrè, Emilio, 161
Seidengart, Jean, 432
Sen, Amartya, 444
Sénéchal-Couvercelle, Michèle, 438
Shapiro, R., 436
Shimony, Abner, 413
Shinn, Terry, 379, 440, 442
Sierpinski, Waclaw, 225, 226
Silk, Joseph, 432
Sinaceur, Hourya, 442
Sitter, Wilhem (de), 48, 306-309, 313, 430
Sklodowska-Curie, Marie, ver Curie, Marie Sklodowska,
Slater, John C., 115, 123
Slipher, Vesto Melvin, 309
Smale, Stephen, 206, 425

Smoluchovski, Maryan, 95
Snoke, D. W., 408, 415
Soddy, Frederick, 96, 97, 100, 416
Solomon, Jacques, 418
Solovine, Maruice, 404, 405
Solvay, Ernest, 41, 62, 63, 407, 408, 411
Sommerfeld, Arnold, 41, 55, 105, 405
Sommeric, J., 427
Spiro, Michel, 324, 367, 405, 419, 423, 430
Stachel, John, 404, 413, 418
Staudinger, Hermann, 122, 123, 423, 434
Steinberger, Jack, 158
Steinhardt, Paul, 320
Stengers, Isabelle, 425, 427
Stern, Otto, 107
Stokes, George Gabriel, 34
Störmer, Carl, 429
Strassmann, Fritz, 140
Stringari, S., 408, 415
Suess, Eduard, 239, 241, 427
Sussman, Gerald, 208
Svedberg, Theodor, 123
Szilard, Léo, 141

T

Takens, Floris, 205, 208, 210, 211, 425
Tatarewicz, Joseph N., 427, 429, 442
Taton, René, 416
Taylor, Joseph H., 48, 285, 409
Tazieff, Haroun, 427
Teichmann, J., 423
Teilhard de Chardin, Pierre, 341, 342, 361, 435, 436
Ter Haar, D., 409
Termier, Pierre, 427
Testart, L., 436
Thibaud, Jean, 137
Thom, René, 206, 422, 424-426
Thomson, George Paget, 57
Thomson, Joseph-John, 96, 131
Thomson, William, 18, 235, 236

Thorne, Kip S., 429, 432
Thyssen-Rutten, Nicole, 442
Tillier, Anne-Marie, 434
Ting, Samuel Chao Chung, 172
Tipler, Franck, 365, 433
Tirard, Stéphane, 436
Tisza, Laszlo, 119
Tobias, P. V., 434
Tomonaga, Shinishiro, 152
Tort, Patrick, 436, 437
Troadec, Jean-Pierre, 423
Trompette, Laurent, 427, 428
Troper, A., 419
Turkhevich, A., 315
Turlay, René, 418

U

Uhlenbeck, George E., 105
Ullmo, Jean, 407
Urbain, Georges, 424
Uyeda, S., 428

V

Valentin, Luc, 418, 421
Van de Graaff, Robert J., 130
Van der Meer, Simon, 184, 185, 381
Van der Waals, Johannes, 95, 214
Van der Waerden, B. L., 409
Van Frassen, Baas, 413
Van Kampen, E. R., 204
Van Vleck, John H., 115
Vanpaemel, G., 408, 412, 415, 420, 440
Van't Hoff, Jacobus, 121
Veltman, Martin, 182
Verne, Jules, 16
Verschaffelt, E., 62
Vespucci, Américo, 182
Vidal, C., 421, 424
Vigier, Jean-Pierre, 313
Vuillemin, Jules, 442

W

Walton, Ernest T. S., 130
Warburg, E., 41
Watson, James, 124
Waysand, Georges, 440
Weart, Spencer, 423, 443
Weber, Max, 443
Wegener, Alfred, 25, 235, 238, 240-243, 245, 248, 427, 428
Weinberg, Steven, 177, 180-183, 190, 421, 432
Weiss, Pierre, 112
Weisskopf, Victor F., 409, 416, 417
Wells, Herbert-George, 16
Weyl, Hermann, 307, 405, 406, 409
Wheeler, Joh Archibald, 413, 429, 432
Wiemann, Carl, 120, 414
Wien, W., 41, 409, 413
Wigner, Eugen, 64, 115, 414, 416
Wilson, Charles T. R., 56, 62, 130, 134, 162, 382
Wilson, D., 416
Wilson, J. Tuzo, 246
Wilson, Kenneth G., 216
Wilson, Robert, 316
Wisdom, Jack, 208
Wolf, Étienne, 353
Wool, R. P., 426
Wright, S., 437
Wu, Chien Shiung, 156

Y

Yang, Chen Ning, 156, 165, 177
Yelnik, Jean-Benoît, 432
Yoccoz, Jean, 128, 417, 418, 421, 443
Yukawa, Hideki, 132, 138, 153, 421

Z

Zahar, Elie, 406, 443
Zeeman, Pieter, 31, 96, 105, 106
Zhang, Shu-Yu, 426
Zuber, J. B., 419
Zurek, Wojcieh H., 83, 413, 414
Zweig, George, 167
Zwirn, Hervé, 443

Índice de Termos

A

Abeliano, não abeliano: 160, 177, 188
Aberração estelar: 32
Abstração, abstrato: 10, 62, 63, 71-73, 82, 136, 372, 375, 394
Abundância de elementos: 308
Aceleradores de núcleos, de partículas: 118, 129, 143, 161, 175, 237, 293, 294, 303, 372, 378, 381, 398
Ácidos aminados: 122
ADN (Ácido desoxirribonucléico): 350, 353, 354
    mitocondrial: 335, 336, 344, 345
Aglomerados globulares: 293
Amplitudes
    de probabilidade: *ver* Probabilidade
    de transição: 55, 60
Análise: 374; *ver também* Diferencial
Anãs brancas: 263, 282-284, 356
Anãs marrons: 258, 276, 282, 298
Anéis de colisão: 184, 185, 131, 133
Anisotropia terrestre: 32
Antielétron: *ver* Pósitron
Antimatéria, antipartícula: 64, 131, 137, 157, 160, 293, 313, 321
Antiprótons: 161, 169, 185, 381
Antrópico: *ver* Princípio antrópico
Antropocêntrico: 213, 271, 331
Aplicação de conhecimentos: 371, 379, 383, 395, 399, 400
Assimetria matéria-antimatéria: 313
Assintótico, Comportamento: 198
Asteroides: 259, 260, 351, 356; *ver também* Meteorito,
Astronomia, astrofísica: 48, 116, 148, 215, 233, 240, 249, 253-298, 329, 373, 378-385, 390
Atmosfera: 207, 240, 353, 385, 390
Atômico(a)
    Dimensões -s: 93
    Constituição -, Física -: 114, 392
    Estrutura, Nível: 96-108
    Transições -s: 59

Átomo(s):
    e estados da matéria: 51, 93-124, 376, 389
    individual: 77, 93, 111
    nuclear: 102
    primitivo: 314
    de Rydberg: 88
    Atração (estranha): 200, 206-210, 223
Autossimilitude: 229

B

Bárion: 153, 154, 165-169, 171, 173, 174, 186, 321
Barril de pólvora, Experiência do: 84, 85
Benzeno: 121, 123
Big Bang: 279, 293, 306, 312-317, 355, 360
Big Science: 372, 378-380
Biologia: 204, 208, 227, 250, 329, 347-354, 383, 392, 395
    molecular: 122, 350-354, 395
Bioquímica: 122, 350, 352
Biosfera: 250
Bomba (atômica, de hidrogênio): 137, 141, 260, 284, 379
Bombeamento ótico: 55
Bóson(s): 57, 59, 118, 119, 155, 274
    intermediário(s): 133, 155, 180, 181, 183-185, 191, 381
Browniano, Movimento: 95, 226
Buraco negro: 287, 289-291
    Horizonte de um -: 289

C

Cadeia (Reações em): 140
Cálculo
    diferencial: 72
    diferencial absoluto, tensorial: 29
    operacional: 25
Calibre (Campo de -, Grupo de -, Invariância de -, Simetria de -,
    Teorias de -): 133, 159, 160, 176-191, 216, 375
Calor específico: 54, 97

Câmara
    de bolhas: 134, 162, 167, 174, 258, 382
    de ângulo, multifilmes: 185, 294, 382
    de Wilson: 56, 134, 162, 382
Campo(s) de interação: 132
    eletrofraco unificado: 176-185, 356
    eletromagnético: 51, 64, 132, 151, 159, 163, 172, 186, 372
    fundamentais: 51, 134, 151-191, 302, 320, 356, 373
    de grande unificação: 320, 356, 358
    gravitacional: 151, 159, 191, 308, 356, 372
    de interação forte: 65, 153, 160, 159-163, 176, 186-191, 356, 373
    de interação fraca: 65, 155,160, 162-170, 356, 373
    de calibre: 51, 159, 319, 356; *ver também* Calibre
    quantificados: 64, 133, 355, 373
    Intensidades de interação: *ver* Constante de acoplamento
Fontes dos -s: 151-191
    Unificação dos -s: 189-191, 356, 358
Caos (determinista): 25, 197, 206, 212
Captura eletrônica: 101
Carbono tetraédrico: 122
Casca terrestre: 239, 248
Catástrofe
    ecológica: 251
    Teoria das -s: 206
Causal, causalidade: 80, 197, 320
Cefeidas: 270, 282, 311
CERN: 133, 181, 184, 185, 373, 379, 381
Charme: 154, 168, 170, 172-175, 184
Chips: 115
Ciclo
    climático: 240
    limite: 198, 204
    solar: 240
    estelar: 263, 280, 287
Ciência, científico
    humana, social: 392
    da natureza: 390, 391
    da Terra: 249, 371; *ver também* Geofísica
    do universo: 371; *ver também* Astrofísica, Cosmologia

da vida: 371; *ver também* Biologia
Ligação das -s entre si: 19; *ver também* Conhecimento
Ciências cognitivas: 25
Cinemática relativista: 39
Cinética (Hipótese, teoria): 94, 95
Clássico-quântico (Fronteira, produto): 80, 84-90, 390
Classificação periódica dos elementos: 58, 59, 106, 145, 280
Coeficiente de Fresnel: 33, 34, 35, 266
Cometa: 259, 260, 264, 269, 351, 356
Complementaridade
    da costa da África ocidental e da América o Sul oriental: 18, 239, 240
    em física quântica: 73, 74
    Filosofia da -: 75-77
Completo, completude (in-): 75-77
Complexidade: 330, 342, 350, 361, 367, 371, 372, 375, 376
Complexo (Número): 83
Comportamento qualitativo, estrutural: 199, 202, 213
Comutação, não comutação: 60, 71, 177
Conceito físico: 69, 71, 72, 371, 377, 393-395
Condensação de Bose-Einstein: 108, 109, 118-120, 214, 382
Condensada (Matéria): *ver* Matéria condensada
Condições iniciais: 197, 210, 211
Condutor, condutividade (e semi-, isolante): 110-116
Conflitos mundiais: 23
Congresso Solvay: 41, 62
Conhecido, desconhecido: 18, 399; *ver também* Novo
Conhecimento(s)
    científico: 69, 304, 332, 371, 377, 389-400
    empírico: 23, 32
    racional: 23
    Abalos, Evolução, Inovações do(s) -s: 23, 24, 373, 398, 399
Significação do(s): *ver* Filosofia, Significação
Conjugação de carga: 157, 161, 167, 359
Conservação (Lei de): 164
Constante
    cosmológica: 304-309, 311
    de acoplamento: 151, 159, 160, 181, 183, 187, 190, 191, 215, 319
    de Planck: 52

Construção, construído: 72, 211, 379, 394, 395
Contínuo, descontínuo: 18, 42, 54, 163, 200, 319, 357, 391
Contração dos comprimentos: 35
Convecção
    Correntes de -: 207, 242, 243, 246-248
    Curvas de -: 211
Convenção do calendário: 22
Cor dos quarks: 148, 154, 155, 188, 191, 390
Corda cósmica: 320
Corda magnética: 191
Corpos
    negros: 315, 316; *ver também* Irradiação
    Problema, interação de três -: 197-200, 205, 214, 263
Correlação: 20, 78, 79, 84, 89
Correntes: 133, 172, 184
Cósmico (Objeto, Raio, Irradiação): 130-132, 139, 282, 293-296, 372, 390
Cosmo: 47, 131, 250, 253, 301, 329, 331, 332, 361, 363, 367, 374, 390, 392
Cosmogênese: 148, 318, 342, 356, 391
Cosmologia, cosmológico(s)
    contemporânea: 24, 48, 191, 255, 256, 272, 301-325, 372, 389-392
    de observação: 48, 303, 309, 322
    primordial: 303, 304, 317-322
    Modelo(s): 308, 313
Covariância: 32, 41, 44, 305, 372
Cristal, cristais: 110-113, 116, 118, 195, 218-223, 233
    líquidos: 218, 227
    quase-: 197, 217, 220, 221, 293
Cristalografia: 93, 111, 122, 218, 220, 221, 233
Crítico(a)
    Fenômeno -, Ponto -, Temperatura -: 118, 195, 214-222
    Pensamento -, Alcance - do conhecimento: 395-400; *ver também* Epistemologia, Filosofia
Crosta terrestre: 233, 235, 239, 245-247
Cultura: 337, 343, 394, 397
Curvatura
    de espaço, de espaço-tempo: 23, 274
    dos raios luminosos: 23, 24, 263, 271

D

Dados (Jogo de -): 77
Datação (métodos de -): 11, 236, 311, 334, 383
Debate epistemológico: 72, 73; ver também Interpretação
Decaimento radioativo: 97
Deformação do núcleo: 142
Densidade do universo: 282
    crítica: 264, 297, 311
Deriva dos continentes: 9, 18, 25, 235, 238-248
Descentração copernicana: 308
Descoerência quântica: 79, 80, 82, 86, 87, 89, 90, 390
Desigualdades
    de Bell: 78
    de Heisenberg: 61, 74, 121
Desintegração
    das partículas: 162-167, 176
    radioativa: 127, 156
    - β: 65; ver também Raios
Deslocamento, Desvio (para o vermelho): 47, 263, 265, 292, 307, 309, 311, 313, 385
Desmoronamentos continentais: 239
Desvio dos raios luminosos: ver Deslocamento, Curvatura
Determinismo, indeterminismo: 64, 73, 77, 80, 213
Diagramas
    de troca, de interação, de Feynman: 215
Diferencial: ver Equações
Difração das partículas quânticas: 57, 61, 110
Difusão dura: 171
Dilatação dos intervalos: 39
Dimensão não inteira: 223-227
Dinâmica da Terra: ver Geofísica, Terra
Dinâmico(a)
    dos campos: 151
    Sistemas -s: ver Sistemas
Dinossauros: 250, 251, 260, 339, 348
Dorsais oceânicas: 248
Dualidade (onda corpúsculo): 56, 61, 69
Dupla solução (Teoria da): 77

E

Eclipse do Sol: 23, 47, 269, 271
Economia: 212
Efeito
    Compton: 56
    Doppler-Fizeau: 35, 265, 309
    Lamb: 107, 152, 159
    Mössbauer: 116
    Zeeman: 31, 96, 105, 106
Elementos químicos: 25, 96, 111, 249, 256, 276, 279, 283, 289, 315, 351, 373, 392
Eletrodinâmica, eletromagnetismo: 31, 51, 69, 99, 103, 105
    dos corpos em movimento: 31, 35, 37
    quântica: *ver* Quântica
Elétron: 77, 96, 109, 127, 131, 134, 137-139, 154, 155, 159, 164
Emergência: 271, 330, 361, 371, 376
Emissão estimulada: 55, 108, 116
Empírico: 76, 390
    Conhecimento: *ver* Conhecimento
Emulsões fotográficas nucleares: 138, 162, 382
Energia(s)
    dos átomos: 53, 55
    do nível nuclear: 130, 135, 379
    nucleares intermediárias: 145
    Troca, Níveis de: 52-56
Enigma τ-θ: 165
Entanglement: 48; *ver também* Emaranhamento, Inseparabilidade
Entropia: 117
Epistemologia: 22, 74, 330, 397
EPR (Argumento): 76, 84
Equação
    de Dirac: 152
    diferenciais: 18, 31, 53, 197-200, 205, 206, 209, 213, 306, 377
    de estado, de onda, de valores próprios: 60-62, 80
    de Friedmann: 307
    de Schrödinger: 60, 377
Equilíbrio: 199, 200, 224
Equivalência (Princípio de): 29, 44

Escala
    do tempo: *ver* Tempo
    do Universo: 262, 307, 311, 360
    Invariância, simetria de -: 197, 224
Escondido(a)
    Matéria -: *ver* Matéria escura
    Parâmetro, variável: 77
Esfriamento
    dos átomos: 110, 121
    estocástico de antiprótons: 185,
Espaço
    euclidiano, não euclidiano: *ver* Euclidiano;
    interestelar, intergalático: 293
    de três dimensões: 136, 209, 221
    Conceito de: 24, 37
    de Hilbert: 62, 82
Espaço-tempo: 24, 29, 42-47, 274
Espectro, espectroscopia: 256, 276
    atômica: 127
    nuclear: 140, 142
    de massa: 124, 236
    das partículas elementares: 168
    RMN: *ver* RMN
Estabilidade
    do átomo: 54
    do núcleo: 135, 144
    estrutural: 204, 205
    dos sistemas dinâmicos: 197-205
    do sistema solar: 211
Estado
    próprio: 82
    mistura de: 83; *ver também* Superposição
Estatística: 56, 76, 77, 81
    das partículas indiscerníveis: 57, 113
    Mecânica -: *ver* Mecânica
Estranheza: 166-175
Estrela: 255, 256, 261, 266, 281, 282, 351, 392
    Evolução das -s: 256, 276-281
Estrutura: 298, 301, 377
    atômica: 51, 93, 96, 103, 108, 112, 196, 220

hiperfina: 106, 107
interna dos átomos: 127
da matéria: 51, 96, 122, 132, 229, 373, 389-395
Éter: 11, 18, 31, 33, 36, 37, 39
Arrastamento parcial do -: 34,
Euclidiano, não euclidiano: 30, 38, 42, 45, 297, 306, 308
Evolução
dos conhecimentos: *ver* Conhecimentos
teorias da - das espécies vivas: 25, 342
das estrelas: *ver* Estrela
do homem: 329-347
do Universo: 329-347, 354-371
de um sistema: 80; *ver também* Equação
Exclusão, Princípio de Pauli: *ver* Princípio
Exobiologia: 329
Expansão
dos fundos oceânicos: 18, 240-248
do Universo: 24, 309-313
Experiência, experimentação: 372, 378-385, 389, 392
de Fizeau: 34
de Mascart: 35
matemática: 210
de Michelson e Morley: 35
de pensamento: *ver* Barril, Gato

F

Falhas transformantes: 246
Famílias radioativas: 102
Fatores de forma: 171
Feixes
Jatos do(s): 96, 107
Modelo planetário do -: 99
Realidade física dos -s: 93-95
Fenomenotécnica: 400
Férmions: 57, 59, 118, 144, 153-155, 180, 190, 273, 281, 284, 375
Filosofia, filosófico: 22, 74, 81, 256, 330, 371, 391, 397
da observação, da complementaridade: 74

Física: 109
    atômica, molecular: 75, 396
    de baixas temperaturas: 117, 195
    clássica: 11, 69, 72, 74, 82, 128, 323, 372
    da matéria condensada, dos sólidos: 110-121, 195
    quântica: *ver* Quântica
    do cotidiano: 197, 227-229
    subatômica: 127-191, 317
    de altas energias, das partículas elementares,   subnucleares: 65, 129, 151-191, 303
    nuclear: 65, 128-148, 276
Físico-química: *ver* Química, Física
Fissão nuclear: 129, 140, 144
Flutuações: 95, 216, 217, 336, 367
Foco: 198
Formalismo
    matemático: 29, 62, 63, 70, 71, 76
    da função de onda: 59
Formais (Ciências ditas -): 25
Fotoelétrico (Efeito -): 53
Fóton: 56, 59, 77-79, 87-90, 108-110, 116, 120, 131, 139, 141-143, 155, 159, 160, 178, 179, 183, 187, 191, 274, 294, 298, 321, 356, 390
Fractal (geometria, objeto): 224-226, 229
Função (de estado, de onda): 59-61, 71, 75, 81, 82, 110; *ver também*: Vetor de estado
Fundamentos de matemática: 19, 25
Fusão termonuclear: 141, 195, 273, 280

G

Galáxia: 255, 259, 268, 274, 281, 282, 290-293, 302-305, 322, 360, 384, 392
    Recessão das galáxias: 302-322
Gato de Schrödinger: 84, 86
Gel: 228, 229
Gêmeos de Langevin: 39, 40
Gênese dos elementos químicos, dos objetos físicos: 279, 392
Genética: 19, 25, 335, 336, 353, 354

Geodésica de Hadamar: 202
Geofísica: 9, 130, 233, 235, 236, 240-242, 249, 371, 392
Geografia: 223
Geologia: 233-241, 249, 334, 354
Geológicos (Períodos, Tempos): 235, 236, 241, 245, 248
Geometria: 397; *ver também* Espaço
        euclidiana, não euclidiana: 389
        não comutativa: 320
        de espaço-tempo: 43; *ver também* Espaço-tempo
Geoquímica: 233, 236, 237, 249
Geossinclinais: 239
Geradores (de transformações infinitesimais): 63
Gigante vermelha: 278, 285, 356
Glúon: 146-148, 155, 171, 172, 187, 188, 191, 214, 356, 358
Gonduana: 239, 243, 247
Grandeza(s):
        complementares, conjugadas, imcompatíveis: 61, 74, 81
        dinâmicas: 80
        matemáticas: 72, 394
        físicas: 70, 71, 393-395
        observáveis: 59, 62
        quânticas: 392
Gravimetria: 233
Gravitação, gravitacional(is): 29, 43-48, 249, 260, 276, 304-309, 325
        Confinamento -: 273, 280, 315
        Colapso -: 273, 281
        Lentes -, Miragens -: 276
Gráviton: 155
Grupo
        de invariância, de simetria, de transformações: 136, 168, 170, 175, 179, 180, 214, 217, 393
        das simetrias cristalinas: 233
Guerras mundiais
        Primeira: 23, 24, 271, 383
        Segunda: 24, 25, 115, 141, 236, 378

H

Hádron: 153, 154, 160, 161, 165-176, 182, 186-188, 224, 321
Hipercarga: 162, 166, 168, 169, 174

História, histórico: 392
    da física, das ciências: 72
    Transtornos da -: 22
    Métodos da - das ciências: 15
    Ponto de vista -, recuo da -: 20
Inverno planetário: 251
Homem, humano, humanidade: 360, 368
    Filogênese do grupo -: 340; *ver também* Origem
    Situação do - em relação ao universo: 20, 256, 303, 329-333
Homo (gênero): 336-346

I

Imagem
    do mundo, representação do mundo: 23, 25, 397
    do homem: 23
Impulsão: 60, 71
    das luzes: 55, 56
    Relação -comprimento de onda: 56
Imunologia: 25
Incerteza, indeterminação: 61; *ver também* Desigualdades de Heisenberg
Indiscernibilidade: 57, 59, 61, 108
Individual (Átomo -, Sistema físico -): 56, 75, 77, 379
Indução eletromagnética: 36
Indústria: 195, 335, 346, 378
Inércia
    Movimento, sistema, de -: 29, 31, 43, 44
    Relatividade da -: 305; ver também: Princípio de Mach
Inflação (Fase de): 320
Informática: 25, 115, 395
Integral de química: 216
Inteligibilidade: 378
Interferências: 71, 77, 83, 110
Intermitência: 211
Interpretação
    filosófica: 64, 73, 397
    da física quântica: 51, 69-90
    probabilista da função de onda: 61, 69, 73

Formalista matemática e - física: 61, 392-398; *ver também* Significação
Emaranhamento, emaranhado: 78, 82-90
Intuitivo, intuição: 24, 40, 70, 71, 81, 289,
Invariância (das leis físicas): 29, 30, 372; *ver também* Grupo, Simetria
Invenção criadora: 398
Íons pesados: 142, 381
Irídio: 251
Irreversibilidade: 392
Isolante: *Ver*: Condutor
Isospin: 136, 137, 162, 166-170, 176-180
Isótopo: 96, 100, 119, 135, 137, 143, 145, 236, 237

L

Laser: 19, 55, 71, 88, 108, 110, 116, 120, 208, 211, 384
LEO: 133, 373
Lépton: 139, 152, 154, 157, 158, 161, 175, 176, 182, 185, 188, 190, 191, 296, 321, 358
Ligação
    química: 123
    molecular: 373
    nuclear: 129
Localidade, não localidade: 77, 80, 84, 357
Lógica: 19
Luminosidade: 270
Luz
    Cone de -: 42, 43, 289
    Teoria eletromagnética da -: 37
    Velocidade da -: 32-34, 37, 39, 42, 43, 104, 163, 274, 282, 293, 311, 372
    A velocidade da - como constante de estrutura de espaço-tempo: 42

M

Macrofísica nuclear: 146
Macromolécula: 122, 196, 376, 391
Magnético(a), magnetismo

terrestre: 233, 248
Levitação -: 109, 118
Momento -: 105, 106, 112, 118, 171
  (- anômalo do elétron: 159)
Propriedades -s: 111
Dia-: 111, 112
Ferro-: 112, 214, 284
Para-: 111
Ressonância - nuclear, RMN: *ver* RMN
Mamífero: 250
Manhattan (Projeto -): 141, 379
Manto (terrestre): 235, 239, 242
Massa(s)
  oculta, "que falta" ou invisível: 264, 298
  -energia: 304, 308; *ver também* Energia
  inercial e gravitacional: 44
  invariantes e ressonâncias: 162
  Relação -energia: 138, 279
Matemática, matematização: 15, 17, 19, 25, 41, 42, 45, 60, 62, 70-73, 82, 110, 177, 197, 201, 203, 206, 210-217, 272, 289, 357, 371, 374, 375, 393-395, 400
Matéria: 12, 61
  -energia: 314-318, 320, 322, 367; *ver também* Energia, Massa
  condensada: 93, 109, 110, 121, 195, 227, 373, 390, 393
  nuclear: 128, 132, 133, 142, 143, 146, 147, 151, 157, 161, 171, 187, 276, 251
  escura: 298, 322
  plástica: 123
  subatômica: 24, 69, 125-191, 398
Materialização: 134, 137, 294
Matriz: 60, 63
Mecânica
  celeste: 31, 198, 205
  clássica: 31, 37, 71, 366
  ondulatória: 56, 59, 60, 63
  quântica: Ver: Quântica
  estatística: 57, 81, 87, 94, 146, 196, 216, 217, 228, 229
Medicina: 11, 107, 124, 353, 383, 384
Medida
  e redução: 60

Aparelho, dispositivo, instrumento de -: 74, 82, 86, 129; *ver também* Observação
Meio ambiente: 19, 81, 89, 391
Méson: 61, 132, 137-139, 143, 153, 154, 156, 162, 164-174
Mesoscópico: 87, 228, 229
Meteorito: 237, 249-251, 311, 351
Meteorologia: 212, 240, 249, 307
Métrica
    de espaço, de espaço-tempo: 42, 45, 394
    riemannianna: 307
Mineral, mineralogia: 218, 235, 236
Modelos nucleares: 140-142, 144, 145
Molecular (Dimensão -): 94, 95
Moléculas (Estrutura das -): 95, 123, 376
Monopólios: 320
Múon: 131, 132, 138, 139, 152, 154, 156-158, 164, 171, 294, 296

N

Nanociência: 228
Nebulosa: 249, 267, 277, 285, 287, 290, 301, 303, 309, 311
Necessidade: 29, 30, 69, 73, 110, 213, 289, 302, 305, 316, 319, 320, 361, 363, 396, 397, 400
Neurofisiologia: 25, 384
Neutrino, antineutrino: 101, 132, 138, 139, 154, 155, 157, 171, 184, 185, 257, 287, 288, 294-296, 359, 390-391
    Astronomia por -s: 294-296
    Oscilações dos -s: 295
Nêutron: 61, 77, 110, 129, 131, 133-141, 315
    Estrelas de -s: 146, 148, 274, 275, 283,
Nível (de organização, de estrutura): 129, 151, 376, 377
Nós: 198
Nova: 286, 287
Novo, novidade: 17, 56, 378, 398, 399
Nuclear (Física -, reação -): 65, 372
Núcleo
    atômico: 99, 127, 129, 142, 146
    exótico: 145
    superpesado: 145
    da Terra: 234, 236, 237

Nucleossíntese:
    primordial: 279, 315, 316, 322,
    estelar: 315, 356, 363
Nuclídio: 96
Número quântico: 136; *ver também* Quântica
    bariônico: 161, 169, 375
    leptônico: 157, 158, 180, 375

O

Observação: 69, 74, 80, 245, 363, 393, 397
    astronômica: 32, 271, 272, 307, 308, 313, 322, 362
Observacionalista: 74, 80
Observatório: 258, 287, 378, 384, 385
Observável: 60
Oceânico(a) (Fundos -s, Placas -s): 18, 242, 243, 245-247
Oceanografia: 233, 249,
Octogonal (Via -): 166
Olhar
    prospectivo: 8, 16, 20
    retrospectivo: 7, 8, 15-25
Ômega (Partícula grande-,): 166
Onda
    - gravitacional :47, 258, 274, 275, 382, 398
    de spin: 195
    Equação de -: 59 (Ver também: Equação)
    Teoria da - piloto: 80
Operadores (lineares, quânticos etc): 60-64, 71-73, 81, 136, 138, 156, 157, 177, 179, 188
Origem(ns)
    Problema de -: 250, 329-368, 397
    — do homem: 329-346
    — da vida: 329-333, 347-354
    — do universo: 329-333
Ortodoxa (Interpretação -): 74; *ver também* Filosofia da complementaridade
Oscilações:
    forçadas, autoconservadas: 204
    das partículas neutras, dos neutrinos etc.: 61
Ótica quântica: 116

P

Paleoclimático: 240, 241
Paleomagnetismo: 245
Paleontologia: 236, 329, 331, 333-335, 337, 342
Pangeia: 238, 241, 243, 247
Pares
    virtuais: 152, 172, 187, 188
    Materialização em -: *ver* Materialização
Paridade: 144, 156, 162, 165, 166, 173, 219, 220, 359, 391
Partículas:
    charmosas: 162, 163
    elementares, fundamentais: 72, 127, 132, 139, 151-191, 293, 294, 384
    estranhas: 132, 147, 156, 162, 165, 169
    pontuais: 158, 175
    "vestidas" pelo campo: 160
    potencial de mudança: 138, 144, 159; *ver também* Bóson, Méson
Pártons: 171, 224
Pensamento humano: 21, 330-332, 357, 389, 394, 397, 400
Percolação: 197, 223, 227-229
Periélio (Avanço do - do planeta Mercúrio): 46, 47, 263, 272
Períodos geológicos: 238, 241
Perturbação
    dinâmica: 265, 273
    devido à interação da medida: 74
    Cálculo de -: 159, 215-217, 263
Petrografia: 233
Pilha atômica (ou reator nuclear): 140, 379
Placas (continentais): 25, 247
    Tectônica das -: *ver* Tectônica
Planeta, planetologia: 233, 249, 259, 282, 372, 392
    extrassolar: 261, 264, 266, 267, 270, 276, 282
Plasma
    eletromagnético: 148, 195, 214, 280, 284
    de quarks e de glúons: 146-148, 188, 214
Polímero: 93, 228, 229, 354
Política: 15, 32, 141, 379, 400
Ponto de vista: *ver* Olhar

Pontos de sela: 198, 202
Positivismo, positivista: 93, 127, 256, 257, 301
Pósitron: 101, 131, 133, 134, 137, 139, 152, 157, 159, 185, 187, 294,
    321, 356, 381, 384
Prática: 15, 72, 81, 128, 136; *ver também*: Familiarização
Precessão de Larmor: 106, 112
Predição, preditividade: 11, 46, 47, 57, 70, 78, 98, 109, 141, 161, 169,
    188, 213, 216, 245, 263, 271, 285, 313, 316
Preparação (de estado): 82, 83
Pressão interna, quântica, das estrelas: 281, 283
Previsível, imprevisível: 20, 21, 207, 213, 399
Princípios: 374
    antrópico: 361, 363-365, 368
    de complementaridade: *ver* Complementaridade
    de correspondência: 55, 59
    cosmológico: 308
    de exclusão de Pauli: 106, 114, 144, 186, 281, 283,
    de Mach: 305
    físicos e conteúdos conceituais: 31
    de superposição: 59, 71, 76, 78, 182, 394
    de relatividade
        restritos aos movimentos de inércia: 31
        estendido da mecânica à ótica e ao eletromagnetismo:
            31, 36, 37
        generalizada aos "movimentos acelerados quaisquer": 44
    Enunciados de -s físicos: 30
Probabilidade: 53, 55, 56, 60, 61, 73, 78, 80, 82, 85, 94-97, 156, 163,
    165, 204, 226, 288, 351
    Amplitude -: 61, 63, 77
Probabilista (Interpretação -): 60, 64, 69
Progresso: 19, 21, 380
    dos conhecimentos: 16, 20, 21, 157, 236
Proteínas: 122, 124, 353
Próton: 72, 100, 101, 119, 119, 130, 133-139, 143, 144, 160-164,
    171, 183-185, 191, 281, 284, 293, 294, 298, 315, 321, 381
Pugwash (Movimento -): 141
Pulsar: 273, 275, 284, 285
    binário: 48

Q

Quântica(o)
    Química -: *ver* Química
    Cromodinâmica -: 143, 147, 172, 180, 186, 188, 190, 214, 215, 320
    Criptografia -: 84
    Conceito -, domínio -: 56, 74, 81, 82, 90, 303, 366, 391
    Eletrodinâmica -: 51, 65, 107, 108, 133, 138, 152, 159, 179, 186, 215
    Gravitação -: 320, 356, 357
    Hipótese -, postulado -): 54, 105
    Mecânica -: 51, 56, 59, 61-65, 69-80, 82, 85, 86,107,108, 113, 115, 123, 131, 136, 182, 312, 319, 364, 397
    Número -: 104, 106, 155, 162, 166, 168, 169, 172, 173, 175, 186
    Operador -: 156, 157
    Partículas -s: *ver* Partículas elementares
    Física -, Teoria -: 24, 49-65, 72, 73, 77, 85, 105, 123, 128, 133, 178, 179, 276, 314, 364, 367, 373, 389, 394, 395
    Probabilidade -, Estatística -: 113, 283; *ver também* Probabilidade, Estatística
    Conexão de - com clássico: 80; *ver também* Clássico
    Sistema -: 73, 74, 80, 84, 85, 87
    Teoria - dos campos: 138, 152, 155, 158, 160, 186, 187, 215-217
Quantidade de movimento: *ver* Impulsão
Quantificação
    - da energia dos átomos: 98, 103,
    da radiação: 98
Quantum de ação: 52, 53, 59, 74, 98
Quark: 72, 133, 146-148, 154, 160, 167-176, 182, 186-191, 214, 224, 321 356-359, 375
    Confinamento dos -s: 143, 146, 186, 321
Quasar: 255, 273, 275, 276, 292, 373, 390
Queda dos corpos, leis da: 44, 45
Química: 17, 18,85, 96, 98,107, 131,137, 140, 143, 196, 197, 204, 220, 227, 228, 233, 236, 250, 278, 279, 329, 333, 350-352, 371, 376, 383, 389, 393
    coloidal, orgânica: 93, 123, 330

física, Físico-química: 10, 25, 122, 250, 330, 347, 348, 352, 354, 392
    pré-biótica: 351
    quântica: 9, 121, 123
Químicas, propriedades: 119, 135, 376
Quirialidade: 219; *ver também* Paridade

R

Radar: 115
Radiação: 63, 255, 366-368,
    cósmica: *ver* Cósmico
    do corpo negro: 52
    fóssil isótopo, micro-onda, térmica: 87-89, 237, 273, 303, 316, 317, 321
    ciclotron: 381
    emisssão da -: 56
    lei da - de Planck: 57
Radioatividade:
    artificial: 129, 137, 145
    natural: 18, 235
Raio, radioatividade
    α: 99, 100, 101, 129,
    β: 100, 101, 129, 138, 237,
    γ: 101, 129, 137, 139, 258, 264, 294
    X: 93, 96, 103, 110, 111, 122, 124, 283-285
Velocidade (Lei de adição, de composição das -s): 37, 38; *ver também* Luz
Razão, racionalismo, racional: 19, 22, 64, 81, 322, 393-395, 397, 398
Realidade física, real: 64, 69, 73, 399
    de um sistema físico individual: 75-80
Reator nuclear, central nuclear: 134, 157
Redução (Postulado de -): 80, 81; *ver também* Medida
Reducionismo: 349, 395
Reflexivo, reflexividade: *ver* Alcance do pensamento, em Crítica
Relatividade
    dos conhecimentos: 20
    geral: 23, 29, 30, 43, 46-48, 76, 151, 191, 261, 263, 271-276, 288, 289, 302, 304-311, 314, 317, 319, 322, 355, 357, 362, 366, 372, 374, 397

restrita ou especial: 18, 29-31, 40-43, 45, 163, 279, 372
    da simultaneidade: *ver* Simultaneidade
        Princípio de -, Teoria da -: 27-48, 305
Relativo (Estado -): 80
Religião e ciência: 343
Renormalização: 152, 158-160, 182, 214-217, 393
Reorganização dos conhecimentos: 17, 21; *ver também* Conhecimentos
Responsabilidade: 400
Ressonâncias: 107, 116, 123, 124, 143, 144, 162-176, 186, 324, 383
Rift: 244-247
RMN (Ressonância Magnética Nuclear): 107, 124, 383

S

Sabor (Número quântico de -): 170-176, 186, 190, 375
Semicondutor: *ver* Condutor
Sentido: 80, 331; *ver também* Significação
Separabilidade:
    Princípio de, não local: 61, 76, 77, 78, 84; *ver também*
    Intrincamento
Série radioativa: 101
SIAL: 239, 241, 242
Significação
    dos conhecimentos: 16, 17, 396; *ver também* Filosofia
    física: 62, 71, 136, 210, 312, 323, 325; *ver também* Contenu
    física das probabilidades: 53, 94
    física das coordenadas de espaço-tempo: 46
SIMA: 238, 239, 240, 242
Simbólico: 23, 72, 377, 394, 396
Simetria:
    unitária: 136, 166, 168, 169, 170, 173, 175, 176, 179, 188
    Quebra de -: 181, 182, 358
Simplicidade: 305, 372, 375-377
Simultaneidade (Relatividade da -): 29, 37, 38
Síncrotron: 132, 133
Singular (Ponto -): 198, 367
Singularidade: 201, 206, 289, 317, 362
Sismologia, sismografia: 233, 242, 245, 249
Sistemas

dissipativos: 203, 208
dinâmicos não lineares: 197, 199, 203, 226, 377, 389
rudimentares: 204
solares: 99, 198, 208, 211, 212, 234, 249, 250, 259, 264, 266, 269, 273, 277, 287, 290, 301, 303, 339, 347, 351, 360, 372

Sociologia: 182
Sol: 32, 34, 236, 250, 256, 259, 260, 263, 264, 266, 268-271, 276, 283, 286, 294
    Duração de vida do -: 18
    Eclipse do - 23
    Energia do -: 18
Sólido (Física do estado -): 110-121; *ver também* Matéria condensada
Spin: 58, 106, 113, 118, 136, 162, 166
Superfuidez: 57, 108, 109, 117-121
Supernova: 47, 148, 249, 263, 274, 281, 284-291, 294, 296, 351
Superposição linear: 61, 62, 78, 81-88, 182, 183, 394; *ver também* Princípio
Supersimetria: 191, 320
Supercondutividade: 57, 108, 109, 114-121, 195, 284, 378

T

Tau: 154, 158
Técnica: 107, 120, 137, 185, 215, 216, 237, 303, 378, 381, 400
Tecnociência: 400
Tecnologia: 11, 274, 378, 379, 381, 382
Tectônica (das placas intercontinentais): 9, 18, 235, 238, 245, 248
Telescópio: 255-258, 282, 291, 295, 302, 384, 385
    espacial: 257, 258, 292, 359, 384
    Grandes -s: 257-259, 303, 384, 385, 398
    Rádio-: 255, 258, 273
Tempo (Conceito de): 24, 29, 37, 43
    cósmico: 306, 307, 318, 319, 359, 366 (e propriedades do universo: 317-325)
    criador de formas: 348
    geológico: 335, 336
    de Planck: 319, 324
    Longa duração temporal: 392

Teoria
	de cordas: 191, 320
	de Dirac do elétron relativista: 107
	de Fermi da radioatividade : 137, 138, 156, 157
	da grande unificação, GUT: 190
	de Yukawa das forças nucleares: 138
Termodinâmica: 70, 94, 117, 143, 146, 196, 201, 214, 216,
	235, 240, 273, 324, 351, 355, 374, 389, 392
Terra: 101, 268, 283, 287, 296, 347, 348, 385
	Idade da -: 18, 235, 236, 250
	Dinâmica da -: 231-251; *ver também* Dinâmica, Geofísica
	Energia interna da -: 18, 243
	Evolução, História da -: 9, 18, 250
	Movimento absoluto da -: *ver* Anisotropia terrestre
	Estrutura da -: 234, 235, 248
	A - e os planetas: 249-251
Topologia: 31, 46, 204, 225, 394
	Falhas topológicas: 320
Transformação
	de conhecimentos: 20, 44; *ver também* Conhecimento
	das coordenadas: 31; *ver também* Conhecimento
	de calibre: 178, 179
	do universo: *ver* Cosmologia, Universo
Transições de fases: 57, 118, 146, 147, 214, 216, 219, 214, 320; *ver*
	também Fenômenos críticos
Transistor: 115
Transmutações nucleares: 133
Turbulência, turbulento: 197, 201, 204, 207, 208, 210, 211, 226, 227

U

Unidade(s)
	astronômicas: 268
	da matéria, da física: 301, 376, 377, 390, 391, 396
	do universo: 24
Unificação: 9, 169, 176, 180, 181, 189, 190, 298, 319-321, 356, 358,
	375,
Unitária, Teoria: 375
Universo: 24, 100, 101, 259, 260, 268-270, 278, 281, 282, 329, 332,
	333, 374, 384, 385

como objeto de ciência: 24, 48
   horizonte do -: 282
   observável: 28, 297, 320
   primordial: 297, 302, 306, 315, 318, 319, 321
   Idade do -, Eras do -: 169, 255, 297, 311, 312, 339, 356, 362, 363, 385
   Desdobramento, Transformações do -: 299, 358
   Modelos de: 308; *ver também* Cosmologia, Cosmo, Geometria, Espaço-tempo, Expansão

V

Valência, covalência, eletrovalência: 114, 154, 188, 376
   -s do carbono: 121-123
Valor próprio: 60, 63, 319
Valores: 397
Vazio: 33, 120, 268, 305, 306, 355, 367, 372, 378
Vetor de estado: 59, 60, 83; *ver também* Função de onda
Via Láctea: 237, 250, 268, 287, 290-292, 360
Vida, vivente: 25, 196, 250, 271, 392, 397
   Nascimento da -: 25
Virial: 270
Vulcão, vulcanologia: 233, 235, 249, 384

Esta obra foi composta em CTcP
Capa: Supremo 250g – Miolo: Pólen Soft 80g
Impressão e acabamento
Gráfica e Editora Santuário